资助项目:江苏高校优势学科建设工程资助项目(PAPD)“雾霾监测预警与防控”

气候变化与公共政策研究报告2016

——科学认识雾霾影响,积极应对雾霾问题

史　军　戈华清　编著

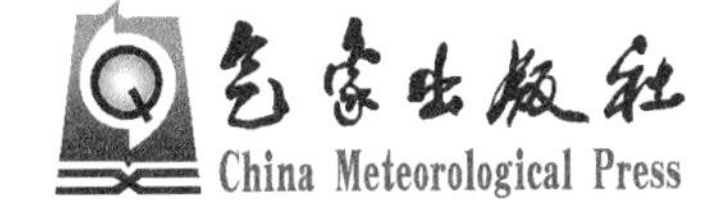

气象出版社
China Meteorological Press

图书在版编目(CIP)数据

气候变化与公共政策研究报告. 2016 ：科学认识雾霾影响，积极应对雾霾问题 / 史军，戈华清编著. --北京 ：气象出版社，2016.10

ISBN 978-7-5029-6442-9

Ⅰ.①气… Ⅱ.①史… ②戈… Ⅲ.①气候变化-对策-研究报告-中国②空气污染-污染防治-中国 Ⅳ.①P467 ②X51

中国版本图书馆 CIP 数据核字(2016)第 253311 号

出版发行：气象出版社

地　　址：北京市海淀区中关村南大街 46 号　　**邮政编码**：100081

电　　话：010-68407112(总编室)　010-68408042(发行部)

网　　址：http://www.qxcbs.com　　**E-mail**：qxcbs@cma.gov.cn

责任编辑：张盼娟　蔺学东　　**终　　审**：邵俊年

责任校对：王丽梅　　**责任技编**：赵相宁

封面设计：易普锐创意

印　　刷：北京中石油彩色印刷有限责任公司

开　　本：787 mm×1092 mm　1/16　　**印　　张**：14.75

字　　数：378 千字

版　　次：2016 年 11 月第 1 版　　**印　　次**：2016 年 11 月第 1 次印刷

定　　价：68.00 元

前　　言

2013 年“雾霾”成为年度关键词。自此以后，“雾霾”一词成为某些地区（尤其是城市）人们口中的热词，“雾霾”成因分析、防治机制等问题也成为地方与中央政府面临的重大环境问题与社会问题。雾和霾是自然界使能见度降低的两种不同的天气现象。雾是由大量悬浮在近地面空气中的微小水滴或冰晶组成的水汽凝结物，常呈乳白色，使水平能见度低于 1 km。霾（灰霾）是指大量极细微的颗粒物均匀地浮游在空中，使水平能见度小于 10 km 的空气普遍浑浊现象。但目前人们所关注的“雾霾”主要是天气现象与环境污染所共同导致的灰霾，这种意义上的“雾霾”是特定气候条件与人类活动所产生的污染物相互作用的结果。空气中的各类污染物排放一旦超过大气循环能力和承载度，细颗粒物浓度将持续积聚，若此时受静稳天气或其他气象条件等影响，极易出现大范围的雾霾。由于大范围霾天气的出现会对人们的工作、生活与学习造成影响，中央与地方政府都采取一系列措施来预防重霾现象的产生、应对或有效处理灰霾所产生的一系列问题。2013 年以来，针对“雾霾”现象进行研究的论述也越来越多，其范围涵盖了雾和霾的成因、对经济社会发展以及人体健康的影响、治理机制、法律制度与法律责任的承担、经济措施等。南京信息工程大学气候变化与公共政策研究院亦选择将“雾霾”问题作为近期的研究重心，并非为了应景或追逐某一学术思潮，而是从问题出发，希望能凝聚此方面的研究人员，对此类问题开展有深度的研究。正是基于此目标，自 2014 年起，研究院开始着手准备此方面的研究，此次研究的主题是“科学认识雾霾影响，积极应对雾霾问题”。

关于“雾霾”成因，典型观点认为，不利气象条件是雾、霾天形成的“元凶”，空气污染物是“帮凶”[①]。事实上，被动地等风来吹散“雾霾”的消极应对，反映了我们在“雾霾”防治中的捉襟见肘、制度乏力；以末端治理的方式通过“防霾水炮” 这一所谓的“神器”来化解“雾霾”危机，亦是治标难治本；实践中以环保和气象部门为主导的“雾霾”监测与监管体系，也反映出我们在“雾霾”防治的协作与合作方面力度不够。我们都知道“雾霾”问题的产生与发展，非一日一事之过。经济活动总体规模巨大，导致污染物排放量严重超标，致使总量控制难以达标；污染物排放标准较低使得排量过高，污染物排放浓度难以有效控制；生态环境系统自净功能丧失，导致污染物无法消散，这是大面积“雾霾”形成的原因[②]。因此，防治“雾霾”，并非一日一事之劳。这表明，科技治霾不是一个管理部门就能做的“家务事”，也不是哪一家企业就能“搞定”的[③]。科技治霾的首要条件是我们必须摸清“雾霾”产生的根源与一定气象条件下的污染物扩散状况；污染源来自哪里，从何处着手能减少污染物的排放；“雾霾”对社会、人体、生态等各方面的

① 张军英，王兴峰. 雾霾的产生机理及防治对策措施研究. 环境科学与管理，2013(10)：157-159，165.

② 刘强，李平. 大范围严重雾霾现象的成因分析与对策建议. 中国社会科学院研究生院学报，2014(5)：63-68.

③ 胡阳. 广场摆放“水炮”是治霾还是在瞎折腾？ 2014-05-05. http://big5.news.cn/gate/big5/huyang4681.home.news.cn/blog/a/0101004F4EEC0CFC25F3997B.html.

影响究竟是什么，通过哪些措施可以减缓不利影响，保障社会的良性发展。因此，从总体上说，要想有效防治“雾霾”，需要全社会从不同层面打破利益格局、扩大地区联动治污模式，加快推动产业结构与能源结构调整，促进新兴环保产业与环境治理产业的发展，才能取得良好的效果。

本书主要围绕理性认识“雾霾”问题，科学评估“雾霾”影响、防治“雾霾”危害、应对“雾霾”问题的实践机制与制度体系，以及“雾霾”防治中的其他相关理论问题展开探讨。

在理性认识“雾霾”问题与科学评估“雾霾”影响中，吉中会、王桂芝、马玉霞等人的研究提供了可供借鉴参考的理论依据。吉中会等人采用的三维联合概率模型，描述了雾霾灾害特征的变量（致灾因子、暴露度及脆弱性），并在此模型分析基础上，得出中国各区域雾霾的风险程度，为灾害风险评估提供新的思路和方法，并为提升我国各区域应对雾霾灾害的能力提供可靠的理论参考依据。吉中会等人的研究表明，单要素中致灾因子危险性指标呈正态分布，承灾体暴露度指标呈威布尔分布，承灾体脆弱性呈广义极值分布；三维联合概率分析结果显示，雾霾风险三要素的值越大，相应的三维联合风险概率就越高；条件概率分析发现，致灾因子的给定阈值越小，雾霾发生的风险越高。这一研究与当下其他学者对于三区十群及重点区域雾霾防治的研究结果具有一致性。王桂芝、马玉霞等人针对区域性雾霾多发的现象，就北京与南京两地展开了相关研究。王桂芝等人以北京市雾霾为例，使用静态和动态的投入产出模型评估雾霾对部门经济冲击下的产业关联间接损失；并以 $PM_{2.5}$ 造成的劳动力损失和居民额外医疗费用支出作为传导变量，评价 $PM_{2.5}$ 污染所导致的居民健康损害及其对社会经济的影响。马玉霞利用南京站、六合站、江浦站、江宁站、溧水站、高淳站等六个观测站 1960 年 1 月 1 日—2015 年 12 月 31 日的地面气象观测资料，对南京地区雾与霾的气候特征及其与气象要素的关系进行了分析，结果表明，雾和轻雾在秋冬两季多发，而在春夏两季少发；灰霾日数在夏季最低而在冬季最高；较高相对湿度、静小风有利于雾、霾天气的出现，其中雾、轻雾的出现还与较高的气温日较差有关；雾霾天气的增加可能与南京市颗粒物污染尤其是细颗粒物的污染加重有关。上述这些基础性研究，对于我们弄清楚雾霾的产生原因、社会影响等有重要的参考意义。

科学治霾不仅是认识问题，更是一种复杂的实践机制。单海燕分析了长三角区域的雾霾治理现状，得出雾霾治理应是一个复杂的系统工程。单海燕的研究表明雾霾治理需要采取多层次的措施，如从产业共生、政府监管、社会监督三方面共同着手，应加强联动协作形成政府监管层的网络结构，各职能部门间、与产业共生主体间以及社会监督层之间也存在相互影响及相互作用关系；雾霾泛滥非一朝一夕所形成，所以，治理亦非一朝一夕之能事。从制度设计的角度来看，政府应该在顶层统一设计下，动员全民参与、全民行动。彭本红等在详细分析三种治理模式优劣的基础上，提出了长三角区域雾霾跨域治理的多元协同对策，指出了构建雾霾跨域治理的多元协同创新、协调、绿色、开放和共享机制的重要性。此文正好与单海燕的研究相互关联。这两篇文章在一定程度上解决了雾霾治理的路径选择问题，为我国雾霾治理方向及模式的选择提供了重要参考。

徐骏的《雾霾信息公开机制构建研究》、董勤的《低碳技术国际转让与雾霾治理问题研究》、杨慧宇的《雾霾治理背景下我国的垃圾分类模式：现状与对策研究》以及戈华清等的《雾霾治理背景下中国重污染天气应对机制》则从具体公共对策的选择、具体制度的适用等方面对我国雾霾治理进程中所面临及亟待解决的问题进行了实证研究，并提出相应的解决对策。徐骏认为知情权是公民实现监督权和参与权的前提，因此雾霾相关信息的公开是实现上述理想图景的坚实基础。探讨雾霾污染过程中，信息公开的主体、内容、程序和责任机制，对保障雾霾治理的透明度，集中优势资源，降低防治成本具有重要的意义。董勤认为雾霾问题产生与气候变化问题同根同源。气候变化技术国际转让有助于减少化石能源消耗和温室气体排放，因此同样有助于解决雾霾问题。在应对气候安全挑战方面，人类能够利用的时间已经不多，加速低碳技术国际转让迫在眉睫。诚如杨慧宇所说，多中心治理模式在我国垃圾等固体废物处理中的地位也十分重要，这恰好与上述单海燕、彭本红等人的观点不谋而合。雾霾严重往往导致重污染天气，对于此类现象或问题的应对，并非环保或气象部门可以单独解决，我们需要通过完善的法律制度、一体化的应对机制、具体可行的措施等来提高对大气重污染灾害的预防、预警和应急处置能力，降低大气重污染危害程度。凌萍萍的《气候变化与雾霾治理的公法研究》与郭刚的《从运气学说探究雾霾治理与人体健康研究》则为探索解决雾霾问题提供了新的视野。

编　者

2016 年 7 月

目　录

中国雾霾综合风险评估及对策研究

摘　要:近年来我国雾霾逐渐成为影响大并且急需关注的气象灾害之一。本文首先分析了2001—2010年我国人口加权平均$PM_{2.5}$浓度的时空变化格局,发现以江苏、安徽为代表的长三角地区的雾霾,在此时间段有显著的上升趋势,雾霾在空间上具有显著的空间集聚现象,"高-高"值集聚的省份大多在东、中部地区,如河北、山东、河南、安徽、北京、湖北等;"低-低"值集聚的省份在西部和东北地区,如吉林、新疆等。从风险评估需要综合考虑的致灾因子危险性,承灾体暴露度和脆弱性的角度出发,选择人口加权平均$PM_{2.5}$浓度、人均GDP密度以及承灾体脆弱性指数作为指标,采用三维非对称Gumbel联合函数及相应条件概率模型分析了我国21世纪前10年的雾霾灾害风险。单要素结果显示,致灾因子危险性指标呈正态分布,承灾体暴露度指标呈威布尔分布,承灾体脆弱性指标呈广义极值分布;三维联合概率分析结果显示,雾霾风险三要素的值越大,相应的三维联合风险概率越高;条件概率分析发现,致灾因子的给定阈值越小,雾霾发生的风险越高。此外,我国雾霾风险超出美国环保署健康标准值的概率较高,大多数承灾体暴露度和脆弱性组合条件下的超越概率值在0.80～0.99之间;而超过我国雾霾一级平均浓度限值的风险概率在0～0.9之间变化,承灾体暴露度和脆弱性指标与雾霾风险呈正相关的关系。

关键词:雾霾;时空变化;风险评估;联合概率;治理对策;中国

The Comprehensive Assessment for Haze Risk and Countermeasures in China

Abstract: Haze has become one of the most damaging and pressing meteorological disasters in recent years in China. This paper firstly analyzed of the weighted $PM_{2.5}$ of the average population in 2001—2010 in China from the spatio-temporal perspective, the results show that there were a significant upward trend in the provinces of Jiangsu and Anhui as the representation in the Yangtze river delta region during this time period. And the fog has notable spatial agglomeration phenomenon in space, high-high values gathered together in the east and central regions of China, including Hebei, Shandong, Henan, Hubei, Anhui, Beijing; Low-Low values concentrated in the west and northeast of China, such as Jilin and Xinjiang. The concentration of $PM_{2.5}$ about the weighted population, the per capital GDP density, and venerability index are the selected indicators as the representative elements about hazard, exposure and venerability for the haze risk assessment from the comprehensive risk perspective. The asymmetrical Gumbel copula model and the related conditional probability are used to analyze the haze risk. The results show the hazard follows normal distribution, the exposure of the hazard-affected body obeys the Weibull distribution, and the venerability index of the hazard-affected body comply with generalized extreme value distribution. The tri-variable joint probability model reveals the joint risk will increase with the three elements rising. The conditional probability analysis shows the smaller the threshold, the higher the haze risk. Therefore, the values of haze risk in China are higher than the health standard of Environment and Protection Association (EPA), and the exceeding probability values are changing between 0.80 and 0.99 under the most condition of the combination of the exposure and vulnerability for hazard-affected bodies. While the probability values exceed the level one of the threshold in China about the haze risk are changing between 0 and 0.9, and the indexes about exposure and venerability are positively correlated with the haze risk.

Keywords: Haze; Spatio-temporal change analysis; Risk assessment; Joint probability analysis; Countermeasure; China

一、研究背景及意义

雾霾是特定气候条件与人类活动相互作用的结果。《迈向环境可持续的未来——中华人民共和国国家环境分析》报告显示，中国最大的 500 个城市中，只有不到 1%的城市达到世界卫生组织推荐的空气质量标准，与此同时，世界上污染最严重的 10 个城市有 7 个在中国，说明中国受雾霾的影响已经达到了非常严重的程度。国家减灾办和民政部于 2014 年 1 月 4 日首次将危害健康的雾霾天气纳入 2013 年的灾害灾情统计中，由此可见，雾霾的影响已经引起国家相关部门的高度重视。

（一）研究背景

随着现代化进程的加快和人类活动的加剧，人类社会的风险性和不确定性特征日益显著，人类在风险面前的脆弱性也显著增加。雾霾作为近年来频繁爆发的一种自然灾害，给生产生活秩序和社会发展的稳定性带来的冲击愈发严重，同时也对政府的危机管理能力提出了严峻考验。雾霾形成的自然因素、人为因素、波及范围、危害性等方面均受到各领域的广泛关注，从风险的角度对雾霾进行的分析和探索内容亦方兴未艾，如雾霾对人类健康影响的风险评估、人类对雾霾灾害风险的感知等，但是从灾害系统理论的角度去分析雾霾风险的研究还非常缺乏，已有的仅从风险源角度进行的分析只是风险评估中的危险性评估部分，完整的分析还需要综合考虑承灾体的情况，因此，将自然危险源因子和承灾体因子同时考虑，是风险评估的必然趋势。

(二)研究意义

由于雾霾一直被视为大气环境污染现象之一,因此研究角度仍主要集中于气象气候或生态环境方面,切换到灾害学角度进行研究的时间还较短,而雾霾目前已经成为公认的自然和人为作用灾害种类,因此有必要从新的专业角度来考虑。本研究专门从灾害系统论角度,考虑雾霾的时空分布规律,并从整体上对中国雾霾进行综合风险分析,以弥补当前雾霾灾害风险在理论研究上的不足,同时对其他类型灾害的风险评估具有借鉴意义。从灾害系统论角度出发,研究我国雾霾灾害的风险,可以弥补现有灾害风险理论中的不足。

本研究所采用的三维联合概率模型,描述雾霾灾害特征变量(致灾因子、暴露度,以及脆弱性),得出中国各区域雾霾的风险程度,并针对风险评估结果提出相关对策和建议,为灾害风险评估提供新的思路和方法,为提升我国各区域应对雾霾灾害的能力提供可靠的理论参考依据。

二、国内外研究进展综述

目前,雾霾研究主要集中于已经发生的雾霾属性特征、形成机理影响,以及雾霾的治理方面,对于未来雾霾可能造成危害的风险问题研究则十分缺乏,雾霾风险评估领域新兴的研究方向主要包括人类的健康风险和风险感知等,从灾害系统角度出发的相关研究理论和成果则非常少。

(一)国外研究现状

雾霾最显著的表现就是通过大气中的污染物质影响大气的能见度,其时空变化很早就引起国外学者的关注。关于雾霾的研究主要集中在雾霾的颗粒成分、形成原因、雾霾数据获取,以及雾霾的危害机理和治理等方面。在颗粒组成及成因方面,相关研究表明 SO_4^{2-} 是形成雾霾的关键因素,NO_3^-,NH_4^+ 和有机组分是 $PM_{2.5}$ 中含量最高的成分[1-2]。Senaratne 等分析讨论了造成霾天气的可能污染源[3]。Shooter 等采集了 Auckland 冬季的颗粒物样品,认为雾霾成因是静风、机动车尾气排放以及家庭燃烧[4]。在雾霾数据获取方面,早期以基地观测为主,后来由于遥感卫星技术的发展和应用,大大提高了雾霾的观测效率和精度,相关学者也在遥感影像获取雾霾数据方面做了较多的研究[5-6]。此外,相关研究显示气象参数,如相对湿度、风速、风向等都对雾霾的产生有重要影响,而这些气象参数中,风速和相对湿度则被认为是最重要的两个因素[7-8]。Malm 对美国大陆性霾天气的化学成分的时空分布进行了分析,并对其污染源进行了追踪和模拟[9],还有一些学者研究了区域性雾霾对气候的影响[10]。

雾霾的机理和影响方面,主要集中探讨了雾霾中吸入人体的颗粒物可能产生的对人体健康产生危害的致病机理的研究[11-12]。在雾霾治理方面,主要考虑通过立法、控制污染物排放,以及生态治理等手段来实现,相关研究为这些措施手段提供参考依据[13]。

雾霾的健康风险评估方面,主要是研究雾霾和各类疾病之间的相关定量关系,以及雾霾对各年龄阶段人群致癌风险的影响。例如,Zhang 等将人群根据年龄、性别、季节、滞后日期,以及疾病类型划分,采用污染物模型分析发现,前 1 天的雾霾、前 5 天累计的 NO_2 和前 3 天的 SO_2 对 19～64 岁之间的人群及女性的影响非常大,雾霾和心血管疾病的关系密切,污染物中的 NO_2 是导致呼吸道疾病住院的最大风险因素[14]。Zhang 等通过单变量分析发现雾霾和心血管、脑血管，以及呼吸道疾病有明显的正相关关系，其后期的影响比前期更加严重[15]。Lu等研究 $PM_{2.5}$ 中多环芳烃化合物浓度、组成、来源，以及相关癌症的风险，结果显示雾霾发生时期的苯丙致癌潜力要高于非雾霾时期，30岁以上的中年人群受多环芳烃化合物影响的癌症风险更高[16]。

雾霾风险感知方面研究处于起步阶段，相关成果较少。例如，Ho等通过网络征集参与者的方式评估了雾霾暴露的心理压力因子，对298名被调查者进行关于人口调查问卷、身体状况检查表、感知危险污染物的标准指数值，以及修订版的事件影响量表等方面的调查，研究发现雾霾危机与急性的身体症状及轻微的心理压力有密切的关系[17]。

（二）国内研究现状

我国雾霾研究始于20世纪80年代，早期研究集中于雾与霾的识别，后来逐渐发展为对较长时期内雾霾过程光化学特征分析，并基于地面气象数据对雾与霾天气的特征进行统计分析和气候学统计分析[18-19]。此外还有不少学者对一次持续性雾霾过程进行了研究分析，认为雾霾的成因可能与频繁出现的鞍形场静稳天气及细颗粒物排放源有关，另外还与污染物的排放有关[20]。随着研究的深入，区域雾霾研究越来越引起人们的重视，比较有代表性是珠三角地区，其气溶胶污染相当严重[21]，另外，京津冀地区、东北地区也有部分相关研究[22]。

雾霾的机理和影响方面，主要通过对大气环境和社会经济背景的分析，从理论上阐述和解释雾霾的形成和产生的影响。例如，张军英等通过对雾与霾产生条件及机理的分析，认为空气湿度接近饱和、大气层结稳定、存在冷却条件及大量霾粒子是导致中国中东部产生雾霾的条件及原因，同时认为，雾霾产生的条件中天气及气候因素目前人类难以控制，因此提出防治雾霾的关键是要控制目前受人类影响的霾离子的防治思路[23]；李文健分析了中国城市雾霾的现状和成因，采用库兹涅茨曲线分析了雾霾对中国人口和经济的影响，并提出了相关控制雾霾的措施[24]。

雾霾的健康风险评估方面，主要是考虑 $PM_{2.5}$ 浓度与各类疾病的关系，来反映雾霾风险的程度。例如，谢元博等采用泊松回归模型评估了北京居民对高浓度 $PM_{2.5}$ 暴露的急性健康损害风险，并用环境价值评估法对各类疾病人群的健康经济损失进行了评估[25]；李湉湉等采用时间序列分析模型和应用比例风险模型分别计算北京市 $PM_{2.5}$ 对人群死亡的暴露-反应关系和重度雾霾时期 $PM_{2.5}$ 污染造成的超额死亡风险，研究结果显示心脑血管和呼吸系统疾病是 $PM_{2.5}$ 污染的敏感性疾病，在重度雾霾天气期间，$PM_{2.5}$ 可增加人群超额死亡风险，并表现出一定地区差异，以人口密集和污染浓度高的中心城区健康风险最高[26]。

雾霾风险感知方面，相关研究主要通过调查问卷结合相关统计分析完成。例如，李娟等通过发放调查问卷的方式研究了南京市江宁区年龄超过6岁，居住时间超过2年的居民对雾霾影响健康的风险感知状况，结果显示当地居民对雾霾有一定了解，雾霾对居民生活造成了一定的影响[27]。曾贤刚等运用权变评价法调查了北京市居民对大气细颗粒物 $PM_{2.5}$ 健康风险的认知状况、行为选择及降低健康风险的支付意愿，分析发现82.5%的居民认为北京市空气污染较为严重，52.4%的居民知道雾霾天气是由 $PM_{2.5}$ 引起的并认为其会给自己和家人的健康带来影响，92%的居民认为政府应该承担更多降低 $PM_{2.5}$ 健康风险的责任[28]。

综上所述，可以看出目前雾霾的研究已经从早期的仅对已经发生的雾霾属性特征及影响方面的关注，逐步拓展到对人类健康研究的领域，相关学者已经逐步意识到此类灾害的风险研究对人类发展的意义重大，但是相关研究尤其是风险研究仍然十分缺乏，作为主要承灾体之一的人类更加准确而全面地对其发生风险作出分析和预测，可以为相关部门雾霾治理的决策提供有意义的理论参考依据。

三、研究内容与方法

（一）研究思路及数据资料

1. 雾霾灾害的时空分布规律研究

雾霾以 PM_{10} 和 $PM_{2.5}$ 为主要成分，但国内自 2012 年才开始正式统计 $PM_{2.5}$ 的相关数据，且数据的获取非常困难。目前，国内外学者除采用自行观测的数据外，大部分均采用巴特尔研究所（Battelle Memorial Institute）和哥伦比亚大学国际地球科学信息网（Center for International Earth Science Information Network）研发的全球 2001—2010 年 $PM_{2.5}$ 年均值。该数据利用 Donkelaar[29] 等人的研究思路，将遥感气溶胶光学厚度（remotely sensed aerosol optical depth）通过物理和化学模型反演、解析，得到不同湿度下的区域 $PM_{2.5}$ 的年均值。同时，该团队成员还制成了人口加权的全球 2001—2010 年各省的 $PM_{2.5}$ 值。因此，本文从时空角度出发，研究中国近几十年来雾霾灾害的时空演变规律。根据搜集整理的中国各省 2001—2010 年 10 年人口加权平均 $PM_{2.5}$ 浓度（单位：$\mu g/m^3$）资料，通过趋势分析方法以及空间相关分析法，借助于 ArcGIS 系统平台分析我国雾霾灾害随时间发展呈现的变化趋势特征以及空间分布差异及演变规律，并将其作为进一步分析雾霾综合风险的基础。

2. 雾霾灾害风险评估的指标体系的构建

本文在分析雾霾时空演变规律的基础上，根据我国雾霾的空间分布差异特征，结合文献和相关统计资料，整理归纳各区域雾霾形成原因，从致灾因子、暴露度、脆弱性三方面寻找合适指标，分区域构建雾霾综合风险评估指标体系。IPCC 第五次评估报告提出的风险概念认为，灾害风险应当包括致灾因子的危险性，承灾体的暴露度和脆弱性三大要素。从灾害风险系统角度来看，致灾因子是指自然灾害的危险性因子，它是可能造成生命伤亡与人类社会财产损失的自然变异因子；暴露度是指社会经济财产、资源和基础设施有可能受到不利影响的位置，也是灾害影响的最大范围；脆弱性是指受到不利影响的倾向或趋势，内含两方面要素：一是承受灾害的程度，即灾损敏感性（承灾体本身的属性），二是可恢复的能力和弹性（应对能力）[30-31]。

因此，本文根据雾霾灾害的特征以及最新的风险概念，构建了表征我国雾霾风险的指标体系。致灾因子选取中国各省（由于数据限制，未考虑港澳台地区）人口加权平均 $PM_{2.5}$ 浓度（$\mu g/m^3$）作为造成危害的自然变异因子；考虑到研究区域的覆盖范围，将区域人均 GDP 密度（元/人/km^2）作为承灾体的暴露程度指标；脆弱性指标考虑灾损敏感性和恢复力两方面，分别选取易感人群比重（老年人与儿童人口之和占总人口的比重）和人均医疗机构数量来反映雾霾风险影响对象的敏感程度和应对雾霾的能力。致灾因子数据来源于巴特尔研究所和哥伦比亚大学在研制的全球数据基础之上，估算的中国全境 $PM_{2.5}$ 污染物浓度年平均值（2001—2010 年），承灾体暴露度和脆弱性数据来源于相应年份的中国统计年鉴数据（中国 2002—2011 年统计年鉴）。

3. 三维 Copula 函数的雾霾综合风险评估及对策建议

本文在构建的雾霾风险评估指标体系的基础之上，分析各指标的最优边缘分布，选择合适的三维联合概率模型，并进行参数估计，实现雾霾的综合风险评估。在风险评估结论的基础之上，结合已有研究的相关成果，归纳、凝练并提出雾霾风险管理的对策及建议。

（二）研究方法

1. 时间序列的线性回归趋势分析

时间序列回归分析(time series analysis)是一种动态数据处理的统计方法。统计根据收集的人口加权的中国 2001—2010 年各省的 $PM_{2.5}$ 值数据，分析各省 10 年的雾霾浓度的变化趋势，确定并分析变化趋势显著的区域。

2. 空间相关分析法

Tobler[32] 曾提出“地理学第一定律”(first law of geography)，认为“任何事物在空间上都是关联的；距离越近，关联程度就越强；距离越远，关联程度就越弱”。由于中国的人口分布和经济发展程度存在着空间集聚现象，$PM_{2.5}$ 值也可能存在着类似特征。本文采用了 Moran[33] 提出的 Moran′s I 指数，以检验 $PM_{2.5}$ 值的全局空间相关性。其计算公式为：

$$I = \frac{n\sum_{i=1}^{n}\sum_{j=1}^{n} w_{ij}(A_i - \overline{A})(A_j - \overline{A})}{\sum_{i=1}^{n}\sum_{j=1}^{n} w_{ij}(A_i - \overline{A})^2} \tag{1}$$

其中，n 为所研究的省份数，这里为除重庆、港澳台之外的 30 个省份（含直辖市、自治区，后同）；i，j 表示各省份，A_i，A_j 表示第 i，j 个省份的人口加权的 $PM_{2.5}$ 值；$S^2=(A_i-\overline{A})^2$ 为 30 个省份的人口加权 $PM_{2.5}$ 值的方差；I 是指数值，用于衡量全局空间相关性的大小，其取值为 $[-1,1]$。I 取值为正，表示 A_i 和 A_j 是同向变化，数据呈正相关；取值越接近 1，表示正向空间自相关性越强，$PM_{2.5}$ 的高值与高值（或低值与低值）相邻；I 取值为负，表示 A_i 和 A_j 是反向变化，数据呈负相关；取值越接近－1，则负向空间自相关性越强，$PM_{2.5}$ 的高值与低值（或低值与高值）相邻；I 取值接近于 0，则数据呈随机分布，不具有相关性。

w_{ij} 为空间权重矩阵，其取值规则为：

$$w_{ij} = \begin{cases} 1 & \text{当省份 } i,j \text{ 相邻} \\ 0 & \text{当省份 } i,j \text{ 不相邻} \\ 1 & \text{当省份 } i=j \end{cases} \tag{2}$$

相邻指的是两个省份有共同的边或点。在计算空间权重矩阵时，将四川与重庆合并为一个省。全局和局域空间相关计算均用软件 GeoDA1. 4. 0 完成。

全局空间自相关所采用的 Moran′s I 散点图检验的是整体层面上的聚类特征，但不能检验局部地区一些省份的 $PM_{2.5}$ 值是否存在聚类现象。因此，这里采用 Anselin[34] 提出的 LISA (Local Indicator of Spatial Association) 指数检验中国各省份 $PM_{2.5}$ 值的局部空间自相关特征。某区域 i 的 LISA 指数的计算公式为：

$$I_i = \frac{(A_i - \overline{A})}{S^2}\sum_{j\neq 1}^{n} w_{ij}(A_i - \overline{A}) \tag{3}$$

其中，n，i，j，A_i，$\overline{A}_j$，S^2 均与前设定相同。I_i 是指数值，用于衡量 i 区域的空间相关性的大小，$I_i>0$，表示 i 区域中各省份的 $PM_{2.5}$ 的高值与高值（或低值与低值）相邻，即 $PM_{2.5}$ 值较高（或

$PM_{2.5}$值较低)的省份在空间上集聚；$I_i<0$，表示 $PM_{2.5}$的高值与低值(或低值与高值)相邻，即 $PM_{2.5}$值较高的省份与 $PM_{2.5}$值较低的省份(或 $PM_{2.5}$值较低的省份与 $PM_{2.5}$值较高的省份)在空间上集聚。

3. 三维 Gumbel Copula 风险评估模型

Copula 函数是求解多变量概率问题的工具，对边缘分布没有特定限制，能够描述多维变量间非线性、非对称关系，并能够灵活构造边缘分布为任意分布的联合分布函数[35]，其优势在金融风险、水文分析领域得到广泛验证。目前，Copula 函数在灾害风险评估中的应用已有学者作了相关探讨，但是主要是考虑致灾因子的联合概率，综合考虑致灾因子和承灾体而进行多变量风险评估的较少。

Copula 可以将若干个边缘分布不一致的变量联合起来构建成一个联合函数，定义域为[0,1]，其基本形式为：

$$F(x_1,x_2,\cdots,x_N)=P\{X_1\leqslant x_1,X_2\leqslant x_2,\cdots,X_N\leqslant x_N\}=C(F_1(x_1),F_2(x_2),\cdots,F_N(x_N))=C(u_1,u_2,\cdots,u_N) \tag{4}$$

式中，F 是随机变量 $X_1,X_2,\cdots,X_N$ 的 N 维分布函数，C 为联合分布函数，$F_1(x_1)$，$F_2(x_2)$，$\cdots$，$F_N(x_N)$分别为随机变量 $X_1,X_2,\cdots,X_N$ 的边缘分布函数，为简化表达，可令 $u_1=F_1(x_1)$，$u_2=F_2(x_2)$，$\cdots$，$u_N=F_N(x_N)$。

Copula 类型主要包括椭圆型、Archimedean 型(Gumbel、Clayton、Frank，以及 Ali-Mikhail-Haq)、极值型(Gumbel、Tawn、Husler-Reiss、Galambos，以及 t-EV)，以及其他类型，如 Plackett，Farlie-Gumbel-Morgenstern 等。其中最为常用的为椭圆型和 Archimedean 型。

由于不同类型的 Copula 函数适合不同相关关系的变量，已有研究表明非对称的 Archimedean 型 Copula 函数中的 Gumbel 型在构建三变量联合分布时具有一定的优越性[36]，因此，本文尝试采用 Gumbel Copula 函数去构建三变量的联合分布函数，其计算公式为：

$$C_1[C_2(u_1,u_2),u_3]=\exp\{-\{[(-\ln u_1)^{\theta_2}+(-\ln u_2)^{\theta_2}]^{\frac{\theta_1}{\theta_2}}+(-\ln u_3)^{\theta_1}\}^{\frac{1}{\theta_1}}\} \tag{5}$$

式中，θ_1 和 θ_2 为联合函数中的待估参数($\theta_1<\theta_2$，且 θ_1，θ_2 均大于 1)，其他变量同公式(4)。

本文首先构建雾霾综合风险评估的指标体系，利用常见的 Anderson-Darling(AD)拟合优度检验方法确定单个指标的最优分布模型，然后尝试利用 Copula 函数构建致灾因子危险性，承灾体暴露度和脆弱性三变量的联合分布函数，并利用条件概率分析，考虑给定阈值条件下的致灾因子，承灾体暴露度和脆弱性的联合变化情况，以及给定暴露度和脆弱性条件下，不同致灾强度下的雾霾风险。

Copula 函数的参数估计主要分为最大似然估计、分步估计，以及半参数估计三种。其中最大似然估计是使用最为广泛、相对比较灵活的一种方法，因此，本文采用最大似然法估计变量边缘分布，Copula 函数中的参数通过分步估计法(IFM)[37]确定。联合函数的拟合优度采用均方根误差和 Bias 计算理论联合分布和经验分布之间的偏离程度，计算公式如下[38]：

$$RMSE=\sqrt{\frac{1}{n-1}\sum_{i=1}^{n}(C_{\text{exp}}-C_{\text{the}})^2} \tag{6}$$

$$MSE=\frac{1}{n-1}\sum_{i=1}^{n}(C_{\text{exp}}-C_{\text{the}})^2 \tag{7}$$

$$Bias=\sum_{i=1}^{n}(\frac{C_{\text{exp}}-C_{\text{the}}}{C_{\text{exp}}}) \tag{8}$$

其中，n 为样本数，C_{exp} 和 C_{the} 分别为联合分布的经验概率和理论概率，$RMSE$ 和 $Bias$ 值越小，代表模型的拟合程度越好。

三维变量的条件联合分布函数中，当 $X_1 \leqslant x_1$ 时，式(5)的条件概率可以表示为：

$$F(X_2 \leqslant x_2, X_3 \leqslant x_3 \mid X_1 \leqslant x_1) = \frac{C(u_1, u_2, u_3)}{u_1} \tag{9}$$

当变量 $X_2 = x_2$ 且 $X_3 = x_3$ 时，变量 X_1 的条件分布函数的基本形式为：

$$F(x_1 \mid X_2 = x_2, X_3 = x_3) = \frac{\partial^2 C(u_1, u_2, u_3)}{\partial u_2 \partial u_3} \tag{10}$$

在公式(10)基础上，可以计算给定的 $X_2 = x_2$、$X_3 = x_3$ 时，$X_1 > x_1$ 的概率 P：

$$P(X_1 > x_1 \mid X_2 = x_2, X_3 = x_3) = 1 - F(x_1 \mid X_2 = x_2, X_3 = x_3) \tag{11}$$

四、结果分析

(一)中国雾霾的时间变化趋势分析

将 2001—2010 年全国各省(除重庆、香港、澳门外)共 31 个行政区域的人口加权 $PM_{2.5}$ 值数据分别进行线性回归拟合，分析各区域 $PM_{2.5}$ 浓度的变化趋势，结果如表 1 所示。

表 1 中国各省 2001—2010 年人口加权 $PM_{2.5}$ 线性变化趋势及显著性

省份	变率	R^2	省份	变率	R^2	省份	变率	R^2	省份	变率	R^2
山西	−0.417	0.181	台湾	−0.076	0.486	青海	0.023	0.005	天津	0.264	0.053
河北	−0.257	0.030	河南	−0.041	0.001	江西	0.031	0.001	安徽	0.332	0.221
北京	−0.227	0.030	陕西	−0.041	0.003	浙江	0.046	0.009	山东	0.448	0.082
宁夏	−0.17	0.162	贵州	−0.030	0.002	吉林	0.090	0.010	江苏	0.635	0.448
西藏	−0.136	0.361	广东	−0.026	0.000	新疆	0.094	0.083			
云南	−0.126	0.028	上海	−0.024	0.000	辽宁	0.099	0.018			
福建	−0.114	0.042	广西	−0.020	0.000	湖北	0.121	0.025			
内蒙古	−0.098	0.023	黑龙江	−0.019	0.001	湖南	0.178	0.066			
甘肃	−0.090	0.038	海南	−0.013	0.028	四川	0.243	0.054			

由于数据时间序列相对较短，有多个区域没有表现出明显的变化趋势，但是仍然可以看出部分区域在这 10 年里的变化是显著的。上升速率较快的有江苏、山东、安徽、天津、四川等省份，但是山东、天津、四川的上升趋势显著性较低；下降速率较快的有山西、河北、北京、宁夏、西藏等省份，但是下降趋势的显著性均较低。

对线性拟合的回归系数的显著性($\alpha = 0.05$)检验，选取变化趋势显著的省份进行分析(图 1)发现：江苏省的上升速度最快(0.635 $\mu g/m^3/a$)，上升趋势的显著性水平最高($R^2 =$ 0.448)。山西省的下降速度最快(0.417 $\mu g/m^3/a$)，但显著性水平不是很高；台湾的下降速率虽不是很快，但下降的趋势显著性水平却是最高的($R^2 =$ 0.486)。

通过查阅相关资料分析发现，江苏和安徽的雾霾除了与其所处的长江三角洲为全国的“四大雾霾带”(京津冀、长江三角洲、珠江三角洲和川渝)之一有关之外，江苏省雾霾的主要形成

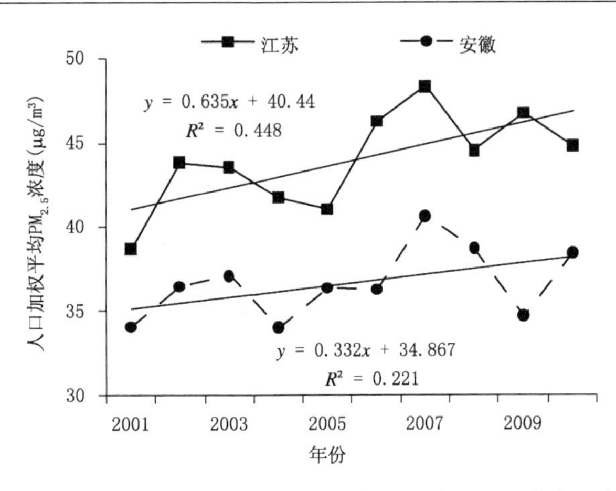

图1 我国部分区域2001—2010年人口加权平均 $PM_{2.5}$ 浓度的变化趋势

原因与城市快速发展有着密切的关系。相关资料显示江苏省内苏南地区2000—2008年间的城市化率从37%迅速上升到60.2%，霾日数也迅速上升，这表明城市化的加速发展和污染物大量排放是导致区域雾霾加重的重要原因[39]。安徽雾霾与其能源消费总量的增长和城镇化的加速增长有较强的关联[40]。

山西省人口加权平均 $PM_{2.5}$ 浓度与同期的雾霾日数变化趋势一致，均表现为下降趋势，但是从长时间序列来看，山西省的雾霾仍有加重趋势，其主要成因与厄尔尼诺等大气环流异常及城市扩大、工矿企业发展、人口与车辆的大量增加有关[41]；宁夏的人口加权平均 $PM_{2.5}$ 浓度与同期雾霾日数表现的并不一致，可能原因是此阶段的变化趋势不显著。台湾省的人口加权平均 $PM_{2.5}$ 浓度虽然减少的速率较小，但是显著性相对较高，这种趋势与已有研究结论一致，可能的主要原因与当地所采取的空气污染防治措施有关，台湾自20世纪90年代开始，导入了预防性管理策略，推动污染源许可制度辅助改善，大幅提升污染减量管制绩效，同时推动经济诱因策略，有效引导排放源自发减量[42-43]。

（二）雾霾的空间分布规律

1. 全局的空间相关性分析

采用空间自相关分析，从全局空间自相关计算的Moran′s I 值（表2）来看，各省在0.4122～0.4843之间，较为稳定，表示各省份的 $PM_{2.5}$ 值有正向的空间自相关性，即某省的 $PM_{2.5}$ 值越高，其邻近省份的 $PM_{2.5}$ 值也较高，反之则较低；Moran′s I 值的伴随概率 p 值均小于0.05，说明在统计上是显著的。

从各年份的Moran′s I 值来看，2007年的最高，为0.4843，2009年的最低，为0.4122，这与 $PM_{2.5}$ 均值最高和最低的年份基本接近，再将2001—2010年的Moran′s I 值和 $PM_{2.5}$ 均值做相关分析，两个序列的Pearson相关系数值为0.621，双侧 P 值为0.055，单侧 P 值为0.028，表明两个序列具有一定的相关性，在10%的水平下显著，即 $PM_{2.5}$ 均值越高的年份，其空间相关性越强，空间集聚的特征越明显，均值越低的年份，空间相关性则较弱，空间集聚特征越不明显。结果如表2所示。

表 2　2001—2010 年中国各省的人口加权 $PM_{2.5}$ 值的全局 Moran′s *I* 指数值

年份	Moran′s *I*	*I* 的期望值 *E*(*I*)	*I* 的标准差 *SD*(*I*)	*I* 的 *Z* 检验值 *Z*	*I* 的伴随概率 *p*
2001	0.4525	−0.0334	0.1110	4.3725	0.001
2002	0.4460	−0.0345	0.1186	4.0259	0.001
2003	0.4295	−0.0345	0.1184	3.9299	0.001
2004	0.4249	−0.0345	0.1192	3.8510	0.001
2005	0.4655	−0.0345	0.1179	4.2142	0.001
2006	0.4289	−0.0345	0.1117	4.1379	0.001
2007	0.4843	−0.0345	0.1154	4.5030	0.001
2008	0.4440	−0.0345	0.1168	4.1106	0.001
2009	0.4122	−0.0345	0.1144	3.8483	0.001
2010	0.4268	−0.0345	0.1165	3.8931	0.001

注：$E(I)=-1/(n-1)$，此处 $n=32$（重庆、四川合并），由蒙特卡洛模拟 999 次。

2001—2010 年各省的 Moran′s *I* 值的散点图可以以平均值为轴，划分成四个象限。第一、三象限分别表示高-高、低-低的正相关，第二、四象限表示低-高、高-低的负相关。从散点图来看，每年约有 15 个省份的 Moran′s *I* 值位于第一象限，说明这些省份的 $PM_{2.5}$ 值较大，且呈现空间集聚特征；约有 8 个省份位于第三象限，说明这些省份的 $PM_{2.5}$ 值较小，且呈现空间集聚特征；约有 10 个省份位于第二、四象限，说明这些省份的 $PM_{2.5}$ 值负相关，未呈现空间集聚特征。总体来看，大多数省份的 $PM_{2.5}$ 值还是具有空间集聚特征的，即 $PM_{2.5}$ 值高（或低）的省份相邻，图 2 是以 2006 年和 2010 年为例的 Moran′s *I* 值散点图。

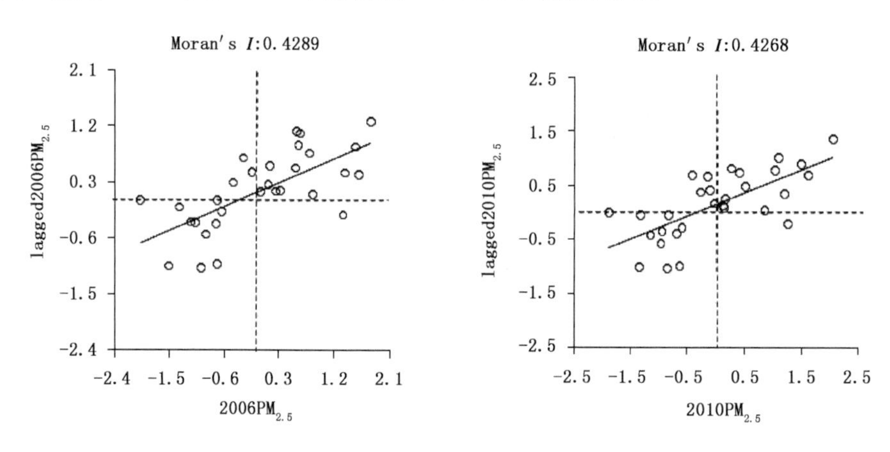

图 2　2006 年和 2010 年各省 $PM_{2.5}$ 值的 Moran′s *I* 值散点图

2. *局部的空间相关性分析*

在 Moran′s *I* 值散点图检验了整体层面上的聚类特征的基础之上，进一步用 LISA 指数检验局部地区一些省份的 $PM_{2.5}$ 值是否存在聚类现象。图 3 选取 2006 和 2010 年的局部 $PM_{2.5}$ 值的空间集聚图为例，每幅图都通过了显著性水平为 5% 的检验，由蒙特卡洛模拟 999 次得到。

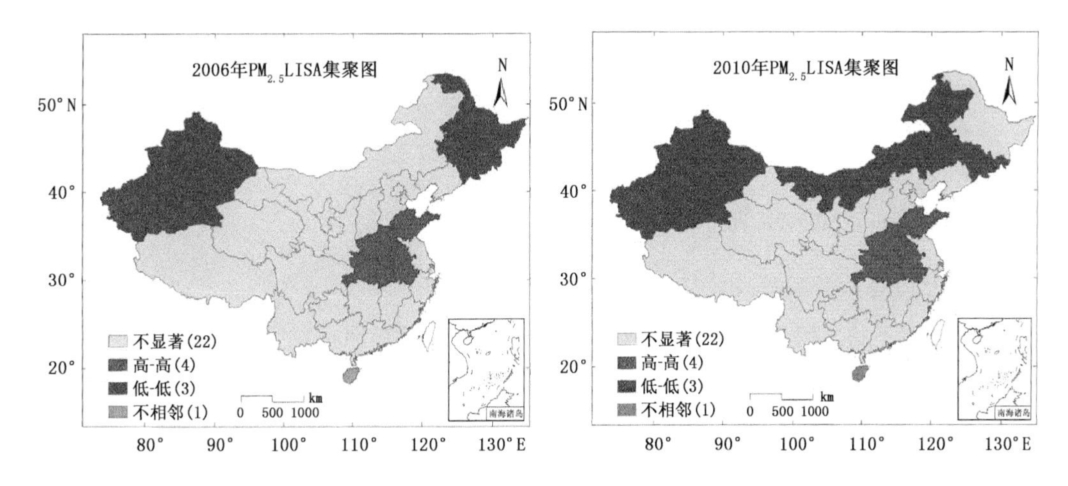

图 3 2006 年和 2010 年中国各省份 $PM_{2.5}$ 值的局部集聚图

由图 3 及其他年份的 LISA 指数图可知，中国大部分省份的 $PM_{2.5}$ 值存在着明显的“高-高”或“低-低”空间集聚的现象。高值集聚的省份大多集中在中、东部地区，如河北、山东、河南、安徽、北京、湖北等；低值集聚的省份大多集中在西部和东北地区，如吉林、新疆等。表 3 为统计的 2001—2010 年间 $PM_{2.5}$ 值存在“高-高”或“低-低”集聚的省份。

表 3 2001—2010 年中国“高-高”或“低-低”值空间集聚的省份分布

年份	高-高区域	低-低区域
2001	湖北，河南，山东，安徽	新疆，黑龙江，吉林
2002	湖北，河南，山东，安徽，天津	新疆，吉林
2003	湖北，河南，山东，安徽，河北	新疆
2004	湖南，湖北，河南，山东，安徽	新疆，内蒙古，黑龙江，吉林
2005	湖南，湖北，河南，山东，安徽	新疆，内蒙古，黑龙江，吉林
2006	湖北，河南，山东，安徽	新疆，黑龙江，吉林
2007	湖北，河南，山东，安徽	新疆，内蒙古，黑龙江，吉林
2008	湖北，河南，山东，安徽，天津	新疆，吉林
2009	湖北，河南，山东，安徽	新疆，吉林
2010	湖北，河南，山东，安徽	新疆，内蒙古，吉林

$PM_{2.5}$ 值存在明显的空间集聚现象的可能原因：①中、东部地区的省份都处于东亚冬、夏季风区，具有类似的降水和风速/风向等气象条件。2013 年 1 月中国中东部地区（江苏、浙江、安徽和山东等省份）爆发强度大、持续时间长、发生范围广的雾霾天气。其中，气象因子可以解释超过 2/3 的雾霾天气逐日变化的方差，方差贡献达到 0.68[44]。②我国中、东部省份的人口较为密集、经济较为发达，排放的废气、汽车拥有量和煤炭消耗量也较多，$PM_{2.5}$ 值也较高。③$PM_{2.5}$ 低值集聚的吉林省，其人均密度为 147 人/km^2，GDP 密度为 462.52 万元/km^2，汽车拥有量为 8.16 辆/km^2，煤炭消耗量密度为 0.0511 万吨/km^2，均在全国平均值左右，且不到安徽省的一半。④马丽梅等还认为，中国的雾霾在中、东部集聚，与这些省份相似的产业结构有很大的关系[45]。由于短期内难以获取以创新驱动为主要特征的清洁型高端优质产业，在中央

政府强大的 GDP 考核下，这些省份只能以“三高”(高污染、高排放、高消耗)为特征的制造业为主要产业。而这些投资者在资源、人口、交通等均较为便利的中、东部省份中“择优生存”，地方政府为获取投资，显性或隐性地竞相放松对环境的管制，进一步加剧了雾霾在中、东部省份的集聚。

(三)雾霾的综合风险评估

1. 单变量的边缘分布的确定

雾霾致灾因子的危险性(H)，承灾体的暴露度(E)以及脆弱性(V)均为连续的随机变量，利用参数估计确定单变量的边缘分布。通过拟合优度检验(A-D)确定最优的边缘分布分别为正态分布(Normal)、威布尔分布(Weibull)，以及广义极值分布(Generalized Extreme Value)(图 4)，经验分布和理论分布的相关系数 Kendall's τ 均通过 0.01 的显著性水平检验，相应的边缘分布函数和参数如表 4 所示。

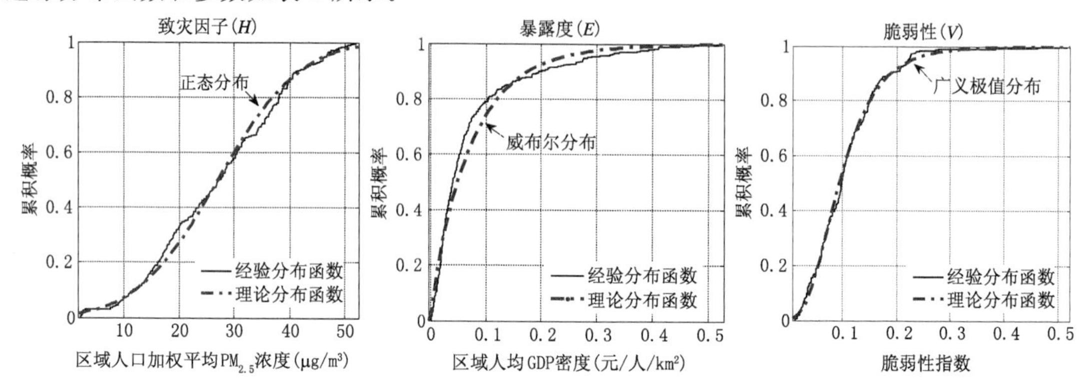

图 4 三变量的边缘分布的拟合曲线

表 4 H、E、V 的边缘分布函数及对应参数

变量	边缘分布	相应参数
H	$F_H(x \mid \mu,\sigma)=\frac{1}{\sqrt{2\pi}\sigma}\int_{-\infty}^{x} e^{\frac{-(X-\mu)^2}{2\sigma^2}}dx$	$\mu=27.0456$ $\sigma=11.7451$
E	$F_E(x \mid m,s,\alpha)=\int_0^x \frac{\alpha}{s}\left(\frac{x-m}{s}\right)^{\alpha-1}\exp\left[-\left(\frac{-(x-m)}{s}\right)^{\alpha}\right]dx$	$m=0$ $s=0.0722$ $\alpha=0.9324$
V	$F_V(x \mid \mu,\sigma,\xi)=\int \frac{1}{\sigma}\left[1+\xi\left(\frac{x-\mu}{\sigma}\right)\right]^{(-\frac{1}{\xi})-1}\exp\left\{-\left[1+\xi\left(\frac{x-\mu}{\sigma}\right)\right]^{-1/\xi}\right\}dx$	$\mu=0.0775$ $\sigma=0.0458$ $\xi=0.0717$

2. 变量相关性分析及 Copula 函数的选择

变量之间的相关关系不同，所适用的 Copula 函数类型也不一样，在实际应用中应根据变量间的关系特点进行确定。皮尔逊相关分析可以表示两变量之间的线性相关关系，Kendall's τ 秩相关分析不仅能分析变量间的线性相关关系，也能体现非线性相关关系。雾霾风险三大指标(致灾因子、暴露度和脆弱性)的皮尔逊相关系数 ρ 和 Kendall's τ 相关系数矩阵如表 5 所示，可以看出仅致灾因子(H)和暴露度(E)之间的线性相关(ρ)通过 0.05 显著性检验，但相关程度非常低

(—0.0023),其他相关关系均不显著,故可以选择 Gumbel copula 函数进行三维建模。

表 5　雾霾风险指标的皮尔逊相关系数 ρ 和 Kendall's τ 相关系数矩阵

ρ	H	E	V	τ	H	E	V
H	1	−0.0023*	0.3652	H	1	0.1604	0.2574
E	−0.0023*	1	0.1208	E	0.1604	1	0.2483
V	0.3652	0.1208	1	V	0.2574	0.2483	1

(注:* 为通过 0.05 的显著性检验,其他为不相关)

3. Copula 函数参数计算及拟合优度检验

利用分布估计法(IFM)估计三维 Gumbel Copula 的参数 θ_1 和 θ_2,并通过 $RMSE$、AIC 和 $Bias$ 方法计算经验联合分布概率和理论分布概率的一致性,结果如表 6 所示。

表 6　Gumbel Copula 的估计参数及模型拟合优度

	θ_1	θ_2	$RMSE$	$Bias$
Gumbel	1.1095	1.3106	0.0415	11.352

图 5 为所构建的三维 Gumbel Copula 模型的经验联合分布累积概率和理论联合分布累积概率的拟合曲线,相关系数为 0.9856,均方根误差 $RMSE$ 为 0.0415,表明三维 Gumbel Copula 函数对选定的雾霾风险评估三要素(H、E 及 V)具有较好的拟合效果。

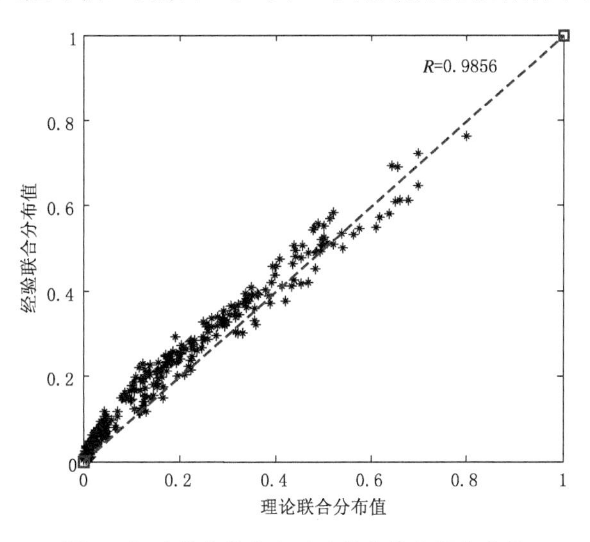

图 5　经验联合分布和理论联合分布拟合曲线

4. 雾霾风险估算

根据公式(5)算出雾霾的三变量联合概率,分别以人口加权平均 $PM_{2.5}$ 浓度 $H=20,30,40\ \mu g/m^3$,人均 GDP 密度 $E=0.2,0.3,0.4$ 元/人/km^2,脆弱性指数 $V=0.2,0.3,0.4$ 为条件,绘制了三维联合概率分布切片图(图 6)。例如,在给定人口加权平均 $PM_{2.5}$ 浓度 $H=40\ \mu g/m^3$ 的切片上可以看出,随着人均 GDP 密度和脆弱性指数值的变化联合概率的变化情况,其他切片同理。当 H 一定时,E 和 V 值越大,相应的联合风险概率值就越高。

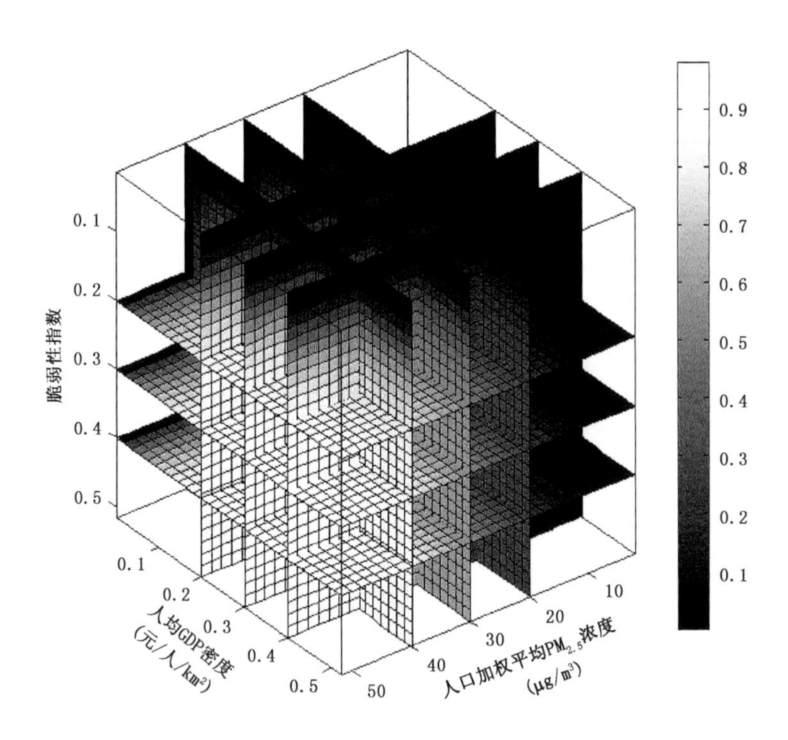

图 6　雾霾风险的三维联合概率切片图

我国于 2012 年修订的《环境空气质量标准》中增设了 $PM_{2.5}$ 浓度阈值，一级、二级日平均浓度限值为 35 μg/m³ 和 75 μg/m³，但此标准仅为国际最低标准。美国环保署标准规定，日平均浓度低于 15 μg/m³ 时空气质量良好，对健康没有危害；高于 65 μg/m³ 则表明空气质量对健康有危害[46,22]。据此，本文分别考虑人口加权平均 $PM_{2.5}$ 浓度阈值为 15 μg/m³ 和 35 μg/m³ 的情况下，雾霾的风险变化情况。根据公式(9)，计算当致灾因子 $H \leqslant 15$ μg/m³ 和 35 μg/m³ 时，暴露度和脆弱性的联合概率变化情况。图 7 显示了当 $H \leqslant 15$ μg/m³ 和 35 μg/m³ 时，E 和 V 的联合概率分别为 0.1，0.3，0.5，0.7 及 0.9 时的变化情况，可以看出 $H \leqslant 15$ μg/m³ 时的联合风险概率均高于 $H \leqslant 35$ μg/m³ 的情况，即致灾因子浓度阈值大小与雾霾的风险概率呈现负相关的关系，即设定的 $PM_{2.5}$ 浓度阈值越小，其所代表的雾霾风险概率越高。例如，当 $H \leqslant 15$ μg/m³ 条件下，人均 GDP 密度 $E \leqslant 0.07$ 元/人/km²，且脆弱性指数 $V \leqslant 0.10$ 的联合概率为 0.5，而 $H \leqslant 35$ μg/m³ 时，其他因子相同条件的联合概率则为 0.42，以此类推。

根据公式(10)和(11)分别计算不同暴露度和脆弱性组合条件下，$H > 15$ μg/m³ 和 35 μg/m³ 时雾霾风险的概率(图 8)。根据图 6 可以查得任意条件下，H 超过设定阈值(15 μg/m³ 和 35 μg/m³)的概率。图 8(a)显示，$H > 15$ μg/m³ 的情况下，E 和 V 任意组合条件下，超越概率均大于 0.5，大多数组合的概率值在 0.80～0.99，可以看出我国 $PM_{2.5}$ 浓度阈值超过 15 时，E 和 V 的联合超越概率均较高，即反映的雾霾风险在此阈值条件下均较高。图 8(b)为 $H > 35$ μg/m³ 时，E 和 V 不同组合条件下，超越概率值在 0.00～0.90 之间变化，例如，当 $E = 0.18$ 元/人/km²，$V = 0.27$ 时，雾霾的联合超越概率为 0.5；当 $E = 0.52$ 元/人/km²，$V = 0.52$ 时，雾霾的联合超越概率为 0.9。图 8 显示了 H 超过阈值的条件超越概率随 E 和 V 的增大而升高,体现了 E、V 与雾霾灾害风险的正相关关系。

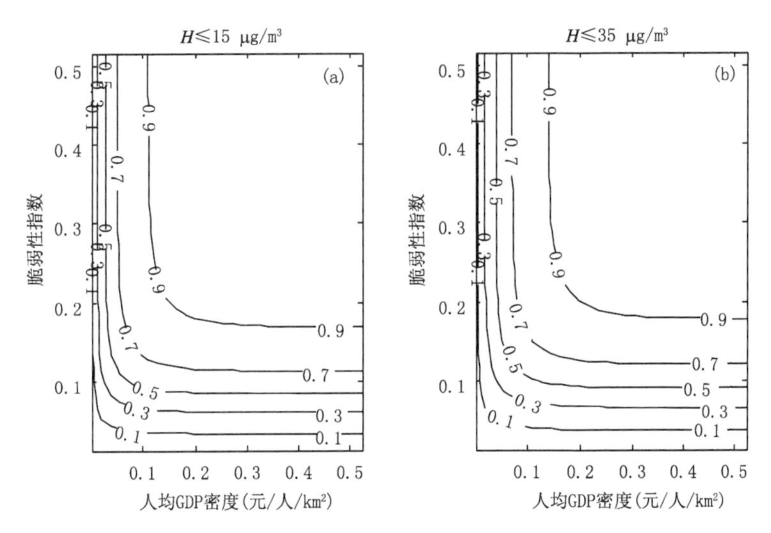

图 7 $H \leqslant 15\ \mu g/m^3$ 和 $35\ \mu g/m^3$ 时的 E 和 V 联合概率等值线图

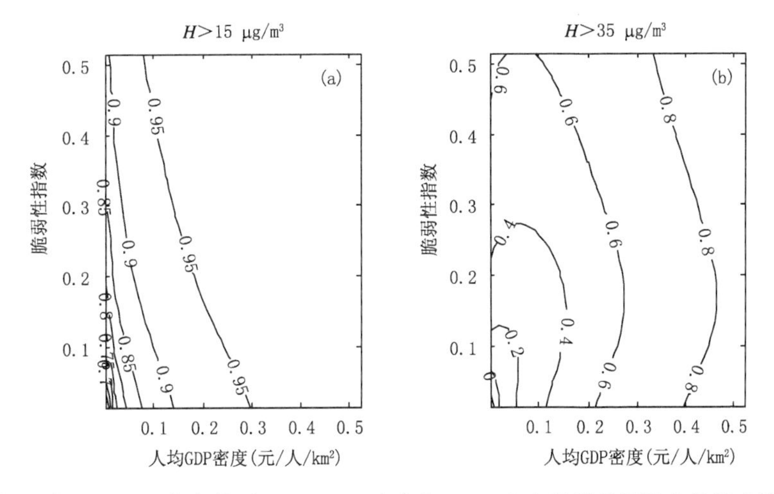

图 8 在不同 E 和 V 组合条件下 $H > 15\ \mu g/m^3$ 和 $35\ \mu g/m^3$ 的雾霾风险条件概率等值线图

五、雾霾治理的对策思考

(一)时空分析角度的对策思考

1. 雾霾的短期和长期治理的思考与建议

根据中国 2001—2010 年人口加权评估 $PM_{2.5}$ 浓度的时间序列变化趋势的分析结果发现,此阶段中长三角地区的雾霾在全国“四大雾霾带”中的增速是最快的,其他区域在此阶段上升或下降的趋势变化不是很显著,但是这并不能说明其他区域的雾霾发展演变是可忽略的,尤其是 2013 年以来,我国雾霾天气多发,已经严重影响了居民的日常生产和生活。

为了有效治理雾霾带来的不利影响,应当有针对性地制定短期和长期的应对策略。首先,短期治理应当厘清重点和底数，迅速采取简洁有力的措施，把过高的大气污染物排放减下来，提高社会对政府的公信力和实际效果。由于 $PM_{2.5}$ 是雾霾天气形成的主要原因，在雾霾中，$PM_{2.5}$ 日均浓度值频频“爆表”，往往是《环境空气质量标准》（GB 3095—2012）二级标准规定的 $PM_{2.5}$ 日平均浓度限值（75 $\mu g/m^3$）的多倍，应当厘清各“爆表”情况下 $PM_{2.5}$ 浓度对应的各地区的排放量，以及其与标准排放量之间的差距，弄清 $PM_{2.5}$ 的主要污染源的构成，以明确要达到标准 $PM_{2.5}$ 浓度下的各主要污染源的排放量。在具体执行过程中，要实现空气中 $PM_{2.5}$ 浓度的快速达标，主要依赖于相关污染物的减排，可以结合相关专业部门的统计资料进行。在机动车减排方面，可采取车辆限行、提高机动车排放标准，以及提高停车费的途径实现；煤炭燃烧减排方面，可通过改造锅炉结构和暂时减少煤炭燃烧来实现；建筑工地减排可以采取洒水降尘、减少开挖等措施；工业减排可采取有选择性地停减产或控制原料标准等方式进行[47]。

其次，从长期来看，治理雾霾应当采取一些根本性的治理措施，包括改善能源结构，大力发展可再生的清洁能源，逐步扭转化石能源为主的时代现状，除了水能之外，生物能、太阳能、风能等均可作为煤电能源的一种有效替代品；转变观念，完善国策和机制为治理雾霾保驾护航，将提高区域空气质量和减少雾霾日数作为相关负责人的绩效考核指标，促进各省经济发展方式的转变和体制改革，加强各部门应对雾霾的有效联动，鼓励各单位部门及全社会力量共同参与到治理雾霾的行动中来。

2. 加强空间区域合作，实现雾霾的联防联控

通过对 $PM_{2.5}$ 的全局和局部空间自相关分析发现，我国大部分地区雾霾存在显著的空间集聚现象，其中“高-高”值主要集中分布在华北平原的河北和天津，华东地区的山东、安徽，以及中南地区的湖北和河南地区，而“低-低”值集中在新疆、内蒙古，以及东北地区的黑龙江和吉林。

大气是无边界的，雾霾的影响也绝不会是“孤岛”，大气污染物质具有相互传输、相互影响的特点，因此，要想全面控制和减少雾霾，必须实施大区域的合作，进行雾霾的联防联控。在雾霾肆虐的重灾区，除了区域内部需要采取积极措施进行整改减排之外，应当加强与周边地区的合作，如河北、天津的雾霾治理应当纳入到整个京津冀区域，山东、安徽的雾霾治理应当融入长三角地区的治理规划中，通过签订各地区大气污染联防联控合作协议，在区域排放总量控制、煤炭消费总量控制、环境信息共享等方面，进行全方位的合作，共同搞好污染天气应对工作。在国家各城市群的建设中，进一步加强环境友好型的产业向污染较严重的区域转移，以促进这些区域产业结构的调整，不断完善污染严重区域及周边地区大气污染防治资源分配机制，科学统筹天然气等清洁能源的分配供应，提升燃油品质，协调农村优质煤炭供应，从根本上改变严重污染区域的能源结构。

（二）风险评估角度的对策思考

从雾霾风险评估的结果可以看出，雾霾风险除了与主要致灾因子 $PM_{2.5}$ 的浓度密切相关外，与其区域经济密度以及承灾体的脆弱性也有重要的正向关系。因此，要降低雾霾的风险，不仅要从控制污染源的途径入手，对于降低承灾体的暴露度和脆弱性方面也需要采取有效措施，以从整体上降低雾霾的风险。

区域雾霾灾害的预防和治理是一项庞大的系统工程，涉及区域规划、区域管理、公共教育、

灾害防治等多学科多部门的沟通和合作，需要充分考虑区域的环境容量，合理有效利用已有资源，在发展经济的同时，不以牺牲大气环境为代价。首先，建立区域雾霾预警系统和应急响应方案。针对区域重污染企业和部门，制定和出台重点整治方案，做好限令整改及提前预防工作。其次，要提高公众的防御意识。政府部门应将防灾减灾教育纳入公民义务教育体系，充分利用各种舆论宣传工具，突出大众化、科普化，让城市居民了解雾霾灾害的预警信号和各种应急处理方法。第三，在重污染期间，应重点针对老人和儿童等脆弱性人群，对其因污染患病就医或因污染导致病情加重急诊就医的实行免费或补贴，这部分成本可通过设立重污染日敏感人群应急医疗补助专项资金并纳入现行的应急方案来解决。第四，及时进行雾霾灾害评估。灾害评估是拟定区域防灾减灾对策的定量参考。可以根据区域致灾因子，承灾体暴露度、脆弱性等方面选取合适指标，建立科学有效的综合评价体系，进行灾前的风险评估；同时对已发生的雾霾的影响范围、人员伤亡程度、经济损失和环境破坏等进行灾后评价。灾前的风险评估和灾后损失评价可以为政府决策部门制定雾霾预警和应急处理方案提供理论支持。

六、结论与讨论

通过对 2001—2010 年我国人口加权 $PM_{2.5}$浓度的时间序列分析发现，在此期间，江苏、安徽等长三角地区的雾霾呈现显著性的快速增加趋势，部分省份虽然呈现下降趋势，但显著性较低，各区域在发展过程中应当充分重视雾霾的短期和长期的防治。全局和局部空间自相关分析发现，我国雾霾存在显著的空间集聚特征，“高-高”值主要集中分布在华北平原的河北和天津，华东地区的山东、安徽，以及中南地区的湖北和河南地区，而“低-低”值集中在新疆、内蒙古，以及东北地区的黑龙江和吉林，在雾霾治理过程中，应当加强区域合作，实现联防联控。

在雾霾的风险评估中，首次将致灾因子和承灾体进行综合考虑，评估了我国雾霾的综合风险，是对现行灾害风险概念的应用尝试。考虑致灾因子人口加权 $PM_{2.5}$浓度的危险性，承灾体人均 GDP 密度的暴露度以及承灾体的脆弱性指数三变量的联合情况，旨在反映雾霾综合风险的程度。通过 A-D 拟合优度检验确定风险三要素的最优边缘分布分别为，致灾因子危险性指标呈正态分布，承灾体暴露度指标呈威布尔分布，承灾体脆弱性呈广义极值分布。选择在构建三维变量联合分布具有一定优势的非对称 Archimedean 型联合函数中的 Gumbel 型探讨雾霾的综合风险。通过分布估计法估计模型的参数，并对模型进行拟合优度检验，发现 Gumbel Copula 函数的经验和理论分布概率的一致性较高（R 高达 0.9856），模型具有较好的解释性。对三维 Gumbel Copula 模型及其条件概率的计算结果显示，雾霾风险三要素的值越大，相应的三维联合风险概率就越高。根据设定的人口加权平均 $PM_{2.5}$浓度阈值小于等于 15 $\mu g/m^3$ 和 35 $\mu g/m^3$ 时的条件概率发现，致灾因子浓度阈值与雾霾的风险概率呈现负相关的关系，即致灾因子的设定阈值越小，雾霾发生的风险越高，由此可见，合理的 $PM_{2.5}$浓度阈值，对于雾霾灾害风险程度的评价具有重要意义。我国雾霾风险超出美国环保署健康标准值（$H>15$ $\mu g/m^3$）的概率较高，大多数承灾体暴露度和脆弱性组合条件下的超越概率值在 0.80～0.99 之间。而超过我国一级平均浓度限值（$H>35$ $\mu g/m^3$）的概率在 0～0.9 之间变化。此外，致灾因子超过阈值的概率随着暴露度和脆弱性的增大而升高，反映了承灾体指标与雾霾风险之间的正相关关系。因此，区域规划和发展过程中应当充分考虑环境容量限制，以保障和促进区域的可持续发展。

雾霾形成机理复杂，作为承灾体的人类的抵抗能力不容忽视，因此本文尝试将承灾体作为指标纳入风险分析之中，有助于风险评估内容的完善，提高评估结果的准确性。对于雾霾风险评估三要素的其他相关指标的筛选，以及多维联合概率的其他多种分布类型，在后续研究中可做进一步的尝试及拓展。

（撰写人：吉中会　吴先华　朱　光　单海燕）

作者简介：吉中会(1984—)，南京信息工程大学经济管理学院讲师，博士，主要研究方向：气象灾害风险评估与管理。E-mail：zhonghuiji@mail. bnu. edu. cn。本文受南京信息工程大学气候变化与公共政策研究院开放课题(14QHA009)资助。

参考文献

[1] LIN J J. Characterization of water-soluble ion species in urban ambient particles. Environment International, 2002,**28**: 55-61.

[2] OLIVER V R, OLGA H, FELTON H D, et al. Multi-year urban and rural semi-continuous $PM_{2.5}$ sulfate and nitrate measurements in New York state: evaluation and comparison with filter based measurements. Atmospheric Environment, 2006,**40**(2):192-205.

[3] SENARATNE I, SHOOTER D. Elemental composition in source identification of brown haze in Auckland, New Zealand. Atmospheric Environment, 2004,**38**:3049-3059.

[4] SHOOTER D, UHLE M E, Wang H, et al. Characterization of New Zealand Atmospheric aerosols using compound specific isotope ratios. Journal of Aerosol Science, 2004,**31**:327.

[5] JI C Y. Haze reduction from the visible bands of Landsat TM and ETM+ images over a shallow water reef environment. Remote Sensing of Environment, 2008, **112**: 1773-1783.

[6] LAN X, ZHANG L P, SHEN H F, et al. Single image haze removal considering sensor blur and noise. EURASIP Journal on Advances in Signal Processing, 2013, **86**:1-13.

[7] ZHI G R, CHEN Y J, XUE Z G, et al. Comparison of elemental and black carbon measurements during normal and heavy haze periods: implications for research. Environmental Monitoring and Assessment, 2014,**186**:6097-6106.

[8] CHEUNG H C, WANG T, BAUMANN K. et al. Influence of regional pollution Outflow on the concentrations of fine particulate matter and visibility in the coastal area of southern China. Atmospheric Environment, 2005,**39**:6463-6474.

[9] MALM W C. Characteristics and origins of haze in the continental United States. Earth-Science Reviews, 1992,**33**(1):1-36.

[10] LEE Y L, SEQUEIRA R. Visibility degradation across Hong Kong: its components and their relative contributions. Atmospheric Environment, 2001,**34**:5861-5872.

[11] SACLWEH M, KOEPKE P. Radiation fog and urban climate. Geophysical Research Letters, 1995, **22**(9): 1073-1076.

[12] GAO M, GUTTIKUNDA S K, Carmichael G R, et al. Health impacts and economic losses assessment of the 2013 severe haze event in Beijing area. Science of the Total Environment, 2015,**511**: 553-561.

[13] ANDRE Nel. Air-pollution related illness: effects of particles. Science, 2005,**308**(5723): 804-806.

[14] ZHANG Z, WANG J, CHEN L, et al. Impact of haze and air pollution-related hazards on hospital admissions in Guangzhou, China. Environmental Science and Pollution Research, 2014, **21**(6): 4236-4244.

[15] ZHANG J, CUI M, FAN D, et al. Relationship between haze and acute cardiovascular, cerebrovascu-

lar, and respiratory diseases in Beijing. Environmental Science and Pollution Research, 2015, **22**(5): 3920-3925.

[16] LU W, YANG L, CHEN J, et al. Identification of concentrations and sources of $PM_{2.5}$-bound PAHs in North China during haze episodes in 2013. Air Quality, Atmosphere & Health, 2015: 1-11.

[17] HO R C, ZHANG M W, HO C S, et al. Impact of 2013 south Asian haze crisis: study of physical and psychological symptoms and perceived dangerousness of pollution level. BMC psychiatry, 2014, **14**(1): 1-8.

[18] 高歌. 1961—2005年中国霾日气候特征及变化分析. 地理学报, 2008,**63**(7):761-768.

[19] 王腾飞,苏布达,姜彤. 气候变化背景下的雾霾变化趋势与对策. 环境影响评价, 2014, **4**:44-46.

[20] 张小曳,孙俊英,王亚强,等. 我国雾-霾成因及其治理的思考. 科学通报, 2013,**58**(13):1178-1187.

[21] 钱峻屏,黄菲,黄子眉,等. 汕尾市雾霾天气的能见度多时间尺度特征分析. 热带地理, 2006,**26**(4): 308-313.

[22] 周涛,汝小龙. 北京市雾霾天气成因及治理措施研究. 华北电力大学学报(社会科学版), 2012,**2**:12-16.

[23] 张军英,王兴峰. 雾霾的产生机理及防治对策措施研究. 环境科学与管理, 2013, **38**(10): 157-159.

[24] 李文健. 雾霾对中国经济和人口的影响. 商, 2014 (13): 153.

[25] 谢元博,陈娟,李巍. 雾霾重污染期间北京居民对高浓度 $PM_{2.5}$持续暴露的健康风险及其损害价值评估. 环境科学, 2014, **35**(1): 1-8.

[26] 李湉湉,崔亮亮,陈晨,等. 北京市2013年1月雾霾天气事件中 $PM_{2.5}$相关人群超额死亡风险评估. 疾病监测, 2015,**30**(8): 668-671.

[27] 李娟,陈蓉姝,李宁,等. 江宁区居民对雾霾影响健康的风险感知状况调查. 江苏预防医学, 2015, **26**(6): 118-119.

[28] 曾贤刚,谢芳,宗佺. 降低 $PM_{2.5}$健康风险的行为选择及支付意愿——以北京市居民为例. 中国人口资源与环境, 2015, **25**(1): 127-133.

[29] DONKELAAR A, et al. Global estimates of ambient fine particulate matter concentrations from satellite-based aerosol optical depth: development and application. Environment Health Prospect, 2010, **118**(6):847-855.

[30] IPCC. *Climate change* 2014: *impact, adaptation, and vulnerability*. Cambridge: Cambridge University Press, 2014.

[31] 姜彤,李修仓,巢清尘,等.《气候变化2014:影响、适应和脆弱性》的主要结论和新认知. 气候变化研究进展, 2014,**10**(3):157-166.

[32] TOBLER W. A computer movies simulating urban growth in the Detroit region. Economic Geography, 1970,**46**(2):234-240.

[33] MORAN P A P. Notes on continuous stochastic phenomena. Biometrika, 1950(37):17-23.

[34] ANSELIN L. Local indicators of spatial association-LISA. Geographical Analysis, 1995,**27**(2): 93-115.

[35] 刘雪琴,李宁,吉中会,等. 基于Copulas函数的内蒙古强沙尘暴特征及其灾害性研究. 干旱区研究, 2012,**29**(4):705-712.

[36] 王珍,李久生,栗岩峰. 基于三维Copula函数的滴灌硝态氮淋失风险评估方法. 农业工程学报, 2013, **29**(19):79-87.

[37] 谢中华. MATLAB统计分析与应用:40个案例分析. 北京:北京航空航天大学出版社, 2010.

[38] 韦艳华,张世英. Copula理论及其在金融分析上的应用. 北京:清华大学出版社, 2008.

[39] 宋娟,程婷,谢志清,等. 江苏省快速城市化进程对雾霾日时空变化的影响. 气象科学, 2012,**32**(3): 275-281.

[40] 薛晓丽,朱盛毅. 安徽雾霾成因与治理初探. 安徽行政学院学报, 2015,**6**(2):51-54.

[41] 王咏梅，武捷，褚红瑞，等. 1961—2012 年山西雾霾的时空变化特征及其影响因子. 环境科学与技术，2014,**37**(10):1-8.

[42] 杨柳，李廷勇，蔡龙珆. 2003—2013 年高雄市霾日数变化规律与影响因素研究. 重庆师范大学学报(自然科学版),2016,**33**(1):130-137.

[43] 陈晓玲. 台湾地区空气污染防治的启示. 现代台湾研究,2014(4):58-60.

[44] 张人禾，李强，张若楠. 2013 年 1 月中国东部持续性强雾霾天气产生的气象条件分析. 中国科学:地球科学,2014,**44**(1):27-36.

[45] 马丽梅，张晓. 中国雾霾污染的空间效应及经济、能源结构影响. 中国工业经济,2014(4):19-31.

[46] ZHANG Y L, CAO F. Fine particulate matter ($PM_{2.5}$) in China at a city level. Scientific Reports, 2014, **5**:14884.

[47] 刘鸿志. 雾霾影响及其近期治理措施分析. 环境保护，2013,**15**:30-32.

雾霾对北京地区的公共健康与经济社会影响评估——基于CGE模型

摘要:评估雾霾污染造成的社会经济影响,对有针对性地开展城市雾霾污染防控工作具有重要意义。本文以北京市为例,使用静态和动态的投入产出模型评估雾霾对部门经济冲击下的产业关联间接损失。同时,将可计算一般均衡模型(CGE)与流行病学研究中应用较广的暴露-反应模型相结合,以 $PM_{2.5}$ 造成的劳动力损失和居民额外医疗费用支出作为传导变量,评价 $PM_{2.5}$ 污染导致的居民健康损害及其对社会经济的影响。投入产出模型评估结果表明:静态情形下,2013 年 1 月北京市雾霾给交通运输业造成的总损失达 0.91 亿元,由雾霾导致交通部门直接经济损失引起的产业关联间接损失总计 2.10 亿元,超过交通运输业直接经济损失的 3 倍;动态情形下,受雾霾影响的部门生产恢复期越长,产业经济损失值越大。CGE 模型评估结果表明:2013 年北京 $PM_{2.5}$ 污染造成居民早逝 20043 例,呼吸系统疾病住院 22452 例,心血管疾病住院 11007 例,儿科门诊 140891 例,内科门诊 332120 例,慢性支气管炎 80962 例,急性支气管炎 374785 例,哮喘 182419 例。$PM_{2.5}$ 污染导致国内生产总值(GDP)损失约为 12.87 亿元。由此可见,雾霾污染不仅威胁居民健康,同时也带来了严重的经济损失。本文运用投入产出模型以及 CGE 模型评估雾霾间接经济损失,为深入了解雾霾的损害程度提供了一种新思路。

关键词:雾霾;公共健康;间接损失评估;投入产出模型;CGE 模型

Effects of Haze on Public Health and Economic Society

Abstract: Assessment of the health and socio-economic impacts of haze pollution is of great importance for urban air pollution prevention and control. The static and dynamic input-output models are used to evaluate the indirect losses both in the transportation and the other departments due to heavy haze. The event of the heavy haze in Beijing in January 2013 was taken as an example. Then, we use exposure-response functions to estimate the adverse health effects due to $PM_{2.5}$ pollution, compute the corresponding labor loss and excess medical expenditure as two additional model variables. Finally, different from the conventional valuation methods, this paper introduces the two additional variables into the computable general equilibrium (CGE) model to assess the corresponding socio-economic loss caused by $PM_{2.5}$ pollution. The results based on input-output model show that, the total economic loss in transportation department caused by heavy haze was 91 million yuan, and the total indirect production loss was 210 million yuan, which is more than three times of the direct economic loss in the static case. Moreover, longer production recovery periods of the damaged departments will lead to greater indirect production losses in the dynamic case. The results based on CGE model show that, substantial health effects on the residents in Beijing from $PM_{2.5}$ pollution were occurred in 2013, including 20043 premature deaths, 22452 hospital admissions for respiratory and 11007 for cardiovascular diseases, 140891 outpatient visits of pediatrics and 332120 of internal medicine, 80962 cases of chronic bronchitis, 374785 cases of acute bronchitis and 182419 of asthma, respectively. Beijing GDP loss due to the health impact of $PM_{2.5}$ pollution is estimated as 1287 million yuan. This demonstrates that, haze pollution not only has adverse health effects, but also brings huge economic loss. This paper provides a new way to evaluate the damage of haze by using the input-output model and CGE model to calculate the indirect economic loss by heavy haze.

Keywords: Haze; Public health; Indirect loss evaluation; Input-output model; CGE model

一、国内外相关研究的学术史梳理及研究动态

随着全球环境变化和经济全球化的进程加快，人类生态健康面临着前所未有的挑战。工业化、城市化带来社会发展的同时，也带来了各种环境污染问题，特别是城市在生产生活中造成的大气污染成为公众健康的重大障碍。世界卫生组织 2006 年发布的一份关于环境污染与公共健康的研究报告显示，全球近四分之一的疾病是由环境污染引发的，每年由环境污染导致的超额死亡人数超过 1300 万人。在最不发达的地区，大约三分之一的疾病和死亡都归因于环境污染问题[1]。我国环境保护部发布的《2014 中国环境公报》显示，全国开展空气质量新标准监测的京津冀、长三角、珠三角等重点区域及直辖市、省会城市和计划单列市共 74 个城市中，仅海口、舟山和拉萨 3 个城市空气质量达标，占 4.1%；超标城市比例为 95.9%。大气污染已然成为我国走可持续发展道路不可忽视的重要问题。近年来我国大面积的雾霾事件多次爆发，雾霾污染问题引起了全社会的广泛关注。雾霾给公众的健康、工作与生活带来诸多危害，并造成巨大的经济损失，雾霾问题的研究显得尤为迫切。

（一）国内相关研究的学术史梳理及研究动态

雾霾污染主要是指细颗粒物污染，国内对大气细颗粒物与公共健康的研究大多从环境经济学、流行病学、环境毒理学等不同的角度出发，取得了一定的进展。其中，人力资本法、支付意愿法以及疾病成本法一直以来都是我国评估环境污染引起的公众健康价值损失研究领域中较为主要的估值方法。蔡春光[2]采用人力资本法和支付意愿法对北京市空气污染健康经济损失进行计算和比较。研究结果显示，人力资本法得到的健康经济损失为 21.83 亿元，支付意愿

法得到的健康经济损失为108.91亿元，是人力资本法的4.99倍，支付意愿法评估健康经济损失更全面。董芳燕等[3]通过体格检查、问卷调查和实验室检查的方法，探讨$PM_{2.5}$中的镍元素对心血管疾病的影响，结果显示$PM_{2.5}$中镍元素可能会导致心血管疾病的发生。殷永文等[4]应用泊松回归模型对上海霾期间PM_{10}和$PM_{2.5}$污染与呼吸科、儿呼吸科门诊人数进行统计分析，推测PM_{10}和$PM_{2.5}$对医院呼吸科、儿呼吸科日均门诊人数有一定的影响。羊德容等[5]采用修正人力资本法及疾病成本法估算了兰州市实施清洁能源改造前后空气污染造成的人体健康经济损失。穆泉等[6]综合采用直接损失评估法、疾病成本法和人力资本法，对2013年1月我国雾霾事件造成的直接经济损失进行评估。评估结果显示该雾霾事件造成的全国直接经济损失保守估计约230亿元，其中损失最大的省市主要位于京津冀和东部地区。黄德生等[7]基于流行病学综合研究成果，运用环境健康风险评估技术和环境价值评估方法，对京津冀地区实施并达到2012年新颁布的《空气质量标准》中细颗粒物浓度标准可实现的健康效益进行了评估，并对区域内各城市的健康效益进行了比较分析。结果表明，京津冀地区能够实现的健康效益总和可达到612亿～2560亿元/年(均值为1729亿元/年)，相当于该地区2009年地方生产总值的1.66%～6.94%(均值为4.68%)。其中河北省所能实现的总健康效益最大，北京、天津和石家庄这些城市能够实现的健康改善和经济效益最为显著。赵晓丽等[8]在暴露-反应模型的建立上，添加了湿度、温度和饮食模式三种自变量，估算2011年北京市空气污染造成的居民过早死亡人数，并运用修正的人力资本法评估空气污染导致过早死亡的经济损失。研究表明，北京市可吸入颗粒污染致死人数约占空气污染物排放全部死亡人数的60%。空气污染物排放导致的健康损害经济为60394.55万元。谢元博等[9]选择2013年1月发生的北京市雾霾重污染事件，采用泊松回归模型评价全市居民对10～15日高浓度$PM_{2.5}$暴露的急性健康损害风险，并采用环境价值评估方法估算人群健康损害的经济损失。结果表明，短期高浓度$PM_{2.5}$污染对人群健康风险较高，约造成早逝201例，呼吸系统疾病住院1056例，心血管疾病住院545例，儿科门诊7094例，内科门诊16881例，急性支气管炎10132例，哮喘7643例。相关健康经济损失高达4.89亿元(95%CI:2.04～7.49)，其中早逝与急性支气管炎、哮喘三者占总损失的90%以上。

(二)国外相关研究的学术史梳理及研究动态

国外对可吸入颗粒物的研究开展较早，并取得一系列研究成果，尤其是美国、日本等一些发达国家。Ridker[10]应用人力资本法对美国1958年因为空气污染造成不同疾病死亡的经济损失进行估算，结果表明当年美国因治理空气污染花费了802亿美元。该项研究被视为评价和估算空气污染引起的健康价值损失的开端。1985年美国肺病协会对大气污染引起的健康价值损失进行估计，结果表明因污染而导致的直接医疗费用达到160亿美元，因患病而导致生产率降低，从而引起的经济损失高达240亿美元。美国的国家空气质量标准中设置了6种大气污染物标准，据此计算，共造成了400亿美元的经济损失[11]。Andreas等[12]研究了德国PM粒子(PM_{10},$PM_{2.5}$)浓度与公众健康的关系，通过10年的流行病学和毒理学实验，发现长期暴露于PM粒子浓度下，会导致心脑血管病和呼吸系统疾病的高发病率、高死亡率和免疫系统损伤，而且证明$PM_{2.5}$及PM_{10}与公众健康有很强的关系，且没有显示出有阈值。Kristin等[13]利用元介质分析了PM_{10}和SO_2污染与公众健康的暴露-反应函数，基于中国的流行病学、死亡率、住院率、慢性呼吸症状等疾病，得到PM_{10}和SO_2每升高1 $\mu g/m^3$，导致全因死亡率、心脏血管死亡率、呼吸系统死亡率增加的比例。根据长期的慢性呼吸症状交叉调查,对疾病的住院率研究分析结果显示,中国的暴露反应系数小于欧洲和美国。Yoo等[14]应用选择实验法评价空气污染对死亡率、发病率、土壤损失和能见度的影响,定量估算韩国首尔的空气污染导致的经济损失。Hans等[15]将塔林地区的居民区进行分区,结合高空间分辨率模型和离散模型,对塔林地区$PM_{2.5}$与心血管病和呼吸疾病的发病率、死亡率影响做了评价,结果表明空气污染的短期影响导致心血管发病率的增加,而空气污染对死亡率的长期作用影响更大。Ostro等[16]研究$PM_{2.5}$粒子的浓度与心血管疾病的预示因子——C反应蛋白的关系,通过应用线性混合模型和广义估计方程分析,发现长期暴露于$PM_{2.5}$粒子浓度下,会增加心血管疾病的风险。Chung等[17]应用贝叶斯层次模型研究$PM_{2.5}$粒子浓度及其主要成分与美国东部人员死亡率的关系,结果表明,$PM_{2.5}$粒子的各个主要成分导致人群死亡率的提高。国外针对雾/霾健康危害的研究开展得早,主要集中在细颗粒物诱发的居民健康效应方面,且取得了一定程度的研究成果,这对我国研究雾/霾污染对公共健康的影响有着很大的借鉴意义。

二、研究意义及应用价值

国外对于大气污染的研究方法,由早期的人力资本法逐渐转变为以支付意愿法为主。现有美国和欧洲的研究,对各种健康损失指标的计算,主要使用疾病成本方法和支付意愿方法。国内主要采用人力资本法、疾病成本法来评估大气污染健康经济损失,也有少数学者采用支付意愿法进行评估。疾病成本法的评价结果所代表的只是疾病经济负担,并不代表一个国家或地区的经济损失。现有研究对雾霾损失的探究主要集中在人群健康损害层面,对社会经济系统其他层面的影响研究还未足够重视。大气污染物浓度高、雾霾严重,引发极低能见度,造成交通事故、高速封路等多方面的交通运输损失,更通过产业部门间的关联效应,将这种影响进一步延伸到与之相关的其他部门乃至整个经济系统。这种潜在的间接关联损失比直接经济损失更为深远。传统的空气污染经济损失评价方法不能反映社会经济系统内部的连锁效应,因此忽视了雾霾污染对社会经济系统内部各个部门所造成的间接经济损失。

本文对中国雾霾污染造成的人群健康效应以及其造成的社会系统间接经济损失进行研究分析,对我国大气监测数据,死亡、住院等健康效应终端数据进行收集与整理,对雾霾污染造成的公众健康价值损失进行实证分析。与传统的雾霾污染损失评估方法(疾病成本法、人力资本法等)评估雾霾对公众健康影响及其造成的健康经济损失不同,本文从雾霾造成的交通运输业损失入手,充分考虑产业部门间的传导效应和交互作用,尝试使用投入产出(IO)模型,先从静态情形下对2013年1月北京市重度雾霾天气造成的交通部门直接经济损失引起的产业关联间接经济损失进行评估,筛选对雾霾较为敏感的行业,分析各部门的受影响程度,再探讨动态情形下雾霾造成的间接社会经济损失。此外,考虑到雾霾污染造成的人群健康效应会引起社会系统内部经济损失,本文使用暴露-反应关系模型,通过得出的暴露人群超额死亡人数和患病人数,计算出劳动力损失和居民额外医疗费用支出,将其作为可计算一般均衡模型(CGE)的传导变量,来估算环境污染物对公众健康价值造成的经济损失,并提出与我国实际情况相适应的雾霾治理政策建议。定量评估雾霾经济损失,对于公众更好地理解雾霾事件的影响,改善我国当前的环境质量状况,提高公众健康水平,保障我国经济的可持续健康发展具有重要意义。

三、基于投入产出模型的北京市雾霾间接经济损失评估

伴随着快速工业化和城镇化，我国许多城市的环境空气质量都呈现出恶化趋势，环境空气重污染事件频发，影响范围越来越广。据《迈向环境可持续的未来——中华人民共和国国家环境分析》报告显示，中国最大的500个城市中，只有不到1%的城市达到了世界卫生组织推荐的空气质量标准，包括北京在内的7个城市都出现在世界污染最严重的10大城市名单之中[18]。2013年1月，我国多个省(区、市)连续数日遭遇了严重的雾霾天气，其中，北京市雾霾发生次数频繁，创59年来之最。雾霾污染事件的频发，引起了全社会的广泛关注。雾霾是一种大气污染物状态，是在静稳天气条件下，由于细颗粒物浓度持续积聚而形成的一种灾害性天气现象。雾霾的出现引发了人群心血管、呼吸系统疾病病发率和死亡率的上升，严重威胁着人群健康。此外，雾霾中的颗粒物以气溶胶形式存在于大气环境中，致使城市大气能见度降低，对水陆空三方面的交通运输都造成了严重影响，给公众健康、工作和生活带来了较大危害，更造成了巨大的社会经济损失。

现有研究对雾霾损失评估主要集中在人群健康损害层面，对社会经济系统其他层面的影响研究还未引起足够重视。雾霾引发极低能见度，造成交通事故、高速封路等多方面的交通运输损失，将会影响到与之相关的其他部门乃至整个经济系统。这种潜在的间接关联损失比直接经济损失更不容忽视。本文使用投入产出(IO)模型，分别从静态和动态情形下评估2013年1月北京市重度雾霾造成的产业关联间接经济损失。

(一)模型介绍

投入产出模型(IO模型)以投入产出表为基础，通过建立对应的线性方程组来描述各国民经济部门间生产和消费的连锁关系。IO模型能够直观体现各部门之间复杂的经济关系。一个部门生产的最终产品同时也是其他部门的中间投入，一旦灾害发生，导致某个部门生产能力受损，这种影响将会进一步扩张，带动其他部门的产出发生变化，这种变化就是所谓的“产业连锁效应”。正是由于这种连锁关系的存在，使得IO模型在灾害损失评估方面的应用越来越广泛。IO模型自20世纪30年代产生以来，已被广泛应用于众多研究领域，如经济、能源利用、环境保护等。自20世纪70年代开始，国内外学者开始将投入产出法用于灾害对经济的影响评估。Rose等[19]采用投入产出模型评价了地震导致的电力破坏造成的直接和间接经济损失。Crowther等[20]使用IO模型研究了Katrina飓风给基础产业系统造成的经济损失。Okuyama[21]建立了一个基于连续时间的行业时序关联模型来跟踪反映灾害对经济的影响因时间推移、区域联系和行业生产动态性等因素而产生的变化，将静态IO模型拓展到动态分析。徐嵩龄[22]针对已有IO方法在损失定位和数据处理方面存在的问题，提出了一种新的数据处理方法，即分别从行平衡和列平衡方向研究灾害导致的产业关联型间接经济损失。路琮等[23]基于投入产出法分析了自然灾害造成的农业总产值损失对整个经济系统的影响。前人的研究成果表明，IO模型可以很好地解决灾害对于经济系统中某一部门的冲击，给其他部门带来的关联损失评估问题。本文在前人研究基础上，使用IO模型评估雾霾造成的间接经济损失。

1. 模型假设

在使用IO模型定量分析经济损失时，为了确保其模型函数形式的唯一性，需要基于以下基本假定：

(1)各部门以特定的投入结构和工艺技术生产特定的产品，不同部门的产品不能相互替代；

(2)各部门的投入与产出成正比，且存在稳定的线性关系；

(3)各部门间没有交互作用，任意 n 个部门的产出之和与投入之和相等；

(4)各部门间的连锁关系是稳定的，产业结构关系不受气象灾害的影响。

2. 投入产出表

目前国内编制的投入产出表多以价值型投入产出表为主，即以货币为计量单位。投入产出表所记录的数据可以分为三类：第一类是中间流量数据，反映各部门间的投入产出关系，也是投入产出核算的核心，这些数据都具有双重含义，都可以从使用与投入两个方向进行解读；第二类数据是各部门的最终使用数据（又称最终需求）；第三类是各部门的增加值数据。根据投入产出表，可以很清晰地了解各种产品是如何生产出来以及用到了何处。

我国从1987年编制全国价值型投入产出表开始，确定逢2、逢7年份编制调查表（即完全依据实际调查资料编制投入产出表），逢0、逢5年份结合调查与非调查方法编制投入产出延长表。由于数据更新需要一段时间，故假定短期内国民经济各部门之间保持一种稳定的投入产出关系。价值型投入产出表的形式如表1所示，从行向看 x_{ij} 表示生产 j 部门产品对 i 部门产品的消耗，从列向看 x_{ij} 表示 i 部门分配给 j 部门使用的产品。表中数据需同时满足三个基本平衡关系：在行向上，各部门总需求等于中间使用与最终使用之和；在列向上，各部门总供给等于部门中间投入与增加值的加和；各部门的总供给与总需求相等。

表1　价值型投入产出表

		中间使用				最终使用	总需求
		部门1	部门2	……	部门 n		
中间投入	部门1	x_{11}	x_{12}	……	x_{1n}	Y_1	X_1
	部门2	x_{21}	x_{22}	……	x_{2n}	Y_2	X_2
	……	……	……	……	……	……	……
	部门 n	x_{n1}	x_{n2}		x_{nn}	Y_n	X_n
增加值		Z_1	Z_2	……	Z_n		
总供给		X_1	X_2	……	X_n		

3. 静态投入产出模型

根据行向平衡关系，有

$$AX + Y = X \tag{1}$$

其中，矩阵 A 为直接消耗系数矩阵，其元素 $a_{ij} = x_{ij}/X_j\,(i,j = 1,2,\cdots,n)$，表示生产某一部门产品过程中对另一部门产品的第一轮使用，矩阵 $X = (X_1,X_2,\cdots,X_n)^{\mathrm{T}}$，矩阵 $Y = (Y_1,Y_2,\cdots,Y_n)^{\mathrm{T}}$。从而(1)式可表示为如下矩阵形式：

$$\begin{bmatrix} a_{11} & a_{12} & \cdots & a_{1n} \\ a_{21} & a_{22} & \cdots & a_{2n} \\ \cdots & \cdots & \cdots & \cdots \\ a_{n1} & a_{n2} & \cdots & a_{nn} \end{bmatrix} \begin{bmatrix} X_1 \\ X_2 \\ \cdots \\ X_n \end{bmatrix} + \begin{bmatrix} Y_1 \\ Y_2 \\ \cdots \\ Y_n \end{bmatrix} = \begin{bmatrix} X_1 \\ X_2 \\ \cdots \\ X_n \end{bmatrix} \tag{2}$$

进一步可得

$$X = (\mathrm{I} - A)^{-1} Y \tag{3}$$

其中，I是一个单位矩阵，$(\mathrm{I} - A)^{-1}$ 称为列昂惕夫逆矩阵。

既然有直接消耗的概念，则对应地就存在产品的间接消耗，表现为通过中间媒介对另一种产品的间接使用，如在炼钢过程中需要消耗电力、生铁等材料，这里直接消耗的电力是对电力的第一轮使用，而在生产生铁过程中，又需消耗含铁混合物、电力等其他材料，这里对电力的消耗就是炼钢对电力的第二轮消耗，又称为第一次间接消耗，依此类推，会存在对电力的第三、第四……第 n 轮消耗，炼钢对电的直接消耗加上对电的多次间接消耗之和就是其对电力的完全消耗。如图1所示。

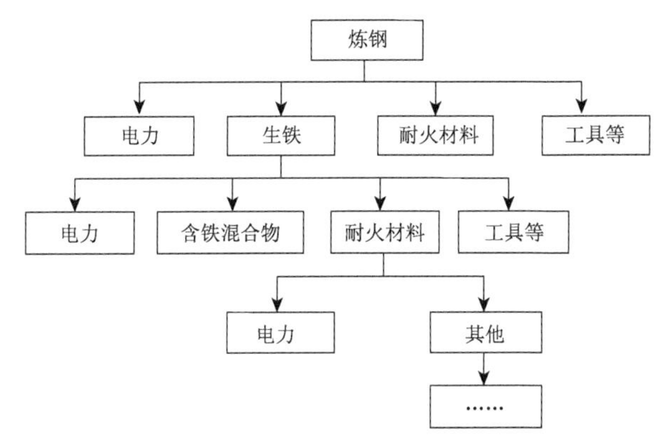

图1 炼钢对电力的消耗示意图

对直接经济损失和间接经济损失范围的界定直接影响着它们在IO模型中的表达，进而会造成损失评估结果的偏差。

假设将各部门的直接经济损失看成最终产品的损失，即 $\Delta Y = (\Delta Y_1, \Delta Y_2, \cdots, \Delta Y_n)^{\mathrm{T}}$，则灾害引起的总产品损失为：

$$\Delta X = (\mathrm{I} - A)^{-1} \Delta Y \tag{4}$$

将中间投入的减少作为间接经济损失，即为 $\Delta X - \Delta Y$。

由图1的示例可知，关于灾害损失的研究应从完全消耗的角度出发，灾害发生造成的损失不能简单地仅看成最终产品的损失，它还包括了由于间接消耗减少带来的损失，即中间产品(中间使用)损失，这种损失源于产业间的关联效应，故又称为产业关联型间接经济损失，简言之，应将直接经济损失的范围界定在总产品层面。为了更准确地分析各部门的间接经济损失，本文采用完全消耗系数进行分析。完全消耗系数是指生产最终产品所需直接消耗和全部间接消耗某种产品的数量之和。完全消耗系数可由直接消耗系数转换：$B = (\mathrm{I} - A)^{-1} - \mathrm{I}$，其中 B 表示完全消耗系数矩阵，则(4)式可以表示为：

$$\Delta X = (B + \mathrm{I}) \Delta Y \tag{5}$$

假设灾害对第 i 产业部门造成了损失，其他部门的最终使用不变，由(5)式得出整个经济系统总产出变化为：

$$\begin{bmatrix}\Delta X_1\\ \Delta X_2\\ \cdots\\ \Delta X_i\\ \cdots\\ \Delta X_n\end{bmatrix}=\left(\begin{bmatrix}b_{11} & b_{12} & \cdots & b_{1i} & \cdots & b_{1n}\\ b_{21} & b_{22} & \cdots & b_{2i} & \cdots & b_{2n}\\ \cdots & \cdots & \cdots & \cdots & \cdots & \cdots\\ b_{i1} & b_{i2} & \cdots & b_{ii} & \cdots & b_{in}\\ \cdots & \cdots & \cdots & \cdots & \cdots & \cdots\\ b_{n1} & b_{n2} & \cdots & b_{ni} & \cdots & b_{nn}\end{bmatrix}+\begin{bmatrix}1 & 0 & 0 & \cdots & 0 & 0\\ 0 & 1 & 0 & \cdots & 0 & 0\\ 0 & 0 & 1 & \cdots & 0 & 0\\ \cdots & \cdots & \cdots & \cdots & \cdots & \cdots\\ 0 & 0 & 0 & \cdots & 1 & 0\\ 0 & 0 & 0 & \cdots & 0 & 1\end{bmatrix}\right)\begin{bmatrix}0\\ 0\\ \cdots\\ \Delta Y_i\\ \cdots\\ 0\end{bmatrix}_i=\begin{bmatrix}b_{1i}\Delta Y_i\\ b_{2i}\Delta Y_i\\ \cdots\\ b_{ii}\Delta Y_i\\ \cdots\\ b_{ni}\Delta Y_i\end{bmatrix}+\begin{bmatrix}0\\ 0\\ \cdots\\ \Delta Y_i\\ \cdots\\ 0\end{bmatrix} \tag{6}$$

式中，$b_{ij}\ (i,j=1,2,\cdots,n)$ 表示完全消耗系数。则第 i 部门的总产品损失为：

$$\Delta X_i = b_{ii}\Delta Y_i + \Delta Y_i \tag{7}$$

其中，ΔY_i 表示第 i 部门直接经济损失(即最终使用的损失)，$b_{ii}\Delta Y_i$ 表示第 i 部门的间接经济损失。其他各部门的总产品损失为：

$$\Delta X_j = b_{ji}\Delta Y_i, j\neq i \tag{8}$$

4. 动态投入产出模型

静态投入产出模型只能反映一个时间点(一般为一年)的经济发展情况，而社会生产过程是不断发展变化的，为了更深刻地研究国民经济各产业部门之间的关系，需要引入动态的方法。由于连续型动态投入产出模型只是一个理论上的模型，不具备可操作性，1965 年列昂惕夫以差分方程的形式建立了离散型动态投入产出模型，基本形式为：

$$X(t)-AX(t)-D[X(t+1)-X(t)]=U(t) \tag{9}$$

其中，D 为投资系数矩阵，$D[X(t+1)-X(t)]$ 表示生产性投资，$U(t)$ 表示最终净需求，且满足 $D[X(t+1)-X(t)]+U(t)=Y(t)$ 。

定义矩阵 $Q=-D^{-1}$ ，并将其代入(9)式中，可以得到：

$$X(t+1)-X(t)=Q[AX(t)+U(t)-X(t)] \tag{10}$$

定义第 i 产业部门的总损失比例 $l_i=\Delta x_i/x_i$ ，其中 Δx_i 为灾害对第 i 产业部门造成的总损失值，x_i 为第 i 产业部门的总产出，l_i 为矩阵 L 的元素，则 $L=X^{-1}\Delta X$ 。第 i 产业部门的需求损失比例 $u_i^*=\Delta u_i/x_i$ ，其中 Δu_i 为灾害对第 i 产业部门造成的需求损失值，u_i^* 为矩阵 U^* 的元素，则 $U^*=X^{-1}\Delta U$ 。

将上述定义式代入(10)式可得：

$$l(t+1)-l(t)=Q[A^*l(t)+U^*(t)-l(t)] \tag{11}$$

其中 $A^*=X^{-1}AX$ 。

式(11)的通解为：

$$l(t)=l(0)\mathrm{e}^{-Q(I-A^*)t}+\int_0^t QU^*(s)\mathrm{e}^{Q(I-A^*)(s-t)}\mathrm{d}s \tag{12}$$

假设各产业的最终需求恒为常数，则 $U^*=0$ 。(12)式则变为：

$$l(t)=l(0)\mathrm{e}^{-Q(I-A^*)t} \tag{13}$$

式(13)的实际意义为当时间 $t\to\infty$ 时，损失比例 $l(t)\to 0$ ，即随着时间的推移，受到影响的产业部门将逐渐恢复正常的生产。当只针对某一特定产业部门时，(13)式可变为：

$$l_i(t)=l_i(0)\mathrm{e}^{-q_i(1-a_{ii}^*)t} \tag{14}$$

产业部门 i 恢复期的总经济损失 $X_i(t)$ 可表示如下：

$$X_i(t)=x_{it}\int_{t=0}^{T} l_i(t)\mathrm{d}t \tag{15}$$

其中，x_{it} 表示产业部门 i 在单位时间 t 的产出值。

（二）2013年北京市雾霾产业关联损失定量分析

1. 数据处理

基础数据选取与北京市雾霾发生时间最接近的2010年北京市投入产出延长表，故本文以2010年为基年计算完全消耗系数矩阵，同时假定一段时间内各部门间的投入产出关系是稳定的。本文损失数据来源于穆泉等人[6]的统计研究，2013年1月北京市雾霾事件造成交通直接经济损失6418万元。由于仓储业的损失数据缺失，本文将该值近似看作整个交通运输及仓储业的直接经济损失。

根据2010年北京市投入产出延长表，先求出(1)式中各部门直接消耗系数和列昂惕夫逆矩阵 $(\mathrm{I}-A)^{-1}$，再由直接消耗系数矩阵与完全消耗系数矩阵的转换关系式得到完全消耗系数矩阵如下，其中行和列中部门顺序与北京市投入产出延长表部门顺序一致。

$$\begin{bmatrix} 0.2214 & 0.0109 & 0.0043 & 0.0077 & 0.0146 & \cdots & 0.0214 & 0.0160 & 0.0174 \\ 0.1429 & 1.2413 & 0.0319 & 0.1033 & 0.0525 & \cdots & 0.0622 & 0.0382 & 0.0462 \\ 0.0490 & 0.0618 & 0.3540 & 0.1721 & 0.0779 & \cdots & 0.0470 & 0.0338 & 0.0411 \\ 0.0330 & 0.0445 & 0.0194 & 0.5162 & 0.0406 & \cdots & 0.0456 & 0.0212 & 0.0319 \\ \vdots & \vdots & \vdots & \vdots & \vdots & \vdots & \vdots & \vdots & \vdots \\ 0.0609 & 0.0427 & 0.0201 & 0.0253 & 0.0443 & \cdots & 0.0218 & 0.0473 & 0.0406 \end{bmatrix}$$

2. 静态IO模型评估分析

将交通运输及仓储业的直接经济损失作为最终产品损失，根据(7)式可得，雾霾造成的交通运输及仓储业总经济损失为9100.72万元，其中最终产品损失为6418万元，中间消耗损失为2682.72万元。再由(8)式可得其他部门的总产品损失如表2所示。

表2 部门总产品损失

产业部门	损失/万元	产业部门	损失/万元
交通运输及仓储业	9100.72	公共管理和社会组织	211.79
金属冶炼及压延加工业	2211.64	废品废料	193.82
批发和零售业	1947.86	木材加工及家具制造业	183.56
电力、热力的生产和供应业	1637.87	造纸印刷及文教体育用品制造业	162.38
金属矿采选业	1324.03	燃气生产和供应业	143.12
非金属矿物制品业	1100.69	研究与试验发展业	111.03
租赁和商务服务业	974.89	食品制造及烟草加工业	100.12
石油加工、炼焦及核燃料加工业	912.64	信息传输、计算机服务和软件业	91.78
电气机械及器材制造业	772.09	文化、体育和娱乐业	91.14
化学工业	680.3	纺织业	84.08
综合技术服务业	673.25	仪器仪表及文化办公用机械制造业	84.08
非金属矿及其他矿采选业	544.25	农林牧渔业	82.15
交通运输设备制造业	535.9	工艺品及其他制造业	73.8

续表

产业部门	损失/万元	产业部门	损失/万元
通信设备、计算机及其他电子设备制造业	527.56	房地产业	70.6
煤炭开采和洗选业	521.78	居民服务和其他服务业	59.05
金融业	481.99	水利、环境和公共设施管理业	54.55
石油和天然气开采业	460.81	纺织服装鞋帽皮革羽绒及其制品业	51.34
金属制品业	306.14	教育	48.14
建筑业	291.38	水的生产和供应业	17.97
通用、专用设备制造业	265.06	邮政业	9.63
住宿和餐饮业	225.27	卫生、社会保障和社会福利业	1.28

表2中已按总产品损失大小对各部门进行排序。从损失值结果来看，交通运输及仓储业受部门自身影响最为严重。金属冶炼及压延加工业受交通运输及仓储业的关联间接损害较为严重，位居第二，总损失值高达2211.64万元。损失位居第三的是批发和零售业，其总损失为1947.86万元，其次分别是电力、热力的生产和供应业，金属矿采选业，非金属矿物制品业，总计有6个部门总产品产业关联损失均超过1000万元。

纵观全表，由于交通运输行业的最终产品损失，造成全社会产业关联间接经济损失为21003.55万元。居于表2中前列的多为第二产业相关部门，表明与第三产业相比，第二产业受此次雾霾损失传导影响更为敏感。此外，在第二产业中，重工业部门损失比轻工业部门更加严重，其原因主要是重工业的投入成本高于轻工业生产制造。而邮政业与卫生、社会保障和社会福利业这两个部门受交通部门的影响较小，基本上可以忽略不计。

从总产出损失比例方面来看，雾霾给交通运输及仓储业造成了0.0253%的直接经济损失，由于产业间相互关联性，造成该部门总产出减少0.0359%。而受其影响最大的10个产业部门依次为：非金属矿及其他矿采选业（1.1795%），废品废料（0.1541%），金属冶炼及压延加工业（0.0580%），金属矿采选业（0.0406%），非金属矿物制品业（0.0271%），石油和天然气开采业（0.0264%），木材加工及家具制造业（0.0189%），石油加工、炼焦及核燃料加工业（0.0143%），金属制品业（0.0106%），电气机械及器材制造业（0.0106%）。

按照总产品损失值和总产出损失比例两个维度，对全部42个产业部门进行排序，总产品损失值大且总产出损失比例高的部门是此次雾霾事件的高敏感行业。同时排在这两个维度前20位的行业共有10个，具体情况如图2所示。

图2将这10个行业按照与原点(0,0)的直接距离远近排序，离原点越近，序号越小，其对雾霾的影响越敏感。行业排序从1～10依次为：金属冶炼及压延加工业，交通运输及仓储业，金属矿采选业，非金属矿物制品业，非金属矿及其他矿采选业，石油加工、炼焦及核燃料加工业，电气机械及器材制造业，电力、热力的生产和供应业，石油和天然气开采业，批发和零售业。这10个行业部门的损失值合计为20012.61万元，占整个经济系统总损失值的72.98%。

3. 动态IO模型评估分析

从总产出损失比例来看，非金属矿及其他矿采选业受雾霾交通直接经济损失的影响最大。因此，本文对该产业部门进行动态IO模型评估分析。非金属矿及其他矿采选业的损失比例

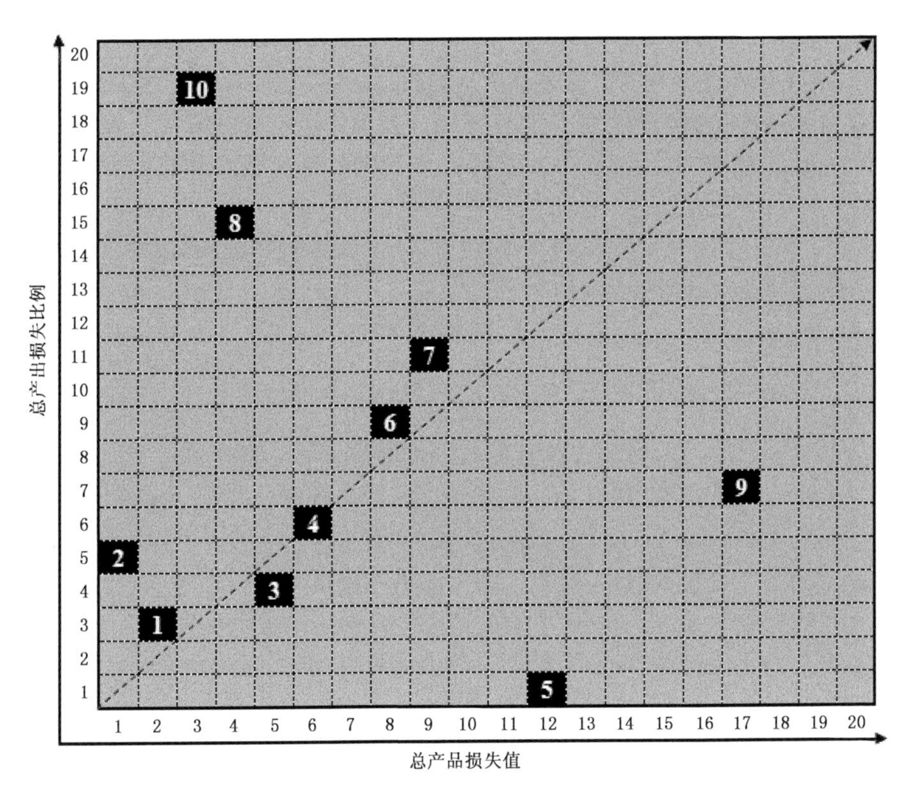

图 2 受雾霾影响位居前十位的高敏感行业

约为 1.18%,即 $l(0)=0.0118$,假设 30 天后该产业恢复至原产出 99.95% 的水平,即 $l(30)=0.0005$,根据公式(14)可得 $q_{非金属矿及其他矿采选业}=0.11808$,则由(14)式可以得到非金属矿及其他矿采选业系统功能恢复情况表达式,即

$$1-l(t)=1-0.0118e^{-0.11808\times(1-0.1076)t}=1-0.0118e^{-0.1054t} \tag{16}$$

30 天内,该产业的恢复曲线如图 3 所示。

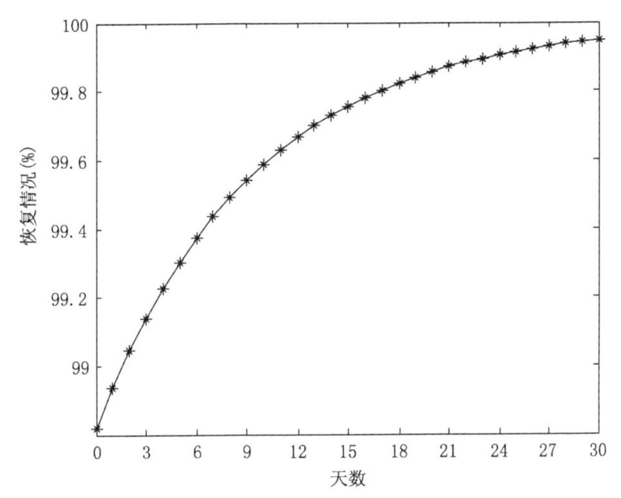

图 3 非金属矿及其他矿采选业的生产恢复曲线

根据公式(15)，计算出恢复期为 30 天时，非金属矿及其他矿采选业的累积产出损失值为 12.8550 万元，同理可计算出其他产业累积产出损失值，各产业累积产出损失值之和便是整个产业经济系统总累积产出损失值。如果将恢复期分别改为 10 天、60 天、90 天、180 天，可以按照以上步骤计算出不同恢复期情形下非金属矿及其他矿采选业的累积产出损失值，如表 3 所示。

表 3　不同恢复期情形下非金属矿及其他矿采选业累积产出损失值

恢复期/天	10	30	60	90	180
产业经济系统恢复比率/%	0.35424	0.11808	0.05904	0.03936	0.01968
累积产出损失值/万元	3.8422	12.8550	21.8978	27.1805	34.4825

由表 3 不难发现，恢复期越短，产业累积产出损失值越小。恢复期越长，产业累积产出损失值越大。比较静态与动态模型损失值，单从非金属矿及其他矿采选业来看，由静态 IO 模型计算的总产出损失值为 544.2464 万元，而由动态 IO 模型得出的总产出损失值要小得多，这是因为静态模型得到的产业损失率是瞬时值，损失值由产业损失率和产业年产出值相乘得到，其默认受损部门的生产恢复期为 1 年，故总损失值偏大。动态模型的损失率按指数衰减，损失值由损失率与产业日产出值相乘，再按恢复期天数累加而得，因此总损失值相对较小。

（三）结论与讨论

投入产出模型对于数据要求较低，不需要花费较大的人力、物力和财力去进行数据调查统计，且该模型可以根据数据的获得情况选择多部门或少部门进行评估分析，较为灵活方便。相比于常用的间接损失模型，投入产出模型能更有效地反映雾霾对经济系统造成的连锁效应和波及反应，更为清晰地体现各产业部门所受的损失，有利于相关部门根据不同行业的损失情况制定不同的恢复策略，做好相应的协调工作，可以有效应对雾霾事件的冲击，将雾霾造成的损失降到最低。

本文利用投入产出模型的产业关联性，定量分析了雾霾事件对部门经济冲击下的产业关联损失。结果表明：

(1)从产业关联经济损失评估结果来看，2013 年 1 月北京重度霾污染事件给交通运输及仓储业造成的总损失达 9100.72 万元，由交通运输部门直接损失引起的整个经济系统产业关联间接损失为 21003.55 万元，超过直接经济损失的 3 倍。雾霾造成的间接经济损失不容忽视。

(2)因交通部门受雾霾影响，交通运输及仓储业，金属冶炼及压延加工业，批发和零售业，电力、热力的生产和供应业等行业受损失传导程度较重。相对于服务型行业，制造业部门受雾霾产业关联影响更深。

(3)根据总产品损失值和总产出损失比例两个维度对所有产业进行排序，筛选出受雾霾影响的高敏感行业，其中金属冶炼及压延加工业、交通运输及仓储业、金属矿采选业、非金属矿物制品业、非金属矿及其他矿采选业等行业最为敏感。这些行业的损失值之和占整个产业经济系统损失值的比重较大，在雾霾天气发生之际，应对这些高敏感行业予以重点关注。

(4)从动态情形下的产业损失情况来看，受损的产业部门恢复期越长，其经济损失值越大。因此，在雾霾天气发生之后，有关部门应及时对受损部门采取相应的协调措施，缩短部门恢复期，有效减少雾霾造成的经济损失。

四、基于 CGE 模型的北京市雾霾社会经济影响评估

对于雾霾损失的评估，现有研究主要集中在人群健康损害层面，比较常用的评估方法有人力资本法、疾病成本法以及支付意愿法。国内生产总值(GDP)常被用于衡量一个国家或地区的经济状况。GDP 代表所有常住单位在一定时期内的增加值之和，包括劳动者报酬、生产税净额、固定资产折旧和营业盈余等 4 个部分。支付意愿法中所涉及的生命价值评测与 GDP 无关。疾病成本法的评价结果所代表的只是疾病经济负担，并不代表一个国家或地区的经济损失。此外，社会经济系统内部某个部门需求与供给的变动，不仅会对本部门产生影响，还会影响到其他部门，而人力资本法、支付意愿法和疾病成本法都无法模拟这种内在的关联性。可计算一般均衡模型(CGE)能够反映社会经济系统内部的连锁效应，能够客观评价健康效应对社会经济的影响。CGE 模型以 Warlas 一般均衡理论为基础，相较于计量经济模型具有更为可靠的理论支撑，该模型的嵌套模式使得不同部门的替代弹性及技术水平可以不同，其非线性方程形式又更贴切地反映了真实世界，更为广泛地考虑了供求双方的生产力水平、就业等因素。杨宏伟等[24]曾建立 CGE 模型评价了 2000 年我国空气污染 PM_{10} 粒子的健康效应造成的国内生产总值损失。本研究根据杨宏伟等人的思想，基于赵娜[25]建立的区域 CGE 模型，将暴露-反应模型计算出的劳动力损失和居民额外医疗费用支出作为传导变量，评估 2013 年北京市雾霾污染 $PM_{2.5}$ 粒子造成的公众健康损害及其对社会经济的影响。

(一)材料与方法

1. 数据来源

考虑到细颗粒物($PM_{2.5}$)是造成霾天气的主要污染物，本研究选用 $PM_{2.5}$ 作为霾污染的代表性指标。本文将北京市 2013 年年末的常住人口作为暴露人群，数据来源于《2014 年北京统计年鉴》。$PM_{2.5}$ 实际暴露浓度数据来源于《2013 年北京市环境公报》。2013 年，北京市 $PM_{2.5}$ 年平均浓度值为 89.5 $\mu g/m^3$，超过国家标准的 156%。本文采用 WHO 提出的 $PM_{2.5}$ 年平均浓度 10 $\mu g/m^3$ 的指导值作为阈浓度值。

2. 评估方法

对于大气污染的健康效应评估，国内外学者通常基于流行病学的研究结果，利用暴露-反应模型对大气污染造成的健康影响进行定量评估，公式如下：

$$E = P \cdot I \cdot \{1 - 1/\exp[\beta \cdot (C - C_0)]\} \tag{17}$$

式中，E 为超额死亡或者发病人数；P 为暴露人口；I 为超额死亡或发病率；β 为暴露-反应关系系数；C 为实际暴露浓度；C_0 为假设未产生健康效应的阈浓度值。

可计算一般均衡模型(以下简称 CGE)是国际上流行的经济学和公共政策定量分析的主要工具，它的特点是描述国民经济各个部门、各个核算账户之间的相互连锁关系，并且可以对政策和经济活动对这些关系的影响做描述、模拟和预测，因此在国民经济、贸易、环境、财政税收、公共政策等方面已具有广泛的应用。随着国内对 CGE 研究的不断深入，研究者们开始将其应用领域逐渐拓展到灾害统计中来，但就当前研究结果来看，多数研究仍偏倚理论探讨，实际应用依旧不足。CGE 模型的应用分析可以概括为以下四步：

(1)构建或改进模型。一套完整的 CGE 模型应当涵盖包括描述生产行为、消费行为、政府行为、对外贸易和市场均衡的一系列方程，研究者可以根据实际研究需要选择所需方程，但应兼顾以下几个方面：

生产行为方程主要包括生产者的生产方程、约束方程，生产要素的供给方程等，旨在对生产者的生产行为和优化条件进行描述。

消费行为方程主要描述在预算约束的条件下消费者如何选择最优商品组合以实现尽可能高的效用。

政府行为主要体现在政策制定与消费方面，一般而言，政府的作用是通过制定相关政策来体现的，如税收、利率、汇率、财政补贴等，在 CGE 模型中将这些政策作为控制变量纳入方程体系，而另一方面，政府也作为消费者出现在 CGE 模型中，政府的收入来自于各种税收和国民资产的入息，政府的支出包括公共事业开支、转移支付和财政补贴。

对外贸易方程主要描述国内商品在出口和国内市场的优化配置以及如何以最低成本获得国内商品和进口商品的优化组合。

市场均衡包括微观均衡和宏观均衡，其中微观市场的均衡主要有产品市场、要素市场和资本市场的均衡，宏观市场的均衡主要有政府预算、居民收支、国际市场等的均衡，满足市场各均衡条件的解即为 CGE 的最优解。

(2)构建模型数据基础——社会核算矩阵。CGE 模型描述的是社会各经济主体之间的经济行为和关系，因此会涉及反映经济活动、商品消费、要素收入及支出、进出口等多方面的数据，对数据的要求很高，一般要求构建社会核算矩阵进行 CGE 模型的求解。社会核算矩阵是一定时期内一个国家或地区经济的全面反映，它将投入产出表、资金流量表和国民经济核算表合并到一张表中，是对一个社会经济系统中宏观和微观账户进行详细表示的核算体系。投入产出表只能反映生产账户中各部门间的相互依存关系和要素收入的分配，侧重于对生产活动的刻画，而社会核算矩阵在投入产出表的基础上增加了非线性生产部门，如居民、政府，能表现生产活动、生产要素、机构收入、消费和资本形成等之间的关系。

(3)估计模型参数。估计模型方程中的未知参数是进行下一步模型求解的充分条件，模型参数估计主要依赖于第二步所构建的社会核算矩阵与投入产出表。

(4)模型求解或模拟。CGE 模型的求解一直是一个复杂问题，其原因主要在于 CGE 涵盖多个模块的多个方程组，多变量和多参数的“参与”很大程度上增加了模型计算的难度。在国际上，CGE 模型有两个主要流派：美国流派和澳大利亚流派。美国流派使用的求解工具是由世界银行开发的 GAMS 程序语言，而澳大利亚流派使用的是 GEMPACK 程序语言。GEMPACK 对计算机和解法程序要求不高，而 GAMS 虽然需要研究者自己编程，但更能适应不同问题的研究需要，适合求解大规模、复杂的需要进行多次调整和处理流程的数学模型。

相较于前面两种模型，CGE 模型多采用的是非线性函数模式，多模块的设定便于从生产力水平、就业等多个角度考虑经济系统的变化，而且模型各模块采用的是方程嵌套的形式，使得不同部门的替代和价格弹性及技术水平可以不同，再加上模型以微观经济学的核心理论——一般均衡理论为支撑，因而具备应用于灾害损失评估研究的理论基础和现实依据。

本文将基于以上四步，以赵娜建立的区域 CGE 模型为原型对北京 2013 年霾污染 $PM_{2.5}$ 粒子造成的健康经济损失进行研究。投入产出表是构建 CGE 模型数据基础——社会核算矩阵的主要来源，由于 CGE 本身就涉及多个模块的多个方程组，若再细化到 42 个部门中，将使计算过程更趋于复杂化。考虑到这一点，本文首先对国民经济核算体系中的 42 个部门进行合并，合并为性质相近的六个部门，分别为农业、工业、建筑业、运输邮电业、卫生服务业和其他服务业。这样划分的目的，一方面是为了方便数据搜集，减少工作量，另一方面，也是为了下文的研究需要。本文所构建的 CGE 模型主要基于以下几点假设，其中第一和第二条假设的存在源于 CGE 模型的理论基础——Warlas 一般均衡理论。

(1)小国假设：进口品和出口品的价格由国际市场决定，国内商品的价格由国内市场的供给和需求唯一决定；

(2)存在产品差别：国内商品和进口品、出口品都是不完全替代的；

(3)从基期到灾害发生时间，各行业部门生产技术水平和工资率保持不变；

(4)各行业生产的产品都被用于消费或中间使用；

(5)居民作为一个整体，遵循相同的储蓄率和消费函数；

(6)研究期，各部门固定资产折旧率保持不变。

一个完整的 CGE 模型构建通常包括以下几个工作：一是确定所要研究的经济主体，一般包括生产者、居民和政府，为了研究的不同需要亦可添加其他行为主体；二是设定行为主体作出决策的依据；三是设定行为主体的经济制度结构；最后通过设置市场出清条件、宏观闭合条件等使模型达到均衡状态。

一般 CGE 模型中均会包含两类变量：内生变量和外生变量。外生变量由模型以外的因素决定，是人为加入模型方程中以证实某种假设或进行预测的变量，而内生变量由模型本身决定，需要通过模型中的方程进行求解。上文已经给出了部门划分，在模型中用下标 i 表示 6 个合并部门。模型部分公式如下。

(1)生产模块

$$V_i = A_i L_i^{\alpha_i} K_i^{1-\alpha_i} \tag{18}$$

式中，i 表示投入产出部门；V_i 为增加值；A_i 为生产函数规模效率参数；L_i 为劳动力投入；K_i 为资本投入；α_i 为劳动投入份额。公式(18)是用柯布-道格拉斯生产函数描述的各部门国内增加值。

(2)消费模块

$$C_i = \gamma_i (1 - mph) YH \tag{19}$$

$$CG_i = \beta_i^{(G)} G^{tot} \tag{20}$$

式中，i 表示投入产出部门；C_i 为居民消费；γ_i 为居民消费份额；mph 为居民边际储蓄率；YH 为居民收入；CG_i 为政府消费；$\beta_i^{(G)}$ 为政府消费份额；G^{tot} 为政府消费总量。公式(19)表示居民对各部门产品的消费需求，是居民纯收入(扣除储蓄后)与消费份额的乘积；公式(20)是政府对每个部门商品的消费需求，由政府消费总量与对各部门的消费份额的乘积得到。

(3)需求模块

$$Q_i = \varphi_i [\lambda_i \cdot M_i^{-\varepsilon_i} + (1 - \lambda_i) \cdot D_i^{-\varepsilon_i}]^{-1/\varepsilon_i} \tag{21}$$

式中，i 表示投入产出部门；Q_i 为商品总使用；φ_i 为复合品需求的规模系数；λ_i 为进口份额参数；M_i 为进口品；ε_i 为进口品与国产品替代弹性；D_i 为供国内市场销售的商品。公式(21)是一个常替代弹性函数(CES)，描述的是各部门对国内产品与进口产品的使用情况。

(4)均衡模块

$$Q_i = IT_i + C_i + CG_i + I_i + E_i + ST_i \tag{22}$$

$$K = \sum_{i=1}^{6} K_i \tag{23}$$

$$ED_i = D_i + E_i - X_i = 0 \tag{24}$$

式中，i 表示投入产出部门；Q_i 为商品总使用；IT_i 为中间需求；C_i 为居民消费；CG_i 为政府消费；I_i 为固定资产投资；E_i 为出口品；ST_i 为存货增加；K 为总资本；K_i 为资本投入；ED_i 为超额需求；D_i 为供国内市场销售的商品；X_i 为总产出。公式(22)表示总供给等于总需求，体现的是产品市场出清条件；公式(23)定义了资本市场出清条件；公式(24)反映了超额需求为 0。

3. 数据处理

暴露-反应关系的选择主要是确定其中的系数。对于 $PM_{2.5}$ 与相关健康终端的暴露-反应系数，谢鹏等[26]利用 Meta 分析法得出了适合中国地区的 $PM_{2.5}$ 健康效应评估的暴露-反应系数。黄德生等[7]基于流行病学综合研究成果，总结了京津冀地区 $PM_{2.5}$ 与相关健康终端的暴露-反应系数。本文综合以上研究成果，结合北京市实际情况，选取关于 $PM_{2.5}$ 的暴露-反应关系系数(β 值)及其 95％置信区间(CI)，详见表 4。

表 4 主要健康终端的 $PM_{2.5}$ 污染暴露-居民健康反应系数

	健康终端	β 值(95％置信区间)
早逝	总死亡率	0.00296(0.00076,0.00504)
	呼吸系统疾病死亡率	0.00143(0.00085,0.00201)
	心血管疾病死亡率	0.00053(0.00015,0.00090)
住院	呼吸系统疾病	0.00109(0.00000,0.00221)
	心血管疾病	0.00068(0.00043,0.00093)
门诊诊问	儿科(0～14 岁)	0.00056(0.00020,0.00090)
	内科(15 岁以上)	0.00049(0.00027,0.00070)
患病	慢性支气管炎	0.01009(0.00366,0.01559)
	急性支气管炎	0.00790(0.00270,0.01300)
	哮喘	0.00210(0.00145,0.00274)

综合考虑国内流行病学研究现状，本文选择与 $PM_{2.5}$ 污染相关的健康终端有哮喘、慢性支气管炎、急性支气管炎、早逝、呼吸系统疾病、心血管疾病、内科及儿科门诊。受数据可获得性限制，本文对一些问题进行了必要的简化。住院与门诊人数中包括了部分慢性支气管炎、急性支气管炎和哮喘患者，而患病人数中还有一部分未就诊人群，为避免重复计算，只考虑就诊患者的医疗费用支出和误工情况。健康终端的单位病例的医疗费用乘以患病人数就是该健康终端的人群额外医疗费用支出，各健康终端的额外医疗费用相加即为雾霾 $PM_{2.5}$ 污染造成的居民总额外医疗费用支出。本文综合年鉴分析，参考《2013 年北京市卫生事业发展统计公报》的相关统计数据，对 $PM_{2.5}$ 造成的总额外医疗费用支出进行计算。同理，本文综合杨宏伟等人的相关研究成果，对 $PM_{2.5}$ 造成的人群总误工天数进行估算。

由暴露-反应模型得出的雾霾污染健康损害主要分为早死和患病两方面导致的劳动力损失和居民医疗费用的上涨。劳动力的损失直接降低了社会经济系统各个生产部门的劳动力投入水平。额外的医疗费用支出会降低对其他部门产品的需求，医疗费用的上涨直接影响了社会经济的消费模式。劳动力与消费的变化将导致整个社会经济系统 GDP 的变动。本文将暴露-反应模型算出的劳动力损失率和超额医疗费用作为传导变量代入CGE模型。在其他因素不变的情况下，部门经济指标和整个社会经济系统相关指标的变化情况归因于雾霾健康效应的影响。社会核算矩阵(SAM)是求解CGE模型的数据基础，其描述的是一定时期内一个国家或地区的整体经济面貌，它将投入产出表、资金流量表、国民经济核算表融合到一张表中。为了准确描述CGE模型的数据关系，在进行模型求解之前都会要求编制SAM表。

SAM在原有投入产出表的基础上增加了非物质生产部门，如居民、政府、其他地区等，能表现生产活动、生产要素、机构收入、消费和资本形成等之间的联系。开放性宏观SAM包括商品、活动、要素、居民、企业、政府、资本、外部地区8个账户，其一般结构如表5所示。

表5 社会核算矩阵——SAM一般结构

		商品	活动	要素		居民	企业	政府	资本		外部地区	合计
				劳动	资本				固定资本	存货增加		
商品			中间投入			居民消费		政府消费	固定资产投资	存货增加	调出	总需求
活动		总产出										总产出
要素	劳动		劳动报酬									劳动要素收入
	资本		资本收益									资本要素收入
居民				居民收入	资本收益		转移支付	转移支付				居民收入
企业					资本收益							企业收入
政府		关税	间接税			个税	所得税					政府收入
资本	固定资本					投资	投资	投资			投资	总投资
	存货增加								存货增加			库存增加
外部地区		调入										总调出
合计		总供给	总成本	劳动要素支出	资本要素支出	居民支出	企业支出	政府支出	总投资	库存增加	总调入	

表5中，商品账户描述的是国内市场上商品的供求关系；活动账户描述的是国内生产部门的活动；要素账户描述的是生产过程中投入的各种要素的收入和支出；企业账户描述的是企业的收入来源和去向；居民账户和政府账户分别描述的是居民和政府的收支状况；投资账户（或称资本账户）描述的是资本形成的来源和去向；外部地区账户反映跨区域市场的收支平衡。

目前编制SAM的方法有两种，一种是自上而下的方法，即先从宏观层面编制SAM表，再在此基础上根据研究目的编制详细的微观SAM；另一种是自下而上的方法，即从微观的角度，对各种各样的微观详细数据进行汇编。前者强调数据的一致性，后者强调数据的准确性。由于编制SAM表需要大量的数据作基础，其中某些数据获取的难度可能会很大，要在掌握各种详细数据的基础上再对数据进行分类汇总不易实现，因此本文使用的是前一种方法，即在已经掌握的宏观信息的基础上再对各经济指标进行分解，细化SAM。

SAM的数据来源非常广泛，涵盖了《中国统计年鉴》、《北京统计年鉴》、北京投入产出表、《中国税务年鉴》等，其中，投入产出表数据是SAM的主要来源。在北京市2013年雾霾事件发生之际，最新的投入产出表是北京投入产出调查网公布的北京市2010年投入产出延长表，故本文选取2010年为基准年份，编制得到北京市社会核算矩阵如表6所示。

表6　北京市2010年社会核算矩阵(亿元)

		商品	活动	要素		居民	企业	政府	资本		其他地区
				劳动	资本				固定资本	存货增加	
商品			31508.1			4648.9		3258.8	5342.4	754.7	12438.0
活动		45621.7									
要素	劳动		6920.0								
	资本		4996.4								
居民				6920.0	154.4		108.4	1303.8			
企业					4841.9						
政府			2197.2			215.3	513.1				
资本	固定资本					685.1	2901.1	1907.3			2690.1
	存货增加								754.7		
其他地区		15128.2									

表6中，横向表示投入，纵向表示使用。各账户的数据的含义如下：

(1)商品账户：从横向看，社会核算矩阵第1行第2列表示中间投入，取自北京投入产出表的中间投入总合计；第1行第5列表示居民对商品的消费支出，取自北京投入产出表最终使用部门的居民消费数据；第1行第7列是政府对商品的消费，取自投入产出表最终使用部门的政府消费数据；第1行第8、9列的数值来自投入产出表最终使用账户的固定资本和存货增加合计；第1行最后一列取自投入产出表的调入项合计数据。从纵向看，社会核算矩阵第1列第2行表示中间使用，来自投入产出表的总产出；第1列最后一行外部地区账户数据来自投入产出表的调出合计。

(2)活动账户：第2列第3行劳动账户取自投入产出表第三象限增加值的劳动者报酬；第2列第4行资本账户取自投入产出表第三象限固定资产折旧和营业盈余之和；第2列第7行政府账户取自投入产出表第三象限的生产税净额。

(3)要素账户：第3列第5行表示居民的劳动报酬分配；要素账户中资本账户的列项表示居民和企业的资本支出，而资本支出来自资本收益，第4列第5行表示居民的资本收益，数据根据北京统计年鉴中城镇、农村居民的财产性收入及人口数据计算而得，第4列第6行企业的资本收益由活动账户的资本支出减去以上计算结果而得。

(4)居民账户：第5列第7行表示居民向政府缴纳的个人所得税；第5列第8行表示居民对固定资产的投资。企业和政府对居民的转移支付中，企业对居民的转移支付包括辞退金、保险收入、赡养收入、捐赠收入、住房公积金，政府对居民的转移支付包括养老金或离退休金、失业保险金，其中农村居民的转移性收入全部视作来自政府，企业只对城镇居民有转移性支付。

(5)企业账户：企业账户的列项包括对居民的转移支付、向政府缴纳的各项费用以及对固定资产的投资。企业向政府缴纳的所得税和企业对固定资产的投资均由北京统计年鉴获得。

(6)政府账户：政府账户的行项包括商品向政府所缴纳关税、交易活动的生产税净额、居民个税、企业缴纳的税费，其中由于地方政府的收入只有直接税和间接税，不包括关税，所以暂不考虑此项。

(7)外部地区：外部地区列项对固定资产的投资取自调出合计与调入合计的差额。

(二)结果与分析

将2013年北京市常住人口数据、$PM_{2.5}$浓度、健康效应终端数据、暴露-反应关系系数代入式(17)，计算得到2013年北京市雾霾污染造成的居民健康效应评估结果(表7)。计算结果表明，2013年雾霾污染对北京市居民健康造成了严重的损害，居民早逝约20043例(95%CI：5604,31557)，呼吸系统疾病住院约22452例(95%CI：0,43582)，心血管疾病住院约11007例(95%CI：7029,14906)，儿科门诊约140891例(95%CI：51040,223422)，内科门诊约332120例(95%CI：184604,470545)，慢性支气管炎约80962例(95%CI：37053,104270)，急性支气管炎约374785例(95%CI：155241,517727)，哮喘约182419例(95%CI：129174,232224)。当$PM_{2.5}$年平均浓度在WHO提出的指导值$10\mu g/m^3$基础上每升高$10\mu g/m^3$时，将会造成北京市常住居民早逝增加2788例，呼吸系统疾病住院增加2932例，心血管疾病住院增加1417例，儿科门诊增加18069例，内科门诊增加42491例，慢性支气管炎患病增加14086例，急性支气管炎患病增加61043例，哮喘患病增加24655例。

表7　2013年北京市雾霾污染造成的居民健康效应评估结果

健康终端	人数	95%置信区间
早逝	20043	(5604,31557)
呼吸系统疾病住院	22452	(0,43582)
心血管疾病住院	11007	(7029,14906)
儿科门诊	140891	(51040,223422)
内科门诊	332120	(184604,470545)
慢性支气管炎	80962	(37053,104270)
急性支气管炎	374785	(155241,517727)
哮喘	182419	(129174,232224)

$PM_{2.5}$污染造成的人群健康效应导致社会劳动力损失以及居民医疗费用支出增加。文章在人群健康效应评价的基础上，计算得出研究时间段内社会劳动力损失和居民额外医疗费用支出。结果显示，如果2013年北京市细颗粒物浓度达到WHO健康浓度指导值，可以避免死亡约为20043人(95%CI：5604,31557)，占当年死亡人口的20.97%(95%CI：5.86%，33.01%)，其中15～64岁劳动力死亡人数约为6048人(95%CI：1691,9522)；可避免误工天数约为2632185天(95%CI：1006861,3947138)(每个劳动力平均工作251 d/a)；可避免患病导致的医疗费用支出约8.05×10^8元(95%CI：2.23×10^8，13.55×10^8)；可避免死亡和误工导致的劳动力损失相当于10487人(95%CI：4012,15726)，约为同年劳动力人口的1.51‰(95%CI：

0.58‰，2.26‰）。将劳动损失率和额外医疗费用支出作为传导变量代入CGE模型后，各部门产出的变化情况如表8所示。

表8 雾霾污染健康效应造成的部门产出变化值（百万元）

部门	变化值	95%置信区间
农业	−56.37	(−19.29，−88.48)
工业	−1163.07	(−425.45，−1777.98)
建筑业	−385.86	(−147.07，−579.53)
运输邮电业	−235.35	(−89.22，−354.33)
卫生服务业	418.03	(104.09，724.03)
其他服务业	−2603.71	(−955.09，−3975.57)
总产出	−4026.34	(−1532.03，−6051.86)
GDP	−1286.97	(−488.58，−1936.33)

雾霾污染造成的人群健康效应对于经济系统各部门劳动力、消费模式有一定影响，并通过各部门间的关联效应进一步致使整个区域的经济指标发生不同程度的变化。在部门产出方面，除了卫生服务部门的总产出上涨4.18亿元，其余5个部门产出都是下降的，其中，农业部门的总产出损失相对较重。虽然卫生服务部门总产出有显著增长，但是整个社会总产出下降了40.26亿元。此外，雾霾污染造成的劳动力损失和超额的医疗费用支出导致GDP产出下降了12.87亿元（95%CI：4.89，19.36）。

在CGE模型中，劳动力投入依据部门间投入产出关系而分配，劳动力损失降低了各生产部门劳动力投入，从而影响各个部门的产出，进一步导致了GDP产出的下降。患病导致的医疗费用支出不能直接作为国民经济损失，居民医疗费用上涨显著刺激了卫生服务部门的总产出。对医疗卫生服务部门的消费增加，会导致对其他部门消费的下降。通过CGE模拟这一系列连锁反应后发现，医疗卫生服务部门的总产出虽然显著上涨，但北京市GDP产出是下降的。这是因为：①劳动力损失降低了各部门总产出；②北京市卫生服务部门的增加值只占北京市GDP的1.8%，卫生服务部门的总产出虽然有显著增长，但其对北京市GDP增长的拉动能力十分有限；③各部门对于卫生服务的需求不同，有些生产活动水平存在相互抵消现象。

（三）结论与建议

本文通过将暴露-反应模型和CGE模型相结合，重点研究霾主要污染物$PM_{2.5}$对人群健康的影响及其造成的社会经济影响。研究结果显示，2013年北京市常住居民受雾霾污染影响早逝约20043例，因呼吸系统疾病和心血管疾病住院约22452例和11007例，儿科和内科门诊约140891例和332120例，急、慢性支气管炎和哮喘发病分别为374785例、80962例和182419例。由居民健康损害间接造成的北京市GDP产出损失约为12.87亿元（95%CI：4.89，19.36）。雾霾污染不仅严重威胁居民的健康和生活质量，同时也影响了社会经济发展。由于健康效应对社会经济的影响评价基于对诸多学科的综合，研究不可避免会存在一些不确定性。本文的不确定性有：

（1）在研究人群健康损害方面，未考虑霾中的其他污染物，如SO_2、PM_{10}对人体健康的影响。然而，不同的大气污染物可能对人体健康产生协同作用，仅仅将各污染物的健康损失相加可能导致重复计算。因此,本研究只选取 $PM_{2.5}$ 作为雾霾的典型污染物来估算雾霾对人体健康的影响。

(2)在社会经济影响方面,CGE模型模拟了一个理想的社会经济系统运行方式,与实际经济系统运行还存在着一些差异。例如,CGE模型反映了市场完全出清的情景,而经济系统存在着内在的惯性和转换成本,因此计算出来的值可能偏低。尽管如此,本研究采用一般均衡方法来分析雾霾污染健康效应对社会经济造成的影响还是比较客观的。CGE模型能够有效反映社会经济系统各部门间的关联效应,遵循总投入等于总产出、总供给等于总需求这一客观经济规律,相对于传统的健康经济损失评估方法,其评估结果更能代表健康效应造成的社会经济损失。

本文采用的CGE模型只是一个静态模型,未能考虑到雾霾污染健康危害的长期性,因此评价结果是一个保守估计。然而,本文之所以首先选择静态CGE模型进行健康效应造成的社会经济损失评估,是为了使公众对雾霾污染危害及其带来的社会经济损失有个大致的了解。考虑雾霾污染的长期性,采用动态CGE模型评价雾霾健康效应造成的社会经济影响,使评估结果更为精确,这是我们下一步研究的内容。

总而言之,本文对雾霾健康效应影响的估算采用了偏于保守的方法,同时也给出了健康效应及其影响的范围,雾霾污染对于公众健康效应和社会经济的危害是不容忽视的。居民应了解相关雾霾防护措施,在雾霾污染严重期间,老人、儿童等易感人群应尽量减少出行,降低雾霾对自身健康的损害;同时,提高环保意识,积极参与到城市空气质量改善和维护之中。政府相关部门一方面需充分认识雾霾污染的严重性,加大环境污染治理力度,注重城市环境绿化建设;另一方面根据雾霾污染的季节性特征,重点加强污染严重时段的监测,完善针对雾霾污染的健康预警和防护措施,最大限度地降低雾霾污染造成的居民健康危害和损失。

(撰写人:王桂芝　顾赛菊　陈纪波)

作者简介: 王桂芝(1960—),女,硕士,南京信息工程大学气候变化与公共政策研究院教授,研究方向为应用数理统计,E-mail:wgznuist@163.com;顾赛菊,南京信息工程大学计算机与软件学院;陈纪波,南京信息工程大学数学与统计学院。

参考文献

[1] 金英子,赵红梅,杨爱荣,等.经济发展进程中环境污染造成的健康损失评价研究.卫生软科学,2009,**23**(2):225-228.

[2] 蔡春光.空气污染健康损失的条件价值评估与人力资本评估比较研究.环境与健康杂志,2009,**26**(11)960-961.

[3] 董芳燕,牛静萍,扈桦,等.细颗粒物中镍对循环内皮祖细胞功能影响的初步研究.环境与健康杂志,2011,**28**(8):683-685.

[4] 殷永文,程金平,段玉森,等.上海市霾期间 $PM_{2.5}$、PM_{10} 污染与呼吸科、儿呼吸科门诊人数的相关分析.环境科学,2011,**32**(7):1894-1898.

[5] 羊德容,王洪新,兰岚,等.兰州市能源改造前后大气污染对人体健康经济损失评估.环境工程,2013,**31**(1)112-116.

[6] 穆泉,张世秋.2013年1月中国大面积雾霾事件直接社会经济损失评估.中国环境科学,2013,**33**(11):2087-2094.

[7] 黄德生,张世秋.京津冀地区控制 $PM_{2.5}$ 污染的健康效益评估.中国环境科学,2013,**33**(1):166-174.

[8] 赵晓丽，范春阳，王予希. 基于修正人力资本法的北京市空气污染物健康损失评价. 中国人口·资源与环境，2014，**24**(3)：169-176.

[9] 谢元博，陈娟，李巍. 雾霾重污染期间北京居民对高浓度 $PM_{2.5}$ 持续暴露的健康风险及其损害价值评估. 环境科学，2014，**35**(1)：1-8.

[10] RIDKER R G. Economic costs of air pollution ：studies in measurement. F. A. Praeger，1967.

[11] CANNON J S. The health costs of air pollution：a survey of studies published 1984－1989 (pre-publication edition). Crash Exposure，1990.

[12] ANDREAS D. K，BRUCKMANNB P，EIKMANNC T，et al. Health effects of particles in ambient air. International Journal of Hygiene and Environmental Health，2004，**207**(1)：399-407.

[13] KRISTIN A，XIAO C P. Exposure-response functions for health effects of ambient air pollution applicable for China，a Meta-analysis. Science of the Total Environment，2004，**329**(1)：3-16.

[14] YOO S H，KWAK S J，LEE J S. Using a choice experiment to measure the environmental costs of air pollution impacts in Seoul. Journal of Environmental Management，2004，**86**：308-318.

[15] HANS O，ERIK T，TAAVI L，et al. Health impact assessment of particulate pollution in Tallinn using fine spatial resolution and modeling techniques. Environmental Health，2009，**8**(1)：1-9.

[16] OSTRO B，MALIG B，BROADWIN R，et al. Chronic $PM_{2.5}$ exposure and inflammation：determining sensitive subgroups in mid-life women. Environmental Research，2014，**132**：168-175.

[17] CHUNG Y，DOMINICI F，WANG Y，et al. Associations between long-term exposure to chemical constituents of fine particulate matter ($PM_{2.5}$) and mortality in medicare enrollees in the eastern United States. Environmental Health Perspect，2015，**123**(5)：467-474.

[18] 张庆丰，罗伯特·克鲁特斯. 迈向环境可持续的未来——中华人民共和国国家环境分析. 北京：中国财政经济出版社，2012.

[19] ROSE A，BENAVIDES J，CHANG S E，et al. The regional economic impact of an earthquake：direct and indirect effects of flectricity lifeline disruptions. Journal of Regional Science，1997，**37**(3)：437-458.

[20] CROWTHER K G，HAIMES Y Y，Taub G. Systemic valuation of strategic preparedness through application of the inoperability input-output model with lessons learned from hurricane Katrina. Risk Analysis，2007，**27**(5)：1345-1364.

[21] OKUYAMA Y. Measuring economic impacts of natural disasters：application of sequential interindustry model. Regional Research Institute West Virginia University，2002.

[22] 徐嵩龄. 灾害经济损失概念及产业关联型间接经济损失计量. 自然灾害学报，1998，**7**(4)：7-15.

[23] 路琮，魏一鸣，范英，徐伟宣. 灾害对国民经济影响的定量分析模型及其应用. 自然灾害学报，2002，**11**(3)：15-20.

[24] 杨宏伟，宛悦，增井利彦. 可计算一般均衡模型的建立及其在评价空气污染健康效应对国民经济影响中的应用. 环境与健康杂志，2005，**22**(3)：166-170.

[25] 赵娜. 京津区域 CGE 系统开发及区域经济政策分析. 上海：华东师范大学，2011.

[26] 谢鹏，刘晓云，刘兆荣，等. 我国人群大气颗粒物污染暴露-反应关系的研究. 中国环境科学，2009，**29**(10)：1034-1040.

南京市雾与霾天气变化规律及其健康效应研究

摘　要:近年来,由于灰霾天气日趋严重引发的环境效应问题和气溶胶辐射强迫引发的气候效应问题,广泛地引起科学界、政府部门和社会公众的关注。在空气污染严重的城市,雾、霾会频繁出现,使能见度降低,容易引起交通阻塞,发生交通事故。此外,雾、霾天气对人体身心健康有一定的损害。雾、霾的低能见度现象还易引发心理抑郁与心理障碍。本文首先利用南京站、六合站、江浦站、江宁站、溧水站、高淳站等六个观测站1960年1月1日—2015年12月31日的地面气象观测资料,对南京地区雾、霾的气候特征及其与气象要素的关系进行了分析。结果表明,南京地区56年以来,雾日数基本没有发生变化,轻雾日数和灰霾日数均呈增长趋势,且灰霾日数在1973年以后显著上升。雾和轻雾在秋冬两季多发,而在春夏两季少发;灰霾日数在夏季最低而在冬季最高。较高相对湿度、静小风有利于雾、霾天气的出现,其中雾、轻雾的出现还与较高的气温日较差有关。此外,雾、轻雾、灰霾日数的空间分布呈经向变化,雾、轻雾日数的空间分布与水源、风速的分布有关,灰霾日数的空间分布与南京市工业及交通业等的分布有关。雾、霾天气的增加可能与南京市颗粒物污染,尤其是细颗粒物的污染加重有关。

另外,本文选取2013年12月1—9日的重污染过程进行分析,以便更好地了解雾、霾现象与大气环流、气象要素以及颗粒物污染之间的关系。结果表明,PM_{10}和$PM_{2.5}$的浓度变化一致,$PM_{2.5}$在PM_{10}中的浓度越高,大气能见度越低,空气质量指数AQI越高,细颗粒物对污染过程贡献很大。另外,江苏受均压场控制,风速小、相对湿度高和无降水的气象条件为此次重污染过程提供了条件。在这种条件下大气的纬向和经向运动都比较弱,使污染物易于聚集。

关键词:雾; 霾; 颗粒物污染; 气象要素; 健康

Characteristics of Haze and Its Impact on Health in Nanjing

Abstract:The climatic characteristics and causes of fog/haze in Nanjing were analyzed based on surface observation data obtained from Nanjing Meteorological Station and five other stations (Liuhe, Jiangpu, Jiangning, Lishui and Gaochun) from 1960 to 2015. The results show that the number of foggy day have almost not changed while the number of misty and hazy day have increased during the last fifty－six years. And the number of hazy day increased significantly from 1973. Foggy and misty phenomenon often occurs in autumn and winter and rarely in spring and summer. The maximum hazy day appeared in winter while the minimum hazy day appeared in summer. Misty and foggy phenomenon often occur with wind speed small, the relative humidity high, diurnal temperature range big while hazy phenomenon often occur with wind speed small, the relative humidity relatively high. The spatial distribution of the number of foggy and misty day showed the longitudinal variability, related with the spatial distribution of water system and wind speed. And the spatial distribution of the number of hazy day is similar to hazy day, but related with the spatial distribution of industry and transportation industry in Nanjing. The increasing trend of the number of foggy/hazy day might be resulted from the serious particulate pollution, especially the fine particle pollution.

The characteristics and formation mechanism of a heavy air pollution episode in Nanjing during 01 December to 09 December, 2013 were analyzed for further understanding of the relationship between foggy/hazy phenomenon and synoptic situation, meteorological element and particulate pollution. The results show that PM_{10} and $PM_{2.5}$ concentration displayed the synchronous change during the event; the bigger the proportion of $PM_{2.5}$ concentration in PM_{10} concentration was, the lower the visibility was and the higher AQI(Air Quality Index) was. The high concentration of fine particles contributed a lot to the formation of the air pollution episode. In addition, relatively stable synoptic pattern controlled by west or northwest wind with the surface cold high pressures and meteorological condition with low wind speed, relatively high humidity and no precipitation provided a beneficial background, in which atmospheric motion were limited in the horizontal and vertical directions so that the concentration of pollutants especially particle pollutants accumulated.

Key words: Frog; Mist; Haze; Particulate pollution; Meteorological factors; Synoptic pattern

一、概　述

(一)基本概念

雾指大量微小水滴浮游空中,常呈乳白色,使水平能见度小于 1.0 km。根据能见度,雾分为三个等级:雾、浓雾和强浓雾[1]。而对于霾的定义则一直存在争议,在 1994 年版《大气科学词典》[2]中,霾是指悬浮在大气中的大量微小尘粒、烟粒或盐粒的集合体,使空气混浊,水平能见度降低到 10 km 以下的一种天气现象。霾一般呈乳白色,它使物体的颜色减弱,使远处光亮物体微带黄红色,而黑暗物体微带蓝色。组成霾的粒子极小,不能用肉眼分辨。在 2007 版中国气象局《地面气象观测规范》[1]中,霾是指大量极细微的干尘粒等均匀地浮游在空中,使水平能见度小于 10.0 km 的空气普遍混浊现象,霾使远处光亮物体微带黄、红色,使黑暗物体微带蓝色。此外，香港天文台和澳门地球暨气象局称霾为烟霞，并限定出现霾时相对湿度应该低于95%。而美国将颗粒物和气体污染物导致的可察觉到的能见度降低的现象称为霾[3]。对于霾的定义，国内学者在早期已做过许多工作，较有代表性的是广州热带海洋气象研究所吴兑[4]提出的霾的定义，空气中的灰尘，硫酸与硫酸盐、硝酸和硝酸盐、有机碳氢化合物等粒子能使大气混浊，视野模糊并导致能见度恶化，当水平能见度小于10000 m时，将这种非水成物组成的气溶胶系统造成的视程障碍称为霾或灰霾。

由于经济规模的迅速扩大和城市进程的加快，大气气溶胶日趋严重，雾与霾的区分成为一个非常现实又迫切需要解决的问题[4]。实际上，在不同历史时期，WMO和一些国家气象机构曾经给出过区别雾与霾的建议，其中有将相对湿度作为辅助判据的。然而对于雾、霾区分的量化标准，在不同时期国内外的不同机构给出的也不相同。随着对组成霾的气溶胶粒子理化性质的深入了解，对雾与霾的区分也越来越准确。我国较有影响力的观点是吴兑[4]提出的，建议将相对湿度＜80%时的大气混浊视野模糊导致的能见度恶化的天气现象确定为霾，相对湿度＞90%时的大气混浊视野模糊导致的能见度恶化确定为雾，相对湿度介于80%～90%之间时的大气混浊视野模糊导致的能见度恶化是雾和霾的混合物共同造成的，但其主要成分应该是霾。

（二）研究意义

近年来由于灰霾天气日趋严重引发的环境效应问题，和气溶胶辐射强迫引发的气候效应问题，广泛地引起科学界、政府部门和社会公众的关注[5]。一方面，灰霾是一种气溶胶和气体污染造成的城市和区域性污染现象[6]，引发严重的环境效应问题。在空气污染严重的城市里，霾会频繁出现，使能见度降低，容易引起交通阻塞，发生交通事故。此外，雾、霾天气对人体身心健康有一定的损害。灰霾天气的本质是与光化学污染相关联的细粒子气溶胶污染，形成灰霾天气的气溶胶组成非常复杂[5]。霾发生时，空气中的灰尘、硫酸与硫酸盐、硝酸与硝酸盐、有机碳氢化合物等粒子，尤其是其中的细粒子数目增加，危害人体健康，易诱发鼻炎、支气管炎等呼吸道疾病[7]。殷永文等[8]对某市霾污染因子$PM_{2.5}$研究表明，该市目前的霾污染水平造成的居民健康危害及经济损失较为明显。同时，霾等低能见度现象还易引发心理抑郁与心理障碍[9]。由于雾、霾天气中的悬浮颗粒物包含了灰尘、粉尘、细菌、病毒等污染物，所以雾、霾环境对档案也会造成一定的危害[10]。雾、霾天气出现频率高，覆盖范围广，严重影响着输变电设备的外绝缘特性，雾、霾沉积在绝缘子表面，使得绝缘子易发生污闪放电现象而引起跳闸事故[11]。

另一方面，已有研究表明[12,13]，霾的吸收性气溶胶将显著降低到达地面的太阳总辐射，减少日照时数。日照数的减少将降低植物叶面的光合作用，对农产品质量和产量造成影响[14]。太阳辐射减少，影响地球收支平衡能力，从而对气候造成影响。

由于我国经济规模迅速扩大和城市化进程加快，雾、霾天气迅速增加。南京位于我国雾、霾严重的长江三角洲地区，改革开放以来，经济快速发展，能源高强度消耗，工业废气、汽车尾气及建筑工地扬尘等排放量剧增，使得南京雾、霾愈发严重，成为我国主要雾、霾污染区之一。童尧青[15]对南京地区霾天气的研究表明，南京地区霾日数呈逐年增加的趋势，南京市每年都有100多天的灰霾天气，占到了年总天数的三分之一。因此，进一步分析南京市雾、霾天气，研究其时空分布、污染特征及成因，从而为控制和减少雾、霾天气的发生提供科学依据，对实现南京的可持续发展和保护居民身心健康具有重要的现实意义。

（三）研究现状

1.国外研究现状

自20世纪70年代，美国、澳大利亚、加拿大、韩国、日本等一些国家相继开展了有关灰霾问题的研究[6]。国外学者对于灰霾天气以及大气颗粒物的研究主要集中于大气颗粒物（主要为细粒子，即$PM_{2.5}$）的组分、物理化学性质、传输、来源和霾气溶胶的气候效应、健康效应等方面。

在大气颗粒物的组分方面，Andreae等[16]对出现在亚马孙流域上空与生物质燃烧有关的霾的研究发现，霾气溶胶的组成主要是有机物、NH_4^+、K^+、NO_3^-、SO_4^{2-}以及负离子有机族类（甲酸盐和乙酸盐）。Heintzenberg[17]指出，细粒子的化学组成代表三种气溶胶类型即城镇区域的、非城镇大陆区域的以及偏远区域的。Gao等[18]对南非热带草原火灾产生的气溶胶中的水溶性有机成分研究发现，对于烟尘气溶胶，左旋葡聚糖是最主要的碳氢化合物，葡萄糖酸是最主要的有机酸。火的燃烧阶段对产生的气溶胶粒子的化学组成有一定的影响，在气溶胶粒子向上传输的过程中，在某种条件下碳氢化合物会转化成有机酸。另外，Posfai等[19]和Li等[20]针对南非生物质燃烧产生的气溶胶粒子分别就含碳粒子和无机粒子的组成进行过研究。

在大气颗粒物的物理化学性质方面，Reid等[21]对巴西由于烟雾造成的区域性霾进行研究发现，在霾中形成时间较久的气粒，其性质与形成不到4分钟的烟粒的性质有显著不同。在烟雾不断发展的过程中，无机和有机气体的凝结和气粒转化使得气溶胶质量增加了20%～40%，粒子尺寸和组分的变化对气溶胶的光学性质也有很大的影响。

在大气颗粒物的传输和来源方面，国外学者做了许多工作。早在20世纪80年代初，Barrie等[22]对加拿大极区霾的中纬度源研究发现，赛比亚和北美分别在1979年12月和1980年1月是主要源区，欧洲在1980年早春是主要源区。Polissar等[23]对阿拉斯加上空的大气气溶胶研究发现，阿拉斯加的气溶胶源主要有四个地方：北极霾气溶胶的长距离输送、海盐气溶胶、当地土尘及来自当地森林火灾或木头燃烧的黑炭气溶胶。Koch等[24]利用模式对北极黑炭气溶胶远程源发现，北极黑炭气溶胶光学厚度，南亚贡献了30%，低纬度生物质燃烧贡献了28%，北美、俄罗斯和欧洲分别贡献了10%～15%。

气溶胶的气候效应，在亚洲棕色云（ABC）[25]和北极霾现象[26]出现后引起了广大学者的关注和研究。1996年7月10—31日，对流层气溶胶辐射观测实验（TARFOX）[27]被实施用于减少气溶胶效应在预测气候变化中的不确定性。该实验利用卫星、飞机、陆地仪器及船只等协同观测了美国东海岸地区的气溶胶，早期结果包括：该地区霾气溶胶表面的含碳化合物及凝结水的重要性得到证实，获得了气溶胶光学厚度的化学分配比例，测得了气溶胶引起的短波辐射通量波动变化，测得的通量变化与根据气溶胶性质计算得到的结果有较好的相符。Ramanathan等[12]研究了ABC中气溶胶的气候强迫和效应。结果表明，该气溶胶通过一套复杂的加热和冷却机制来影响辐射强迫。就局地而言，吸收性霾使大概占整个海洋50%的热通量不能到达地表，同时使对流层底层太阳辐射加热得到加倍。

此外，气溶胶的健康效应在国外很早就展开了研究，Bates等[28]、Thurston等[29]、Lipsett等[30]先后就空气污染与呼吸系统疾病入院人数展开研究。部分研究结果表明，酸性气溶胶呈现出很高的相对危险度，夏季时的霾与呼吸系统疾病入院人数有一定联系，冬季的 PM_{10} 与当地哮喘病剧增有关。

2. 国内研究现状

在我国，灰霾的概念是于 2002 年 12 月 15 日，在北京召开的“我国区域大气灰霾形成机制及其气候影响和预报预测研讨会”上提出的。提及“灰霾”的中文论文最早发表于 2003 年。此后，对灰霾进行的研究逐渐增多，研究内容也从灰霾的定义、识别方法、气候特征发展到近年的细粒子污染本质、颗粒物组分、物理化学性质、光学性质、有机气溶胶毒理学等内容。

有关灰霾的观测识别方面，灰霾容易与其他视程障碍现象如轻雾、烟幕、扬沙、浮尘等混淆。由于中国气象局地面观测规范中，对霾的粒子大小、相对湿度及组分没有明确规定，因此，观测上难以区分。诸多学者针对霾的定义和识别做了大量工作，尤其是广州热带海洋气象研究所的吴兑[4]提出的方法得到了许多学者的认可。他提出，依据相对湿度的大小来区分雾、霾和雾与霾的混合物。

有关粒子成分研究方面，谭吉华[31]在广州根据 PM_{10} 物质平衡计算得到，大气颗粒物的化学组分主要有硫酸盐、硝酸盐、铵盐、有机碳和无机碳五种，在灰霾天气时成分占比从小到大到依次为无机碳、铵盐、硝酸盐、硫酸盐及有机碳；在非灰霾天气时成分占比从小到大依次为硝酸盐、铵盐、无机碳、硫酸盐及有机碳。李丽珍等[32]对西安大气 TSP 和 $PM_{2.5}$ 观测研究发现，西安大气 TSP 和 $PM_{2.5}$ 的主要成分是 NO_3^-、SO_4^{2-} 和 NH_4^+，这三种离子占总水溶性离子的比例明显高于正常天气，灰霾天时 SO_2 和 NO_x 转化率高于正常天气。

有关灰霾气候特征及影响因子研究方面，国内已有许多学者就局地灰霾气候特征进行了研究。钱峻屏等[33]、张运英等[34]对广东，叶光营等[35]对福州区域，李苗等[36]对山西，王珊等[37]对西安地区，张玉成等[38]对黑龙江，崔健等[39]对江苏等地的大气雾、霾或灰霾现象进行了气候特征分析，得到了灰霾的年代际变化、年际变化、季节变化、月变化及日变化的一般时空分布规律。

在成因方面，吴兑[40]认为，形成灰霾天气的原因中，大气污染物的源排放是内因，气象条件是外因，也是灰霾天气形成的决定性控制因素。国内学者主要就这两个方面的原因展开研究。一方面，固态气溶胶等悬浮颗粒物的增加是灰霾形成的主要原因[41]。另一方面，王佳等[42]、孙燕等[43]从气象条件分析发现，灰霾是在城市多静风、逆温等扩散条件较差时形成的。

有关灰霾对人体健康研究方面，白志鹏等[7]提出了灰霾中的颗粒物对人体健康的影响机制，探讨了对人体健康影响的流行病学方面的研究结论。

（四）研究内容及技术路线

1. 研究内容

本文利用南京地区六个地面观测场（南京站、六合站、浦江站、江宁站、溧水站及高淳站）的历年常规观测数据（包括温度、相对湿度、风速、风向、能见度、天气现象等）、南京市环境监测站近年来污染物 PM_{10}、$PM_{2.5}$、SO_2、NO_2、O_3 质量浓度的逐时资料等，分析了南京地区雾、霾的时空分布及成因、大气污染物特点、雾霾天气与污染物浓度之间的关系[44,45]。

2. 技术路线

技术路线图及主要内容如图 1 所示。

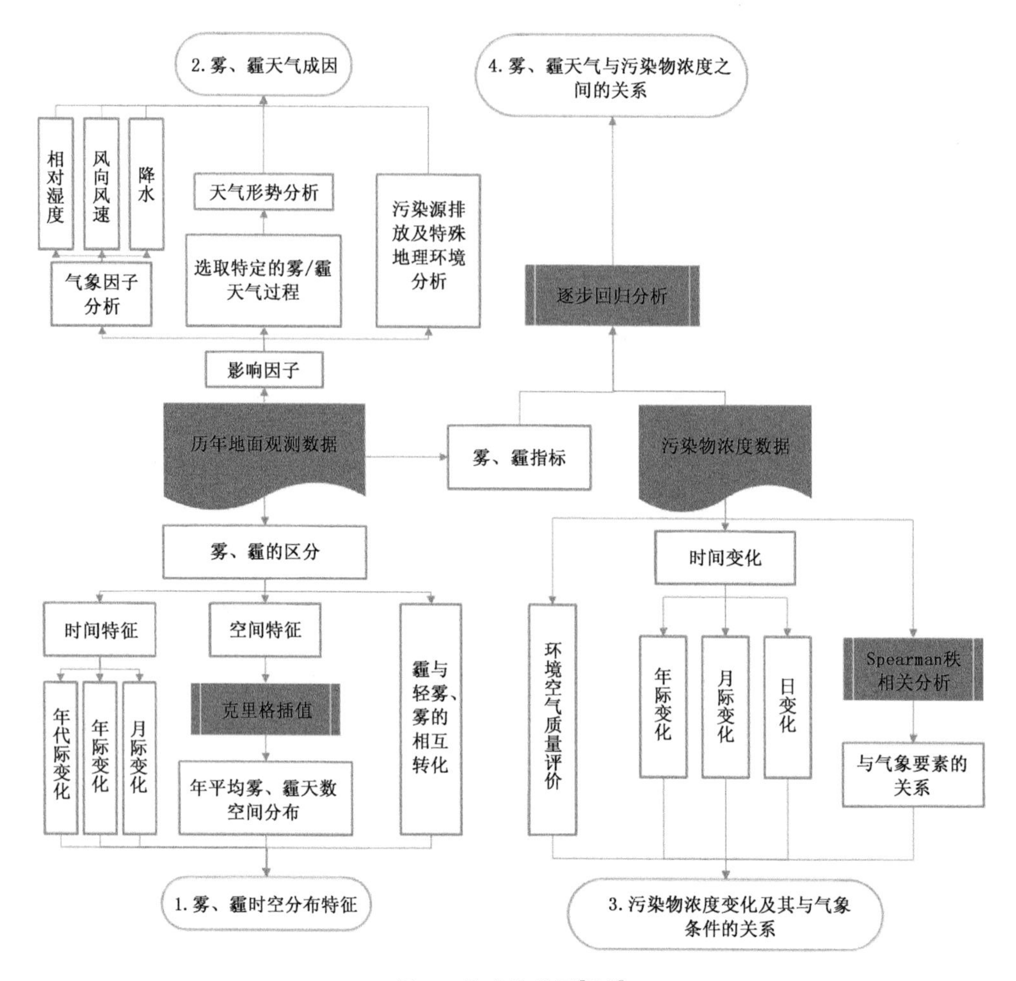

图 1　技术路线图[44-46]

二、雾与霾的时间变化特征及其成因

(一)雾与霾的年际、年代际变化特征

南京市 1960—2015 年雾、霾日数的逐年变化如图 2 所示，可以看出，雾年日数变化呈现波动状，各年的雾年日数在均值上下大致均匀分布，56 年的线性变化曲线基本与均值线重合，说明总体而言雾年日数基本没有发生变化，其倾向值为－0.003 d/a；轻雾年日数变化呈波动增长，从 1977 年左右开始，轻雾年日数基本在均值以上，总体而言，轻雾年日数的增长呈线性增长，其倾向值为 2.881 d/a；灰霾年日数的变化也呈现波动增长的态势，在 2000 年以前，灰霾年日数基本在均值以下，在 2000 年以后灰霾年日数明显比均值大，其线性倾向值为 2.101 d/a，与轻雾的线性倾向值较为接近。

表 1 表示 1960—2015 年中南京市各年代雾、霾年日数的倾向值，可以看出，雾年日数在 20 世纪 60 年代、80 年代以及 90 年代均为负值，说明呈下降趋势，在 70 年代以及近十几年呈上升趋势，尤其是近 6 年上升趋势明显增大，倾向值为 2.629 d/a。轻雾年日数在 60 年代、90

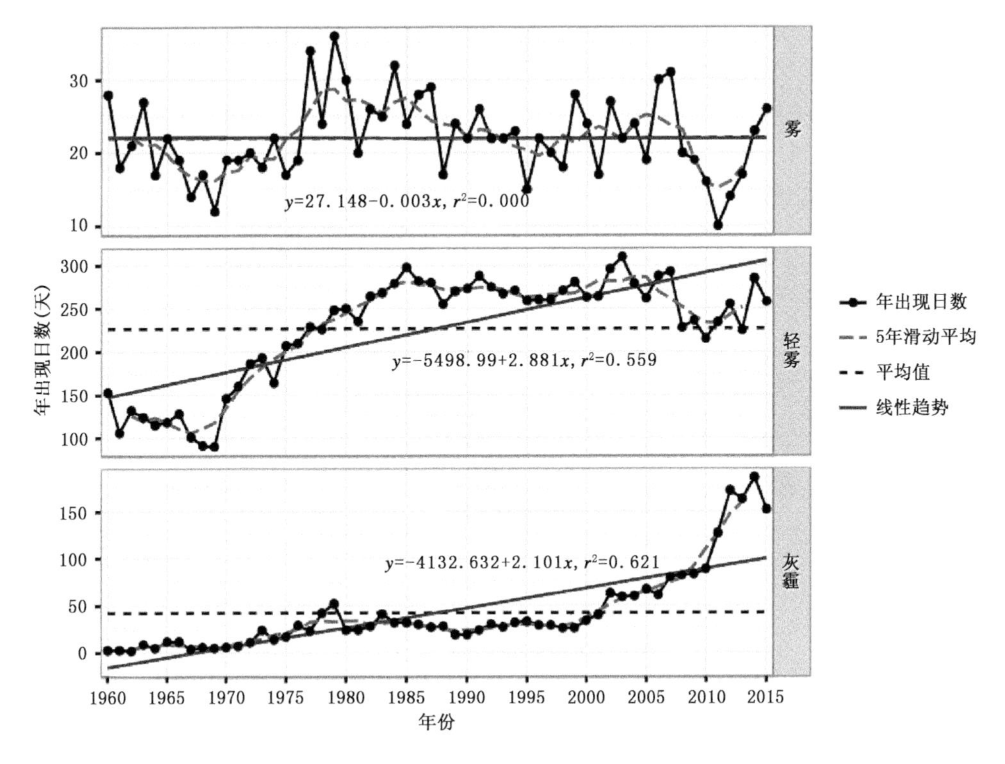

图 2 1960—2015 年南京市雾、轻雾、灰霾年日数逐年变化

年代以及 21 世纪前 10 年呈现下降趋势，其中下降趋势最明显的是在 60 年代，而在 70 年代、80 年代以及近 6 年则表现为上升趋势，尤其是在 70 年代和近 6 年上升趋势很大，分别为 10.236 d/a、9.657 d/a。灰霾年日数除了在 80 年代呈现下降趋势以外，在其他年代均呈现上升趋势，尤其是近六年以来，灰霾年日数增长迅速，其倾向值达到了 13.8 d/a。总体而言，雾、霾年日数增长最迅速的时期主要为 70 年代和近 6 年。

表 1 南京市各年代雾、轻雾、灰霾年日数线性倾向值变化

时间(年)	雾(d/a)	轻雾(d/a)	灰霾(d/a)
1960—1969	−1.242	−4.921	0.394
1970—1979	1.552	10.236	4.467
1980—1989	−0.358	2.794	−0.333
1990—1999	−0.121	−0.939	0.479
2000—2009	0.091	−3.594	5.048
2010—2015	2.629	9.657	13.800

在 60 年代，南京市工业、交通业等发展较缓慢，人类活动对自然环境的影响较小，因此产生的污染最小，所以灰霾日数的增长率很小，另外，该阶段的相对湿度及降水量减少、日照时数及风速增加导致雾和轻雾日数呈减少趋势，且减少率最高(图 2，表 1)。在 70 年代，南京市工业、能源、交通等得到迅速发展，各类生产活动对自然环境造成了较大的影响，此阶段相对湿度增加，使得雾和轻雾呈增加趋势，尤其是轻雾的增长趋势达到了最大(表 1)，到了 70 年代后期正值改革开放，各工厂排污严重，环境遭到破坏，在 1979 年，灰霾日数为该年代最高(表 1)，达

到了 52 天，再加上 70 年代后期风速有减小趋势，故灰霾增长趋势很大。80、90 年代，雾、霾日数的增长趋势变得缓和，尤其是在 80 及 90 年代后期，呈下降趋势，这主要得益于南京的环境保护措施。在 2000 年以后，尤其是近 6 年以来，雾、霾日数显著性增长（表 1），这与南京的经济发展密切相关，汽车等机动车辆与工厂大幅度增加以及煤炭等化石燃料的燃烧，使得南京市颗粒物污染明显加重，从而灰霾日数也明显增加，由于凝结核的增加，相对湿度的增大，雾及轻雾日数增加趋势也明显加强。

（二）雾与霾的月、季变化特征

1960—2015 年南京市雾、霾月日数年均值的变化特征如图 3 所示，可以看出，雾大概每月发生 1～3 天，其中 6～9 月最少，11、12、1 月最多。轻雾月日数集中在 17～20 天，3、8 月偏少，11、12、1、2 月偏多。灰霾月日数集中在 2～6 天，8 月最少，11、12、1、2 月和 4～6 月偏多。综合以上结果发现，雾、霾月日数基本在 8、9、10 月偏少，而在 12、1、2 月份偏多。

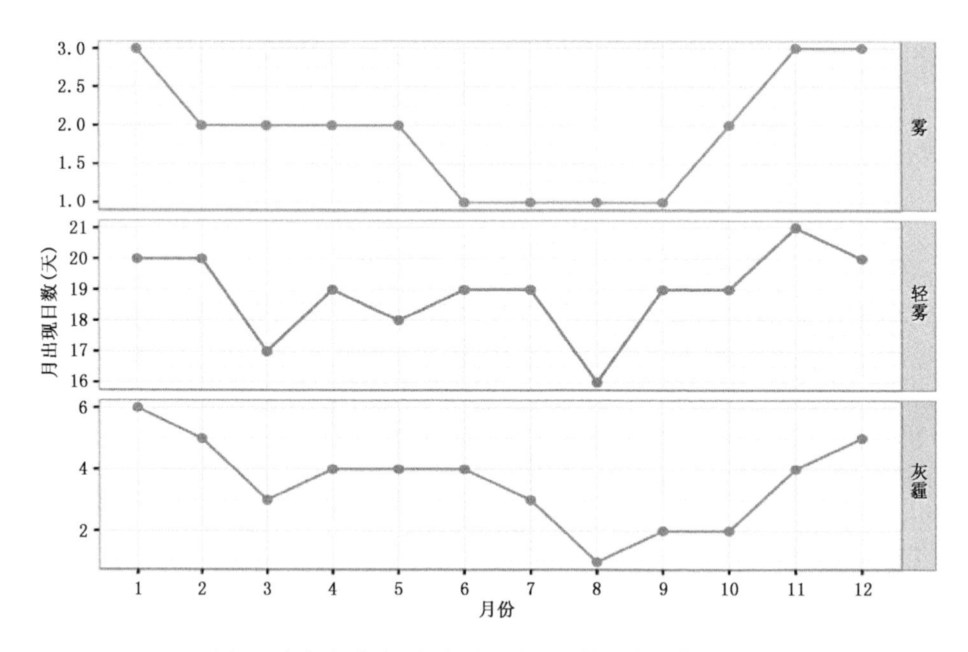

图 3 南京市雾、轻雾、灰霾月出现日数的年均值变化

图 4 反映了 1960—2015 年南京市雾、霾季节日数年均值的变化特征，可以看出，雾季节日数最低值发生在夏季，为 2 天，最高发生在秋季，为 8 天。轻雾季节日数最低值发生在春夏季节，均为 55 天，而最高值则发生在秋季，为 60 天。灰霾季节日数在夏季最少，均为 7 天，而在冬季最高，为 15 天。

秋冬季节为雾和轻雾的多发期，而春夏季少发。由表 2 可知，秋冬季节相对湿度较高、日较差较大并且风速较小，有利于雾和轻雾的形成，故秋冬季节为多发期。灰霾日数在夏季最低而在冬季最高，与季节降水量有密切关系。

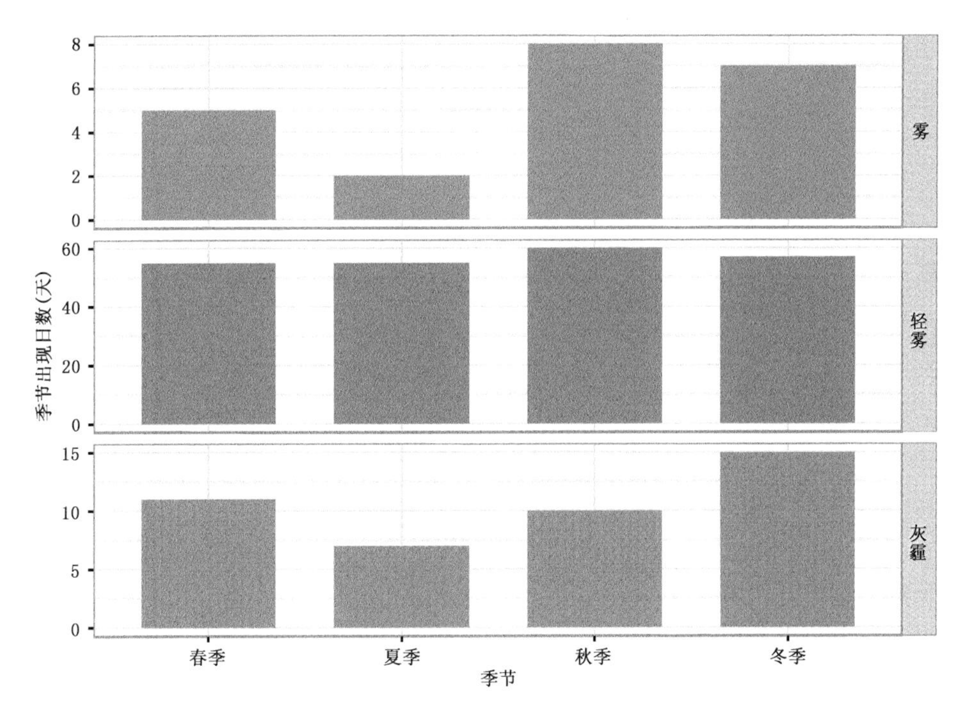

图 4　南京市雾、轻雾、灰霾季节出现日数的年均值变化

表 2　南京市相对湿度、气温日较差、风速、降水量季节平均值

季节	相对湿度(%)	气温日较差(℃)	风速(m/s)	降水量(mm)
春季	73.682	9.261	2.863	30.45
夏季	79.914	7.583	2.561	58.94
秋季	77.324	8.605	2.349	22.69
冬季	74.015	8.174	2.506	14.12

(三)雾、霾持续日数特征

图 5 表示南京市区 1960—2015 年雾、霾持续日数的频次分布,统计结果表明,雾的持续日数主要为 1～2 天,占比为 96.28%,极少数为 3～5 天,其中雾持续 3 天共 28 次,持续 4 天共 9 次,持续 5 天仅一次,发生在 2001 年 11 月 21—25 日。轻雾的持续日数主要为 1～21 天,占比为 96.01%,持续日数最长可达到 111 天,发生在 2014 年 6 月 15 日—10 月 3 日。灰霾的持续日数主要为 1～6 天,占比为 92.64%,持续日数超过 10 天的很少,超过 20 天的极少,在 2000 年以前,除 1978 年 12 月 8—29 日发生的灰霾过程以外,持续日数均在 10 天以下,而在 2000 年以后,灰霾持续日数最大达到 27 天,出现在 2014 年 12 月 18 日—2015 年 1 月 13 日。雾、霾日持续日数的逐年增加,是雾、霾年日数持续增加的必然结果。

(四)灰霾与雾、轻雾的相互转化

南京站地面资料统计表明,1950 年 1 月—2015 年 8 月共有灰霾日数 5905 天,这些灰霾日中有 5340 天同时出现了轻雾,占总灰霾次数的 91.9%,而共有 500 天同时出现灰霾、轻雾和雾,占总灰霾次数的 9.4%。这说明自然条件下,灰霾大多会与轻雾或雾相互转化。

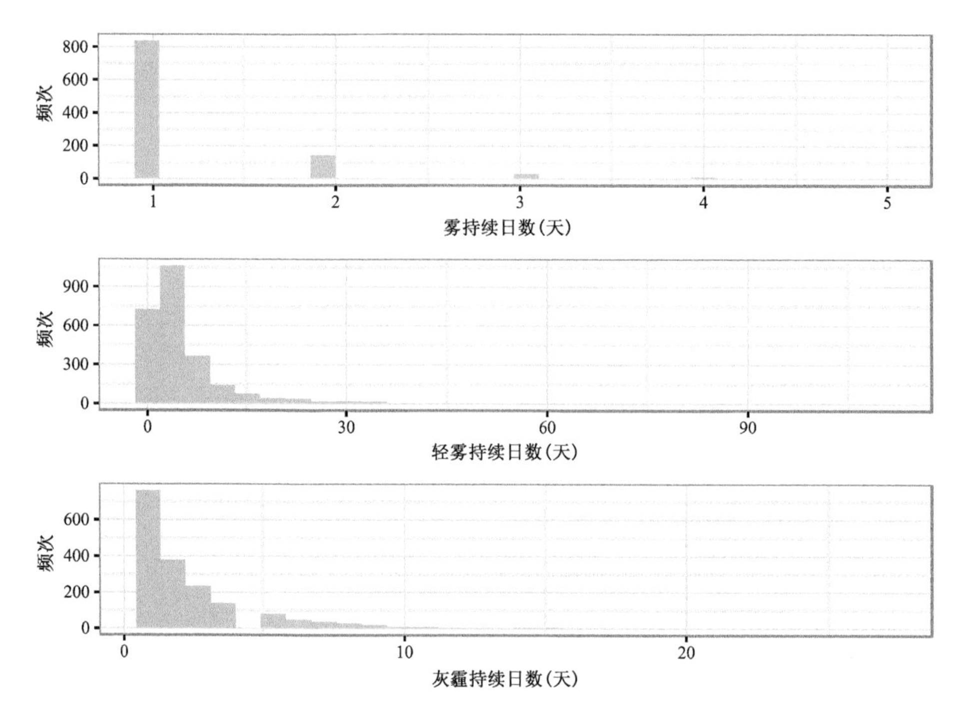

图 5　南京市区雾、轻雾、灰霾持续日数频次分布

吴兑[46]研究表明,在自然界,雾和霾是可以相互转化的,当相对湿度达到 100%时,如辐射降温,霾粒子吸附析出的液态水成为雾滴,而相对湿度降低时雾滴脱水后霾粒子又再悬浮在大气中。

三、南京市雾与霾的空间分布特征及其成因

(一)雾的空间分布特征

1960—2015 年间雾平均年日数的空间分布如图 6 所示。统计表明,各站雾年日数在 15～33 天之间变化,其中溧水站的雾年日数最大为 33 天,其次是六合站,为 28 天,江宁区的雾年日数最少,为 15 天。雾年日数的空间变化大致沿经向变化,从高纬到低纬依次为高值-低值区相间分布的变化模式。

六合区和溧水区的雾日数偏多,原因在于六合区和溧水区的相对湿度很高,分别达到了 77.5%和 77.2%,并且气温日较差也很大,有利于雾的形成。而江宁区雾日数较少的原因是相对湿度较小,温度日较差小,不利于雾形成,同时风速大,雾的扩散条件好,所以雾日数少。高淳区雾日数少的原因主要是气温日较差小,同时风速也大,均不利于形成雾。另外,六合区境内有长江及其支流马汊河、滁河,溧水地域分属石臼湖水系和秦淮河水系,因此这两地的水汽十分丰富,可以看到其相对湿度很大,因此雾日数的经向分布与南京地区水源的经向分布密切相关。

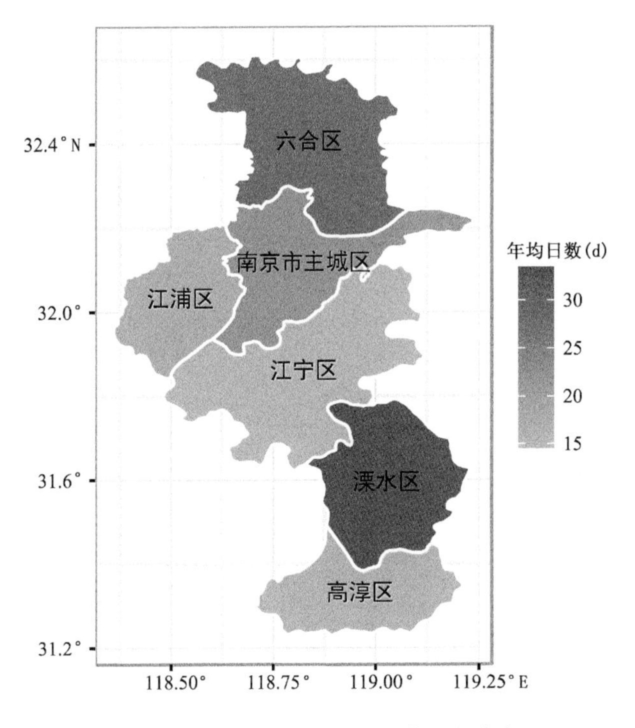

图 6 南京市雾平均年出现日数空间分布

(二)轻雾的空间分布特征

1960—2015 年间轻雾平均年日数的空间分布如图 7 所示。统计表明，各测站轻雾年日数在 184～276 天之间变化，其中六合站、南京站及江浦站的轻雾日数较大，分别为 276、251、247 天，江宁站和高淳站的轻雾日数较小，分别为 186、184 天。图 7 表明，北纬 32°以北的地区轻雾日数较多，以南地区较少，总体而言，轻雾年日数也呈经向分布，从高纬到低纬呈高值-低值区相间分布的模式。

(三)灰霾的空间分布特征

1960—2015 年间灰霾平均年日数的空间分布如图 8 所示。统计表明，各测站灰霾年日数在 16～85 天之间变化，其中，南京站、江浦站灰霾日数偏高，分别为 85、52 天，高淳站、江宁站的灰霾日数较少，分别为 17、16 天，对比发现南京站的灰霾日数明显偏高，是日数第二高的江浦站的 1.6 倍，是日数最低的江宁站的 5.3 倍。灰霾的空间分布也呈现经向分布，分布模式为低值—高值区相间分布。

六合区化工业聚积，污染较为严重；南京市辖区人口密集、机动车辆很多，造成颗粒物污染十分严重；江浦区受到了南京市市辖区的影响，污染也较重；江宁区为国家旅游度假区，污染很少，因此灰霾日数少。高淳区远离工业集中地，同时降水量也较多(表 3)，因此，灰霾日数也很少。南京市灰霾日数的经向分布与南京市工业及交通业等的经向分布密切相关。

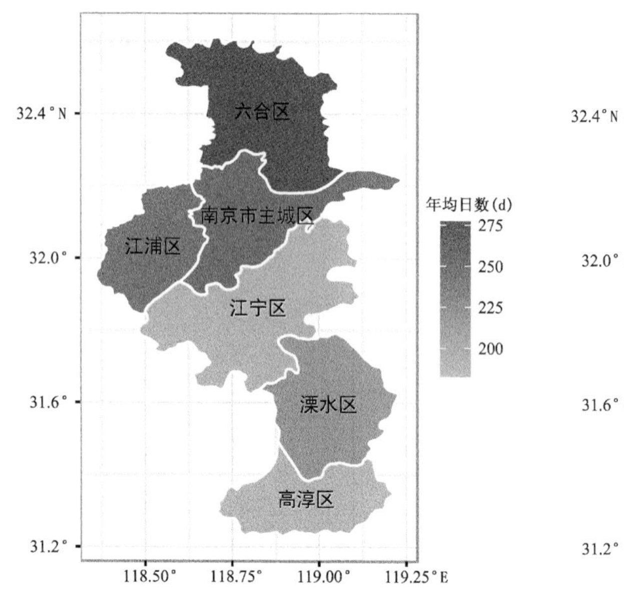

图7　南京市轻雾平均年出现日数空间分布

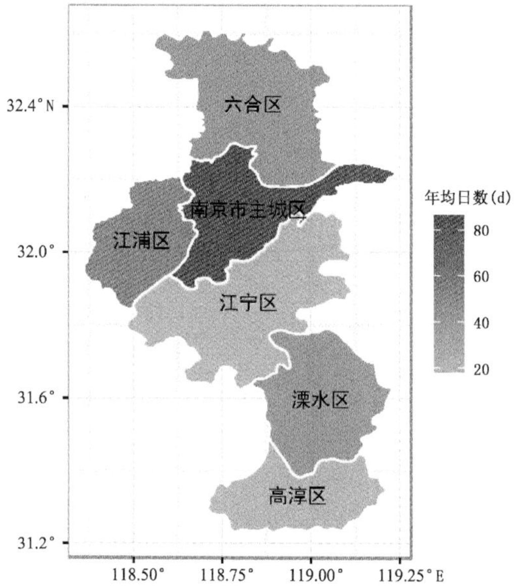

图8　南京市灰霾平均年出现日数空间分布

表3　南京市相对湿度、气温日较差、风速、降水量年均值空间分布

区站	相对湿度(%)	气温日较差(℃)	风速(m/s)	降水量(mm)
六合站	77.466	8.797	2.568	29.31
江浦站	75.712	8.558	2.376	30.96
南京站	75.150	8.655	2.487	32.27
江宁站	74.496	8.164	2.665	30.82
高淳站	77.441	8.013	2.692	35.50
溧水站	77.203	8.253	2.638	31.23

四、南京市雾、霾与气象条件的关系

雾、霾天气局地性特征比较明显，故选取南京站气象观测资料为例，讨论雾、霾天气下气象要素的特征。

表4反映了1960—2015年南京站雾、轻雾、灰霾的月日数与气象要素月均值之间的秩相关关系。统计表明，雾的月日数与气象要素月均值之间的秩相关系数均通过显著性检验，其中与气压、相对湿度、气温日较差呈正相关，与其他要素呈负相关。轻雾的月日数与月均相对湿度、月均降水量、月均日照时数、月均气温日较差、月均风速之间的秩相关系数均通过了显著性检验，其中与相对湿度、降水量呈正相关，与日照时数、气温日较差、风速呈负相关。灰霾的月日数与除了气温日较差之间的秩相关系数未通过了显著性检验以外，其余均通过了显著性检验，其中与气压、能见度呈正相关，与其他通过检验的要素呈负相关。下面将挑选对雾、霾影响均较大的气象要素，即相对湿度、风速进行具体分析。

表 4 1960—2015 年南京市区雾、霾月日数与气象要素月均值秩相关分析

	雾	轻雾	灰霾
气压	0.406**	−0.030	0.180**
气温	−0.391**	0.040	−0.207**
相对湿度	0.110**	0.081*	−0.437**
降水量	−0.195**	0.109**	−0.209**
日照时数	−0.305**	−0.315**	−0.157**
气温日较差	0.156**	−0.251**	0.067
风速	−0.094*	−0.296**	−0.192**
能见度	−0.221**	0.050	0.103**

注：*、**分别表示通过了显著性水平为 0.05、0.01 的统计检验。

(一)相对湿度对雾、霾天气的影响

表 5 给出了 1960—2015 年南京市区雾、霾期间不同日均相对湿度范围雾、霾天气出现的频率变化情况。表 5 表明，南京市雾、轻雾、灰霾天气的出现频率随相对湿度 RH 的增大呈先增大后减小的趋势。雾主要发生在相对湿度为 70%～90%时，占比为 0.786，尤其是相对湿度达到 80%～90%时雾发生频率最高。轻雾主要发生在相对湿度为 60%～90%时，占比为 0.799，当相对湿度为 70%～90%时轻雾发生频率最高。灰霾主要发生在相对湿度为 60%～80%时，占比为 0.667，当相对湿度达到 70%～80%时灰霾发生频率最高。

表 5 1960—2015 年南京市区雾、霾期间日均相对湿度分布对应的雾霾频率

	RH(60%以下)	RH(60%～70%)	RH(70%～80%)	RH(80%～90%)	RH(90%以上)
雾	0.001	0.035	0.310	0.476	0.178
轻雾	0.064	0.151	0.324	0.324	0.137
灰霾	0.170	0.266	0.401	0.157	0.006

(二)风速对雾、霾天气的影响

图 9 为 1960—2015 年南京市雾、霾期间风速频率分布，可以看出，雾发生期间，风速主要集中分布在 4 m/s 以下，占比 0.974%，当风速超过 5 m/s 时，雾极少发生，占比 0.006%。轻雾发生期间，风速主要集中分布在 5 m/s 以下，占比 0.971%，当风速超过 7 m/s 时，轻雾极少发生，占比 0.003%。灰霾发生期间，风速主要集中分布在 5 m/s 以下，占比 0.983%，当风速超过 6m/s 时，灰霾极少发生，占比 0.004%。

五、南京市大气污染物时间变化特征

环境空气质量的优劣与人们的生活息息相关。它不仅影响到人们的日常出行，而且严重地威胁到了人体健康，引起了人们的广泛关注。本文统计分析了 2013 年 4 月—2015 年 8 月南京市大气中气态污染物 SO_2、NO_2、O_3 及颗粒污染物 PM_{10}、$PM_{2.5}$ 的污染状况，讨论了污染

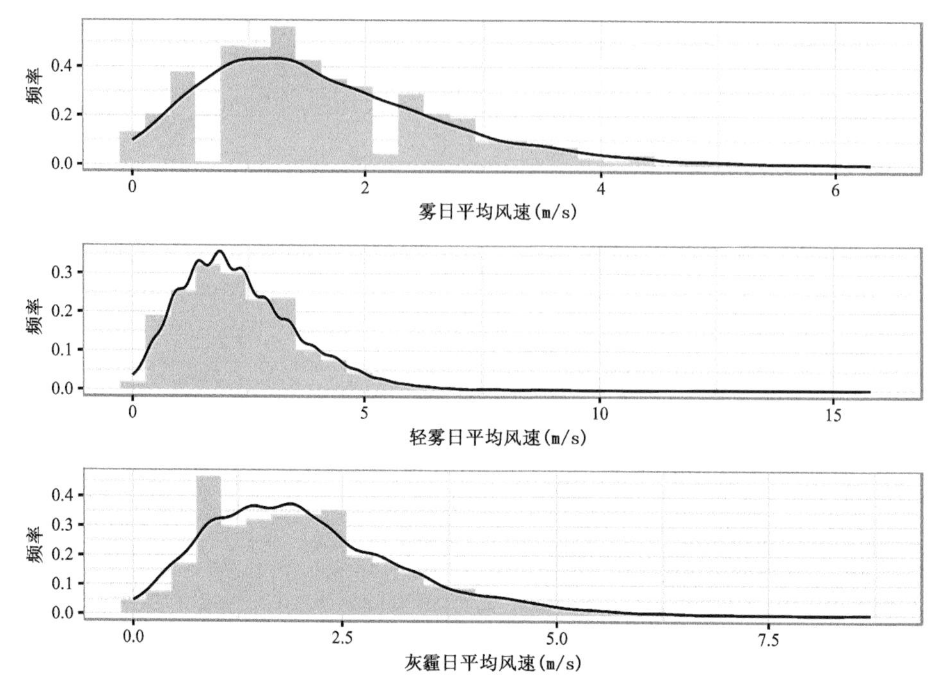

图 9　1960—2015 年南京市区雾、霾期间日均风速频率分布

物浓度的时间变化特征,进而深入地了解和掌握南京市大气环境质量状况。

(一)南京市大气污染物的时间变化特征

根据《国家环境空气质量标准(GB 3095—2012)》[47],SO_2、NO_2、PM_{10}、$PM_{2.5}$ 的二级标准年平均浓度限值分别为 60、40、70、35 μg/m³。2013—2015 年,南京市区 SO_2 浓度年均值为 18.94~32.53 μg/m³,历年均未超标;NO_2 浓度年均值为 47.43~54.88μg/m³,历年来均超过二级标准,污染严重;O_3 无年均值二级标准,不予讨论;PM_{10}、$PM_{2.5}$ 浓度年均值历年来均超过二级标准,颗粒物污染物严重。SO_2、NO_2、PM_{10}、$PM_{2.5}$ 这四种污染物近年来呈现出下降的趋势。

1. 大气污染物的月、季变化特征

目前,我国环境空气质量标准中有年平均、24h 平均、1h 平均标准,无月、季标准。本文根据《城市大气污染物总量控制方法手册》[48] 中的平均时间换算法确定 SO_2、NO_2、PM_{10}、$PM_{2.5}$ 的月、季二级标准。按照浓度平均值与平均时间的经验关系为:

$$C_2/C_1 = (\tau_2/\tau_1)^{-q}$$

式中,τ_1、τ_2 为不同平均时段,C_1 为 τ_1 时段对应的标准值,C_2 为 τ_2 时段对应的标准值,q 有不同取值。这里,令 C_2 为年标准值,C_1 为日标准值,τ_2 取值 365,τ_1 取值 1,将各污染物(不考虑 O_3)的年、日二级标准浓度值及时间值代入式中,求得 q 值,然后分别将月、季时间值代入式中即可得各污染物的月、季二级标准浓度值。求得 SO_2、NO_2、PM_{10}、$PM_{2.5}$ 的月二级标准浓度分别为 88、54、97、48 μg/m³,季二级标准浓度分别为 75、47、84、42 μg/m³。

根据图 10(图中虚线均表示污染物的环境空气质量二级标准),SO_2 的最高月均浓度出现

在12月，为46.87 $\mu g/m^3$，较低月均浓度出现在6、7、8月，分别为17.91、17.49、18.00 $\mu g/m^3$，各月均未超过月二级标准；NO_2 较高的月均浓度出现在11、12月，分别为74.42、72.81 $\mu g/m^3$，较低的月均浓度出现在7、8月，分别为36.16、35.28 $\mu g/m^3$，除1、4、10、11、12月超过月二级标准，其他月份均达标；O_3 月均浓度在5月份达到峰值，为109.12 $\mu g/m^3$，在12、1月到达低谷，分别为19.72、29.14 $\mu g/m^3$；PM_{10}、$PM_{2.5}$ 月均浓度均在12月达到峰值，分别为197.11、113.57 $\mu g/m^3$，均在7、8、9月达到低谷值，PM_{10}、$PM_{2.5}$ 除了在7、8、9月达标以外，其余月份均超过月二级标准，可以看出相对于其他污染物而言，颗粒污染更为严重。此外还可以发现，SO_2 和 NO_2、PM_{10} 和 $PM_{2.5}$ 浓度的月变化具有相似性，Spearman 秩相关系数均为0.895(P=0.001)。

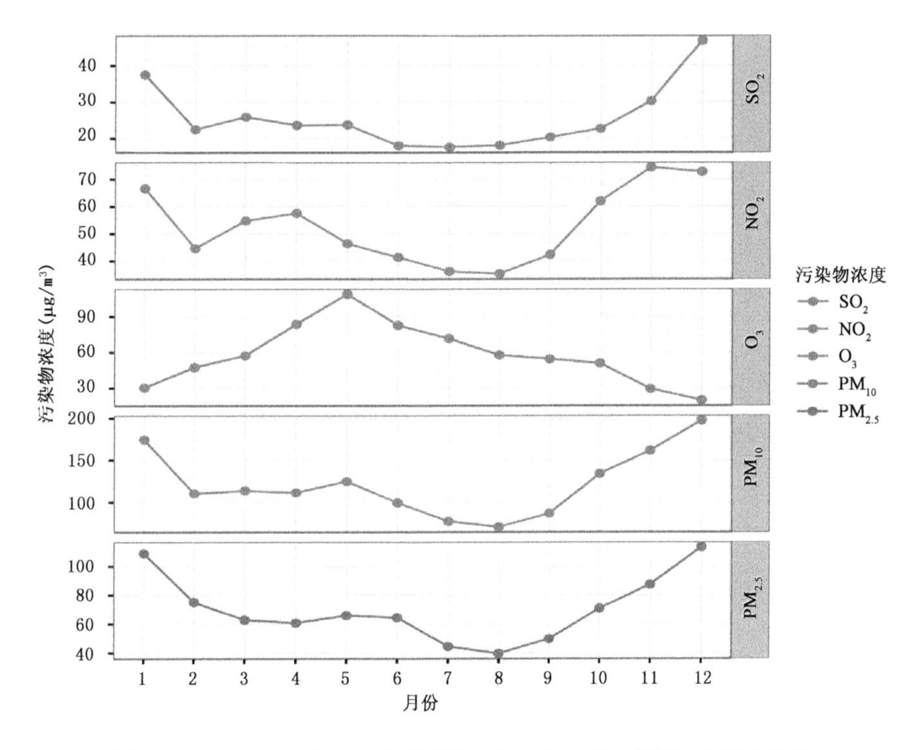

图10　2013—2015年南京市区 SO_2、NO_2、O_3、PM_{10}、$PM_{2.5}$ 浓度月均值

根据图11(图中虚线均表示污染物的环境空气质量二级标准)，SO_2 季均浓度在冬季最高，为36.02 $\mu g/m^3$，在夏季最低，为17.80 $\mu g/m^3$，四季均未超过季二级标准；NO_2 季均浓度变化与 SO_2 变化相似，Spearman 秩相关系数为1.000(P=0.083)，季均浓度分别在冬季和夏季到达最高值(61.90 $\mu g/m^3$)和最低值(37.54 $\mu g/m^3$)，除夏季以外，其他季节均超过季二级标准；O_3 季均浓度从春季到冬季依次逐渐降低；PM_{10} 与 $PM_{2.5}$ 季均浓度都在冬季达到最高，分别为162.21、100.11 $\mu g/m^3$，在夏季达到最低，分别为82.54、49.19 $\mu g/m^3$，PM_{10} 浓度在夏季达标，其余季节均超过季二级标准，$PM_{2.5}$ 在各季节均不达标，可见南京市区颗粒物污染物严重，尤其是细颗粒物污染物更为严重，此外，两者季均浓度变化相似，Spearman 秩相关系数为1.000(P=0.083)。SO_2、NO_2、PM_{10}、$PM_{2.5}$ 季均浓度均在夏季最低，而在冬季最高，原因在于夏季太阳辐射强，地面增温快，大气对流发展强烈，扩散条件好，此外夏季降水多，对大颗粒物

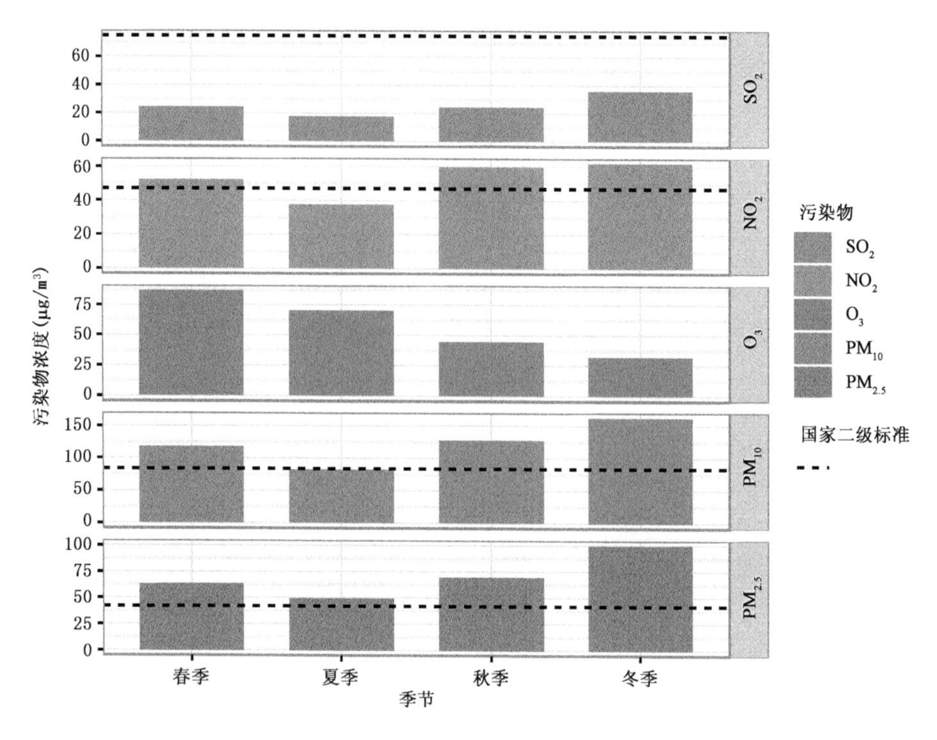

图 11　2013—2015 年南京市区 SO_2、NO_2、O_3、PM_{10}、$PM_{2.5}$浓度季均值

有湿沉降的作用，并且夏季燃煤少，尤其是 SO_2、颗粒物的污染源减少，使得 SO_2、NO_2、粗细颗粒物浓度在夏季明显偏低；而在冬季，一方面较易形成大气层结稳定的气象条件，不利于污染物扩散，另一方面，由于燃煤增多，故而 SO_2、颗粒物的源增多，使得 SO_2、粗细颗粒物的浓度在冬季明显偏高，但对于 NO_2 而言，其污染源主要来自于汽车尾气排放，而汽车尾气随季节变化不太明显，因而 NO_2 浓度变化主要受扩散条件的影响，虽然冬季浓度最高，但是相对于春秋两季变化不大。O_3 浓度在春夏两季较高是因为这两个季节太阳辐射强，有利于 O_3 生成。

2. 大气污染物的 24 h 逐时变化特征

污染物质量浓度日变化如图 12 所示(图中虚线均表示污染物的环境空气质量二级标准，PM_{10}、$PM_{2.5}$无 1 h 平均浓度标准)，SO_2 的日变化曲线呈现单峰形，峰值出现在 09:00—11:00 之间，最小值出现在 18:00—20:00 之间，均值的峰谷比为 1.42。NO_2 的日变化曲线呈现双峰双谷形，小时年均值最大值出现在 21:00—23:00 之间，次大值出现在 08:00—09:00 之间；小时年均值的最小值出现在 14:00—15:00 之间，次小值出现在 04:00—05:00 之间，峰谷比可达 1.71。O_3 浓度的日变化与 SO_2 的日变化一样，呈现明显的单峰形变化规律，峰值出现在 15:00—16:00 之间，谷值出现在 07:00—08:00，峰谷比高达 2.95。PM_{10}的日变化与 NO_2 的日变化类似，也呈现出双峰双谷的变化模态，小时年均值最大值出现在 10:00 左右，次大值出现在 23:00—00:00 之间；小时年均值的最小值出现在 16:00 左右，次小值出现在 05:00—07:00 之间，峰谷比为 1.17。$PM_{2.5}$的日变化曲线与 PM_{10}的日变化相似，均呈现出双峰双谷的模态，并且二者的变化具有一定的协同性(Spearman 秩相关系数为 0.862，$P<0.001$)，小时年均值最大值出现在 08:00—10:00 之间，次大值出现在 23:00—01:00 之间；小时年均值的最小值出现在 16:00—18:00 之间，次小值出现在 06:00 左右，峰谷比为 1.19，与 PM_{10}峰谷比接近。

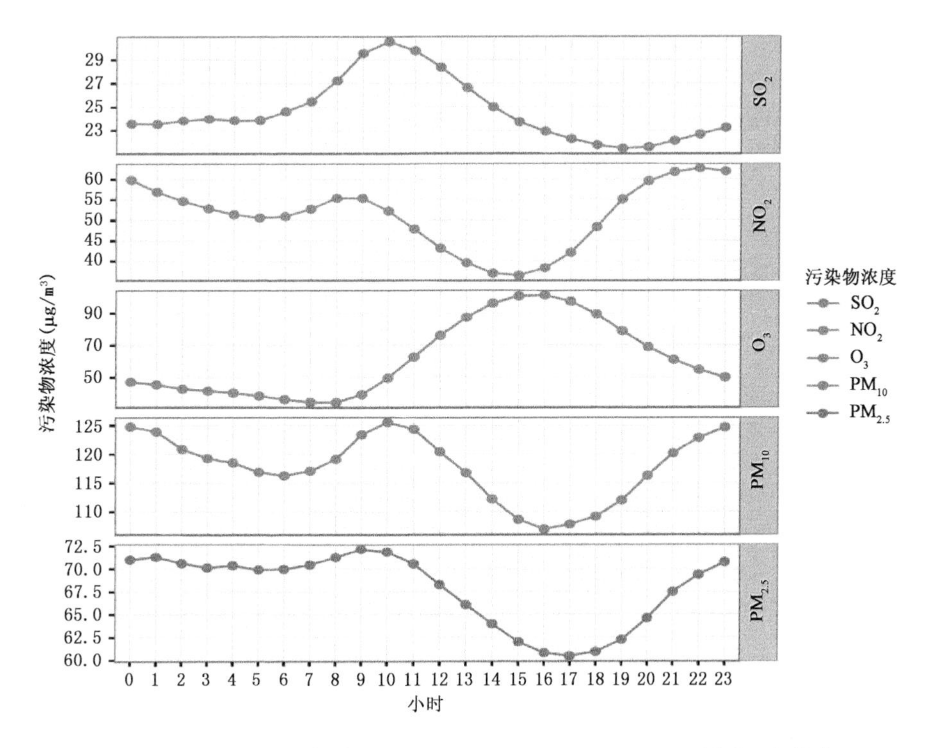

图 12 2013—2015 年南京市区 SO_2、NO_2、O_3、PM_{10}、$PM_{2.5}$浓度 1 h 均值

NO_2、PM_{10}、$PM_{2.5}$三者日变化曲线具有相似性,均为双峰双谷的变化模态,峰谷出现的时间基本一致,日最大均值均出现在 08:00—10:00 之间及 22:00—00:00 之间,日最小值均出现在 05:00—06:00 之间及 15:00—17:00 之间,但是 NO_2 的峰谷值相对于 PM_{10}与 $PM_{2.5}$而言均提前了 1 h 左右。由于三者日变化相似,因此具有大致相同的变化成因,相关研究表明[49],大气扩散条件的日变化与污染物排放的日变化是造成空气污染物日变化的主要原因。南京市区地面平均风速的最大值出现在 14:00—16:00 之间,与此段时间污染物低值对应,平均风速最小值出现在 05:00—07:00 之间,这段时间污染物浓度很稳定。此外,在晴朗小风的清晨易形成逆温层,不利于污染物扩散,在 10:00 整层逆温消失之前[50],污染物浓度累积达到最大。在 02:00—8:00 之间,PM_{10}浓度降低的原因之一在于干沉降,但 $PM_{2.5}$干沉降效应不明显,因此谷值非常平缓。此外,上述三种污染物呈现双峰值的原因还在于早晚上下班机动车尾气排放是重要的污染源。SO_2 呈现单峰值的原因就在于机动车辆尾气排放不是其主要源,与上下班高峰期无关。O_3 浓度日变化与近地面大气光化学过程有关,日出后太阳辐射强度增大,O_3 前体物光化学反应增强,造成其浓度持续升高,并在午后 15:00—16:00 之间达到最大值,由于夜间大气化学反应对 O_3 的消耗以及近地面 O_3 的沉积作用,导致 O_3 在日出之前浓度逐渐降低[51]。

3. 大气污染物的年际变化特征

根据《国家环境空气质量标准》(GB 3095—2012)[47],SO_2、NO_2、PM_{10}、$PM_{2.5}$的二级标准年平均浓度限值分别为 60、40、70、35μg/m³。2013—2015 年,南京市区 SO_2 浓度年均值为 18.94～32.53μg/m³,历年均未超标;NO_2 浓度年均值为 47.43～54.88μg/m³,历年来均超过

二级标准,污染严重;O_3 无年均值二级标准,不予讨论;PM_{10}、$PM_{2.5}$浓度年均值历年来均超过二级标准,颗粒物污染物严重。SO_2、NO_2、PM_{10}、$PM_{2.5}$这四种污染物近年来呈现出下降的趋势,见图 13,虚线表示污染物的环境空气质量二级标准。

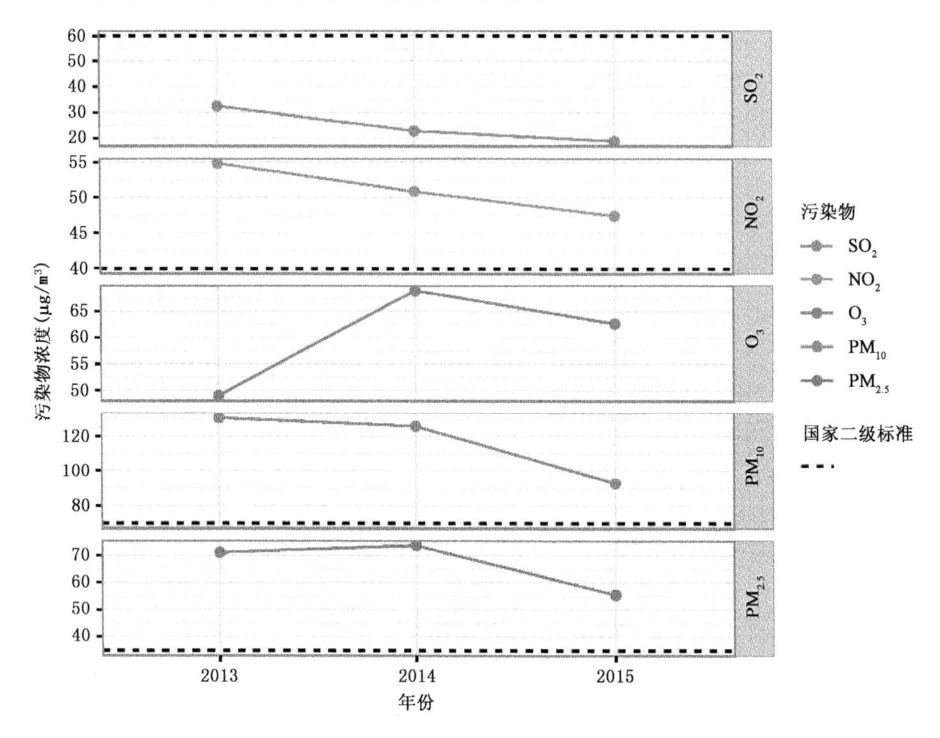

图 13 2013—2015 年南京市区 SO_2、NO_2、O_3、PM_{10}、$PM_{2.5}$浓度年均值

(二)南京市区环境空气质量评价

为进一步讨论空气质量程度,采用空气质量指数(AQI)[52] 对南京市各污染物进行分析。AQI 是定量描述空气质量状况的无量纲指数。它描述了空气清洁或者污染的程度,以及对健康的影响。空气质量指数的重点是评估污染空气对健康的影响。空气质量指数分为六级,其中三级及其以上会对人体产生危害。表 6 表明,2013—2015 年年平均 AQI 分别为 94、98、75,相对应的指数级别均为二级,空气质量指数类别为良。此外,年均 IAQI(空气质量分指数)表明,2013—2015 年首要污染物均为 $PM_{2.5}$,相对而言,SO_2 的污染最轻。

表 6 2013—2015 年南京市区空气质量指数

年份	IAQI					AQI	首要污染物
	SO_2	NO_2	O_3	PM_{10}	$PM_{2.5}$		
2013	31	66	46	91	94	94	$PM_{2.5}$
2014	23	62	59	88	98	98	$PM_{2.5}$
2015	19	58	56	70	75	75	$PM_{2.5}$

根据《环境空气质量指数(AQI)技术规定》,IAQI 大于 100 的污染物为超标污染物,即空气质量指数级别在三级及其以上时,污染物超标,此时污染物会对人体产生危害。统计表明,从 2013 年 4 月—2015 年 8 月,SO_2、NO_2、O_3、PM_{10}、$PM_{2.5}$的超标天数分别为 0、94、117、208、

275 天，SO_2 未超标，其污染程度最低，而其他污染物超标天数较多，尤其是颗粒物污染十分严重。由图 14 可见，NO_2、PM_{10}、$PM_{2.5}$均在 10 月至次年 3 月超标严重，即在秋冬季节超标天数多，而在春夏季节污染物超标天数较少；O_3 则呈现相反的变化趋势，在春夏季节超标天数多，在秋冬季节超标天数少。以上结果表明，南京市区颗粒物污染物严重，尤其是细颗粒物污染。

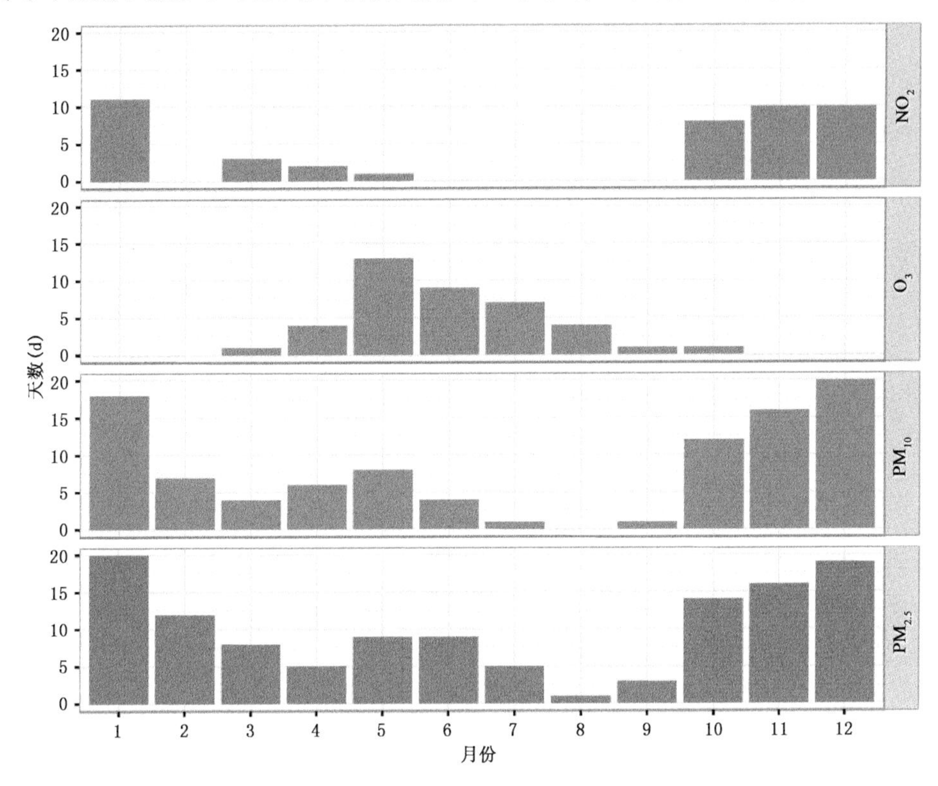

图 14　2013—2015 年南京市区 NO_2、O_3、PM_{10}、$PM_{2.5}$超标年均月天数

六、雾、霾事件的污染特征及成因分析

(一)重雾、霾事件甄别

本文针对所研究的 2013 年 4 月—2015 年 8 月的南京市区污染物浓度资料和地面观测资料筛选出重雾、霾事件(2013 年 12 月 1—14 日)进行研究。据多家媒体报道，2013 年 12 月中国中东部出现严重雾、霾事件，天津、河北、山东、江苏、安徽、浙江、上海等地空气质量指数达到六级严重污染级别，使得京津冀与长三角雾、霾连成片。此外，天气网对南京市 2013 年 12 月 2 日开始出现的雾、霾也进行了报道。

图 15 给出了能见度、$PM_{2.5}$质量浓度以及相对湿度三个关键指标在 2013 年 04 月—2015 年 8 月的逐日变化规律。可以发现，只有 2013 年 12 月的 $PM_{2.5}$质量浓度多日超过 $200\mu g/m^3$，能见度基本都在 10 km 以下，甚至一些天数在 5 km 以下，而 2013 年 12 月 1—9 日期间，即 12 月上旬又是 2013 年 12 月份污染最严重的时期，根据前述雾、霾持续天数研究结果，此次重雾、霾过程中灰霾日数持续了 7 天，轻雾日数共发生了 4 天，雾日数共发生了 4 天，平均能见度为

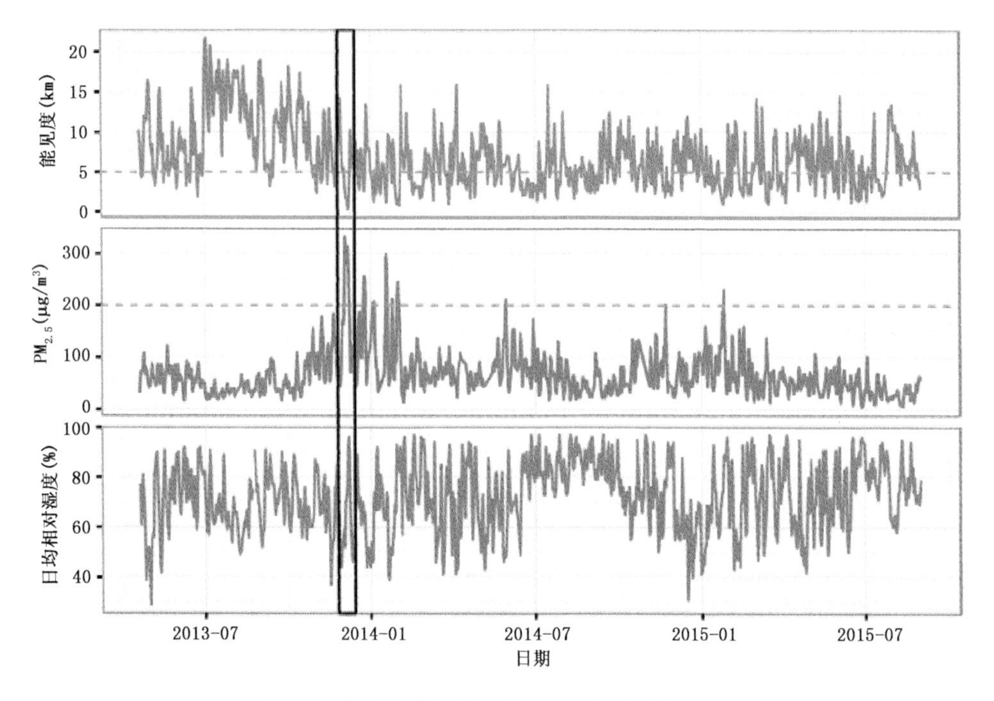

图 15　日均相对湿度、$PM_{2.5}$及能见度逐日变化规律

3.2 km，最大日均能见度为 5.57 km，$PM_{2.5}$质量浓度事件期间均值为 240 μg/m³，最大日均值为 333 μg/m³，相对湿度平均值为 71%。下面对 2013 年 12 月 1—9 日期间发生的重雾、霾过程进行深入分析。

（二）重雾、霾事件的污染特征

1. 雾、霾与污染物浓度之间的关系

表 7 反映了 2013 年 5 月—2015 年 8 月期间南京市区雾、轻雾、灰霾的月日数与各污染物 $PM_{2.5}$、PM_{10}、SO_2、NO_2、O_3 月均浓度之间的秩相关关系。可以看出，雾的月日数与各污染物月均浓度之间的秩相关系数均未通过显著性检验，说明雾天与污染物浓度之间关系不大；轻雾的月日数与 PM_{10}、SO_2、O_3 月均浓度之间的秩相关系数通过了显著性检验，并且轻雾与 PM_{10}、SO_2 之间呈反向变化，与 O_3 之间呈协同变化；灰霾月日数与 $PM_{2.5}$、PM_{10}、NO_2 月均浓度之间均通过了显著性检验，并且灰霾与 $PM_{2.5}$ 的相关性最高，与 PM_{10} 的相关性次高。由此可以看出，轻雾及灰霾天气与颗粒物的污染密切相关。

表 7　南京市区雾、霾月日数与污染物月均浓度秩相关分析

	雾	轻雾	灰霾
$PM_{2.5}$	0.107	−0.156	0.846**
PM_{10}	−0.068	−0.334*	0.791**
SO_2	0.024	−0.664**	0.489
NO_2	0.072	−0.342	0.761**
O_3	−0.084	0.374*	−0.218

注：*、**分别表示通过了显著性水平为 0.05、0.01 的统计检验。

2. 重雾霾颗粒物的污染特征

图 16 给出了南京市区重雾、霾事件时段的 $PM_{2.5}$、PM_{10} 的逐时质量浓度和每 6 小时能见度及其平滑曲线，污染时段平均的 PM_{10} 质量浓度为 352.4 μg/m³，$PM_{2.5}$ 为 240.1 μg/m³，污染期间 PM_{10} 最大日均浓度为 451.7 μg/m³，$PM_{2.5}$ 为 332.6 μg/m³，污染期间的平均能见度为 3.2 km，最大日均能见度为 5.8 km。由图可以看出，颗粒物的浓度从 12 月 3 日晚上 8:00 左右开始累积上升，晚上 10 点左右达到第一个高峰，到 12 月 4 日上午8:00达到第二个高峰，颗粒物的浓度呈峰谷式变化，从 12 月 3 日至 9 日共出现 9 个高峰期。从 12 月 3 日开始，能见度基本一直维持在 5 km 以下，12 月 6 日至 8 日为能见度谷值时期，此阶段能见度可达到 1 km 以下。12 月 9 日下午 1:00 开始，颗粒物浓度开始下降，能见度已经明显好转。此外，从该图还可以看出，颗粒物 PM_{10} 与 $PM_{2.5}$ 呈同步变化，$PM_{2.5}$ 在 PM_{10} 中的占比很大，最大可占 80.6%，能见度也很低，说明雾、霾天气的发生与细颗粒物的占比密切相关。

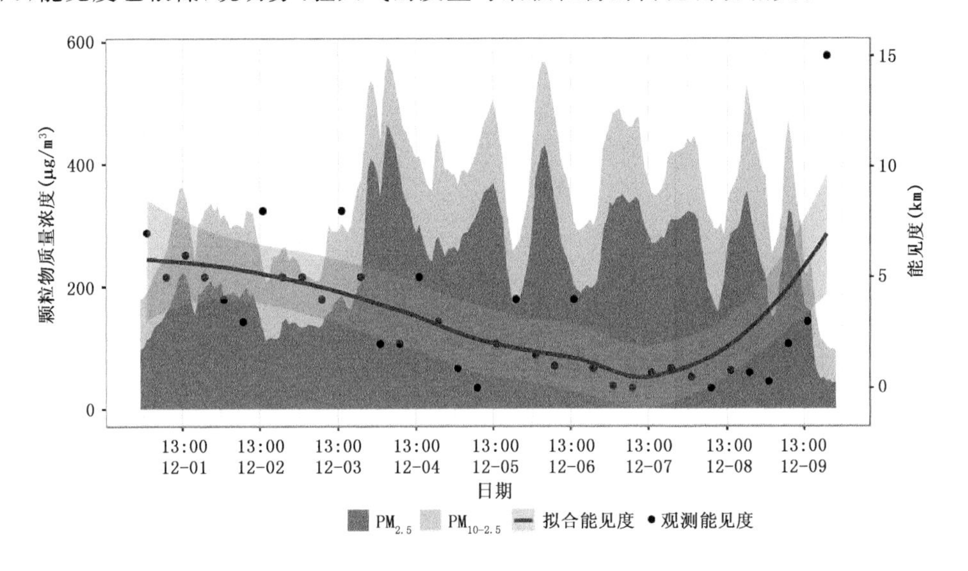

图 16 南京市区污染阶段颗粒物质量浓度及能见度变化

图 17 表示污染阶段 AQI 的变化，可以看出，重度污染共发生 4 天，严重污染共发生 5 天。AQI 从 12 月 3 日开始骤增，这与当天颗粒物骤增相关，12 月 4 日至 8 日这五天期间，发生了重污染，这是由于这些天颗粒物浓度很高。此外，将图 16 与图 17 对比发现，$PM_{2.5}$ 的占比越高，污染越严重，将污染期间的 $PM_{2.5}$ 占比与 AQI 进行秩相关分析发现，相关系数为 0.929($P=0.000$)，可见其相关性很好，进一步说明雾、霾天气的发生与细颗粒物的占比密切相关。

(三)气象成因分析

1. 天气形势分析

图 18 为重雾霾时期 500 hPa 日均高度场演变情况。可以看出，12 月 2—6 日江苏上空均被沿海槽控制，仅在 2 日有一浅槽波动，但由于是中高纬度的北槽南下，水汽条件较差，因此 2—6 日江苏没有降水，利于污染物的积累。同时在 12 月 6 日 500 hPa 形势场在蒙古地区有一高空槽，未来将逐渐东移南下影响我国东部地区。从 12 月 8 日 500 hPa 形势场可明显看出我

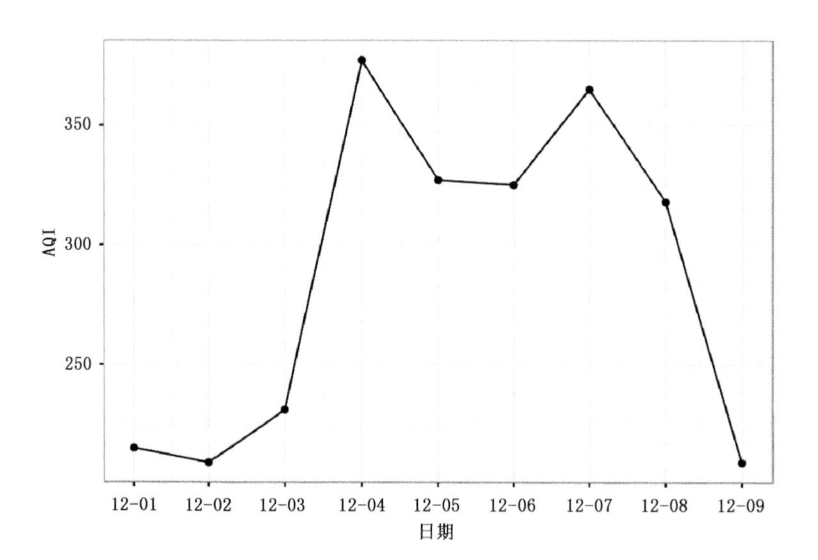

图 17　南京市区污染阶段 AQI 逐日变化情况

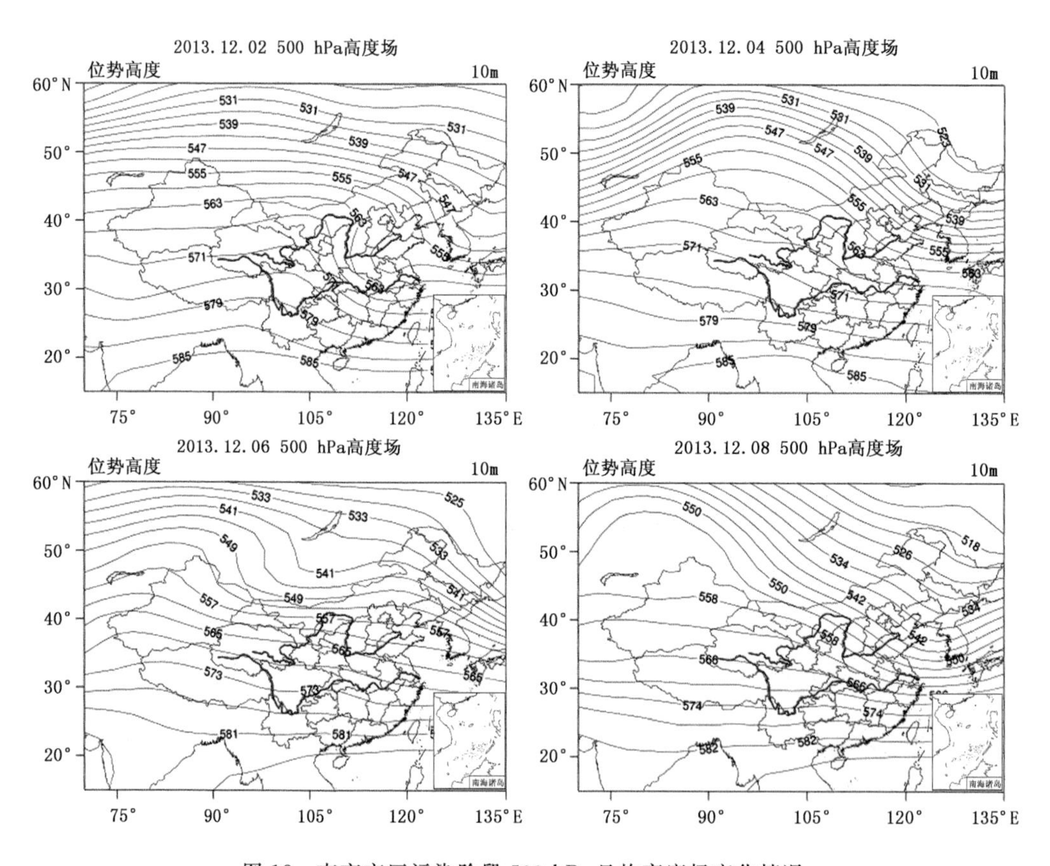

图 18　南京市区污染阶段 500 hPa 日均高度场变化情况

国东部大部分地区受明显加强的西北气流的控制，冷空气向江苏等地输送。

图 19 表示重雾霾时期日均地面气压场演变情况。可明显看出，12 月 2—6 日我国大部分地区均受到庞大冷高压控制，江苏处于均压场中，风速较小，不利于污染物扩散。12 月 8 日可明显看出，受南下冷空气影响江苏气压梯度明显加大，风速增强。可见，12 月 4 日左右南京市污染开始明显加重，原因在于 12 月 2 日左右江苏受到来自京津冀等地气流输送，污染开始加重，此外，12 月 4 日左右开始受到冷高压的控制，扩散条件差，污染物开始累积加重，因此，在 4—8 日之间污染持续严重，从 8 日开始，由于江苏等地受到来自西北地区的冷空气具有一定的清除作用，9 日下午颗粒物的浓度开始明显下降，污染也明显好转。

2. 气象要素分析

图 20 给出了重雾霾期间日均相对湿度、日降水量以及日均风速的变化情况。可以看出，在整个重雾霾期间，相对湿度基本保持在 70%以上，在 7 日及 8 日达到 90%以上，另外有微风相配合故而这几天出现了雾天气。日降水量在 9 日以前均为 0，在 9 日出现了一些降水。日均风速在 9 日以前基本维持在 2m/s 左右，可见污染物的扩散条件很差，因此很容易出现持续污染，而到了 9 日时，风速超过了 4 m/s，另外加上 9 日降水的湿沉降作用使得颗粒物浓度下降，南京市污染得到缓和。

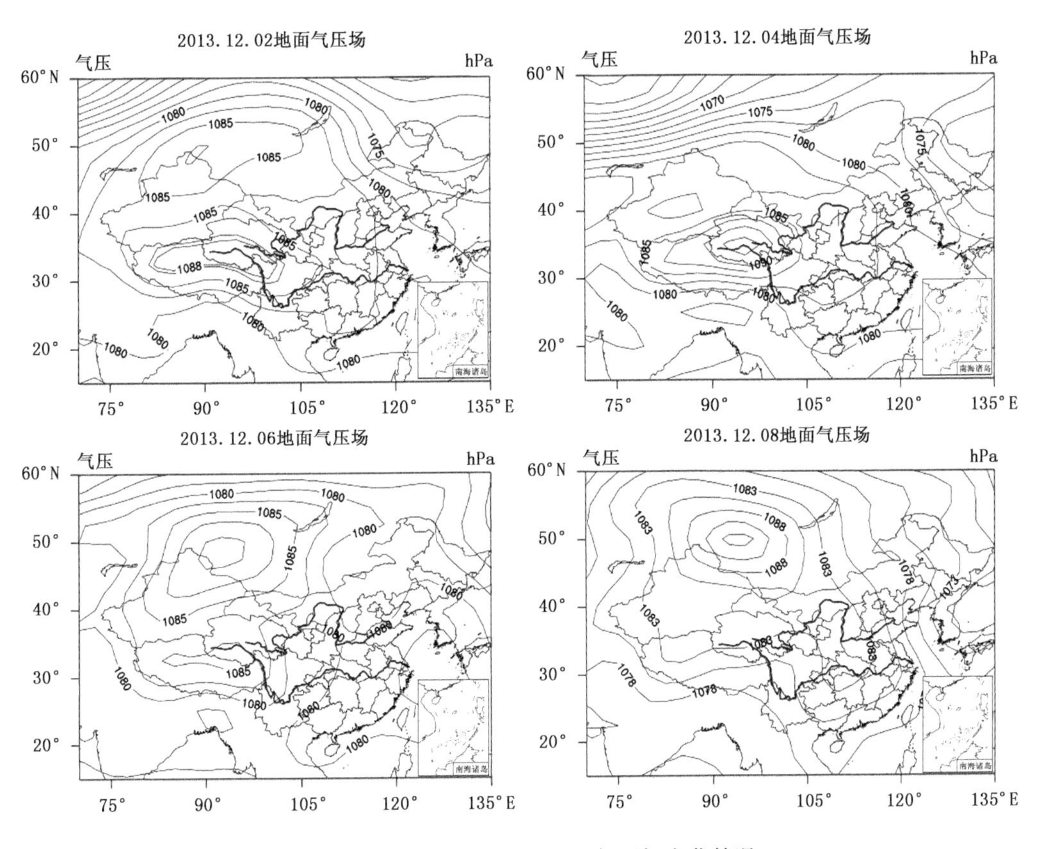

图 19　南京市区污染阶段地面气压场变化情况

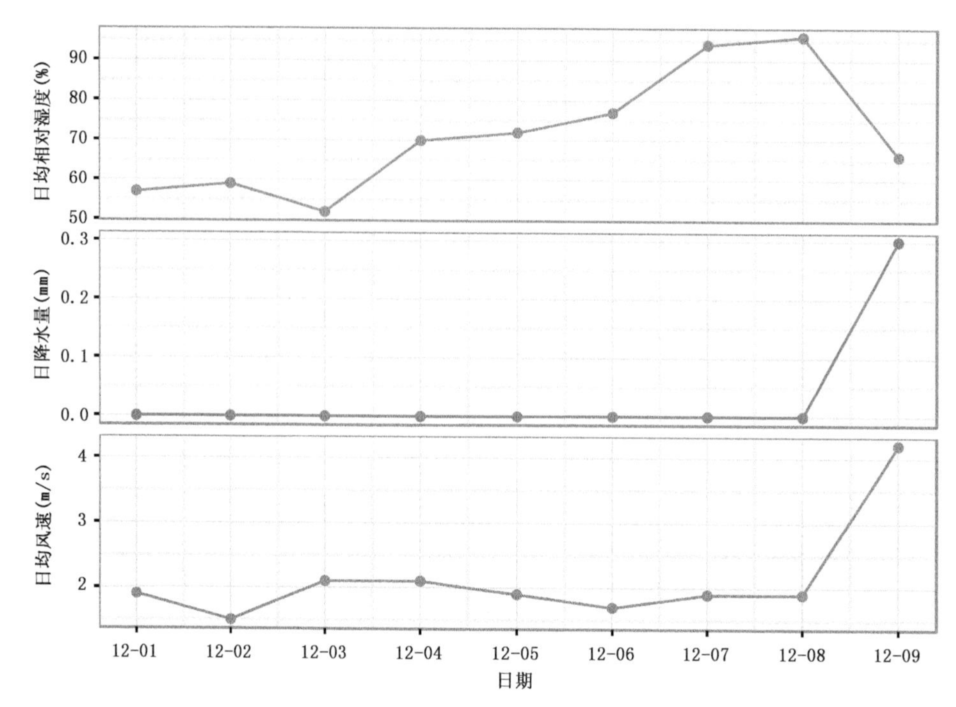

图20　南京市区污染阶段日均相对湿度、日降水量及日均风速变化情况

七、灰霾天气对健康的影响

灰霾的组成成分极其复杂[53]，大部分有害元素和化合物都富集在细颗粒物上，且灰霾天气下极易形成二次气溶胶污染[54]，毒性增强，对健康的危害更为严重。颗粒物的粒径决定其最终进入呼吸道的部位及沉积量。大于10 μg的颗粒物可以通过咳嗽排出人体，而小于10 μg的细粒子进入咽喉，可以到达肺部并沉积，进入血液循环，导致与心肺功能障碍有关的疾病。流行病学调查显示，雾/霾天气是造成心脑血管疾病和呼吸系统疾病的重要原因。空气中污染物加重时，心血管病人死亡率增加，阴霾天气中的颗粒物污染不仅会引发心肌梗死，还会造成心肌缺血或损伤。可吸入颗粒物浓度每上升10 $\mu g/m^3$，呼吸系统疾病上升3.4%，心血管疾病上升1.4%，日死亡率上升1%。加拿大和美国科学家发现[55]，长期处于细颗粒物浓度较高的环境中的人群患心肺疾病的概率和肺癌的死亡率增高。调查发现灰霾期间人群出现上呼吸道感染、哮喘、结膜炎、支气管炎等疾病的症状增强，儿童和老人尤为明显[56]。

八、总结与讨论

(一)总结

1. 对南京地区雾、霾时空变化特征及气象条件的分析

南京地区近56年来，雾日数基本没有发生变化，轻雾日数和灰霾日数均呈增长趋势，在

1975 年,轻雾日数开始显著上升,而灰霾日数则在 1973 年就已开始显著上升。雾和轻雾在秋冬两季多发,而在春夏两季少发,灰霾日数在夏季最低而在冬季最高。雾、轻雾日数空间分布呈经向变化,从高纬到低纬呈高值-低值区相间分布的模式,这与水源、风速等经向分布有关;灰霾日数空间分布也呈经向分布,高纬至低纬呈低值-高值区相间分布,这与南京市工业及交通业等的经向分布有关。

2. 对南京市区污染物时间变化特征的研究

近三年来,南京市区 SO_2、NO_2 均呈下降趋势,O_3 有上升趋势,PM_{10} 和 $PM_{2.5}$ 总体呈下降趋势。NO_2 及颗粒物年均浓度超过国家二级标准。月、季分析表明,SO_2 和 NO_2、PM_{10} 和 $PM_{2.5}$ 月季变化均具有协同性。SO_2、NO_2、PM_{10}、$PM_{2.5}$ 的浓度均在夏季最低,而在冬季最高,这与降水量和风速等季节性变化有关。O_3 浓度在春夏季较高,在冬季最低,这与太阳辐射强度变化有关。SO_2 和 O_3 浓度日变化呈单峰型变化,分别在上午 10:00 左右和下午 3:00 左右达到峰值,PM_{10}、$PM_{2.5}$、NO_2 呈双峰型变化,分别在下午 3:00 左右、4:00 左右、5:00 左右达到最大值。PM_{10} 和 $PM_{2.5}$ 的日变化也具有协同性。对南京市环境质量分析发现,南京市近三年的首要污染物均为 $PM_{2.5}$、其次为 PM_{10},说明南京市区颗粒物污染最为严重。

3. 对南京市 2013 年 12 月重雾霾事件的研究

重雾、霾期间,$PM_{2.5}$ 与 PM_{10} 的浓度呈同步变化,$PM_{2.5}$ 在 PM_{10} 中的占比越高,则能见度越低,AQI 越高。细颗粒物浓度高是雾、霾天气形成的重要成因。500 hPa 形势场变化平稳,受偏西气流控制或西北气流控制,华北地区上空有弱槽,地面受冷高压控制提供了有利的形势背景,地面静小风速以及较高的相对湿度、无降水提供了有利的气象条件。在静稳天气背景下,大气垂直运动受到抑制,大气扩散条件差,造成污染物尤其是颗粒物的持续累积,此外,在较高的相对湿度的条件下,大气颗粒物吸水膨胀,导致空气污染持续累积。

(二)讨论

本文对南京市区污染物三年变化特征的研究发现,SO_2、NO_2、PM_{10}、$PM_{2.5}$ 质量浓度呈下降趋势,$PM_{2.5}$ 为南京市区主要污染物。此外,魏玉香[57]等人对南京市 2002—2006 年污染物变化特征研究发现,5 年来,SO_2、NO_2 质量浓度呈上升趋势,PM_{10} 呈下降趋势,南京市首要污染物是 PM_{10}。说明近几年来,南京市在汽车尾气、工厂废气排放等方面做了一定的治理工作,使得 SO_2 及 NO_2 等浓度开始下降。随着人们对细颗粒物的关注增加,$PM_{2.5}$ 在被列入国家环境空气质量标准(2012 版)以后,成为南京市首要污染物。

符传博[58]等对 1960—2010 年我国中东部地区霾日数的时空变化特征研究发现,霾日数呈现的明显上升趋势为 0.369 d/a。而本文对南京地区灰霾日数研究发现,南京地区的灰霾线性倾向值为 2.101 d/a,大大超过了中东部地区的水平,说明南京市灰霾天气较为严重。程婷等[59]对南京近 50 年南京雾、霾的气候特征分析发现,南京地区平均雾日数秋季最多,夏季最少,平均霾日数冬季最多,夏季最少,与本文研究结论基本一致。与其他地区的同类研究比较发现,上海[60]雾日数呈减少趋势,平均为 1.5 d/a,比南京市雾日减少趋势要大,其霾日以 0.038 d/a 的趋势增加,比南京市霾日增加趋势要小,说明南京市的雾、霾天气比上海市发生更多、更严重。

对雾、霾天气及其污染特征的成因分析与同类研究结果较为一致,如于庚康等[61]对 2013 年江苏连续性雾、霾天气研究发现,变化平稳的高空形势配合稳定少动的地面气压场为雾、霾天气的发生提供了有利的环流形式，相对湿度的增加和 $PM_{2.5}$ 在污染物颗粒物的富集，是导致能见度下降和持续污染的首要原因。而本文研究表明 $PM_{2.5}$ 在 PM_{10} 中的占比增大和较高湿度、静小风等是雾、霾期间污染持续加重和能见度下降的原因。此外，本文研究表明，变化平稳的高空形势，华北地区上空有小槽出现，高空形势受偏西气流或偏西北气流的控制，地面冷高压相配合是雾、霾天气发生的有利条件，与孙彧等[62]的研究结果相符合。

此外，本文研究发现，2010—2015 年灰霾日数的线性倾向值是 2000—2009 年的 2.7 倍，明显增大，但本课题其他研究发现，南京市区近几年的颗粒物浓度呈下降趋势，这说明灰霾日数的增长还有其他原因。这与直接使用地面气象观测资料中的天气现象有关，吴兑[5]在《近十年中国灰霾天气研究综述》中指出，1952 年以来对于区分霾的判据，长期没有统一的辅助判别标准，南方往往使用相对湿度辅助判别，而相对湿度又定得太低。根据 2007 年江苏省气象局文件[63]中规定，相对湿度不高于 60%时记为霾；而 2010 年中国气象局发布的《霾的观测和预报等级》[64]中规定相对湿度小于 80%判定为霾。2010 年以后霾日大量增加可能与判定标准中相对湿度的变化密切相关。

（撰写人：马玉霞　张海鹏　肖冰霜　刘　梅）

作者简介：马玉霞，女，博士，兰州大学大气科学学院副教授，硕士生导师，研究方向为气候变化及其对健康影响，大气污染与健康等；张海鹏、肖冰霜，兰州大学大气科学学院；刘梅，江苏省气象台首席预报员。本文受南京信息工程大学气候变化与公共政策研究院开放课题“雾霾变化规律及其健康效应研究”(14QHA013)资助。

参考文献

[1] 中国气象局. 地面气象观测规范第 4 部分　天气现象观测. 北京：气象出版社，2007：5-7.

[2] 《大气科学词典》编委会. 大气科学词典. 北京：气象出版社，1994:408.

[3] CHOW J C, CRITICAL R C. Introduction to the A&WMA 2002 Critical Review visibility: science and regulation. Journal of the Air & Waste Management Association, 2002, **52**(6):626-627.

[4] 吴兑. 关于霾与雾的区别和灰霾天气预警的讨论. 气象，2005(4):3-7.

[5] 吴兑. 近十年中国灰霾天气研究综述. 环境科学学报，2012(2):257-269.

[6] 白志鹏，董海燕，蔡斌彬，等. 灰霾与能见度研究进展. 过程工程学报，2006(2):36-41.

[7] 白志鹏，蔡斌彬，董海燕，等. 灰霾的健康效应. 环境污染与防治，2006(3):198-201.

[8] 殷永文，程金平，段玉森，等. 某市霾污染因子 $PM_{2.5}$ 引起居民健康危害的经济学评价. 环境与健康杂志，2011(3):250-252.

[9] HYSLOP N P. Impaired visibility: the air pollution people see. Atmospheric Environment, 2009, **43**(1):182-195.

[10] 韩慧. 雾霾环境对档案的危害及防护. 档案管理，2014(6):76.

[11] 胡长猛，谢从珍，袁超，等. 雾霾对输变电设备外绝缘特性影响机理综述. 电力系统保护与控制，2015(16):147-154.

[12] RAMANATHAN V, CRUTZEN P J, LELIEVELD J, et al. Indian Ocean experiment: an integrated analysis of the climate forcing and effects of the great Indo-Asian haze. Journal of Geophysical Research-Atmospheres, 2001, **106**(D22):28371-28398.

[13] RAMANATHAN V, RAMANA M V. Atmospheric brown clouds: long-range transport and climate impacts. Geriatric Nursing, 2003(3):28-33.

[14] STANHILL G, COHEN S. Global dimming: a review of the evidence for a widespread and significant

reduction in global radiation with discussion of its probable causes and possible agricultural consequences. Agricultural and Forest Meteorology, 2001, **107**(4):255-278.

[15] 童尧青. 南京地区霾天气及其污染特征分析. 南京:南京信息工程大学,2008.

[16] ANDREAE M O, BROWELL E V, GARSTANG M, et al. Biomass-burning emissions and associated haze layers over amazonia. Journal of Geophysical Research-Atmospheres, 1988, **93**(D2):1509-1527.

[17] HEINTZENBERG J. Fine particles in the global troposphere a review. Tellus Series B-Chemical and Physical Meteorology, 1989, **41**(2):149-160.

[18] GAO S, HEGG D A, HOBBS P V, et al. Water-soluble organic components in aerosols associated with savanna fires in southern Africa: identification, evolution, and distribution. Journal of Geophysical Research-Atmospheres, 2003, **108**(13):471-475.

[19] POSFAI M, SIMONICS R, LI J, et al. Individual aerosol particles from biomass burning in southern Africa: 1. Compositions and size distributions of carbonaceous particles. Journal of Geophysical Research-Atmospheres, 2003, **108**(13):865-876.

[20] LI J, POSFAI M, HOBBS P V, et al. Individual aerosol particles from biomass burning in southern Africa: 2, Compositions and aging of inorganic particles. Journal of Geophysical Research-Atmospheres, 2003, **108**(13):347-362.

[21] REID J S, HOBBS P V, FEREK R J, et al. Physical, chemical and optical properties of regional hazes dominated by smoke in Brazil. Journal of Geophysical Research-Atmospheres, 1998, **103** (D24): 32059-32080.

[22] BARRIE L A, HOFF R M, DAGGUPATY S M. The influence of mid-latitudinal pollution sources on haze in the canadian arctic. Atmospheric Environment, 1981, **15**(8):1407-1419.

[23] POLISSAR A V, HOPKE P K, PAATERO P. Atmospheric aerosol over Alaska-2. Elemental composition and sources. Journal of Geophysical Research-Atmospheres, 1998, **103**(D15):19045-19057.

[24] KOCH D, HANSEN J. Distant origins of Arctic black carbon: a goddard institute for space studies model experiment. Journal of Geophysical Research-Atmospheres, 2005, **110**(D4):583-595.

[25] RAMANATHAN V, CRVIZEN P J, MITRA A P, et al. *The Indian Ocean experiment and the Asian brown cloud*. Bangalore, INDE: Current Science Association, 2002.

[26] SHAW G E. The arctic haze phenomenon. Bulletin of the American Meteorological Society, 1995, **76** (12):2403-2413.

[27] RUSSELL P B, HOBBS P V, STOWE L L. Aerosol properties and radiative effects in the United States East Coast haze plume: An overview of the Tropospheric Aerosol Radiative Forcing Observational Experiment (TARFOX). Journal of Geophysical Research-Atmospheres, 1999, **104**(D2):2213-2222.

[28] BATES D V, SIZTO R. Air-pollution and hospital admissions in southern Ontario-the acid summer haze effect. Environmental Research, 1987, **43**(2):317-331.

[29] THURSTON G D, ITO K, HAYES C G, et al. Respiratory hospital admissions and summertime haze air-pollution in Toronto, Ontario-Consideration of the role oa acid aerosols. Environmental Research, 1994, **65**(2):271-290.

[30] LIPSETT M, HURLEY S, OSTRO B. Air pollution and emergency room visits for asthma in Santa Clara County, California. Environmental Health Perspectives, 1997, **105**(2):216-222.

[31] 谭吉华. 广州灰霾期间气溶胶物化特性及其对能见度影响的初步研究. 广州: 中国科学院研究生院(广州地球化学研究所),2007.

[32] 李丽珍,沈振兴,杜娜,等. 霾和正常天气下西安大气颗粒物中水溶性离子特征. 中国科学院研究生院学报,2007(5):674-679.

[33] 钱峻屏，黄菲，杜鹃，等. 广东省雾霾天气能见度的时空特征分析Ⅰ:季节变化. 生态环境，2006(6)：1324-1330.

[34] 张运英，黄菲，杜鹃，等. 广东雾霾天气能见度时空特征分析——年际年代际变化. 热带地理，2009(4):324-328.

[35] 叶光营，吴毅伟，刘必桔. 福州区域雾霾天气时空分布特征分析. 环境科学与技术，2010(10)：114-119.

[36] 李苗，逯张禹，苗爱梅. 近 35 年山西雾霾天气的时空分布及变化趋势. 创新驱动发展 提高气象灾害防御能力——第 30 届中国气象学会年会，南京，2013.

[37] 王珊，修天阳，孙扬，等. 1960—2012 年西安地区雾霾日数与气象因素变化规律分析. 环境科学学报，2014(1):19-26.

[38] 张玉成，李亚滨. 1961—2013 年黑龙江省雾霾时空分布特征及影响因子分析. 黑龙江气象，2014(3)：17-19,37.

[39] 崔健，黄建平，周晨虹，等. 江苏省能见度时空分布特征及其影响因子分析. 热带气象学报，2015(5)：700-712.

[40] 吴兑. 灰霾天气的形成与演化. 环境科学与技术，2011(3):157-161.

[41] 吴丹，于亚鑫，夏俊荣，等. 我国灰霾污染的研究综述. 环境科学与技术，2014(S2):295-304.

[42] 王佳，韩见弘，黄蕊. 浅析灰霾的形成及危害. 内蒙古科技与经济，2007(17):37-38.

[43] 孙燕，魏建苏，严文莲，等. 南京市灰霾的气象要素特征分析. 第 26 届中国气象学会年会大气成分与天气气候及环境变化分会，杭州，2009.

[44] 魏凤英. 现代气候统计诊断预测技术. 北京：气象出版社，1999:47-49.

[45] 陶澍. 应用数理统计方法. 北京：中国环境科学出版社，1994:308-313.

[46] 吴兑. 再论相对湿度对区别都市霾与雾(轻雾)的意义. 广东气象，2006(1):9-13.

[47] GB 3095—2012. 中华人民共和国国家环境空气质量标准.

[48] 国家环境保护局，中国环境科学研究院. 城市大气污染物总量控制方法手册. 北京：中国环境科学出版社，1991.

[49] 陈建江. 南京市空气质量时间变化规律及其成因. 环境监测管理与技术，2003(3):16-7,41.

[50] 顾庭敏，宫德文，郑全岭，等. 对大气污染因子——辐射逆温的讨论. 气象学报，1982(2):229-238.

[51] 徐鹏，郝庆菊，吉东生，等. 重庆市北碚城区大气污染物浓度变化特征观测研究. 环境科学，2014(3)：820-829.

[52] HJ 633—2012. 环境空气质量指数(AQI)技术规定(试行).

[53] ROBERT D B, SANJAY R C, ARDEN P III, et al. Particulate matter air pollution and cardiovascular disease: an update to the scientific statement from the American heat association. Circulation, 2010, **121**:2331-2338.

[54] MICHAEL L, MOHAMMED J, JOHN H. OFFENBERG, et al. Primary and secondary contributions to ambient PM in the Mid-western United States. Environmental Science & Technology, 2008, **9**(42): 3303-3309.

[55] PUTAUD J P, VANDINGERNEN R, ALASTUEY A, et al. A European aerosol phenomenology: physical and chemical characteristics of particulate matter from 60 rural, urban and kerbside sites across Europe. Atmospheric Environment, 2010, **44**:1308-1312.

[56] FRANKLIN M, KOUTRAKIS P S. The role of particulate composition on the association between $PM_{2.5}$ and mortality. Epidemiology, 2008, **19**(5):680-689.

[57] 魏玉香，童尧青，银燕，等. 南京 SO_2、NO_2 和 PM_{10} 变化特征及其与气象条件的关系. 大气科学学报，2009(3):451-457.

[58] 符传博，丹利. 重污染下我国中东部地区 1960—2010 年霾日数的时空变化特征. 气候与环境研究，2014(2):219-226.

[59] 程婷，魏晓弈，翟伶俐，等. 近 50 年南京雾霾的气候特征及影响因素分析. 环境科学与技术，2014(S1):54-61.

[60] 杜建飞，徐立鸣，问晓梅，等. 上海地区雾霾气候特征分析. 2014 中国环境科学学会学术年会，成都，2014.

[61] 于庚康，王博妮，陈鹏，等. 2013 年初江苏连续性雾—霾天气的特征分析. 气象，2015(5):622-629.

[62] 孙彧，牛涛，马振峰. 中国雾霾分布特点以及华北霾环流特征分析. 强化科技基础 推进气象现代化——第 29 届中国气象学会年会，沈阳，2012.

[63] 关于采用霾的判定标注的通知. 苏气发〔2007〕91 号.

[64] QX/T 113—2010. 霾的观测和预报等级.

产业共生视角下长三角区域雾霾治理研究

摘要：当前长三角区域雾霾现象日趋严重，已成为一种新的灾害性天气，短期内很难通过控制能源消费总量、调整能源消费结构、产业结构转型等方式根治。本文首先介绍了当前国内外研究现状，然后分析了长三角区域的雾霾治理现状，得出雾霾治理应是一个复杂的系统工程，需要采取多层次的措施，如从产业共生、政府监管、社会监督这三方面共同着手：区域性灰霾问题频发一定程度上说明区域经济的发展已严重透支了环境承载能力，区域产业系统亟待优化；长三角区域政府职能部门间，如环保部门、交通部门、气象部门、城市执法部门等，应加强联动协作形成政府监管层的网络结构，各类职能部门与产业共生主体以及社会监督层之间也存在相互影响及相互作用关系；雾霾的泛滥非一朝一夕所形成，所以，治理也不是一朝一夕之能事，应该在顶层统一设计下，动员全民参与、全民行动。

关键词：产业共生；长三角区域；雾霾治理；生态

Study on the Governance of Haze in the Yangtze River Delta Region from the Perspective of Industrial Symbiosis

Abstract: The contemporary haze phenomenon of Yangtze River Delta regional haze has become increasingly serious, which has become a new kind of severe weather. In the short term it is difficult to cure haze by the way of controlling the total energy consumption, adjusting the structure of energy consumption and restructuring industrial structure. This paper first introduces the current domestic and foreign research, analyzes the status of haze governance in the Yangtze River Delta region, and then concludes that the haze governance should be a complicated system engineering, which needs to take multi-level measures, such as the industrial symbiosis, government supervision, and social supervision. Regional haze problems prone to a certain extent that regional economic development has been severely overdrawn environmental carrying capacity, and regional industrial system need to be optimized: government functional departments in Yangtze River Delta regional, such as environmental protection departments, traffic departments, the meteorological department, city and law enforcement departments should strengthen collaboration to form government regulators; there exist mutual influence and interaction relationship among various functional departments, the subjects in industrial symbiosis network and social supervision layer; haze proliferation is not overnight formed, so governance should be at the top of the unified design, more than once not one evening of sensationalism and mobilize all people to participate in national action.

Key Words: Industrial symbiosis; The Yangtze River Delta region; Haze governance; Ecology

近年来,随着我国工业化、城市化的迅速发展,化学燃料消耗量的迅猛增加,工业污染直接排放的气溶胶粒子、气态污染物和光化学反应产生的二次气溶胶污染物与日俱增,使得雾霾现象日趋严重,成为一种新的灾害性天气。管理界以及学术界均已指出,应对和治理雾霾需要进一步控制能源消费总量、调整能源消费结构、优化能源使用方向和利用方式等。然而,短期内很难通过控制能源消费总量、调整能源消费结构、产业结构转型等方式根治雾霾天气。

三十多年的改革开放,使得包括长三角在内的中国各大经济区域在粗放式发展方式的拉动下保持了中国经济的持续快速增长,取得了经济总量世界第二,经济发展速度世界第一的成绩。长江三角洲作为我国经济实力最强的区域,已是国际公认的六大世界级城市群之一,并致力于在 2018 年建设成为世界第一大都市圈。但是,成就的取得也意味着巨大代价的付出。三十多年的快速发展,自然资源和环境遭到了巨大的破坏。尤其是在当今的社会环境下,人口的不断增长和能源消耗的持续增加,使得生态环境问题更加复杂化,生态环境的绝对风险和相对风险越发相互交织和相互叠加,环境保护面临着更加严峻的挑战。而随着我国的发展进入到加速改革阶段,生态环境问题显得更加迫切和突出,建设环境友好型社会的议题更加迫在眉睫。

生态环境问题包括了大气污染、水污染、"沙尘暴"问题等各个方面。在我国,尤其是大气污染问题已经相当严重,这从每年日益增加的雾霾天数和日常生活中日益难现的蓝天就可以一见端倪。2013 年年底,一场几乎覆盖了大半个中国的雾霾,让大气污染问题再次成为大众舆论关注的焦点。2013 年 11 月,长三角地区 25 个城市空气质量达标天数比例范围为 26.7%~93.3%,平均为 42.5%;平均超标天数比例为 57.5%,其中重度污染比例为 6.1%,严重污染比例为 0.3%。2015 年,长三角区域虽然达标城市数量同比增加、主要污染物浓度同比下降,但该区域仍多次发生空气重污染过程,环境空气 $PM_{2.5}$ 浓度仍超标较重。

一、文献综述

(一)相关名词概念

雾霾,指各种污染物,如二氧化碳、二氧化硫、氮化物等气体污染物以及颗粒物等,进入大气环境之后,经过各种物理反应和化学反应等,形成细粒子后,与大气中的水汽等结合并作用后产生的大气消光现象[1]。

空气质量指数(Air Quality Index,简称 AQI)是定量描述空气质量状况的无量纲指数。针对单项污染物还规定了空气质量分指数。参与空气质量评价的主要污染物为细颗粒物、可吸入颗粒物、二氧化硫、二氧化氮、臭氧、一氧化碳等六项。2012 年上半年国家出台规定,将用空气质量指数(AQI)替代原有的空气污染指数(API)。空气质量按照空气质量指数大小分为六级,相对应空气质量的六个类别,指数越大、级别越高说明污染的情况越严重,对人体的健康危害也就越大,从一级优,二级良,三级轻度污染,四级中度污染,直至五级重度污染,六级严重污染。当 $PM_{2.5}$日均值浓度达到 150 μg/m³ 时,AQI 即达到 200;当 $PM_{2.5}$日均浓度达到 250 μg/m³ 时,AQI 即达 300;$PM_{2.5}$日均浓度达到 500 μg/m³ 时,对应的 AQI 指数达到 500。根据《环境空气质量指数(AQI)技术规定(试行)》(HJ 633—2012)规定:空气污染指数划分为 0～50、51～100、101～150、151～200、201～300 和大于 300 六档,对应于空气质量的六个级别,指数越大,级别越高,说明污染越严重,对人体健康的影响也越明显。

通常把空气动力学当量直径在 10 μm 以下的颗粒物称为 PM_{10},又称为可吸入颗粒物或飘尘;直径在 2.5 μm 以下的颗粒物称为 $PM_{2.5}$,又称为可入肺颗粒物或细颗粒物。两者均为浓度值,单位为 μg/m³。

(二)雾霾成因研究

霾是一种大量极细微的干尘粒等悬浮在空中,使水平能见度低于 10 km,对视程造成障碍的天气现象。我国对灰霾污染的研究始于珠三角地区[1],目前同类研究主要集中在珠三角、京津冀和长三角等地区[2,3]。Wu 等利用雷达、卫星、天气预报模式(WRF) 等多种手段对其进行了研究,揭示了珠三角地区大气灰霾的成因和污染特征[4]。Deng 等研究表明,EC(element carbon)颗粒是造成珠三角地区极端低能见度(<2 km) 天气的主要原因[5]。吴兑认为海盐气溶胶粒子的氯损耗机制与珠三角周边沿海工业城市灰霾天气的增多有密切关系[6]。吴兑等[6]的研究表明,近年来,珠江三角洲地区的气溶胶污染日趋严重,灰霾主要集中在每年的 10 月至次年 4 月,呈现出光化学过程的细粒子、硫酸盐和粗颗粒气溶胶复合污染的特点。张小曳等通过分析雾和霾与气溶胶的联系、维持机制、污染物构成及如何治理等问题,指出我国现今雾霾问题的主因是严重的气溶胶污染,但气象条件对其形成、分布、维持与变化的作用显著[7]。周敏等以我国 2013 年 1 月中东部大气重污染期间为例研究上海颗粒物的污染特征,结果表明颗粒物污染可细分为硝酸盐型、硫酸盐型、硝酸盐和硫酸盐混合型、硝酸盐和有机物混合型,总体上以硝酸盐型和硫酸盐型为主导[8]。

(三)雾霾形成的作用机理

Goldberg 等分析了蒙特利尔和魁北克地区的非意外死亡率与颗粒物浓度变化的相关性,发现细粒子和可吸入颗粒物的浓度与日死亡率正相关[9]。Deng 等则通过观测资料分析,研究了珠三角地区能见度的长期变化趋势和灰霾污染特征,解释了珠三角地区出现低能见度的基本原因[5]。Wang 等在北京通过分析灰霾、沙尘和清洁天气颗粒物的质量浓度化学组分、气溶胶形成机制,发现灰霾天气的颗粒物浓度明显高于清洁天,且 $PM_{2.5}$中的元素和可溶性离子是清洁天的 10 倍以上[10]。Wan 等[11]研究了佛山 2001—2008 年 PM_{10}与能见度的关系,发现随着 PM_{10}逐年降低,能见度逐年提高。Liu 等研究发现,影响灰霾生成和发展的主要因素包括大气的稳定程度、大气边界层高度、大气污染物排放强度、气溶胶数浓度和粒径吸湿增长等[12]。Huang 等针对上海典型灰霾污染开展了颗粒物研究,通过基地观测、卫星数据和雷达观测深入分析了不同的灰霾类型及形成机制[13]。范引琪、Gao 等分别采用 Ridit 分析法和累计百分比法对河北省和长江三角洲地区的能见度趋势做了分析,发现河北有 11 个城市能见度显著下降，长江三角洲地区南京和杭州也呈下降趋势[14,15]。

从上述研究可见，灰霾天气的形成，大气污染物的源排放是内因，气象条件是外因，城市大气污染使得灰霾频繁出现；大气污染物源的排放占标率越高，灰霾天气出现频率越高；排入大气中的污染物主要来源于自然排放和人类活动的排放。

（四）雾霾治理的政策研究

根据目前我国灰霾污染天气的区域性特点，文毅等在污染控制上提出了从单一城市控制过渡到城市群或区域控制战略[16]。高伟标指出控制灰霾天气应加强环保与气象部门的协作，建立完善的灰霾天气预警机制[17]。伍复胜针对珠江三角洲灰霾污染物的特征，指出 PM_{10} 和 SO_2 是首要污染控制对象，东莞、佛山和广州是重点污染整治区，根据污染物相关性分析，得出需要加强燃煤脱硫及除尘工作，特别是在一些燃煤使用量大的行业[18]。Salmi 等提出了一个基于公共池塘资源的跨界管理体系，以便更好地协调利用区域内的市场与管理机制[19]。杨慧等认为伦敦能在短短的几十年内彻底扭转空气的质量，除了进步发达的技术、积极的产业升级、经济发展模式的改变，还得益于其严谨审慎的民主法律制度及良善的公民自治传统[20]。王文林认为通过提高环境准入门槛、优化区域工业布局、推进技术进步和结构调整、加强清洁能源利用，可在源头上减缓环境恶化的速率和程度、减小灰霾天气的负面影响，同时结合联防联控机制，才能有效地防治灰霾天气[21]。

从上述研究可见，灰霾治理策略研究以定性分析为主，具体策略可归纳为控制能源消费总量、调整能源消费结构、优化能源使用方向和利用方式等，缺乏对提出的政策措施产生的效应进行定量仿真分析。

（五）产业共生内涵

共生理论（symbiosis theory）首现于生物学领域，按照德国生物学家德贝里的定义，共生是相互性活体营养性联系[22]，是一起生活生物体某种程度的永久性物质联系。目前针对产业共生的概念，接受最为广泛的是丹麦卡伦堡公司出版的《产业共生》中的定义，即“产业共生是指不同企业间的合作，通过这种合作，共同提高企业的生存能力和获利能力，同时，通过这种共识实现对资源的节约和环境保护”。Chertow 提出产业共生系统（industrial fcosystem）即通过各企业间的产业共生式关联，进行副产品交换、能源层递使用使产业系统（工业园）内部的物质资源、能源资源被循环地、层级地有效使用，最终达到在自然资源使用效率最大化、资源消耗最小化的同时获得不少于原工业系统的生产力[23]。自小世界模型以及无标度网络模型出现后，很多学者从复杂网络的角度研究产业共生系统[24,25]。袁增伟等提出产业共生网络则是指由各种类型的企业在一定的价值取向指引下，按照市场经济规律，为追求整体上综合效益（包括经济效益、社会效益和环境效益）的最大化而彼此合作形成的企业及企业间关系的集合[26]。

Mirata 等[27]认为共生网络即为区域性活动，包括物质的交换和能量的流动，以及知识、人力资本和技术的交流之间的一系列的长期的共生关系，同时这些共生关系还提高了环境效益和竞争力。Ehrenfeld 等[28]指出工业共生不仅应该停留在副产品交换上，还应该包括技术创新、知识共享及学习机制等问题。Lombardi 等指出产业共生本质上是一种创新性绿色增长的工具，它集成了网络中的多种组织方式以促进生态创新及长期的文化演变[29]。Chertow 等指出产业共生网络对当地或地区水平环境创新的潜在贡献的影响因素包括组织之间的合作提高学习能力，组织之间相互合作的收益，共生网络在集体问题上的定义并寻求解决方案的作用[30]。

（六）产业共生网络构建研究

产业共生网络作为一种具体的网络组织形式，由网络结点和网络关系两部分要素构成。Côté，Smolennaars，Cohen 等学者认为按照系统要素的不同，可将工业生态系统理解为由企业或社会利益相关者组成，由毗邻企业建立物质能量循环网络，由政府、社区、学校等利益相关者参与网络的规划、建设和管理，这些学者的界定方法关注的焦点是系统的组成要素，对地域空间的界定较为模糊[31-33]。苏敬勤等指出产业生态网络的网络结点包括企业以及政府、科研机构、社区公众、环保组织等利益相关者；网络关系则是由物流网络、信息网络、知识/技能网络，以及契约/信任网络共同组成[34]。

Watts 等提出的小世界模型以及 Barabási 等提出的无标度网络模型，使复杂网络的研究工作得到了很大的推进，这些成果使得人们对于实际存在的网络的生成/构建机制有了新的认识[24,25]。Cowan 通过模拟现实复杂网络的构建过程，在给定的网络结构或（和）行为规则基础上，预测复杂系统的行为[35,36]。进一步的研究主要有：围绕企业/产业不同发展阶段的特点和能力来考察产业共生网络属性的演变、网络结构的变化、企业/产业对共生网络的依赖程度和需求的变化对企业/产业产出的影响作用等[37-39]。Zhu 等提出三种产业共生网络的形成过程且对应不同的机构设置，具体为自组织下的偏好增长机制、协调和促进下的均匀增长机制、规划和政策宣传下的随机配对机制[40]。由于现实系统大多包含多种不同要素，超网络理论与方法为产业共生网络的构建研究提供了一个全新的视角，目前已经取得了很多进展。刘国山等针对生态产业共生网络多产品和多层次的复杂网络结构，基于标号系统描述了生态产业共生网络各层决策成员的利润优化行为，利用变分不等式方法构建生态产业共生网络均衡模型[41]。

现有研究和实践大都将产业共生网络看作复杂系统，一部分从单一要素角度研究网络的构建机制；另一部分从多种要素角度出发，缺乏针对面向灰霾治理的产业共生网络的研究。但现有相关研究为本课题的深入研究提供了借鉴。

二、长三角区域雾霾治理现状

（一）研究区域概况

长三角区域是我国重要的经济体，拥有中国东部沿海开放城市带和沿江产业密集带，是中国经济发展速度最快、经济总量规模最大、最具活力与竞争力的经济区域。长三角经济圈最初由上海市、南京市、苏州市、无锡市、常州市、镇江市、扬州市、泰州市、南通市、杭州市、宁波市、嘉兴市、湖州市、绍兴市、舟山市、台州市共16个城市（简称两省一市）组成。现发展到以上海为中心，南京、杭州、合肥为副中心，包括江苏的苏州、无锡、徐州、扬州、泰州、南通、镇江、常州、盐城、淮安、连云港、宿迁，浙江的宁波、温州、嘉兴、湖州、绍兴、舟山、台州、金华、衢州、丽水，安徽的淮南、滁州、芜湖、马鞍山共30个城市，简称三省一市。长江三角洲以全国2.2%的陆地面积、10.4%的人口，创造了全国22.1%的国内生产总值、24.5%的财政收入、28.5%的进出口总额。这里已经成为中国经济、科技、文化最发达的地区之一。

统计数据显示，2013 年长三角地区 GDP 总量达到 97760 亿元，逼近 10 万亿元，比上年增加 7809 亿元，增速均值为 9.7%，比上年回落 0.4 个百分点；固定资产投资平稳，2013 年长三角地区完成固定资产投资突破 4 万亿元，达到 47198 亿元，同比增长 16.7%；消费市场持续活跃，全年实现社会消费品零售总额突破 3 万亿元，达到 35449 亿元，同比增长 12.2%，长三角核心区 16 个城市中有 6 个城市消费总量超过 2000 亿元，其中上海、苏州、杭州、南京总量超过 3000 亿元；对外贸易略有增长，全年实现进出口总额 12404 亿美元，同比增长 1.7%。

2014 年长三角核心区 16 市实现地区生产总值 10.60 万亿元，增速均值为 9.0%；实现规模以上工业总产值突破 19 万亿元；完成固定资产投资突破 5 万亿元；实现社会消费品零售总额 3.95 万亿元；实现进出口总额 1.29 万亿美元；实现出口总额 7422 亿美元，增长 4.8%，较上年提高 3.3 个百分点；完成固定资产投资 5.35 万亿元，增长 13.4%，较上年回落 3.3 个百分点；实现社会消费品零售总额 3.95 万亿元，增长 11.3%，较上年回落 0.9 个百分点。

长三角核心区近三年各市具体经济指标如表 1～表 3 所示。

表 1　2013 年 1—12 月长江三角洲城市主要经济指标

城市名称	生产总值（季度数，亿元）	规模以上工业总产值（亿元）	规模以上工业产品产销率	进出口总额（亿美元）	出口总额（亿美元）
上海市	21602.12	32088.88	99.10	4413.98	2042.44
南京市	8011.78	12647.14	98.59	557.57	322.66
无锡市	8070.18	14890.65	97.78	703.73	411.49
常州市	4360.93	10067.88	98.10	292.13	203.74
苏州市	13015.70	30392.90	98.70	3093.48	1757.06
南通市	5038.89	11351.54	98.69	298.14	212.78
扬州市	3252.01	8499.39	97.60	95.07	5.7253
镇江市	2927.09	7197.27	98.66	99.50	62.23
泰州市	3006.91	8501.65	97.89	104.42	62.92
杭州市	8343.52	13592.3	99.36	650.70	447.70
宁波市	7128.87	12794.95	96.76	1003.29	657.10
嘉兴市	3147.66	6779.97	97.60	317.63	215.12
湖州市	1803.15	3814.39	97.40	95.33	80.88
绍兴市	3967.29	9267.11	97.72	333.70	279.16
舟山市	930.85	1350.77	97.20	126.72	66.49
台州市	3153.34	3881.24	94.70	218.78	187.21

表 2　2014 年 1—12 月长江三角洲城市主要经济指标

城市名称	生产总值（季度数，亿元）	规模以上工业总产值（亿元）	规模以上工业产品产销率	进出口总额（亿美元）	出口总额（亿美元）
上海市	23560.94	32237.19	99.50	4666.22	2102.77
南京市	8820.75	13239.73	98.32	572.21	326.28
无锡市	8205.31	14840.65	97.80	741.70	442.31

续表

城市名称	生产总值（季度数，亿元）	规模以上工业总产值（亿元）	规模以上工业产品产销率	进出口总额（亿美元）	出口总额（亿美元）
常州市	4901.87	11195.30	98.10	288.10	213.84
苏州市	13760.89	30585.78	99.10	3113.06	1811.78
南通市	5652.69	12618.57	98.60	316.47	224.80
扬州市	3697.89	9457.17	97.80	100.12	76.82
镇江市	3252.38	8102.27	98.38	103.07	66.02
泰州市	3370.89	9709.60	97.83	108.90	61.82
杭州市	9201.16	12945.28	98.61	679.98	491.66
宁波市	7602.51	13789.32	97.18	1047.04	731.09
嘉兴市	3352.80	7364.87	96.97	337.34	236.51
湖州市	1955.96	4144.78	96.86	99.89	88.06
绍兴市	4265.83	9606.19	97.40	346.84	297.51
舟山市	1021.66	1524.29	97.40	123.30	57.80
台州市	3387.51	4153.38	93.90	220.79	193.51

表3　2015年1—9月长江三角洲城市主要经济指标

城市名称	生产总值（季度数，亿元）	规模以上工业总产值（亿元）	规模以上工业产品产销率	进出口总额（亿美元）	出口总额（亿美元）
上海市	17866.24	22823.96	101.60	3346.59	1467.20
南京市	7002.01	9751.95	97.99	395.20	230.20
无锡市	6135.04	10741.84	98.22	520.43	320.69
常州市	3823.05	8493.86	98.00	210.94	158.62
苏州市	10434.65	22575.82	97.60	2279.26	1345.2
南通市	4602.71	10255.74	98.72	232.18	166.75
扬州市	2967.84	7380.95	97.40	79.26	59.33
镇江市	2561.92	6642.04	98.41	72.40	49.23
泰州市	2690.18	8334.46	98.25	79.19	48.89
杭州市	7102.26	9028.23	98.59	495.00	370.88
宁波市	5580.84	9905.67	96.80	741.41	525.83
嘉兴市	2490.09	5393.06	96.76	236.35	173.07
湖州市	1477.75	3255.49	96.28	77.18	66.72
绍兴市	3156.33	6985.66	97.01	226.62	205.79
舟山市	723.47	1188.88	98.80	83.42	43.10
台州市	2516.93	2910.76	93.30	157.69	140.96

(二)基本理论方法

(1)共生理论

共生(intergrowth)一词来源于希腊语,在生物学中最早由德国生物学家德贝里(AntondeBary)于1879年提出[22],是指不同种属按某种物质联系而生活在一起。由于世界是相互联系、相互依存的物质组成的,因此,共生现象不仅存在于生物界,而且广泛存在于社会体系之中,经济学上的共生就是指经济主体之间存续性的物质联系,抽象地说,共生是指共生单元之间在一定共生环境中按某种共生模式形成的关系[42]。

共生理论的基本原理反映共生体形成与发展中的一些内在必然联系,是共生体赖以形成与发展的基本规则,主要有质参量兼容原理、共生能量生成原理、共生界面选择原理等。

生物种群为了自身的生存和发展,种群之间存在着竞争、捕食、寄生、互惠、共生、偏利、偏害等相互影响、相互制约的关系,如表4所示。

表4 生物种群间的相互关系

关系类型	物种Ⅰ	物种Ⅱ	关系特点
捕食	+	−	物种Ⅰ捕食物种Ⅱ
竞争共生	−	−	彼此相互制约
寄生	+	−	物种Ⅰ寄生于物种Ⅱ并有害于后者
互惠(原始合作)	+	+	彼此互相有利,兼性
共生	+	+	彼此互相有利,专性(以对方的存在为前提)
偏利共生	+	0	若物种Ⅱ没有影响,对物种Ⅰ有益
偏害共生	−	0	若物种Ⅱ没有影响,对物种Ⅰ有害
中性	0	0	互不影响

生物学中经常用Logistic模型描述一种种群增长规律,即其增长速度在最初是加快的,当增长到某一定值时,速度开始减慢,直到最后减为零,即停止增长,有时也用它刻画种群之间的相互作用关系(如竞争、互利、偏利、寄生)。生态工业理念强调工业体系可以模仿自然生态系统中生物种群之间的共生关系,在不同产业或企业间建立物质和能量的关联和互动关系,进而向生态工业系统进化。

(2)复杂网络

复杂网络理论的研究始于20世纪60年代的Erdös-Rényi随机图模型,在其后的40年里,随机图模型一直是复杂网络研究描述的基础。复杂网络主要是指具有复杂拓扑结构和动力学行为的大规模网络,它是由大量节点通过边的相互连接而构成的图,例如:WWW、超文本传输协议、食物链网络、生物网络、脱氧核糖核酸、无线通信网络、高速公路网络、航空线路网、电力网络、细胞神经网络、超大规模集成电路、人体细胞代谢网络以及流行病网络等。网络可以用来描述人与人之间的社会关系,物种之间的捕食关系,词与词之间的语义联系,计算机之间的网络连接,网页之间的超链接,科研文章之间的引用关系,以及科学家之间的合作关系,甚至产品的生产与被生产关系。

网络还可以作为现象的背景舞台,例如,在社会关系网络上讨论舆论的传播,接触关系网络上讨论传染病的传播,计算机病毒在Internet网络或邮件网络上的传播,在引文网络上研究新思想的提出与传播，在科学家网络上研究科学家之间的相互影响等。网络与现象结合还可以用来讨论网络的结构与功能关系，例如在食物链网络上讨论个别或部分物种灭绝对整体生态系统的影响，在不同的网络上讨论传染病传播的控制，在科学家网络中讨论某个领域中不同科学家的影响力对网络演化的影响。

这些网络所具有的特征主要表现为：①网络中节点与节点之间连接的多样性。复杂网络是由活性节点构成的，各个节点具有不同的特性，并按照非线性方式进行状态转化；同时，节点之间的连接内容是多样化的，连接结构是立体动态的。②网络具有动态演进特性。复杂网络中的局部互动关联性，涌现出网络整体上的动态演化行为模式，而这种行为模式又导致网络结构的不断变化与更替。③网络之间的交互影响性。各种各样的复杂网络相互连接起来，以复杂的耦合方式进行互动并影响各自的行为模式。

(3)适应度景观理论和 NK 模型

适应度景观理论(fitness landscape theory)最初由 Wright 于 1932 年提出[43]，建立在生物学的观点上，景观中的每一个位置代表了一种可能的基因组合，高度则代表了这种基因型的适应度，并将生物的生存和进化视为一个在具有高峰和山谷的景观上自适应行走并寻找最高峰的过程。20 世纪 90 年代以来，适应度景观理论开始应用于管理学和经济学领域，现已成为研究复杂系统结构和相互作用的有效分析工具之一。

Kauffman 于 1993 年[44]提出了一个能简单生成适应度景观的模型——NK 模型，通过研究不同元素所构成的系统的适应度以及各个元素的相互作用关系及其对系统适应度的影响，来寻找适应度较高的系统构成。该模型有 5 个主要参数，基因总数 N、基因之间的上位作用数量 K、等位基因数 A、相关物种数量 S 以及相关物种基因的联系 C。

假设复杂系统由 N 个元素构成，上位作用数量 K ($0 \leqslant K \leqslant N-1$)表示元素之间相互作用关系的多少，可反映系统的复杂程度，即 K 值越大系统越复杂，景观越崎岖，相反，K 值越小系统越简单，景观越平坦；系统中每个元素 i ($i=1,2,\cdots,N$)都有许多等位基因，系统可以用元素的等位基因组成的等位基因串 $s_1 s_2 \cdots s_N$ 来描述，设元素 i 的等位基因数量为 A_i ，每个等位基因可以分别用整数“0”“1”“2”等进行标识。

单个物种的 NK 模型主要取决于上位作用数量 K 以及等位基因数 A ；多个物种的 NK 模型耦合在一起形成一个生态系统时，物种的适应度不仅取决于上位作用数量 K 以及等位基因数 A ，还要取决于 S 个物种的 C 个基因。

由于复杂系统可能的结构数量与系统元素的数量 N 存在指数增长的关系，因此，当系统规模较大时，复杂系统的可能结构的数量将相当大，要对所有可能结构进行分析和比较就很困难。现有文献大都关注的是单个物种的 NK 模型，且在这种结构中每个元素的上位作用数量 K 以及等位基因数 A 都相同(通常假设 $A=2$)。

在 NK 模型中，所有组成元素对系统的适应度均有一定的影响，系统的适应度 F 定义为所有组成元素对系统适应度影响的平均，即

$$F(s)=\frac{1}{N}\sum_{i=1}^{N} f_i$$

其中 f_i 表示元素 i 对系统适应度景观的贡献值，与自身及其他 K 个成员有关。

(4)超网络

最早提出超网络概念的是 Sheffiy[45]，美国科学家 Nagurney[46]在处理交织的网络时，把

高于而又超于现存网络的网络称为“超网络”。但是学术界至今仍没有对超网络的定义达成共识。超网络对于复杂网络优化问题的解决是非常重要的，诸多学者运用超网络的思想来解决现实中的复杂网络问题。

国内学者王志平等[47]以国内外复杂网络系统的理论研究为基础，通过对大量以“超网络”形式出现的复杂网络系统进行研究，发现超网络一般具备下列一种或几种特征：

①网络嵌套着网络，或者说网络中包含着网络。

②多层特征。例如，交通运输网就有物理层、业务层和管理层；信息网络协议也是多层的。层内和层间都有连接。

③多级特征。例如，企业的信息网络有部门、公司、总部等级别。同级和级间都有连接。

④它的流量可以是多维的。例如，铁路、公路、水运和航空都是既有客运又有货运。

⑤多属性或多准则的。例如，在城市中出行不仅有路径的选择，而且有方式(驾车、公交、步行)的选择，运输网络需要同时考虑时间、成本、安全、舒适等。

⑥存在拥塞性，不仅交通运输网络存在拥塞性，而且信息网络也存在拥堵问题。

⑦有时候全局优化和个体优化有冲突，需要协调。

(三)数据来源与选取依据

(1)经济方面数据

本报告中涉及的经济方面数据主要包括长三角核心区近三年各市一些经济指标数据，数据来源于 http://www.stats-sh.gov.cn/column/csj_sjxx.html。

(2) 环境方面数据

本报告中涉及的环境方面数据主要包括长三角区域部分城市 2014 年 AQI/ $PM_{2.5}$/PM_{10} 数据，2014 年长三角区域主要城市/地区废气/废水中主要污染物排放情况。数据主要来源于地方环保部门及各省统计局等部门的官方网站。

这里需要说明的是，2012 年 2 月，中国国家环境保护部正式发文实施新的《环境空气质量标准》，截至 2012 年年底，部分城市才开始统计相关数据，因此，本报告涉及的环境数据都描述的是 2013 年之后的数据；本报告在城市选取时，由于工作量的因素，并未选择当前所有的 30 个城市，有时选择的是核心区(指经济圈最初由上海市、南京市、苏州市、无锡市、常州市、镇江市、扬州市、泰州市、南通市、杭州市、宁波市、嘉兴市、湖州市、绍兴市、舟山市、台州市等 16 个城市)，有时从三省一市整体地区选择，有时选择的是三省一市的主要城市(如上海，江苏省的南京、苏州、徐州、镇江，浙江省的杭州、绍兴、温州，以及安徽省的合肥、马鞍山，这 10 个城市)。

(四)长三角区域环境现状

2013 年 12 月初以来，我国暴发了大面积的雾霾重污染事件，其中长三角地区的雾霾影响程度最为严重，多地达到六级严重污染级别。首要污染物 $PM_{2.5}$ 浓度日度平均值超过 150 $\mu g/m^3$，其中上海市在 12 月 6 日污染达到 600 $\mu g/m^3$ 以上，南京 12 月 3 日 11 时的 $PM_{2.5}$ 瞬时浓度达到 943 $\mu g/m^3$。

图 1～图 3 给出了长三角区域部分城市 2014 年 1—12 月 AQI、$PM_{2.5}$、PM_{10} 指数变化曲线图，从图中可见，部分城市 1 月、2 月、5 月、6 月 AQI、$PM_{2.5}$、PM_{10} 指数一直处于高位，其中 1 月污染最为严重。10 个城市中，有的城市污染更为严重，如合肥、南京、马鞍山，有的城市污染相

对较轻,如温州、上海。

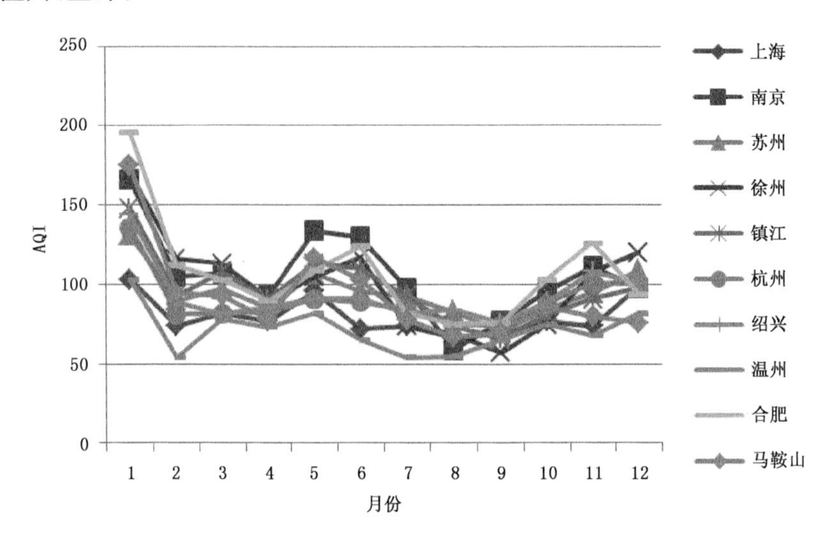

图1　长三角区域部分城市2014年1—12月AQI指数变化曲线

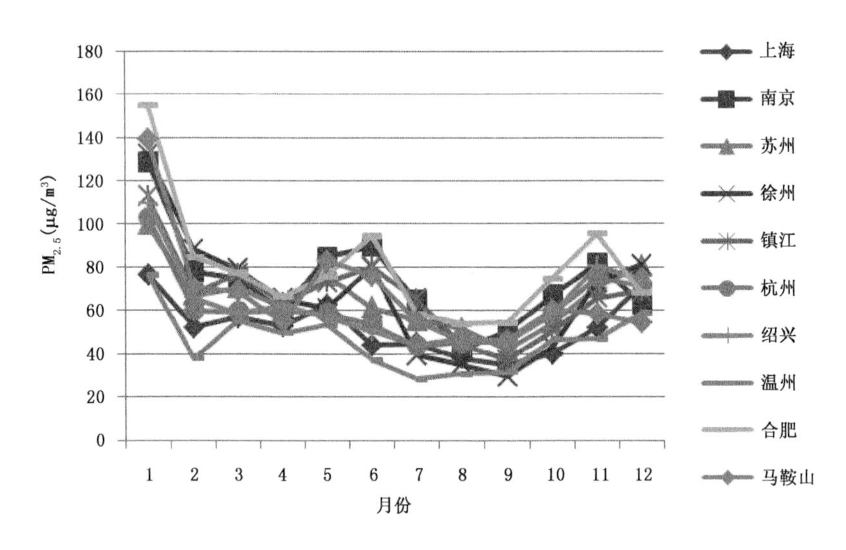

图2　长三角区域部分城市2014年1—12月$PM_{2.5}$指数变化曲线

图4给出了长三角核心区2013—2015年$PM_{2.5}$年度变化图,从图中可见,大多数城市$PM_{2.5}$明显呈现逐渐递减的趋势,如无锡、常州、泰州、嘉兴、湖州。但核心区环境质量差异较大,泰州、湖州、南京、无锡、常州环境质量较差,舟山空气质量较好。

下面从三省一市整体角度来看2014年长三角区域废气及废水中主要污染物排放情况。从表5、表6可见,上海废气及废水中污染物排放量远远高于南京、杭州、合肥,但是该市在2014年$PM_{2.5}$平均值却小于这三个城市(上海、南京、杭州、合肥2014年$PM_{2.5}$平均浓度分别为52.2、73.7、60.9、80)。从表7、表8可见,2014年江苏省废气/废水中主要污染物排放明显高于浙江省与安徽省,该省年度$PM_{2.5}$平均值也较高于浙江省与安徽省(江苏、浙江、安徽2014年$PM_{2.5}$平均浓度分别为66、53、61)。

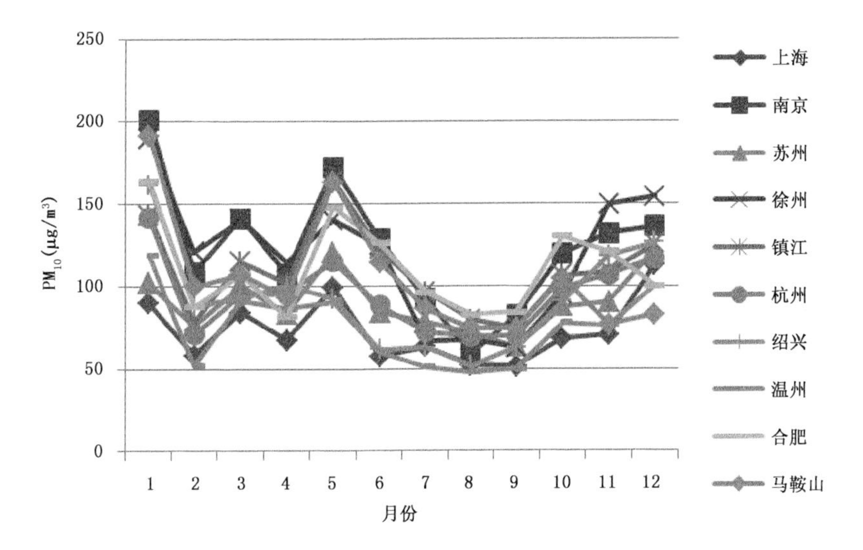

图 3 长三角区域部分城市 2014 年 1—12 月 PM_{10} 指数变化曲线

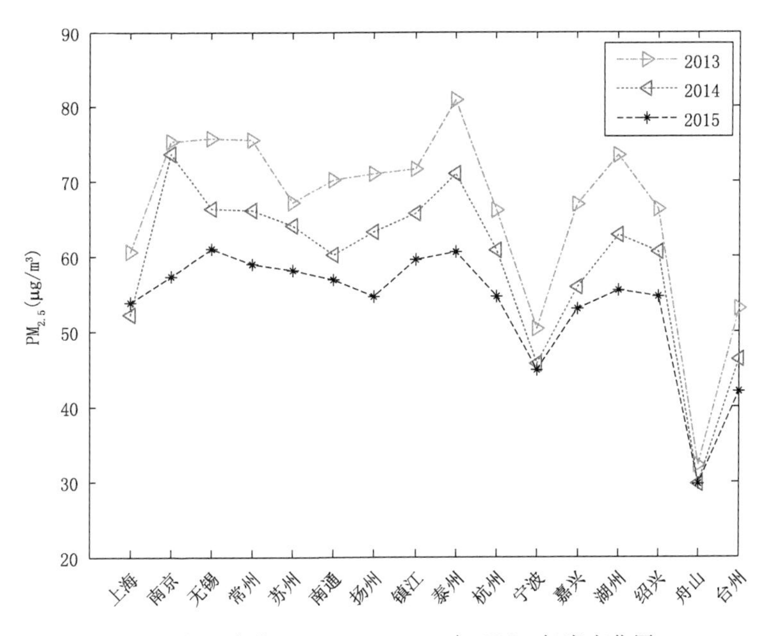

图 4 长三角核心区 2013—2015 年 $PM_{2.5}$ 年度变化图

表 5 2014 年长三角区域主要城市废气中主要污染物排放情况 (单位:t)

地区	工业二氧化硫排放量	工业氮氧化物排放量	工业烟(粉)尘排放量	生活二氧化硫排放量	生活氮氧化物排放量	生活烟尘排放量
上海	155360	228621	131433	32765	18734	4017
南京	103949	103633	96177	1750	400	1000
杭州	80349	61627	70346	633	335	135
合肥	42364	61923	106284	2790	413	3317

表 6 2014 年长三角区域主要城市废水中主要污染物排放情况

城市	工业废水排放量(万 t)	工业化学需氧量排放量(t)	工业氨氮排放量(t)	城镇生活污水排放量(t)	生活化学需氧量排放量(t)	生活氨氮排放量(t)
上海	43939	24766	1798	176940	163438	39438
南京	21561	21568	1221	55336	58525	12860
杭州	35370	30639	1260	59060	36603	7798
合肥	6920	7828	337	43809	45502	6318

表 7 2014 年长三角区域分地区废气中主要污染物排放情况 (单位:万 t)

地区	二氧化硫	氮氧化物	烟(粉)尘
上海	18.81	33.28	14.17
江苏	90.47	123.26	76.37
浙江	57.40	68.79	37.97
安徽	49.30	80.73	65.28

表 8 2014 年长三角区域分地区废水中主要污染物排放情况

地区	废水排放总量(万 t)	化学需氧量(万 t)	氨氮(万 t)	总氮(万 t)	总磷(万 t)	石油类(t)
上海	221160	22.44	4.46	1.50	0.20	656.0
江苏	601158	110.00	14.25	17.42	1.86	1160.1
浙江	418262	72.54	10.32	9.59	1.16	506.2
安徽	272313	88.56	10.05	18.62	2.00	709.8

三、产业共生视角下长三角区域雾霾应对策略

雾霾治理是一个复杂的系统工程,需要采取多层次的措施,比如优化能源结构、优化产业结构、适当降低经济增长的速度、增加环境保护的投入等等。要解决这些问题,从更深层次的角度来说,还要推进一系列的改革,包括转变政府的职能、改革干部的考核导向、改革我们的资源能源价格形成机制,同时还要建立治理雾霾责任的追究制度、监督制度和一系列的奖惩制度等。雾霾治理同时也考验的是政府的治理体系和治理能力,这其中一定需要公民参与、社会协作,不同的主体也需要承担应有的责任,共同治理雾霾。

自雾都事件后,英国企业间的共生活动越来越频繁,例如英国国家工业共生项目(NISP)为英国 9 个地区的各企业间的产业共生活动提供服务,已成功促成一万余个副产品及资源交换项目、减少垃圾填埋七百万吨、减排二氧化碳六百万吨等。然而,当前我国资源利用率较低、产能严重过剩,污染物排放大量增加:我国制造行业与原料供应、产品深加工等行业间的上下游循环经济产业链尚未完全建立,如钢铁、有色、化工等行业的废物综合利用率不超过 40%,导致污染物产生量、排放量的增加;我国工业的总体产能利用率明显低于 80%,许多行业产能

利用率只有70%左右，甚至多晶硅、风电设备、新材料等新兴产业都出现了严重产能过剩。这些现象表明我国产业间并未形成良好的共生合作关系。区域性灰霾问题频发一定程度上说明区域经济的发展已严重透支了环境承载能力，区域产业系统亟待进行优化。

因此，我们认为长三角区域雾霾治理应从产业共生、政府监管、社会监督这三方面共同着手，从而可构建如图5所示的雾霾治理超网络模型。

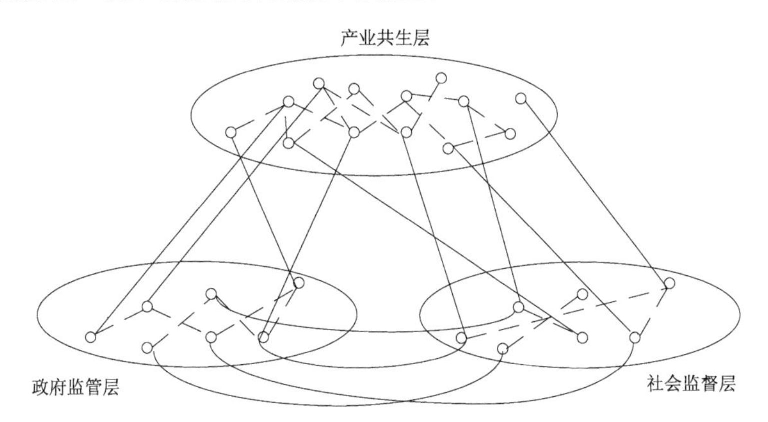

图5　产业共生视角下的雾霾治理超网络模型

(一)产业层次

产业共生层合作的主要目标即为最大限度地保存自然和经济资源，减少企业对物料、能量的消耗、管理和处理生产过程中的经济负担和社会负担，通过共生实现企业合作、设施共享等功能，提高产业共生系统的运行效率和质量，通过废弃资源的再使用或出售获得经济效益的同时获得环境效益。

区域产业系统中承担采掘、制造、运输、零售或金融等角色的各类企业或组织以及由其构成的各类产业间不断进行能量循环、信息流动、知识共享等活动，以减少区域产业系统运行中的生态环境问题而形成相互作用、相互制约、相互依赖的复杂系统，称为区域产业共生网络，即为图5中的产业共生层。

由于产业共生网络节点之间能量、信息和知识流动是存在方向性的，因此，可用有向图描述产业共生网络，可用社会网络中的邻接矩阵表示产业共生网络结构。邻接矩阵中行和列都代表完全相同的社会行动者，并且行和列排列的顺序相同，矩阵中行位置的行动者是某种特定关系的发送者，列位置的行动者通常是某种特定关系的接收者，矩阵中的元素是二值的，代表行动者之间是否存在某种关系，该矩阵可记做：

$$X=\begin{pmatrix} x_{11} & x_{12} & \cdots & x_{1n} \\ x_{21} & x_{22} & \cdots & x_{2n} \\ \cdots & \cdots & \cdots & \cdots \\ x_{n1} & x_{n2} & \cdots & x_{nn} \end{pmatrix}$$

其中，$x_{ij}=\begin{cases} 0 & (i=j) \\ 0\text{ 或 }1 & (i\neq j) \end{cases}$。

可通过改进经典的BA模型[25]来生成产业共生网络。假设t时刻，一个新节点进入该产业共生网络，与网络中 m 个已存在的节点相连。设 $\pi_i(t)$ 表示 t 时刻新节点与节点 i 相连的概率。由于产业共生网络是有向图，因此，新节点存在 3 种可能情形，一是仅仅存在能量流进(图 6(a))，二是仅仅存在能量流出(图 6(b))，三是既存在能量流进亦存在能量流出(图 6(c))。

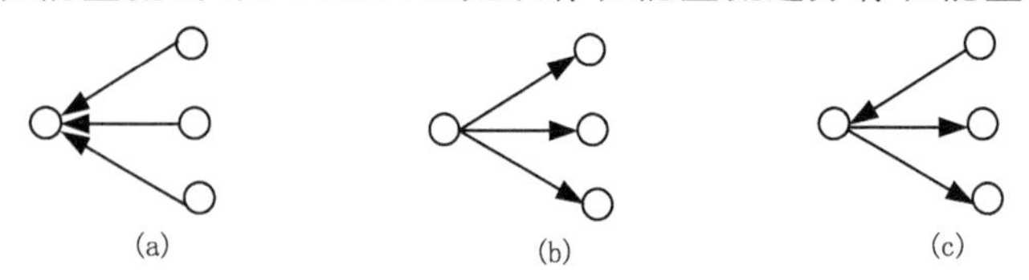

图 6　产业共生网络中新进节点可能存在的状态

假设新进节点仅存在能量流进，那么 $\pi_i(t)$ 可定义为：

$$\pi_i(t)=\frac{\delta_i(t)\gamma_i(t)k_i^{out}(t)}{\sum_j\delta_j(t)\gamma_j(t)k_j^{out}(t)}$$

其中 $k_i^{out}(t)$ 表示 t 时刻节点 i 的出度，$\delta_i(t)$ 表示 t 时刻新节点与节点 i 的资源/技术距离，$\gamma_i(t)$ 表示 t 时刻节点 i 的资源/技术增长率。

假设新进节点仅存在能量流出，那么 $\pi_i(t)$ 可定义为：

$$\pi_i(t)=\frac{\delta_i(t)\gamma_i(t)k_i^{in}(t)}{\sum_j\delta_j(t)\gamma_j(t)k_j^{in}(t)}$$

其中 $k_i^{in}(t)$ 表示 t 时刻节点 i 的入度，$\delta_i(t)$ 及 $\gamma_i(t)$ 定义同上。

假设新进节点既存在能量流进亦存在能量流出，设从 λ_1 个节点中吸收资源/技术，向 λ_2 个节点提供资源/技术，其中 $\lambda_1,\lambda_2>0$ 且 $\lambda_1+\lambda_2=m$。那么 $\pi_i^{\lambda_1}(t)$ 及 $\pi_i^{\lambda_2}(t)$ 可分别定义为如上两方程。

可应用 NK 模型[44]，建立共生网络结构与共生系统绩效之间的对应关系，具体来说，将原始 NK 模型中的基因组对应为共生网络系统，基因对应为组分，基因突变对应为共生网络不同状态，系统适应度对应网络整体绩效。简单起见，设产业共生网络中每个成员有 2 个可能的状态，不妨设取值分别为 0 或 1，设网络规模为 N，那么该网络可能的状态有 2^N 个。设每个网络成员的绩效受到其他 K 个成员的作用(如小世界网络)。区域产业共生网络整体绩效 F 可定义为：

$$F(X)=\frac{1}{N}\sum_{i=1}^{N}f_i(x_i,\cdots,x_{i+K})$$

其中 f_i 表示网络成员 i 的绩效，它受自身及其他 K 个成员作用。

产业共生网络优化过程实质上即为下面方程式寻找极值，目标函数可定义如下：

$$\max\{F(X)\mid X\in\{0,1\}^N\}$$

可构建 $2^{K+1}\times(N+1)$ 维向量来求解该目标函数。

(二)政府层次

可持续发展观是指既满足当代人需要又不危害下一代人发展的观念，既是科学发展观和生态文明建设的核心要旨，也是一种具有前瞻性的产业经济发展模式。化石能源时代带来的环境污染、气候变暖、生态恶化等负效应日趋严重，世界各国家和地区采取了大量调整产业结构、促进产业生态化转型的措施以实现可持续发展，值得学习和借鉴之处也颇多。

发达国家最早进入工业文明时代，也最早遇到了生态环境危机的挑战，这些国家在产业生态化转型的长期实践中积累了较多可供借鉴的经验。

欧盟是全球生态化实践的倡导者和领跑者，这离不开欧盟各国政府的有力指引和积极推行。如成员国英国是世界首个提倡"低碳经济"的国家，能源与气候变化部(DECC)、气候变化委员会(CCC)等生态职能部门和贸易产业部、财政部等传统政府职能机构的密切配合、相互协作，创新性地提出了"碳中和""碳基金""碳标签"等有利于产业生态化的举措。传统大陆法系国家法国则较为重视以产业政策和法律条文形式管理产业生态化转型事务，如政策制定方面专门成立可持续发展部际委员会(CIDD)负责起草和协调政府的可持续发展产业政策，政策执行方面则成立生态、能源、可持续发展和城乡规划部负责管理和施行产业转型和可持续发展相关事务。德国在太阳能、风能、可再生技术等技术领域处在欧盟和世界最先进水平，很大程度上是得益于德国政府出台的一系列旨在促进产业生态化转型的中长期规划方案的有效施行，如《德国高技术战略》《综合能源和气候计划》《德国可再生能源行动计划》等，采用以节能减排为核心目标的财税措施，重点对建筑节能、太阳能光伏、智能电网、电动汽车等重点产业领域提供政策优惠和资金补贴。归结而言，欧盟政府始终坚持产业发展的环境可持续性，根源于他们坚信在环保上付出的短期成本将为其带去长期的产业竞争优势[48]。

在治理长三角区域雾霾的过程中，一方面可借鉴国外先进经验，另一方面，要结合中国实际情况。长三角区域政府职能部门间，如环保部门、交通部门、气象部门、城市执法部门等，应加强联动协作形成如图 5 中的政府监管层的网络结构，各类职能部门间与产业共生主体间以及社会监督层之间也存在相互影响及相互作用关系。

政府监管层与产业共生层之间的互动可以从超网络洽合流的角度分析：

超网络模型均衡解的计算，主要是利用变分不等式来解决：首先，将多分层、多标准的超网络均衡模型转化为优化问题；然后利用变分不等式来解决。变分不等式的定义如下。

定义 1：有限维的变分不等式问题，$VI(F,K)$，就是求解一个向量 $X^* \in K$ 满足：

$$\langle F(X^*), X - X^* \rangle \geqslant 0, \forall X \in K$$

其中，K 是闭凸集，$F: K \to R^N$ 是连续函数，$\langle \cdot, \cdot \rangle$ 表示定义在 R^N 上的内积。

在政府宏观管理层面，可根据各省实施生态建设的总体要求，结合本省产业发展的现实基础和条件，制定切实可行并能在未来竞争中取得优势的产业生态化转型实施步骤及长远规划。对主导产业及特色产业的生态化转型和建设进行技术改造、区位选择的总体布局，推动各省构建布局合理、科学高效的生态产业发展体系。

其次，运用财政补贴等财政政策，减轻产业生态化转型初期的成本压力。对传统产业的生态化升级改造在信贷、基金、用地等方面提供金融支持，发挥政策的"乘数效应"，引导包括民间资本在内的资金投向绿色项目及低碳生产领域。

最后，在倡导生态经济背景下，发挥市场机制作用的同时，通过强制性税收、制定行业准入标准、政府补偿等手段，淘汰落后产能；通过税收减免、制定管制和标准、税费优惠、鼓励基金、节能奖励等政策激励企业节能生产，超标准实施清洁生产。

(三)社会层次

每个人作为大自然中的一个生物，衣食住行、举手投足，都与其密切相关，一个人不经意的一次乱扔垃圾、一次随地吐痰都是对自然环境的污染，尽管看起来那不经意的一次是那么的微不足道，可是如果 13 亿人民在同一时间、同一地点都不经意一次，试想一下，垃圾不满天飞才怪！所以说，治理雾霾，保护环境不单单是政府部门的事，更是 13 亿人民的事，面对雾霾天气，不应该是调侃和戏谑，而是在党和政府号召下的全民行动。

雾霾的泛滥非一朝一夕所形成，所以，治理更不是一朝一夕之能事，应该在顶层统一设计下，动员全民参与、全民行动。首先需要政府加强重污染企业的管理，对于一些重污染企业坚决重拳治理，在现有基础上治理并保护好碧水蓝天，杜绝以发展的名义放纵污染；其次对于一些汽车等具有排放污染源的机动车辆进行适当的限行或禁行，鼓励民众以公共交通工具代行，减少开车出行，降低污染物的排放；再次是借用政府舆论工具，传播环保知识，增强民众的环保意识，全面动员广大民众参与到环境保护的行动中来，晓之以理，动之以情，治理雾霾是全民的责任和义务，而不是面对雾霾进行调侃和戏谑。因此，雾霾治理亟须全民行动，只有全民参与，全民行动，才能做到有力治理[49]。

治霾作为一项全民系统工程，并非短期内所能解决的，要打赢这场“持久战”，我们并不能完全依赖于政府，也不能寄希望于生产企业的清洁生产，作为整个社会的一员，我们更要做一个参与者。在一些民众看来，雾霾之所以会产生，很大一部分原因在于政府部门对于环境保护工作的执行力度不够，我们不难看到，充斥于网络舆论空间的各种对政府部门的抱怨。虽然这种指责有失偏颇，但也给政府部门提了醒，唯 GDP 的观念已经过时，如何做好环境保护、改善民生才是政府方面的工作出发点。

治理雾霾，保护环境，人人有责，虽然个人力量有限，但如若人人树立环境保护意识，从身边的小事做起，比如大城市里尽量少开私家车，多乘坐公共交通工具，一方面既能减少交通拥堵，另一方面更能减少汽车尾气的排放，从而最大限度地减少人为产生雾霾的诱因，必然能为治理雾霾添上浓重的一笔。

（撰写人：单海燕）

作者简介：单海燕，南京信息工程大学经济管理学院副教授，博士，主要从事企业转型、复杂网络及生态管理方面的研究，E-mail：hyshan@nuist. edu. cn。

参考文献

[1] 吴兑. 近十年中国灰霾天气研究综述. 环境科学学报，2012，**32**(2)：257-269.

[2] DU H，KONG L，CHENG T，et al. Insights into summertime haze pollution events over Shanghai based on online water-soluble ionic composition of aerosols. Atmospheric Environment，2011，**45**(29)：5131-5137.

[3] KANG H，ZHU B，SU J，et al. Analysis of a long-lasting haze episode in Nanjing，China. Atmospheric Research，2013，**120**：78-87.

[4] WU D，TIE X，LI C，et al. An extremely low visibility event over the Guangzhou region：a case study. Atmospheric Environment，2005，**39**(35)：6568-6577.

[5] DENG X，TIE X，WU D，et al. Long-term trend of visibility and its characterizations in the Pearl River Delta (PRD) region，China. Atmospheric Environment，2008，**42**(7)：1424-1435.

[6] 吴兑. 沿海工业城市灰霾天气增多与海盐气溶胶粒子的关系. 广东气象，2009(2)：1-3.

[7] 张小曳，孙俊英，王亚强，等. 我国雾-霾成因及其治理的思考. 科学通报，2013，**58**(13)：1178-1187.

[8] 周敏，陈长虹，乔利平，等. 2013 年 1 月中国中东部大气重污染期间上海颗粒物的污染特征. 环境科学学报，2013，**33**(11)：3118-3126.

[9] GOLDBERG M，BURNETT R，BAILAR J R，et al. The association between daily mortality and ambient air particle pollution in Montreal，Quebec：2. Cause-specific mortality. Environmental Research，

2001, **86**(1):26-36.

[10] WANG Y, ZHUANG G, SUN Y, et al. The variation of characteristics and formation mechanisms of aerosols in bust,haze and clear days in Beijing. Atmospheric Environment, 2006, **40**(34): 6579-6591.

[11] WAN J M,LIN M,CHAN C Y,et al. Change of air quality and its impact on atmospheric visibility in central-western Pearl River Delta. Environmental Monitoring and Assessment, 2011, **172** (1/4): 339-351.

[12] LIU X G, LI J, QU Y, et al. Formation and evolution mechanism of regional haze: a case study in the megacity Beijing, China. *Atmos. Chem. Phys.*, 2013, **13**: 4501-4514.

[13] HUANG K, ZHUANG G, LIN Y, et al. Typical types and formation mechanisms of haze in an Eastern Asia megacity, Shanghai. Atmospheric Chemistry and Physics, 2012,**12**(1):105-124.

[14] 范引琪,李二杰,范增禄.河北省大气能见度变化趋势的研究与分析.中国气象学会年会“大气气溶胶及其对气候环境的影响”分会,2010:22-27.

[15] GAO L, JIA G, ZHANG R, et al. Visual range trends in the Yangtze River Delta Region of China, 1981—2005. *J Air Waste Manag Assoc*, 2011, **61**(8): 843-849.

[16] 文毅,韩文程,毕彤.辽宁中部城市群大气污染物总量控制管理技术研究.北京:中国环境科学出版社,2009.

[17] 高伟标,马伟文.广州灰霾天气现状及应对措施.环境保护,2011(6):70-72.

[18] 伍复胜,管东生.珠江三角洲灰霾污染物特征分析及对策.环境科学与技术,2011,**34**(4):115-119.

[19] SALMI O, HUKKINEN J, HEINO J, et al. Governing the interplay between industrial ecosystems and environmental regulation: heavy industries in the Gulf of Bothnia in Finland and Sweden. Journal of Industrial Ecology, 2012, **16**(1): 119-128.

[20] 杨慧,乔忆炜.雾霾天气的生态反思.生态经济,2013(12):12-15.

[21] 王文林.试论中国灰霾天气的成因、危害及控制治理.绿色科技,2013(4):153-154.

[22] AHMDAJINA V. Symbiosis: an introduction to biological association. England: University Press of New England,1986.

[23] CHERTOW M R. Industrial symbiosis: literature and taxonomy. Annual Review of Energy and the Environment, 2000, **25**:313-337.

[24] WATTS D J, STROGATZ S H. Collective dynamics of 'small-world' networks. Nature, 1998, **393**(6684): 440-442.

[25] BARABÁSI A L, ALBERT R. Emergence of scaling in random networks. Science, 1999, **286**(5439): 509-512.

[26] 袁增伟,毕军.生态产业共生网络形成机理及其系统解析框架.生态学报,2007,**27**(8):3182-3188.

[27] MIRATA M, EMTAIRAH T. Industrial symbiosis networks and the contribution to environmental innovation: the case of the Landskrona industrial symbiosis programme. Journal of Cleaner Production, 2005,**13**(10-11):993-1002.

[28] EHRENFELD J. Putting a spotlight on metaphors and analogies in industrial ecology. Journal of Industrial Ecology, 2003,**7**(1):1-4.

[29] LOMBARDI D R, LAYBOURN P. Redefining industrial symbiosis: crossing academic-practitioner boundaries. Journal of Industrial Ecology, 2012, **16**(1): 28-37.

[30] CHERTOW M, EHRENFELD J. Organizing self-organizing systems: toward a theory of industrial symbiosis. Journal of Industrial Ecology, 2012, **16**(1): 13-27.

[31] CÔTÉ R P, LIU C. Strategies for reducing greenhouse gas emissions at an industrial park level: a case study of Debert Air Industrial Park, Nova Scotia. Journal of Cleaner Production, 2016, **114**(1):

352-361.

[32] CÔTÉ R P, SMOLENAARS T. Supporting pillars for industrial ecosystems. Journal of Cleaner Production, 1997,**5**(1-2): 67-74.

[33] CÔTÉ R P, COHEN R E. Designing eco-industrial parks: a synthesis of some experiences. Journal of Cleaner Production , 1998,**6**:181-188.

[34] 苏敬勤，刁晓纯. 基于产业生态网络的中国产业发展研究. 科学学与科学技术管理，2007(12): 154-157.

[35] COWAN R, JONARD N. Network structure and the diffusion of knowledge. Journal of Economic Dynamics and Control, 2004, **28**(8):1557-1575.

[36] COWAN R, JONARD N, ZIMMERMANN J B. Bilateral collaboration and the emergence of innovation networks. Management Science, 2007, **53**(7): 1051-1067.

[37] CHEN Z, GUAN J. The impact of small world on innovation: an empirical study of 16 countries. Journal of Informetrics, 2010, **4**(1): 97-106.

[38] BEHERA S K, KIM J H, LEE S Y, et al. Evolution of "designed" industrial symbiosis networks in the Ulsan Eco-industrial Park: "research and development into business" as the enabling framework. Journal of Cleaner Production, 2012, 29-30(1): 103-112.

[39] DONG L, GU F, FUJITAN T, et al. Uncovering opportunity of low-carbon city promotion with industrial system innovation: case study on industrial symbiosis projects in China. Energy Policy, 2014, **65**(1):388-397.

[40] ZHU J, RUTH M. The development of regional collaboration for resource efficiency: a network perspective on industrial symbiosis. Computers, Environment and Urban Systems, 2014, **44**(1): 37-46.

[41] 刘国山，徐士琴，孙懿文，等. 生态产业共生网络均衡模型. 北京科技大学学报，2013，**35**(9): 1221-1229.

[42] 袁纯清. 金融共生理论与城市商业银行改革. 北京：商务印书馆，2002.

[43] WRIGHT S. The role of mutation, inbreeding, crossbreeding and selection in evolution. Proceeding of the Sixth International Congress on Genetics, 1932:356-366.

[44] KAUFFMAN S A. The origins of order: self-organization and selection in evolution. New York: Oxford University Press,1993.

[45] SHEFFI Y. Urban transportation networks: equilibrium analysis with mathematical programming methods. NJ: Prentice Hall,1985.

[46] NAGURNEY A, DONG J, ZHANG D. A supply chain network equilibrium model. Transportation Research Part E, 2002,**38**(5):281-303.

[47] 王志平. 超网络理论及其应用. 北京：科学出版社，2008.

[48] 孙彦红. 欧盟产业政策研究. 北京：社会科学文献出版社，2012.

[49] 王伟光，郑国光. 应对气候变化报告 2013，聚集低碳城镇化. 北京：社会科学文献出版社，2013:46.

雾霾跨域治理的多元协同机制研究

摘　要：本文结合跨域治理、多元治理、协同治理三种理论，提出了单中心治理、多中心治理、联合治理委员会治理三种治理模式，以及创新、协调、绿色、开放、共享五种机制。以英国伦敦1952年雾霾治理为案例，分析了其雾霾产生的各方面原因、治理的对策，并总结了治理经验。针对我国长三角地区雾霾污染严重的现状，提出了政府建立资源信息共享机制，实现雾霾跨域治理，政府实行联合治理委员会模式，与企业共同协作，建立创新、绿色机制，加强社会力量的参与，总体上制定以政府、市场、企业和社会力量等多元协同跨域治理雾霾的治理模式等对策。

关键词：雾霾治理；跨域治理；多元协同；治理模式；治理机制

Study on the Multi-governance Mechanism of Haze Across Domains

Abstract: With cross boundary governance, multi management, collaborative governance three theory, put forward the mono centered governance, polycentric governance, and governance of the Joint Committee on three governance models and innovation, coordination, green, open, sharing, etc. five mechanism. To London in 1952 haze governance as a case, analyzes the haze generated reasons, countermeasures. For serious haze pollution in China's Yangtze River Delta region present situation, proposed the government to establish information resource sharing mechanism, the realization of regional governance across boundary, government to implement a single center model, and enterprise cooperation, the establishment of innovation, green mechanism, strengthen the participation of social forces, generally set up by the government, market, enterprises, social forces, such as multiple coordination cross domain the haze of governance, governance model etc. countermeasures.

Key words: Haze governance; Cross domain governance; Multi synergy; Governance model; Governance mechanism

一、引　言

(一)背景和意义

雾霾天气是一种空气质量严重恶化的产物，是空气中的灰尘、硫酸、硝酸、有机碳氢化合物等颗粒大量积聚，特别是 $PM_{2.5}$ 含量剧增，在很大空间内造成能见度模糊的一种天气现象。“$PM_{2.5}$”是指大气中直径小于或等于 2.5 μm 的颗粒物，也称为可入肺颗粒物。$PM_{2.5}$ 粒径小，富含大量的有毒、有害物质，且在大气中的停留时间长、输送距离远，因而对人体健康和大气环境质量的影响更大。初冬，笼罩我国中部、东部以及东南地区的雾霾天气对全国上下来说无疑是一场严峻的考验。浓雾笼罩，航空、铁路、道路交通等严重受阻，雾霾对人类生产、生活、健康等的影响进一步显现，雾霾灾害的加剧，给社会公众的生活、工作与健康带来危害，给社会经济带来巨大损失，对伟大中国梦的实现是个巨大的挑战。

遮天蔽日的雾霾之下没有谁能独善其身，同一片天空下，毗邻的区位，流动的大气，必然会发生运输、渗透、影响等等。优质的空气为良性互动，而恶劣的天气的相互影响则显然饱受诟病，因此，一地一时的雾霾治理还远远不够。鉴于环境问题本就十分复杂，其中既涉及单纯的雾霾现象，也牵扯到地区的经济发展与生态平衡；既与环境本身有关，也与行政层面的决策、对接、执行有一定关系。凡此种种，均告诉人们，区域联动并不是一个简单事情，一个多元参与、多部门协同跨域治理局面的形成是必要的。

对雾霾跨域治理的多元协同机制研究具有极其重要的意义，不仅能够从某种程度上转变传统观念，升华认识，从而科学有效地推动生态文明建设，而且可以通过总结学界对雾霾治理的研究，整理与补充跨区域环境治理理论与经验，构建雾霾跨域治理的多元协同模式与机制。

(二)文献综述

1. 雾霾治理的跨领域合作

近年来，随着环境问题日益严重，学者们都曾对环境污染治理进行了大量研究。Erik 通过实证研究指出中国有着跨域环境灾害的复杂驱动力[1]。陈玉清对太湖流域跨界水污染问题进行了研究，认为跨界水污染治理模式主要有政府主导型治理、私有化治理和自组织治理三种模式[2]。汪伟全以北京地区的空气污染治理为例，指出区域性是北京地区大气污染的重要特征，针对空气污染跨域治理的存在问题，必须建立国家层面的空气污染防治战略，健全空气污染跨域治理的利益协调和补偿机制，完善跨域治理机构的结构设计与组织功能，创新执行机制，构建政府主导、部门履职、市场协调与社会参与的跨域合作治理新模式[3]。针对跨域治理这一概念，王再文等在区域合作的协调机制中指出跨域治理理论倡导政府组织、非政府组织与部门之间建立合作、协商、网络和伙伴关系，共同治理跨域公共问题，主张多元利益相关者之间的互动与协作，共同参与区域治理过程[4]。马学广等认为，目前以跨区域、跨部门、跨领域为特征的公共问题正成为城镇密集地区地方治理的重要内容，而这些公共问题的影响范围跨越区域界线，超越单一政府的职能和权限，需要地方政府变革治理模式[5]。王佃利等认为，跨域治理在治理理念上强调“跨域性”，“跨域”有多种表现形式：上下级政府之间、同级政府之间、政府和社会之间、政府和市场之间、不同的政策领域之间等[6]。以上文献可以看出越来越多学者开始关注跨域治理,并将其运用到各种公共管理中,而对于环境治理中雾霾的跨域治理这一领域的相关文献则很少。

2. 雾霾治理的协同机制

协同思想来源已久,早在我国汉朝的《汉书·律历志》就已有记载"咸得其实,靡不协同",甚至早些战国时期《孟子》中的"天时不如地利,地利不如人和"等都蕴含着协同思想。迈克尔·麦奎尔认为,协同是指共同协力、合作以达成组织目标,且跨越组织边界,在不同部门工作。对于协同学已有应用于不同领域的研究,李海婴等结合以往研究系统地分析敏捷企业协同特点、协同的动因、协同的方式及其实现形式等,揭示了企业的协同运行机理[7]。任泽涛等指出发展协同治理需要通过建立健全协同治理的实现机制才能达成[8]。国内已有学者将污染治理问题运用协同理论治理来解决,王惠琴等探讨了协同理论视角下的雾霾治理机制及其构建,从协同理论视角分析政府治理雾霾的困境,并尝试构建整体雾霾治理体制[9]。姬兆亮等运用协同治理理论分析研究中国区域协调发展协同治理的实现路径[10]。以上文献可以看出,协同理论亘古流长,协同思想源远流长,各国学者对协同理论研究颇多,由古至今,协同理论不断丰富,基于协同理论视角进行研究也广泛使用。不同学者对协同治理应用何领域、如何界定协同治理的概念看法不尽相同,但至少可以说明"参与"、"协商"、"谈判"、"合作"、"共同行动"的思路对解决复杂难解的公共事务问题提供了新思路。

3. 雾霾治理的多方参与

Timothy 通过对比研究合作环境治理的成功和失败的案例,得出了他的结论,即成功的合作型环境治理需要不同地区的大量的参与者参与并协商,这样才能保证所做的政策转移不是简单的地点转移[11]。李慧明等探讨了治理中的公众参与,认为公众多元参与环境治理是必要的[12]。于宏源等分析研究了雾霾治理的多元参与机制,认为政府须通过构建透明参与治理体制、积极发动社会力量,加强多层次政府之间的合作为多元主体参与环境治理提供互动机制和相关平台[13]。杨拓等认为公民参与环境治理是扩大环境治理影响,提升环境治理成效不可或缺的环节[14]。姜丙毅等认为长三角地区城市政府部门应组织建立协同治理雾霾的机制,或成立协调组织,发挥其作用,撇开地域的限制,共同面对雾霾问题,提高治理雾霾的效益[15]。韩志明等认为在整个环境体系中,政府、企业、社会等主体扮演着各自的角色,在各自的位置上,承担着不同的使命。政府、市场、企业、公民以及一些环保组织,有着各自的职能,相互协调间形成一个治理框架[16]。宋廖宁在环境危机的协同治理模式构建研究中认为,环境治理模式应建立多元主体之间信息共享平台。市场严格执行导向性指令,发挥治理雾霾的调节作用。市场不能单纯以经济利益为导向,要严格执行政府制定的标准[17]。目前学者比较多地集中在环境污染产生的原因、环境污染治理中局中人策略行为等问题进行研究,而缺少对多元参与的具体研究及实践分析。环境污染治理的问题并不是如此简单,政府在治理环境时,要同时考虑相关机制的建立,因此,本文将尝试建立一个多元治理主体协同参与的模式与机制。

4. 简要述评

结合上述文献可以看出,跨域治理、协同治理和多元参与治理这三个治理机制以及模式引起了国内外学者的关注。但有些问题要进一步深入。比如①大部分都是分开对雾霾问题与环境治理机制进行实证研究,很少有学者将它们结合起来进行探索,而且在治理机制方面,如何结合多种治理理论等问题探讨还不多。②在对环境治理的相关研究中，很少对跨域多元协同治理机制的具体路径进行探讨，对多元治理主体之间如何建立协同关系进行跨域联动治理有待进一步深入研究。

因此运用多理论方法对雾霾治理行为进行研究，同时结合协同学建立多元跨域机制是雾霾治理研究的重要内容。在前人研究的基础上，将跨域治理、协同治理、多元参与治理以及三者的组合机制应用到雾霾治理机制研究中，并在多元协同治理的模式机制下，本文拟提出跨域治理政策建议。

二、雾霾跨域治理的多元协同的理论分析

（一）雾霾跨域治理

跨域治理，也称跨界治理，是指跨越不同行政部门的治理。跨界治理是一种在本质上区别于按照传统形式划分，由各级地方政府开展综合管理的治理模式，跨界治理理论主张的是治理主体多元化与共同参与的全新的治理模式。在跨界治理体系中，除了强调公私之间的合作伙伴外，如何处理好政府间关系（包括政府职能部门间关系）是决定跨界治理成败的关键，而府际管理、合作伙伴这两种方法是跨界治理依赖的重要治理工具。所谓“府际管理”，是20世纪80年代发源于欧美等国家的一种“多方治理”[18]的政府间活动，是一种跨区域、跨部门的以合作为基础的互惠的政府关系模型。它主张政府组织由传统的金字形型趋向扁平化结构；淡化政府权威，由政府单边管理转向多边（政府、企业、公民、社会团体等）民主参与。府际管理除了注重各级政府关系外，还重视公、私部门的协作，追求建立一种平等关系，主要依靠协商对话、网络参与来达到解决争端的目的[19]。对跨界治理而言，根据需要和可能相适应的原则，不同利益主体之间构建战略合作伙伴关系，实现信息共享和网络互动，是处理好一切跨界问题的核心理念和方法之一。

跨域治理是在全球化背景下，为适应公共治理的多元化趋势及跨部门议题而成长起来的一种合作型治理模式。公共事务跨域治理合作机制作为一种新型的治理模式，强调政府组织、企业、非政府组织、公民之间的互动合作治理，在当今区域经济一体化进程中成为解决区域问题的有效模式。作为一种新理论，跨域治理具有自身鲜明的特点：

（1）跨域治理的主体具有多元性。跨域治理的主体包括政府、市场、非营利组织和公民在内的多元主体。张成福等指出政府在跨域治理中居于主导地位，但治理的权威中心并非一定来自于政府，分权化的思想决定了市场、非政府组织和公民的参与意识也会直接影响跨域治理的结果[20]。

（2）跨域治理的过程具有互动性。跨域治理的过程通常包括沟通、谈判、协商、合作四个阶段。与传统的单一局限于政府单向指挥的行政区行政不同，跨域治理更注重主体间在平等基础上的互动。

（3）跨域治理的模式具有网络化。跨域治理具有多种模式，包括上下级政府间的纵向治理，地方政府之间的横向治理，以及政府与市场、公民社会之间的协作治理。根据不同层次、不同类型的跨域公共问题，在各种外生压力和内生动力的指导下根据环境变化选择适当的治理模式。

(4)跨域治理的目标具有长远性。这种网络化的治理不仅追求治理的效率,更多地追求治理的价值。治理过程中需要权衡各方利益,不仅要有效处理问题,还要能提升和改善政府治理能力,确保公民有效参与。

(二)雾霾协同治理

"协同"(synergy)一词最早来源于古希腊,指一起工作,亦有协调合作之意。迈克尔·麦奎尔认为,协同是指共同协力、合作以达成组织目标,且跨越组织边界,在不同部门工作。国内学者郑巧等也从协同治理的角度对此概念做过界定[21]。作为一门独立学科的协同学,则是由德国著名物理学家赫尔曼·哈肯于20世纪70年代首创,主要研究系统之间相互作用的变化规律。协同学指出,任何一个稳定的系统,其子系统均按照一定的方式协同、有序运动。该理论认为,集成并不是系统要素之间的简单相加,而是通过人有意识的主动行为,使系统的各要素可以协同地运作,产生整体效用大于各部分总和的效用。协同学的研究目的是构建一种用系统观点去处理复杂系统的方法和概念。所谓协同,通常是指某一系统的子系统或相关要素间的相互合作。这种合作有助于使整个系统趋于稳定和有序,并能在质和量两方面产生更大的功效,进而演绎出新的功能,实现系统整体的增值。

协同治理是在一个既定的范围内,政府、经济组织、社会组织和社会公众等以维护和增进公共利益为目标,以既存的法律法规为共同规范,在政府主导下通过广泛参与、平等协商、通力合作和共同行动,共同管理社会公共事务的过程以及这一过程中所采用的各种方式的总和[22]。此概念至少包含以下几层含义:

(1)在社会公共事务的处理过程中,政府并非是唯一主体,经济组织、社会组织和社会公众都可以成为合法的治理主体。

(2)协同治理以维护和增进公共利益为最终目标和根本宗旨。

(3)多元主体广泛参与、平等协商、通力合作和共同行动必须以既存的法律法规为共同规范,政府在其中处于主导地位。

(4)协同治理过程中呈现出权威的多样性。政府权威不可或缺,但其他主体在参与处理公共事务过程中所体现出的权威性同样不可或缺。

(5)协同治理是一个动态的过程,同时也是超越传统政府治理方式的诸多新的治理方式的汇集。

协同治理在本质上是一种通过在共同处理复杂社会公共事务过程中多元主体间的相互关系的探究,建立共同行动、联合结构和资源共享。协同治理在根本上可以弥补市场、政府和社会组织单一主体治理的局限性。在新时期,地方政府在区域协同治理中的主要职能是机构改革和完善功能,建立健全公民自组织,加快适度且均衡的公民参与,完善匹配的市场机制,增强市场机制的功能作用;处理好政府、市场与公民三者之间的关系,实现三者间的良性互动;方法是政府治理变革、市场调节和公民参与的合理契合,建立一个公平公正,合理高效的区域协同治理模式。

(三)雾霾多元参与治理

多元治理理论是指在公共事务领域中国家、社会、政府、市场、公民共同参与,结成合作、协商和伙伴关系,形成一个上下互动,至少是双向度双方面的,也可能是多维度的管理过程。在国家公共事务、社会公共事务甚至政府部门内部事务的管理上，借助于多方力量共同承担责任。其基本方法原则在于：确保各类公众广泛参与治理活动，普遍提高公众的相关水平及治理意识，采取逐步逼近共识的程序。就其体现的改革和创新而言，这是适应全球化、市场化和民主化发展趋势的要求，其中既有对事务的管理，也有对人和组织的管理；既有对眼前事务的管理，也有对长远事务的管理。其特别之处在于用一种新的眼光思考什么样的管理方式可以实现公共利益的最大化 。

虽然政府是雾霾治理的主体，但雾霾治理仅仅依靠政府的力量远远不够，需要每个公民的努力。2013 年 9 月，国务院在其发布的《大气污染防治计划》（以下简称“大气十条”）中提出，“要坚持政府统领、企业实治、市场驱动和公众参与”的新的大气防治体制。多元参与治理要求政府在治理大气污染的过程中，日益重视市场和社会力量发挥的作用，逐步引导企业、科学团体以及非政府组织等多元主体的积极行动，共同治理雾霾问题。雾霾治理中公众参与是在公共当局（主要是政府及其管理机构）及有关企事业单位所进行的与环境相关的活动中，利益相关的个人、团体和组织（比如环境 NGOs）获得相关信息、参与有关决策并监督和督促有关部门有效实施相应环境政策，以保障自身的权利并促进环境改善的所有涉及环境问题的活动。

随着改革开放的推进，和社会转型升级的深入，社会管理主体正由一元走向多元，非政府组织已经成为社会管理创新中不可或缺的力量。中国非政府组织也呈现出萌芽、发展、壮大的趋势，其功能也日渐复杂。一些国际环境类非政府组织也逐步进入中国，通过相互配合、联合行动等方式扩大影响。目前，在我国影响较大的国际环境类非政府组织有世界自然基金会、联合国环境署以及自然之友等。环境类非政府组织的社会功能主要表现在四个方面：第一，通过科学研究和科学评估活动，为国家政策制定和国际协商或谈判提供科学依据。第二，通过广泛的宣传、教育，提高公众环境意识。第三，代表不同利益相关群体，表达公众的环境要求，影响国内和国际的决策过程。非政府组织通过对话等方式，参与国际间和区域及政府间组织之间会议，在环境和气候谈判等多方面发挥了积极的作用。第四，一些环保非政府组织倡导的各种公益活动，把雾霾治理的措施和理念落实到每个民众的具体行动中，产生了巨大影响。

政府需要借助经济、法律和行政等多种手段，完善企业、民众参与雾霾治理的议事规则、授权相关社会组织部分环境管理职能。但是我国雾霾治理缺乏政府与企业、社会组织与公民互动的相关规则及制度，不能确保参与式生态管理体制顺利运转。各个参与主体的权利和责任边界不够明确，没有建立环境管理体系中的互动规则。我国的公众参与环境评估起步较晚，在执行和操作上仍然存在欠缺，一些规定并未获得严格执行。例如，许多投资项目的环境评估仍然不够透明，相关公告被政府刊登在受众面极小的媒体上，导致项目公告虽然通过但仍然受到市民反对的现象。政府需要正视社会力量，借助普通公民的力量，普及环保知识理念，通过宣传教育活动，提高社会的环保意识，让更多人主动地改变自己的生活方式，不但能够减少政策执行的成本而且能跨越式地提高政府的效率。

（四）雾霾跨域治理多元协同分析的框架

治理机制是取得协同效应的理论和前提，机制到位，就能为多元主体的有序运作创造条件，为协同效应的充分发挥奠定基础，为跨区域治理的完善构建提供借鉴。我国现有的雾霾治理机制存在着主体之间缺乏沟通与协作，多元主体参与不足，跨域治理机制不健全等突出问题，所以必须对当前雾霾治理体制进行完善，探索出符合我国国情的治理机制。

如图1所示，雾霾的治理需要建立一个跨域多元协同治理机制。该机制将跨域治理、协同治理与多元参与治理结合，在多理论（跨域治理理论、协同治理理论、多元参与理论）指导下，强调多元主体（政府、社会公众、企业以及其他）共同参与情况，打破区域限制，进行跨域协同治理雾霾问题，其中上下级政府之间可以形成纵向的跨域治理联合，各级政府之间也可以结合为横向的跨域联盟。而协同治理强调雾霾治理过程中多元主体间的相互关系的探究，建立共同行动、联合结构和资源共享的平台。雾霾多元参与治理、协同治理和跨域治理三者相辅相成，相互影响，相互作用，只有将三者结合才能构建出行之有效的治理机制。

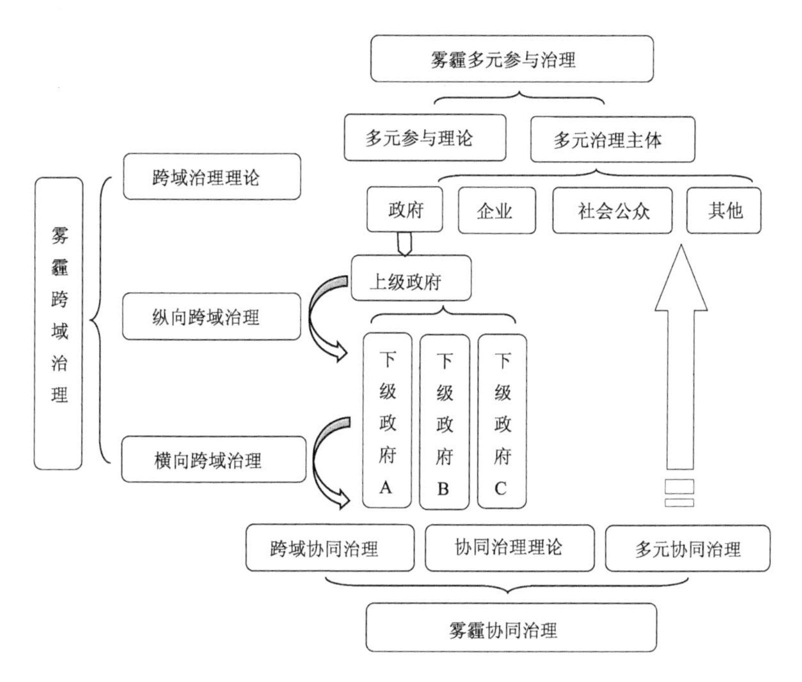

图1 雾霾跨域治理多元协同分析的框架

三、雾霾跨域治理的多元协同模式和机制

（一）雾霾跨域治理模式和机制的分析框架

雾霾的治理问题错综复杂，上文以雾霾跨域治理、雾霾协同治理和多元参与治理三个理论为基础，构建起雾霾跨域治理多元协同分析框架，为雾霾跨域治理的多元协同模式和机制的提出提供了依据。雾霾跨域治理的多元协同模式和机制是针对当前我国雾霾治理问题的综合性和复杂性提出的新型治霾模式和机制，是对雾霾治理理论的综合应用。本文将从不同角度总结出雾霾治理的三种模式，包括单中心模式、多中心模式和联合治理委员会模式，并从国家“十三五”发展时期的五大发展理念出发，构建起雾霾跨域治理的多元协同创新、协调、绿色、开放和共享机制。三种模式、五种机制如图2所示。

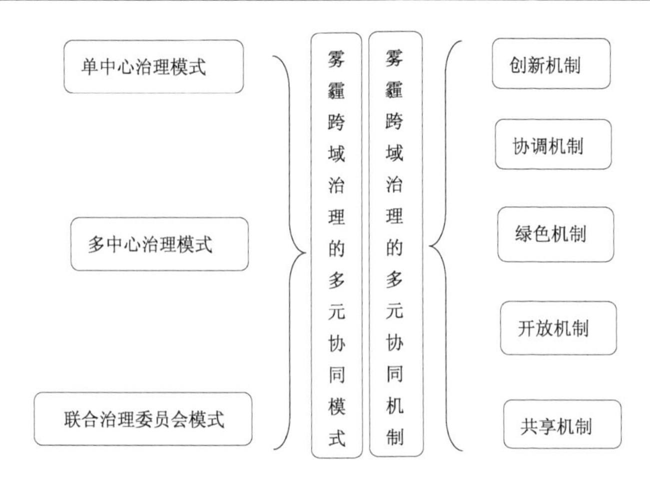

图2　雾霾跨域治理多元协同模式和机制

(二)雾霾跨域治理的多元协同模式

1. 单中心治理模式

此模式以政府为治理主导力量,包括社会组织、媒体、专家和普通公民等在内的多元协同主体通过相互合作,根据自身专长和雾霾治理阶段,发挥主体功能,实施雾霾治理行为。由于每个主体在不同环节有自身不同的优势,在合作中使功能与专长相似的主体结合到一起,在雾霾治理的决策环节、监督环节、宣传环节和调节环节与政府展开协同合作。

(1)雾霾治理决策一般由多个环节组成,具体来说可分为目标制定、信息调查和方案设计、方案评估和优化方案确定及反馈调整四个阶段。①为保证目标制定的合理性,在目标制定环节,媒体要在政府环保部门全面公开信息的基础上落实公众的知情权,此外政府在公开雾霾治理目标之前,专家要表达对目标的看法,及时测算目标完成可行性,如出现分歧要及时与政府沟通,协商一致。②为保证公平性和科学性,在对雾霾污染源进行调查和治理方案设计时,区域内公民、专家和社会组织要与政府协同合作,进行调查取证。通过实地调查取证、明察暗访,梳理相关企业和所在区域雾霾问题的关系,并把调查结果与方案反馈给政府有关部门,政府再召集多元主体代表一起协商分析方案结果。③在项目评估阶段,首先选择专家和社会组织对项目影响进行调查与评价。其次,建设单位、环保主管部门与协同体内受到或可能受到雾霾治理项目影响的相关群体,通过会谈形式就项目产生或可能产生的环境影响进行双向交流,开拓政府思维,发现和分析项目存在或可能存在的问题,保证项目决策的公正性、独立性,避免由于政府经济利益导向的独断专行,做出错误的决策。媒体应及时发布相关信息,让公众及早了解项目建设情况,以便使项目得到公众的理解和支持。最后,根据科学规范的评价体系对项目进行投票表决,决定项目是否上马。④反馈调整是决策中最后也是最重要的一环,专家、媒体和社会组织需要收集公众对项目或决策的意见,然后向政府反馈,集中转达公众对于雾霾治理过程中关注或担心的问题,以及治理方面的意见或建议。

(2)在雾霾治理监督环节,首先,多元主体从环保部门发布的空气质量状况公报、空气质量的预报、日报、周报等,可以获得公开的环境信息,监督空气状况。其次,专家和媒体通过收集与发布政府公开的环境信息,为公众获取环境信息构建平台,通过对空气质量信息的关注,尽早发现危机隐患。在知悉环境信息后，社会组织通过适当的途径和手段，采取相应的行动，对情况进行调查取证，上报政府，以矫正雾霾治理过程中的违法行为。最后，多元主体要对政府的雾霾治理执法行为进行监督，其职责包括对政府执法中的自由裁量权是否过度等不公正问题进行监督；对执法过程透明程度，是否有失偏颇进行监督制约；对出现执法人员暴力执法、工作方法不得当等问题进行投诉举报；对是否存在行政不作为、执法不严和推诿扯皮行为，是否规范回复群众质疑、办理案件的问题，是否存在行政处罚执行情况落实不到位问题全面监督。

(3)在信息宣传引导环节，面对雾霾治理事故或危机，公众若无法获得权威、正当渠道的信息，就会被小道消息所迷惑，产生恐慌或抵触情绪，加深公众不安全感。因此，媒体要树立科学合理的媒体意识，及时有效对雾霾治理中存在的危机预警监督，传播正能量的信息，避免过度报道、夸大事实的言论误导公众，合理引导社会舆论，维护社会稳定。此外媒体通过与专家、社会组织及时报道和跟进雾霾治理中的危机事件发展情况，促使政府危机信息的全面公开，遏制谣言的传播，展开良好互动，促进危机治理。同时，专家通过二次传播危机信息，帮助公众解读政府发布的环境危机信息，促进信息公开的广泛性与有效性。政府应急部门也要承担与多元主体相互合作配合的责任，实现信息资源共享。

(4)在冲突调节阶段，由于雾霾治理涉及众多利益主体，不同主体有不同的诉求表达导致雾霾治理中利益协调处于困境状态。例如，汽车尾气的排放是造成雾霾频发的重要原因之一，如政府出台相关政策限制车辆的生产与使用势必遭到汽车生产商以及汽车使用者的抵制；又如政府依法关闭一些高能耗高污染企业，这将触动部分企业利益和地方政府利益，造成一定程度的抵制与抗议；再如政府出台法规限制市民燃放烟花爆竹，而普通民众认为燃放烟花爆竹是传统习俗不能抛弃，因而消极应对。当诸如此类的情况出现时，政府要及时出面协调好各利益主体之间的关系，同时媒体要积极宣传雾霾治理纠纷的相关法规、规章和政策，教育公民爱护环境，防治雾霾，预防纠纷的发生。最后，专家根据调解经验，研究预防和处置雾霾治理纠纷的新方法。

2. 多中心治理模式

雾霾污染的跨域治理需要构建一个新型政府、市场和社会三大主体共同合作的多中心治理模式。该模式意味着政府角色、责任与管理方式的转变，政府主要是制定宏观的管理架构并制定环境资源的分配准则，扮演着提供服务的间接管理者角色；市场则扮演参与和调节的角色，不能单纯以个人利益为导向而盲目参与分配，需要社会为其提供准确的需求信息。政府从宏观上把握，引导市场发展环境友好型经济。而社会力量为雾霾治理提供有力的支持，公民与非营利组织不再充当政府政策与市场副产品的被动接受者，开始独立决策、参与、监督雾霾的治理。

(1)政府发挥治理雾霾的主导作用。政府在面对雾霾治理这个难题时应该改变对于治理的绝对主体的控制，适度地权力下放，并积极地引导企业、社会主体大力参与，共同来治理雾霾这一难题。但政府在公共管理领域的主导地位依旧不可动摇，仍旧需要发挥其宏观调控的优越性，制定相关法律政策限制相关主体对空气的污染，加大执法力度，对违反规则的组织与个人绝不姑息，建立多中心治理的制度基础。

(2)市场严格执行导向性指令，发挥治理雾霾的调节作用。市场不能单纯以经济利益为导向，要严格执行政府制定的标准[23]。现阶段雾霾污染之所以如此严重，主要根源在于企业的大量排污，因此必须利用市场对资源优化配置的作用，使企业自主地认识到牺牲环境来换取的经济利益是不可取的，提升市场主体对于雾霾治理的积极性，增强企业的社会责任感，减少排污量，不断提高企业的产品质量，努力走向绿色经济的道路，促进经济、社会和自然和谐发展。

(3)社会成员共同参与雾霾治理，发挥主体作用。雾霾治理需要全民参与，公民要发扬主人翁的意识，不能存在搭便车等投机心理，而要发挥主观能动性，向政府表达真实意愿，向市场提供准确信息，时刻监督政府市场和其他主体的行为。减少私家车出行的频率，参与绿化建设，践行环保型生活方式。此外，还要重视社会组织对雾霾治理的监督作用，通过社会力量的集聚，对政府雾霾治理工作进行有效的监督，可以更好地反映社会大众的意见诉求，与政府及其相关部门进行交流沟通，真正做到人民当家做主[24]。

3. 联合治理委员会模式

近年来，我国各地雾霾天气日益频繁和增多，大气的流动性和开放性使得雾霾污染由局部性空气污染向区域性污染扩张蔓延，因此建立政府间的联合委员会治理模式显得尤为必要。雾霾治理的政府间合作关系既包括纵向上中央政府与地方政府间的关系，同时也包括区域内横向政府间的关系。故应当成立中央层面的、国务院分管的雾霾治理地区协调机构，以及由该机构牵头、相关部门与各个区域政府参加的治霾联合治理委员会，统一管理雾霾污染防治工作。联合治理委员会要构建立体化合作模式，协调好彼此之间的利益关系，建立空气污染和雾霾天气预警报告机制等措施，以实现对雾霾天气的有效治理。

(1)构建立体化政府合作模式。首先，构建中央主导-地方参与型合作治理平台，即联合治理委员会。其次，构建地方主导-中央辅助型合作治理模式。联合治理委员会也可因地制宜设立以地方政府为主导的实体性省际组织或跨省机构。一是建立具有一定权威性的区域大气污染治理委员会。其成员由区域各地方主要行政领导担任，席位稳定，人员流动，且保证会议可以定时召开。主要发挥协调、指导作用，共同处理跨区域雾霾污染问题。二是建立空气质量监管机构，其主要职责是进行空气检测，开展区域联合执法合作和情况通报，集中整治违法排污企业。组织开展对区域雾霾污染防治重点项目情况和城市空气质量改善情况的评估考核。三是建立区域雾霾治理的联络机制，加强各地方政府间的交流与合作。集中国家和区域内各省市在舆论宣传、环境监测、气象预报等方面的资源优势，构建区域联动一体的应急响应体系；建立会商交流和信息共享机制，加强污染控制经验的交流，加强监测数据共享，运用信息化手段搭建合作交流平台，共同开发应用系统。

(2)建立跨区域的利益协调机制。利益协调是在充分肯定各利益主体利益正当合法的基础上，通过竞争、协商、合作、体谅、妥协等途径建立制度化的契约，将多元利益诉求保持在合理和理性的限度内。好的利益协调机制可以推动治霾联合治理委员会跨越合作机制发展的制度性障碍，最大限度发挥其作用。因此，在利益协调的具体措施方面，联合治理委员会可以将政府横向财政转移支付机制应用于雾霾污染防治，主要是解决对污染源的治理、监督和整改的力度、成效和意愿。排污问题的解决要关注污染源地区的问题，从源头上看，治污首先必须控污，限制和减少污染排放，这其中最为关键的是污染源特别是排污地区的监管，必须调动和提升相关区域主管职能部门的积极性和主动性，而利益是解决问题的现实手段。具体就是由受污染地区政府将财政收入和专项资金有序转移到排污地区，这种横向支付能够改变因为收入差距而形成的治理污染的动机和意愿的不足，并在此基础上进行卓有成效的监督和整改。实施过程也需要特别注意横向转移支付中可能出现的问题，确保横向转移支付以专项资金的形式使用[25]。

(3)建立空气污染和雾霾天气预警报告机制。近年来我国雾霾天气频繁出现,环境空气质量重度污染,对人们的身体健康构成威胁。所以,建立网络化的重污染监测预警防控体系势在必行。联合治理委员会应将环境治理与日常的空气污染监管紧密结合起来,建立一个全面的、可靠的网络监测系统,以及高效的环境预警机制,全面推进网络化信息系统,全力支持并提供对于环境监测的管理和监察的技术职能。逐步实现环境监控网络化、管理程序化、技术规范化、监测自动化,始终保持对于环境违法的铁面无私的高压态势。建立网络化监测预警防控体系,需要气象部门和环保部门以及相关媒体部门的通力合作,向社会和公众提供雾霾污染级别的即时信息,采取有效的行动来应对突发污染情况,并提出防护措施,让公众了解自己所处地区的大气环境质量即时信息以及污染的变化程度,可以提高公民的保护意识,确保适宜的生活环境。

(三)雾霾跨域治理的多元协同机制

雾霾治理机制的构建,目的在于形成合力、协规,创建互利、共赢局面,探求企业、地方政府、社会组织、普通民众等主体之间的协同机制。根据党的十八届五中全会提出的"必须牢固树立并切实贯彻创新、协调、绿色、开放、共享的发展理念",本文认为雾霾治理也应贯穿这些机制。

1. 雾霾跨域治理多元主体间的创新机制

在我国雾霾污染日益严重频繁而防治工作收效甚微的情况下,通过制度创新机制和科技创新机制来提升雾霾治理水平显得尤为紧迫。①雾霾治理制度创新是促进治霾科技创新,推动雾霾治理进程的重要保证。我国目前现有的雾霾治理体制存在很多不完善的地方,亟待政府通过总结以往治理经验,实地调研并结合区域实际情况进行制度更新。②在进行治霾的科学技术研发过程中,地方政府和企业各自扮演着不同的角色,企业是创新的主体,通过建立科研团队进行科学技术的研发推广;地方政府则通过增加 R&D(Research and Development)经费投入、制定税收减免政策和相关保护专利技术的法规为企业科技创新提供必要的物质支持,创造良好的科技创新环境。两者通过协同合作建立雾霾跨域治理的创新机制,为雾霾治理提供驱动。

2. 雾霾跨域治理多元主体间的协调机制

多元主体间协调机制是雾霾协同治理的重要组织保障,其中包括利益协调和内部协调。①对行为主体进行有效的利益协调时,不仅要对不同政府间的利益协调,也包括协调地方政府与治理目标的利益差异,通过制度化的利益协调机制,实现利益共同体,实现共同的治理目标。一方面,要重视局部同整体利益的协调,可以让多元主体各方都参与到决策和治理过程中,都参与到利益协调中,在充分地表达各自的利益诉求后形成利益共同体,共同解决空气污染问题。另一方面地方政府在空气污染的跨域合作治理过程中要建立一套行之有效的制度化的利益协调机制,明确划分地方政府在跨域空气污染治理中的义务与权利,同时合理建构成本分担方式,通过协同治理,实现行为主体的"共赢"。②对于雾霾治理内部协调,可以考虑建立具有高度权威的雾霾治理协调委员会。该委员会应由区域内政府内部相关成员、专家、社会组织代表和企业代表等人担任,席位稳定,人员流动,确保会议能定时有效召开。协调委员会下设常务执行委员会，负责处理除召开会议之外的其他日常事务。区域协调委员会应发挥其实质作用，充分调动区域内各方资源，集中力量进行雾霾治理[26]。

3. 雾霾跨域治理多元主体间的绿色机制

践行绿色发展理念是防治雾霾的必由之路，这需要政府、企业和公民等多元主体的协同努力。首先，政府不仅要促进区域内产业结构的优化升级，转变经济增长方式，大力支持环境友好型产业发展，从源头减少污染物的排放，还要扩大行政区域内绿化面积，设立"城市带安全距离"，利用城市布局来阻隔雾霾扩散。其次，企业要自觉承担社会责任，除了要做到污染物达标排放外，还应尽量使用绿色能源进行清洁生产，大力发展绿色新兴产业。最后，每位公民都应提高自身的环保意识，树立环保生活观和价值观，认真践行环保生活方式，坚持绿色出行、绿色办公。多元主体通过自身努力贯彻落实绿色发展理念，相互协同建立治霾绿色机制，加快我国雾霾治理的进程。

4. 雾霾跨域治理多元主体间的开放机制

开放带来进步，封闭导致落后，已为中国和世界的发展实践所证明。我国雾霾的跨域治理要学习引进国外的治理经验，并与我国的实际情况相结合，探索出适合我国的治理方法与道路。此外，由政府主导的雾霾治理一方面要发挥市场在资源配置中的决定性作用，使重污染企业在国家产业结构升级和经济发展方式转变的浪潮中优胜劣汰，另一方面，要向社会组织、专家学者和普通公民等多元主体开放，鼓励全社会共同参与，发挥各主体专长和优势，群策群力，形成一个决策透明、执行有力、监督有效的雾霾治理多元参与开放机制。雾霾治理是一个综合系统性工作，建立开放机制，有利于提高雾霾防治的水平。

5. 雾霾跨域治理多元主体间的共享机制

建立各区域内多元主体之间的信息资源和智力资源共享机制是实现雾霾跨域治理的重要基础和外在保障。①政府掌握着大量信息资源，而民间也有着政府难以掌握的信息资源。政府要严格按照法律规定向社会公开雾霾污染的相关信息，保障公民的知情权。而作为民间力量的其他主体也应将通过自身优势获取的信息，如实告知政府相关部门，以确保雾霾治理决策的科学合理性。在多元协同体中进行信息共享有利于信息充分应用。②社会团体相对于政府有更大的"智库"资源，一些专家学者可以为雾霾治理的应对提供一定智力支持。可以为政府建言献策，监督政府，增强政府环境治理责任，并通过开展环境维权推动公益诉讼实践发展。社会组织的专业化发展，在与国际的交流沟通中形成先进的思维逻辑，从创新角度看待问题和面对的雾霾，用更加灵活的思维，更广阔的见识弥补政府的不足，加快治霾进程。

四、雾霾跨域治理的多元协同案例

（一）英国伦敦雾霾跨域治理案例

1. 英国伦敦雾霾情况

1952年12月5日开始，伦敦机场的大批航班取消，马路上几乎没有车，整座城市被烟雾笼罩，大量由煤燃烧产生的黑烟、颗粒物和SO_2在伦敦上空累积。直至五天后，一阵强劲的西风吹散了笼罩在伦敦上空的恐怖烟雾。根据伦敦市官方统计，在雾灾发生的前一周，伦敦死亡人数为 945 人；大雾期间，伦敦地区死亡人数激增到 2480 人，而大雾所造成的慢性死亡人数达 8000 人。自 1948 年到 1962 年，伦敦地区发生了多次空气污染事件，其中 1952 年的烟雾事件影响最为严重，成为 20 世纪十大环境公害事件之一。严重的环境污染不仅影响了英国的国家形象，导致了部分产业的损失，还严重影响了公民的正常生活，因此，治霾急不可待。

2. 造成雾霾的原因

(1)直接原因：工业污染和冬季燃煤取暖。

①英国是世界上最早的工业国家。自 18 世纪 60 年代工业革命以来，工业发展十分迅猛，且工业的发展更注重生产的数量和时间，一味地追求速度，而忽视了其产生的巨大污染。当时的工业生产多以煤炭作为燃料，煤炭燃烧释放出来的烟尘中含有三氧化二铁，它能促进空气中的二氧化硫氧化，进而生成硫酸液附在烟尘上，凝聚在雾滴上，一旦被人吸入，对人体的伤害非常大。

②伦敦纬度较高，冬季十分寒冷，冬季取暖十分重要。而自工业革命以来，煤炭就成为家庭取暖使用的核心燃料，因此，煤烟排放量急剧增加，比平时要高出好多倍，而居民家庭取暖排放煤废气的烟囱没有工业排放使用的高，因此烟尘废气都漂浮在下层，居民更容易吸入。

(2)间接原因：逆温现象和高压系统。

1952 年 12 月 5 日，伦敦上空出现逆温现象，空气处于十分稳定的状态，这就致使工厂排放的烟尘废气、汽车尾气等聚集在空中不易向上扩散和稀释。同时，英国大部分处于高气压系统的控制之下，多下沉气流，污染物难以向高层扩散，造成严重的空气污染。

3. 治理主要做法

雾霾污染治理是一个系统问题、区域问题，涉及整个环境系统中的各个环节、各个主体，多元主体之间协同治理，并不只是某个单独个体的责任。英国政府显然认识到了这个，其在治理雾霾问题方面有一套独具特色的协同多元主体参与环境治理框架，通过构建“政府-市场-社会”三维框架下的环境治理模式，突出强调政府、企业和公众多元主体共同参与到大气污染的防治过程，充分发挥多元主体的协同作用，共同出谋划策，共同治理。

(1)政府以法为保障，建立地区跨域治理体系

为了有效治理雾霾，要为后面采取的措施打好基础，做好保障，最强硬的手段莫过于法律。作为世界上最早的法治国家，英国早在 19 世纪就出台了较为完善的法律。1863 年和 1874 年英国政府出台了两部《产业环境发展法》，限制重污染企业的排放，规范制碱行业的排放标准；20 世纪初制定了《制碱法》，制定了高污染行业清单。制定严格的法律，并不断完善成体系。1956 年颁布了世界上第一部空气污染防治法案《清洁空气法》(1968 年修订)，规定伦敦城内所有燃煤电厂必须关闭，确有需要的只能在城区外重建；城区内设立无烟区、改造居民传统炉灶等措施，使得由煤炭燃烧所产生的粉尘、有毒气体和污染物在城市上空积聚比重大幅降低。1968 年又颁布一项清洁空气法案，要求工业企业建造高大烟囱，加强疏散大气污染物。之后又陆续出台了《污染控制法》(1974 年)、《汽车燃料法》(1981 年)、《空气质量标准》(1989 年)、《环境保护法》(1990 年)、《道路车辆监管法》(1991 年)、《清洁空气法》(1993 年修订)、《环境法》(1995 年)、《大伦敦政府法案》(1999 年)、《污染预防和控制法案》(1999 年)及《气候变化法案》(2008 年)等一系列空气污染防控法案，对其他废气排放进行严格约束，制定明确的处罚措施，以控制伦敦的大气污染。除此之外，大气是不断流通的，因此治理雾霾污染不仅仅只是

单个地区的责任，英国还在国内建立了严密的大气监测网，将伦敦、爱丁堡及其周边城市和地区联合起来，政府之间突破地域的限制，实现跨域合作，制定共同的政策，来一心治理雾霾污染问题，例如建立共同的监测会，实时监控各地的空气质量，根据各地的空气问题，具体问题具体分析，实施治理方法，齐心合力共同治理[27]。

(2)政府监管，市场调节，企业自律协同作用

市场在治理系统中也发挥着不可或缺的作用，市场中的企业法律法规是英国环境治理的根本手段，但强制的法律法规太过强硬，不利于激发企业自愿减污排污行为，反而会使企业产生消极思想。因此政府制定的柔而不弱的经济措施逐渐成为英国污染防治改革的主要手段。经济手段强调“谁污染、谁治理、谁花钱”，专门的环保公司进行治理，杜绝了治理过程中企业玩弄手段的可能。企业在获取利益的同时，也应承担其社会责任，要遵守相关的法律法规，绿色生产。英国雾霾污染最主要的原因就是工业污染物的排放，因此企业通过技术创新，科技手段等来降低污染物的排放，尽量减少对大气的污染。政府要和企业协同治理，政府要监督企业的生产，对于高污染高排放高消耗，不符合排放规定的企业，要督促其整顿，严重的要予以取缔关闭生产，英国政府当时对英国的重工业企业进行了严厉的整顿，对那些对空气污染危害很大的企业一律予以整改取缔，从源头断绝污染。同时，英国政府十分重视科技的发展，利用科技来转变生产的模式，鼓励企业转变生产方式，监督企业绿色生产。政府和企业是雾霾治理系统中的两把交椅，既要各自出力，做好自己理应做的事情，同时又要协同治理，把两股力量统筹起来，通过合作，合成一股劲，最大限度地发挥作用。

(3)保障公民权益，鼓励公民参与

除了政府和企业，社会力量也不能被忽视，尤其是公民的参与，公民参与雾霾治理具有独特的优势，也有其现实必要性。英国政府认识到公民是治理雾霾的中坚力量，因此，实施了一系列政策来为公民参与提供保障。一方面，英国政府通过强化环境教育在中小学教育的比重，使得公众对环境和环境问题的认识程度与认识水平大幅提升，保护和改善环境的主动性、自觉性大幅提高，从英国政府对空气污染的治理措施看，其治理方式同人们对环境问题的认识水平密切相关，环境教育对增进公众参与发挥着不可替代的作用；另一方面，英国政府通过建构一个多方参与的沟通协作平台，使政府、企业和公众得以对各自关心问题展开交流，通过参与环境决策以及身体力行的环保行动，保证了环境决策的科学性与有效性。同时，政府为公民参与相关法律法规的制定过程提供保障，使得公民能积极建言献策，推动政策的顺利执行。

(二)雾霾跨域治理多元协同启示

英国在雾霾治理方面的经验对我国治理当前面临的严重的雾霾污染问题有很大的帮助，我国可以借鉴英国的经验探析出我国雾霾治理的新路径。我国从1978年来就逐渐形成了行政主导的环境治理体系——环境治理主要靠政府的直接控制，治理工具单一，行政色彩强烈，治理过程被动。从英国的治理经验我们可以得知，单单靠政府是不行的，政府无法掌握全面信息，我国传统的环境治理体系必须向协同合作的治理模式转化，寻求多元主体来加入到环境治理中，协同治理，以弥补政府单一主体的不足。根据我国的具体国情，可建立一个多中心治理雾霾的模式，在整个环境体系中，政府、企业、社会等主体扮演着各自的角色，在各自的位置上，承担着不同的使命。不同地区、不同层级上的政府之间不能再实行地区保护主义，雾霾污染属于区域公共问题，各个区域成为相互依存的命运共同体，因此，区域之间要协同合作，共同治理。

1. 政府发挥其中心主动的影响力，统筹全局

政府处于一个主导地位，统筹控制全局。在多中心治理模式中，政府的角色、责任和管理方式均要发生改变，政府主要制定宏观的管理架构并制定环境资源的分配准则，扮演提供服务的间接管理者。政府要综合运用各种行政手段和政策，来调控整个治理体系。政府要支持鼓励市场的健康发展，服务于市场，引导市场的发展，并为市场提供良好的发展环境；政府要尊重公众的权利，在制定相关的制度政策时要让公民积极发表意见，或者建立信息渠道，让公民能了解政府治理情况，保障公民的知情权、监督权，同时要加强与公民的互动和沟通，听取公众的意见；政府是社会的责任平台，要承担相应的社会责任。政府有责任加快污染治理的法律法规建设，并督促落到实处，转变经济的发展方式，加快发展新型绿色能源，提倡绿色发展道路，提高社会各界的环保意识，协调社会力量投身环保事业。

2. 区域政府之间实现跨域合作，加强协调，共同治理

雾霾污染具有长期性、高度渗透性等特点。目前，大气区域污染已经普遍超越了传统的行政区域划分的边界，现在雾霾污染问题是相互关联、制约的社会问题，但是由于各个地方的法律法规不相同，且个别地方实行地方保护主义，因此不能从根本上解决协同治理的问题，区域之间的不同层级政府要协同合作，要落实区域联防联控，真正实现跨域合作，要建立统一的机构统领。各级政府可成立政府间组织，例如采取建立区域政府间协调机制的措施，协商共同制定出统一的管理措施和排放标准。区域政府间组织是雾霾协同治理的重要组织保障，势在打破地域的限制，行政的限制、集中力量，步调一致地进行雾霾治理。

3. 市场与政府、企业之间加强协调合作，发挥中心调节的作用

市场和企业都在治理过程中扮演者重要角色，市场要发挥其特有的调节作用，调节市场的正常发展，防止其偏离轨道，同时要把一些情况回应反馈给政府，以便政府实时了解情况，制定出相应的政策。市场与企业密不可分，企业处于市场这个大环境中，市场引导，扶持企业的发展，企业又反过来调节市场，企业的发展速度和发展方向对市场影响颇大，同时企业又要遵循市场的发展规律。企业是绿色工业，绿色服务业的直接实践者，要从观念上和实际行动上主动承担环境责任，共同来构建绿色产业链。

4. 社会力量发挥多元主体的独特作用，加强公众中心参与

公民是一个十分庞大的群体，作为环境的消费者，大气污染的直接利益相关者，对环境的影响非常大。公民参与雾霾治理可以表达民生和诉求，可以利用网站、微博、微信、新闻媒体等渠道来获取信息，并积极参与政府相关活动事项，积极建言献策，与政府互动，同时又要监督政府的工作，推动政府加大信息公开的力度。公民能作为员工在企业中工作，参与到企业的运营中，由于企业会排放大量污染物，因此公民也要加强对企业的监督。公民本身作为环境的直接利益相关者，也应承担自身的责任，要树立环保意识，提倡低碳生活，积极参与各类环保社会团体的活动，呼吁更多的公民参与，共同推进雾霾治理的进程。

五、长三角地区雾霾跨域治理的多元协同对策

（一）长三角地区雾霾现状

长三角地区近年来经济发展迅速，但随之而来的是环境的日益恶化，环境污染严重，其中尤为突出的是雾霾问题。雾霾天气出现的频率越来越高，严重程度也越来越大，上海、南京等地雾霾日益严重，近一两年来，江苏、浙江、上海多地出现空气质量指数达到六级严重污染级别的重度雾霾事件——长三角地区雾霾连成一片，空气质量呈直线下降的趋势，最为严重的是2013年12月2日至14日，$PM_{2.5}$质量浓度日平均值超过150 $\mu g \cdot m^{-3}$，部分地区达到300～500 $\mu g \cdot m^{-3}$，局部至700 $\mu g \cdot m^{-3}$以上。污染最为严重的区域——南京市空气质量连续5天严重污染、持续9天重度污染，2014年情况也并未好转。2015年冬江苏、上海等地雾霾情况再度恶化，遭遇有$PM_{2.5}$记录以来最严重的一次大范围、长时间区域“霾伏”，南京甚至出现“红色雾霾”。长三角地区的环境状况令人担忧[28]。

（二）长三角地区雾霾原因

（1）经济发展快速，能源消耗量大，能源结构不合理，工业污染严重，长三角地区重化工业比较多，大部分工业以煤为主能源。据统计，南京一年消耗的标准煤超过3000万t，煤燃烧后排放的烟尘和废气极易吸附到空气中，污染空气，使能见度降低。部分企业为了追求经济效益，不顾环境，不按国家规定，随意排放废弃物和废气。再者经济的发展，城镇化速度快，大量钢筋水泥投入建设，大量尘土进入空气中，对空气污染较大。

（2）长三角地区经济发达，居民生活水平较高，汽车拥有量较大，而汽车所排放的尾气是造成雾霾污染的重要原因之一。汽车的拥有量日益增大，而道路建设跟不上汽车的发展，造成道路拥堵严重，尤其是在大中型城市，道路拥堵使汽车产生的废气加重空气污染。

（3）南方特定的气候条件也会加重雾霾。长三角地区地处南方，加上河湖面积较大，空气较为湿润，而在相对湿度饱和的条件下，大气颗粒物会吸水膨胀产生凝固，导致空气污染持续累积。南方另一个气候特点就是冬天长时间的“静稳天气”和“辐射逆温”，在这种空气条件下，空气环境相对稳定，气流也较为稳定，从而不利于大气污染物的快速扩散。

（三）长三角地区雾霾治理对策

治理雾霾问题，仅仅靠单一的主体、单一的力量是很难进行的，社会的进步需要与时俱进的全新的治理模式。2013年9月，国务院发布的《大气污染治理计划》中提出，要坚持“政府统领、企业实治、市场驱动和公众参与”的新的大气防治体制，在治理雾霾等环境问题时，要多个相关政府、企业、公众实现有效的合作，协同参与，多元治理。

（1）政府之间建立雾霾治理的资源信息共享机制，加强城市之间在行政上、经济上的相互联系。

长三角地区城市群在地理位置上是相邻的，具有地缘优势。雾霾污染属于区域公共问题，雾霾治理是一个跨区域的大范围行动，然而，当前各地政府部门由于存在狭隘的地区保护主义，过分注重当前本区域的利益和近期利益，且政府官员的整体性治理理念相对缺乏，引致责

任边界模糊、相互推诿、协调困难,无法发挥各自的优势,且由于各地方的法律法规、排放标准和管理措施不一致,在雾霾治理的实践中,较难统一,因此必须从法律层面统一重点区域的控制措施和标准,且政府间要建立共享机制,实现资源共享、信息共享,为了区域和人民共同的利益,抛开狭隘的地区保护主义,才能落实区域联防联控的要求,实现跨域合作。此外,地区之间要想真正实现跨域合作,真正走到一起,步调一致地进行雾霾防治,还应建立统一机构统领,建立治理的合作协调机制,打破行政壁垒。长三角地区城市政府部门应组织建立协同治理雾霾的机制,或成立协调组织,发挥其作用,撇开地域的限制,共同面对雾霾问题,提高治理雾霾的效益。

(2)在治理雾霾的过程中,政府可实行联合委员会治理模式。

类似于长江水利委员会,成立长三角地区雾霾治理委员会,统一监控和预警。转变政府角色,政府首先要加强污染法制建设,健全相关的法律法规、完善环保法律制度是治理雾霾问题的根本途径。英国等国家治理环境污染最首要的就是制定完善相关的法律法规。强硬的法律手段加强环保建设,使雾霾防治有法可依、有章可循。要积极完善相关的雾霾治理制度,通过国家政策,加强对环境的监测。规定在工业生产废气排放的过程中,必须要符合相关的废气排放标准。建立健全重点区域大气污染防治协作机制,加强空气域的研究,设立专门机构对空气域统一管理,充实技术力量,整合经济、科技、能源、法律等各方面手段,形成有效应对雾霾和其他大气污染的综合治理模式。对于高污染、肆意排放污染物的企业,国家要进行严厉的惩罚或予以取缔;而对于节能减排的企业,国家要适当地进行奖励,促进其发展。

(3)建立创新机制、绿色机制,推广新能源、绿色能源的使用。

长三角地区主要的能源就是煤,而煤在化石能源中的污染是最重的,因为煤炭等能源的燃烧会产生大量的烟尘废气,对空气的污染十分严重,因此政府和市场要降低煤炭等污染物排放高的能源的使用比例。在取暖和日常生活方面,政府要积极推广使用无烟煤、电和天然气,减少煤炭使用,从而减少烟尘污染和二氧化硫排放。政府可通过建立雾霾治理的绿色机制来践行绿色发展理念,积极优化能源的消耗结构,加快开发和发展新型能源和绿色能源,减少空气污染物的排放,或者政府建立创新机制,增加科技创新的投入,重视企业的创新发展,转变传统的生产模式,创新新型科技环保的发展模式,从源头减少空气污染。空气污染另一大凶手就是汽车尾气,因此政府要控制私人汽车的拥有量和使用,大力发展公共交通和绿色交通,整治道路拥堵状况,汽车多使用清洁能源,减少尾气的排放;还要督促增加城市绿化面积,来吸附空气中的悬浮颗粒物,降低城市出现雾/霾的可能性,公民要树立环保意识,保护绿地,参加植树活动等等。

(4)连接社会力量,加强社会力量在治理过程中的参与度。

英国十分重视公众发挥的作用,政府曾颁布《环境信息条例》(1992 年),明确规定拥有环境信息的公共机构均有义务向公民提供环境信息,保障了公众的知情权。公众作为社会的一分子,有责任和义务为治理环境出力。公众可发挥其监督作用,对政府、企业实施监督,对他们不利于保护环境的行为坚决予以举报。公众的力量不仅限于此,如今公民的环保意识日渐增强,公众能参与的领域也大大扩展,涉及大气污染防治、固体废弃物污染防治及噪音污染防治等环保领域的方方面面。国家也应为保障公众的权利制定相应的措施,例如有信息公开和参与制度保障的规范性实施措施,政府等机关部门要向公众公开治理环境的相关数据和资料,不得隐瞒。公民参与环境治理是扩大环境治理影响、提升环境治理成效不可或缺的环节。另一方面，非政府组织的社会环保组织的力量也要重视起来，这些组织往往更贴近公众，在公众中有巨大的影响，它们能通过广泛的宣传、教育来提高公众的环保意识，且其组织发起的环保公益活动吸引更多的公众参加，把一些雾霾治理的措施和理念更好地融入和落实到公众的生活中。

六、结　论

本文通过雾霾跨域治理的多元协同的理论分析，构建了雾霾跨域治理多元协同分析的框架。针对雾霾跨域治理的多元协同模式分别提出了以政府为中心，多元主体与之在决策环节、监督环节、宣传环节和调节环节展开协同合作的单中心治理模式；政府、市场和社会以平等的主体地位参与雾霾协同治理的多中心治理模式；以及由中央层面的、国务院分管的雾霾治理地区协调机构牵头、相关部门与各个区域政府参加的治霾联合委员会治理模式。这三种模式侧重点各不相同，各有所长，为不同区域的雾霾治理提供了选择方向。在雾霾跨域治理的多元协同机制一节中，分别以十八届五中全会提出的五大发展理念——创新、协调、绿色、开放和共享为着力点构建治霾五大机制。这五个机制是一个不可分割的整体，是我国在新的发展阶段以解决雾霾污染这一突出难题、瓶颈问题为导向提出的新机制。

在雾霾治理问题中，汲取了英国伦敦的治霾经验，得出政府应发挥其中心主动的影响力，统筹全局；区域政府之间实现跨域合作，加强协调，共同治理；市场与政府、企业之间加强协调合作，发挥中心调节的作用；社会力量发挥多元主体的独特作用，加强公众中心参与，四条多元协同启示作为我国治理雾霾的他山之石。同时，针对我国长三角地区区域日益严重的雾霾污染问题，提出了建立政府之间资源信息共享机制；实行单中心的治理模式；建立创新机制、绿色机制，推广新能源、绿色能源的使用；连接社会力量，加强社会力量在治理过程中参与度的四条治理对策，为我国雾霾跨域治理提供了参考。

（撰写人：彭本红　陈娇娇　邵　琦　何　婷）

作者简介：彭本红（1969—），男，博士，南京信息工程大学经济管理学院教授，主要研究方向为管理工程。Email：Pbh211@126.com。

参考文献

[1] ERIK N. Networked governance：China's changing approach to trans-boundary environmental management. Massachusetts Institute of Technology，2007：217.

[2] 陈玉清. 跨界水污染治理模式的研究. 杭州：浙江大学，2009：26.

[3] 汪伟全. 空气污染的跨域合作治理研究——以北京地区为例. 公共管理学报，2014(1)：60-63.

[4] 王再文，李刚. 区域合作的协调机制：多层治理理论与欧盟经验. 当代经济管理，2009(9)：51-52.

[5] 马学广，王爱民，闫小培. 从行政分权到跨域治理：我国地方政府治理方式变革研究. 地理与地理信息科学，2008(1)：49-55.

[6] 王佃利，史越. 跨域治理理论在中国区域管理中的应用——以山东半岛城市群发展为例. 东岳论丛，2013(10)：113.

[7] 李海婴，周和荣. 敏捷企业协同机理研究. 中国科技论坛，2004(3)：38-40.

[8] 任泽涛，严国萍. 协同治理的社会基础及其实现机制——一项多案例研究. 上海行政学院学报，2013，**14**(5)：71-80.

[9] 王惠琴,何怡平.协同理论视角下的雾霾治理机制及其构建.华北电力大学学报,2014(1):24-27.
[10] 姬兆亮,戴永祥,胡伟.政府协同治理:中国区域协调发展协同治理的实现路径.西北大学学报(治学社会科学版),2013(2):122-126.
[11] TIMOTHY J L. Devolution and collaboration in the development of environmental regulations. Ohio State University,2005.
[12] 李慧明,黄静.治理中的公众参与:理论与制度.鄱阳湖学刊,2011(2):49-53.
[13] 于宏源,毛舒悦.雾霾治理的多元参与机制.电力与能源,2014(2):131-135.
[14] 杨拓,张德辉.英国伦敦雾霾治理经验及启示.当代经济管理,2014(4):93-97.
[15] 姜丙毅,庞雨晴.雾霾治理的政府间合作机制研究.学术探索,2014(7):15-21.
[16] 韩志明,刘璎.雾霾治理中的公民参与困境及其对策.气象与人类社会·阅江学刊,2015(2):52-57.
[17] 宋廖宁.环境危机的协同治理模式构建研究.成都:成都电子科技大学,2015:36-39.
[18] [英]戴维·卡梅伦,张大川.政府间关系的几种结构.国际社会科学杂志(中文版),2002(1):115-121.
[19] 汪伟全.府际管理的兴起及其内容.中共天津市委党校学报,2005(3):90-91.
[20] 张成福,李昊城,边晓慧.跨域治理:模式、机制与困境.中国行政管理,2012(3):102-109.
[21] 郑巧,肖文涛.协同治理:服务型政府的治道逻辑.中国行政管理,2008(7):49-50.
[22] 刘伟忠.我国地方政府协同治理研究.济南:山东大学,2012:66-71.
[23] 祝阳,李全喜.多中心治理视阈下的 $PM_{2.5}$ 治理模式建构的思考.重庆工商大学学报,2014(4):96-97.
[24] 刘菲.多中心治理视角下 H 省雾霾治理问题研究.沈阳:辽宁大学,2014:8-9.
[25] 汪旻艳.政府合作治理雾霾的理论依据、现存缺陷及模式选择.中共天津市委党校学报,2015(5):97.
[26] 卢静.我国地方政府空气污染跨域合作治理研究.南京:南京大学,2015:34.
[27] 李新宁.雾霾治理:国外的实践与经验生态经济.生态经济,2015(5):2-5.
[28] 武忠.长三角地区雾霾长效治理:建立面向绿色能源的可持续发展体系.能源研究与信息,2015(4):187-192.

雾霾信息公开机制构建研究

摘　要：行政机关依法公开在雾霾产生、持续、演变、消散过程中采集和记录的信息，能够保障公众的知情权，降低行政管理成本，激发社会公众的参与热情，夯实雾霾防治工作的基础。信息公开经过多年的实践，已经常态化和制度化，雾霾信息公开因此具备了较好的社会氛围和制度环境。当前制约雾霾信息公开的主要障碍包括立法不健全、主体不明确、技术不成熟、动力不足够、救济不充分。因此，更新雾霾信息公开的理念、构建雾霾信息公开的协同和联动机制、设立雾霾信息公开的第三方监督机构、鼓励雾霾信息公开的组织化参与以及提升雾霾信息公开的质效，是有效构建雾霾信息公开机制的必由路径。

关键词：雾霾；信息公开；知情权；公众参与

The Research on the Building of Fog Haze Information Disclosure System

Abstract: It is the administrative organ′ duty to disclose the information about the causing, lasting, changing and disappearing of the fog haze to the public. Information disclosure of the fog haze will safeguard the right to know, cut the costs of the administrative management, inspire the participation enthusiasm of the public, and lay the solid foundation of the fog haze control. Information disclosure has been normalization and institutionalization after the long period practice, so we have prepared good base for fog haze information disclosure. However, the imperfect legislations, the unclear responsibility subjects, the immature technology, the insufficient motivation, and the inadequate protection are the main obstacles of fog haze information disclosure. We should better our theory, construct the cooperation system, establish the third party inspection institution, encourage organized participation, and improve the quality related to the fog haze information disclosure. Those tasks above are the only leading to the building of fog haze information disclosure system.

Keywords: Fog haze; Information disclosure; Right to know; Public participation

雾霾已成为近年来中国政府和公众的心头之患、心头之痛，且因经济结构、生产生活方式和技术条件的制约，其还将在一个较长的时期内如影相随。在这场雾霾治理的持久战中，如果没有公众对政府的理解、信任和支持，非但无望有序地逐次完成阶段性任务，并最终达到彻底消除雾霾的最高目标，还有可能由公共环境问题衍变为政治问题和经济问题，损害新中国30多年来所取得的经济和社会建设成果。因此，政府在部署雾霾治理的整体规划时，必须输出诚意，理解社会公众的真实诉求，信任他们的立场和能力，鼓励并支持公众以各种形式参与到雾霾治理之中来。如此，方能最大限度地调动政府、社会组织和个人的主观能动性，最低成本地协调各方主体的既有利益与承担义务，又最大理性地实验协商民主机制，并争取成为政治国家和市民社会协作的成功范本。

知情权是公民实现监督权和参与权的前提，因此雾霾相关信息的公开是实现上述理想图景的坚实基础。所谓雾霾信息，是指雾霾天气状况在产生、持续、演变、消散过程中，雾霾形成的时间、范围、原因、危害以及政府、社会组织及个人相应的应对理念、行动策略、防治措施等信息。探讨雾霾污染过程中，信息公开的主体、内容、程序和责任机制，对保障雾霾治理的透明度、集中优势资源、降低防治成本具有重要的意义。

一、雾霾信息公开的研究现状与趋势

雾霾信息知情权属于环境知情权的重要内容。20世纪中叶以来，随着工业化水平和世界经济的快速发展，在最早推行工业革命的主要资本主义国家引发了一系列严重的环境问题，洛杉矶、伦敦、东京等地甚至发生过恶性环境灾难事故。环境对生命健康以及社会稳定的现实危害，促使公众的环境保护意识逐渐增强，非政府的环保组织将环境权作为人权的重要组成，以政治主张的形式提出，推动各国在20世纪后期，逐步完善环境知情权的立法体系。西方的学术界对环境知情权也展开了相应的研究：如Goldman指出，环境知情权是公民参与的前提，是公民社会权利的重要体现[1]；Perkins认为环境知情权是环境保护的前提和基础[2]；Lambert从伦理学角度分析了环境知情权的正当性[3]；Echeverria强调环境知情权是环境政策和立法的重要组成部分[4]；更多的学者则从技术角度讨论环境知情权在立法中的地位和作用[5]。相较于西方，国内关于环境知情权的研究起步较晚，而且不够深入。目前较为深入地探讨环境知情权或环境信息公开的论文并不多，引用率和转载率较高的有钟卫红[6]、赵正群[7]、朱谦[8]等人的论文。专著仅有上海政法学院王文革教授《环境知情权保护立法研究》一部，其在后记中也坦承“仅仅是个开始，需要深入研究的问题仍很多”[9]。

随着社会公众环保意识的强化以及民主参与意愿的高涨，环境信息公开必然在不远的将来成为理论和实践的热点。越来越多的学者开始尝试进行跨学科的研究，在理论上构建环境信息公开的体系框架，各种绿色环保组织以及志愿者也在实践中通过行政复议以及行政诉讼来推动环境信息的透明和共享。相信饱受雾霾困扰的中国，在雾霾的综合防治研究和实践中也将进入一个深入发展的阶段。雾霾信息的知情权将是这一系统工程的逻辑起点。

二、雾霾信息公开的正当性

通常认为,信息公开是为了满足公民的知情权,奠定了公民参与政治社会生活的基础,这被认为是信息公开的根本意义所在。事实上,在公民的主体意识和责任观念日趋成熟的现代社会,信息公开已是应有之义,深入人心。如果从政治学以外的角度来观察,还将发掘出信息公开的其他功能和价值:信息公开能够提升政府管理效能,优化权力-权利关系,是促进社会利益最大化的有效机制。可以说,在现代民主政体下,信息公开在政治上具有天然的伦理正当性,也具有功利主义框架内的经济实用性,更有社会心理学意义上的适应协调性。

雾霾信息公开因关系到社会每一个体的健康、安全与幸福,从而具有更为直接和显然的价值和意义。

(1)从公民基本权利的角度来看,知情权是民主政治的重要内涵和基本前提,是公民的基本人权和宪法权利,是政府执政正当性的伦理基础。知情权最原始的内涵就是知道政府在做什么。自近代资本主义以来,人民主权观念已成为政治公理,公民通过选举创设代议制民主国家,政府及其工作人员被认为是权力受托人和行使者,知情权自然也成为政治生活的基本要素,为批评、质询、罢免等监督权提供资料和证据,从而在代议制民主与直接民主之间寻求到平衡点,避免政府利用信息垄断,排斥并虚置公民参政,进而限制甚至剥夺公民的基本权利。

雾霾信息公开,无疑是政府释放鼓励社会公众共同参与雾霾防治的积极信号。"当一个国家和它的公民之间的关系呈现出广泛的、平等的、有保护的和相互制约的协商这些特点,我们就说其政权在这个程度上是民主的。民主化意味着朝着更广泛、更平等、更多保护和更多制约的协商的方向的净运动"[10]。雾霾是社会不同背景、不同阶层、不同生存状态的人群所共同面临的威胁,公众在这一问题上显然比其他政治和社会问题有更大的共识和更少的分歧,雾霾信息的公开符合所有人的利益——从长远看也包括产生雾霾的利益既得者。因此,雾霾信息公开对于保障公民的参与权利,激发全民的参与热情,形成立体化、多元性、沟通型的雾霾防治体系具有重要的基础性作用。甚至可以乐观地预测,正是这样一场重大的公共危机,将教会政府和公民如何形成一种积极、理性、和谐的权力-权利关系,推动中国民主政治的进步与成熟。

(2)从经济学的角度来看,政府所掌握的信息是在履行行政职能的过程中产生或记录的。按照产权归属的逻辑,政府信息的所有人自然是缴纳税收、维持政府运作的纳税人。政府公开信息是确认和尊重产权人应有权利的基本要求,否则就是典型的违反契约和破坏法治的行径。况且,信息公开相较于信息的小范围共享,边际成本可以忽略不计,边际收益却相当可观,能实现信息效益的最大化。反观信息保密,其效益将逐渐恶化:秘密政治培育了滋养特殊利益集团的肥沃土壤,增加了信息管理租金,加大了交易成本,制造了权力寻租机会。而且,为了保密,政府常常把决策人员限制在一个狭小的范围内,那些本来可以提供深刻洞见的人却被排除在讨论的范围之外,决策质量因此很难得到保证。另外,这也会形成恶性循环:随着决策质量降低和失误增加,政府官员为避免承担责任,更加倾向于信息的保密,更加严格地限制决策的圈子,导致决策质量每况愈下[11]。信息公开的经济效益远不止上述的分析,信息还将在消费的过程中,因经济人的理性决策而产生乘数效应,从而带来溢出效果。

雾霾信息公开首先有利于客观呈现雾霾污染源及其影响权重,限缩了污染主体推脱责任和转移视线的空间,为监管主体清晰地指示了执法对象,降低了决策和行动成本,尽可能地避免了决策失误。其次，雾霾信息公开为消费决策提供更多的信息[12]，让公众了解雾霾与生产生活方式的因果关系，从而强化公众对导致雾霾的生产及消费行为的厌恶，进而抵制该类生产和生活方式，客观上抑制雾霾现象的持续恶化。最后但并非最不重要的是，雾霾信息公开为有志于从事雾霾防治工作的社会组织和个人提供了全面、及时、可靠的基础资料，从而催生新兴产业和市场，促进科技创新和创业，以经济效益激发社会公众的雾霾防治热情和潜能。

(3)从心理学的角度来看，信息公开能在重大的雾霾污染事件中起到说明、指引、缓释、安抚的效果，并促使社会公众在雾霾防治的姿态完成知晓—理解—认同—信任—协作的进阶过程。

和谐的社会关系与良好的人际合作必须基于相互信任。雾霾防治目标实现的一个重要前提，就是作为主导者的政府必须获致相当的信任度。政府信任是指公众在期望与认知之间对政府运作的一种归属心理和评价态度。政府信任不仅是政府合法性的表征，更是政治稳定的基石：一个值得信任的政府可以有效提升社会信任，促进社会和谐与合作，降低所有社会、经济和政治关系的执行成本[13]。信任首先产生于知情。当政府把所掌握的雾霾相关信息全面、充分、及时地公之于众，并坦诚公布现有应对举措的困难、不足及掣肘因素，表达愿与公众协力共同面对时，公众将基于信任回报而自发地与政府站在同一立场，对雾霾防治工作的艰辛和不易感同身受，从而生发出同情性理解。如果这样的社会心理能够成为一种常态，政府防治雾霾工作的成绩、失误和缺点都易被公众认同和宽容，并在这一进程中逐渐强化相互的信任关系。基于信任，政府与社会公众之间更易取得共识，从政策共识进化为程序共识，并稳定为共同体层次的基本共识[14]。至此，由全社会民众共同参与的社会协作就水到渠成了，“政治作为一种生产集体决定的过程，由于它是关乎众人之事，因此政治从来都不应是个别意见发挥支配力量的场所——尽管某些个别意见在拥护者的数量上占据绝对优势。政治必然通过某种机制，将意见提升为意志，将个别的意见提升为集体性的决定，从而获得普遍的约束力”[15]。一旦“自觉、自愿、自为和自律”为特征的公民社会构建并成熟[16]，猜疑、抵制、对抗的内耗将被最大限度地抑制，协作型雾霾防治体系将有效建立起来。

三、雾霾信息公开的可能性

制度的有效构建及施行，必须植根于特定的文化传统、社会心理与制度体系，生搬硬套的制度移植或是单兵突进的制度创新，要么陷入南橘北枳的窠臼，要么受到左右掣肘而失败。自2003年的“非典”事件以来，中国的信息公开进入了常态化和制度化，伴随着近年来公民权利意识的高涨和信息公开的深入实践，雾霾信息公开已具备了较好的社会氛围和制度环境。

(一)政府信息公开的社会氛围渐趋佳境

近年来，我国的政府信息公开工作取得了显著的进展。政府信息公开的实践，给公民提供了与政府互动的平台，培育了公众关心的公共议题，参与社会政治生活的良好氛围，使雾霾信息公开的难度大大降低。

一方面，各地区、各部门已能做到从被动回应信息公开申请到主动为公众答疑解惑，从新闻发言人台上讲到把新闻发言人“请”进微信朋友圈，从只管信息上网上墙见报到让老百姓看得到、听得懂、信得过，政府信息公开从单向公开的“1.0版”进入了更加互动亲民、更加注重实效的"2.0升级版"。特别是自2013年开始，环保部门已经进行雾霾信息公开的尝试，环境保护部在继续做好74个城市实时发布二氧化硫、细颗粒物($PM_{2.5}$)等6项污染物监测数据的基础上，又增加了116个城市[17]。2014年以来，环保部更是实现了实时发布161个地级以上城市884个国控监测站点细颗粒物($PM_{2.5}$)、二氧化硫、二氧化氮、可吸入颗粒物、一氧化碳、臭氧等六项污染物监测数据、公布重点城市空气质量排名，每月发布《城市空气质量月报》[18]。雾霾基本信息已成为和天气预报一样的生活基础信息。

另一方面，社会公众为促进公共利益或维护自身利益的考虑，通过申请的方式持续推动政府信息公开制度的落地。有研究团队连续四年对国务院部门、省及较大的市进行统计分析，表明公众申请信息公开的热情不断高涨，国务院部门中最多的年受理量达近五千件，有8个省的年受理量超万件，49个较大市有16个突破一千件[19]。虽然申请信息公开往往存在着争议甚至是对抗，但通过个案的积累，无疑有助于消解政治国家与市民社会之间的分歧，最终形成最大共识。这一并不令人愉快的过程，逐渐消解彼此固有的角色认知和定位，使政府与公民之间的充分沟通成为日常的政治生态，进而达成默契与和谐①。

（二）雾霾信息公开的法律依据已见雏形

知情权作为一项基本人权，被联合国写入1948年的《世界人权宣言》。自20世纪60年代以来，美国、丹麦、法国、荷兰、韩国、日本、英国等数十个国家都颁行了信息公开法案。经过近70年的发展，信息公开的责任主体逐步扩大，除政府机构外，具有公共性质的法人、组织以及受上述组织委托行使相应职权的自然人也被纳入法律调整的范围之内；信息公开的内容覆盖面也越来越广泛，除涉及国家秘密或个人隐私外，只要与公共利益相关的信息都必须公开；此外，信息公开的公众参与、社会监督、司法救济等保障机制也愈加成熟。国际公约直接影响到中国的信息公开立法，2007年国务院通过的《政府信息公开条例》将包括雾霾在内的政治、经济、文教科卫等各种国家行政事务和社会公共事务在内的政府信息的公开事宜，从理论上的公民权落实为有法可依的实际权利。《政府信息公开条例》中所指称的信息，是指"行政机关在履行职责过程中制作或者获取的，以一定形式记录、保存的信息"。依据《政府信息公开条例》的规定，雾霾诱因既是"涉及公民、法人或者其他组织利益的"，又是"需要社会公众广泛知晓或者参与的"信息，且不属于"危及国家安全、公共安全、经济安全和社会稳定"，也不属于"涉及国家秘密、商业秘密、个人隐私的政府信息"，理应主动公开，使雾霾信息公开立法具有了基础性依据。

随着知情权立法和实践的发展，世界各国也越来越认识到环境信息公开的重要性。1998年，联合国欧洲经济委员会在第四次部长级会议上通过《在环境问题上获得信息、公众参与决策和诉诸法律的公约》(即《奥胡斯公约》)。公约首先对"环境信息"、"公共当局"等基本概念进行了定义；其次，对政府环境信息公开的主体、内容、例外以及司法救济机制进行了规定；再次，

---

① 一般认为，中国固有的政治文化是行政权力独大，社会权孱弱而顺从，根本无法挑战政治权威。但是，这是对中国传统政治生态刻板而片面的误解。例如考试和监察制度，就是中国封建权力体系中的制约与平衡机制。有趣的是，据说1776年通过世界上最早的信息公开法的瑞典，是从中国皇家监察制度而来。该法的发起人 Anders Chydenjus 曾称中国封建时期的监察制度是"一种建于儒家人文主义哲学基础上的制度，其主要功能就是监察政府及其官员，揭露政府治理不善、官僚无能和官员贪腐。这样看来，问责政府观念并不是起源于西方，而是起源于东方正处于鼎盛期的清朝"。参见[美]威廉·R·安德森：《美国〈信息法〉略论》，《南京大学学报(哲学人文科学社会科学版)》2008年第2期。

规定了企业环境信息公开与产品环境信息公开的原则及实施路径；最后，明确了环境信息公开制度的完善与发展机制。其后，在公约基础上又陆续制订了《〈奥胡斯公约〉执行指南》、《欧盟关于公众获取环境信息的指令》等更具操作性的文件[20]。我国也因饱受经济高速引发的环境污染之困，应世界潮流，加强了环境保护立法。2015 年修订的《环境保护法》专门规定了“信息公开与公众参与”一章，进一步列举了环境信息的外延，包括环境质量、环境监测、突发环境事件、环境行政许可、环境行政处罚、排污费的征收和使用、环境违法信息、污染物名称、排放方式、排放浓度和总量、超标排放情况、防治污染设施的建设和运行情况、环境影响评价报告书等。2015 年修订的、号称“史上最严”的《大气污染防治法》则为雾霾信息公开提供了直接的法律依据，其把信息限定为大气环境质量标准、大气污染物排放标准、重污染天气预报预警、重污染天气应急预案。

四、雾霾信息公开的主要障碍

严重雾霾天气频繁地侵袭中国，只是近几年的事，相应的制度建设刚刚推开，仍在摸索之中艰难前行。作为雾霾防治机制的重要组成部分，雾霾信息公开目前仍停留在宏大的理念和粗疏的法条中，缺少细致的操作规程以及配套制度。具言之，雾霾信息公开缺少宪法和基本法层面的确认、主体界定不明、知情权内容和范围不明、公众参与机制缺失、责任追究和权利保障孱弱，这些问题的存在严重地制约了公众的知情权，进而影响了公众的参与权。

（一）雾霾信息公开的立法不健全

公民知情权与政府信息公开，作为一对矛盾的两个方面，都未在宪法及基本法中得以规定，至多只能从公民对政府的监督权利中合理推衍而出，因此这两项重要的基本权利缺少了宪定性和明确性，损伤了政府信息公开的权威性和刚性。此外，最大限度公开是信息公开的公理性原则，也未在我国的信息公开立法中得以体现[21]。

当前我国最高效力层次的信息公开法规是国务院 2007 年制定的行政法规《政府信息公开条例》，其一直因法律位阶的弱势而在适用中受到《保密法》等更高层级的法律规范的挤压。具体到环境信息的公开，2008 年环保部出台了部门规章《环境信息公开办法(试行)》，把环境信息局限于“大、中城市固体废物的种类、产生量、处置状况等信息”，且该办法迄今为止仍在试行阶段，在适用上缺少法律应有的刚性和强制力，实践中自然很难发挥效力。2015 年新修改的《环境保护法》提升了环境信息公开的法律位阶，也专门规定了“信息公开与公众参与”一章，明确了“公民、法人和其他组织依法享有获取环境信息、参与和监督环境保护的权利”，分类分层次规定了环保部、地方各级环保部门以及重点排污企业在环境信息公开方面的职责和义务。虽然环境信息公开首次在全国人大立法中予以明确，但该法仍然存在着制度定位不够准确、规定宏观抽象、权责划分不清、缺少配套机制、可操作性不强等问题。至于雾霾信息公开，最直接的法律依据为 2015 年修订、2016 年元旦起施行的《大气污染防治法》，其规定“国务院环境保护主管部门应当组织建立国家大气污染防治重点区域的大气环境质量监测、大气污染源监测等相关信息共享机制，利用监测、模拟以及卫星、航测、遥感等新技术分析重点区域内大气污染来源及其变化趋势，并向社会公开”，但也没有明确的细则，可操作性大受影响。

从法理上来看，当前的雾霾信息公开较为刚性的制度保障是《政府信息公开条例》和《大气污染防治法》。但是,《政府信息公开条例》在理论和实践上仍暴露出种种不足:如列举式的立法模式导致信息公开范围有限,“不公开是原则,公开是列举”[22]这样有违信息公开基本理念的尴尬状况长期存在;又如依申请公开理应作为主动公开的重要补充,但申请事项却被限定在“自身生产、生活、科研等特殊需要”的范围内,大大弱化了信息公开制度的实效。《大气污染防治法》的立法思路仍体现为政府主导,其在推动信息公开方面的效果有待时间检验,只能持谨慎乐观的态度。

这样的立法现状,使得雾霾信息公开缺少法律的支持,行政主管部门只能通过通知和文件的形式来应对实践中的问题。如科技部于2015年启动了“大气污染防治重点专项实施方案”,专项任务就包括“污染源解析方法”和“重点地区大气污染来源识别技术”。这样的应急措施虽能解一时之需,却难以保证制度的连续性、稳定性和科学性。

(二)雾霾信息公开的主体不明确

雾霾既是一种自然现象,更是一种人类活动复合影响形成的社会现象。雾霾在特定时间集中爆发于特定区域,也具有跨区域性的空间延展性特征。因此,雾霾的生成机制、影响机制和防治机制,难以恰好对应某个行政部门或是行政区域。相应地,雾霾信息也是在多部门多地区的行政管理中生成并获取。

雾霾作为严重的大气污染类型,从情理和法理上都应当是环保部门负责信息公开,《大气污染防治法》第五条第一款明确规定“县级以上人民政府环境保护主管部门对大气污染防治实施统一监督管理”;但紧接着第二款又规定“县级以上人民政府其他有关部门在各自职责范围内对大气污染防治实施监督管理”。相比修订前的《大气污染防治法》,新法删除了“各级公安、交通、铁道、渔业管理部门根据各自的职责,对机动车船污染大气实施监督管理”的条款。这一变化体现了立法者对雾霾认识的深化,亦即不再强调机动车船在大气污染方面的主要“贡献”,在立法理念上认可了雾霾成因的综合性和复杂性。但同时,在细则未出台之前,新法第五条第二款加剧了雾霾防治和信息公开主体不明的状况。

此外,因为雾霾污染的外部性和跨区域性,各行政区域在雾霾信息公开方面也存在着权责不清的问题,要么不愿承担责任而不作为,要么因越权越界公布相关信息而引发冲突和矛盾。最为典型的是北京与河北之间关于雾霾责任的争议。河北一些城市埋怨自己处在北京的下风下水,非但不影响北京,相反受到北京的影响。这样的观点在网络上也非常普遍。原河北省委书记周本顺曾在2015年两会期间接受记者采访时就此回应称“不能去埋怨北京,要找自身的问题”[23]。不过,在北京重大的盛会与活动期间,因对河北等周边城市进行了严格的管制,从而出现了“APEC蓝”“阅兵蓝”这样的明显空气质量改善[24],又如2015年环保部门公布的空气重污染指标显示北京南部雾霾程度比北部严重等现象,使北京雾霾生成的污染源是河北的指责似乎具有了理论上的支撑。这样的争议很大程度上恰恰来自于信息公开管理体制的自我封闭和条块分割。

(三)雾霾信息公开的技术不成熟

雾霾来势汹汹,以至于人类尚无法对其进行准确的分析和精准的把控。就目前的研究进展而言,与雾霾相关的诸多信息就像雾霾本身一样,让人雾里看花,不得其要。

第一,对雾霾的成分和分布规律的研究刚刚取得初步进展。研究表明,不同地区雾霾的主要污染物并不相同，如 NO_2 浓度的热点集中在鲁中、冀南、珠三角等城市群，PM_{10} 浓度的热点集中在冀南、关中—天水、淮海等经济区，$PM_{2.5}$ 浓度的热点集中在京津冀、长三角、华南沿海等区域，SO_2 浓度的热点集中在冀中和鲁西北地区[25]。第二，对雾霾的成因尚未充分掌握。中国科协曾在 2014 年 9 月举办第 280 次青年科学论坛，聚焦“雾霾成因与 $PM_{2.5}$ 污染治理”，与会者的共识是：灰霾的形成原因复杂，是内外因共同作用的结果，需要整合各部门、各团队的优势力量，对大范围灰霾进行综合性质的全面研究，在此基础之上，进行合理的来源解析，针对灰霾的形成原因和来源特征，力争在最短的时间内摸清灰霾成因，控制 $PM_{2.5}$ 污染[26]。第三，还不能在雾霾与污染源之间建立逻辑关联，有的认为雾霾来自于石油燃料的不当使用，有的认为是工业企业的污染排放，还有的认为与农业燃烧秸秆以及节假日的燃放鞭炮相关，甚至有的认为是居民炒菜的油烟所致。第四，对雾霾的危害性还不能确定，以雾霾是否诱发肺癌这一最为核心的问题为例，医学界也是聚讼纷纭，未有定论[27]。第五，对雾霾的防治路径还未有系统科学的规划。正是因为对前述的雾霾相关机理认识不足，当前无法出台一个明确有效的系统性规划：研究表明在高压天气和静风条件下，暖平流和辐射降温形成的稳定逆温边界层结构有利于污染气溶胶的积累和雾霾的形成和发展；冷锋系统过境和辐射加热增强有利于雾霾减弱和消散[28]。这就意味着，在短期内我们只能依靠有利的天气条件，期望雾霾自行消散；而在较长时期内，我们甚至无法给出一个大概的雾霾根治路径和时间节点。

技术不成熟给雾霾信息公开造成了极大的障碍。社会公众接收到的只是一大堆陌生的专业词汇和自相矛盾的混乱信息。信息的模糊和摇摆，非但无法抚慰公众的焦虑心理，反而滋生了非理性的情绪，甚至为谣言提供了温床。因为谣言产生的两个基本条件：第一，故事的主题必须对传谣者和听谣者有某种重要性；第二，真实的事实必须用某种模糊性掩盖起来——这种模糊性产生的原因有缺少新闻或新闻太粗略，新闻的矛盾性，人们不相信新闻，或者某些紧张情绪使个人不能或不愿意接受新闻中所述的事实[29]，在雾霾信息传播中都已经充分体现了。在技术的不确定性面前，政府往往功利地选择缄默，采用鸵鸟政策。

（四）雾霾信息公开的动力不足

信息公开是民主制衡行政专权的历史产物，因此在实施进程中必然存在着反弹与对峙。政府肯定不会有主动公开信息的意愿，这既是行政机构资源与技术相对有限的必然结果，也有行政主体简化管理流程和节约运行成本的考虑，更反映了主政者对信息传播潜在风险的隐隐担忧。因此，政府有着专享和垄断信息的本能反应，即使在信息公开实施相对充分的西方国家也是如此①。

雾霾关系到社会公众的身体健康，直接影响到生产和生活秩序，也间接影响到经济发展、社会稳定和政府形象。政府在治理结构现代化转型过程中，难免在雾霾信息公开这样的问题上进退维谷：一方面要避免立足于原有结构的政府权威在变革中过度流失，从而保证一定的社会秩序和政府运用及其动员社会资源的能力，或者说，要避免因政治危机而引起的社会失序或动乱，为推进现代化提供必要的政治社会条件；另一方面，为了保证这种权威真正具有“现代化

① 美国的社会公益组织“解密国家安全资料库”发表的系列报告显示，美国联邦信息公开中普遍存在着积压与迟延回复、“伪秘密”、网站建设不力等现象。参见赵正群、董妍：《公众对政府信息公开实施状况的评价与监督》，《南京大学学报(哲学人文科学社会科学版)》2009 年第 6 期。

导向”，必须防止转型中的政府权威因其不具有外部社会制约或因社会失序而出现的向传统“回归”[30]。政府权威的塑造绝非一日之功，一旦雾霾信息充分公开，却无法取得社会公众的认可和支持，则对雾霾防治可能无益，而对政治体的损害却是显然的。经过这样的成本-收益分析，政府自然缺少主动公开的动力。

而在包括信息公开在内的雾霾防治问题上，公民的觉醒与参与仍有待时日。在理想的图景中，公民通过一系列的商谈、妥协、外交、权力分享等方法和技艺，使治理所遇到的问题可以以非暴力的方式得到解决，公民身份可以消解可能给社会秩序造成威胁的张力根源。通过将权利、责任和义务结合在一起，公民身份提供了一种公正地分配和管理各种资源的方式，使公民共同分享社会生活中利益和负担[31]。但是，在当前我国的环保信息由政府主导公开，环境权的意识和理念未得到充分启蒙，公民自我组织和权利主张的能力也不够强，甚至对自下而上的参与模式不甚了了或信心不足，也就难以形成倒逼政府主动、及时、准确、全面地公开雾霾相关信息的有效动力。此外，公民意识和公民责任的欠缺，在一定程度上导致“搭便车”的心理盛行，也影响到民众参与的意愿。在最高人民法院开设的中国裁判文书网进行检索，发现关于信息公开的裁决文书有一万多件，但涉及环境信息公开的仅有三百余件，至于雾霾信息公开的尚未检索到[32]。

（五）雾霾信息公开的救济不充分

雾霾信息的知情权，是公民重要的法定权利，应有相应的救济方式予以保障。如果没有行政复议，特别是司法诉讼作为最终的救济，任何法律法规都只能是纸上谈兵，再美好的权利分配也不过是水月镜花。

在我国行政权力一支独大的现状下，如果政府不愿主动公开信息，则相对人的救济将异常困难。虽然根据《政府信息公开条例》的规定，相对人可以提起行政复议或行政诉讼，这已然是对《行政复议法》和《行政诉讼法》的重大突破和进步。但是，在政府公信力不够彰显、司法权威不足、司法机关地位不高的大背景下，对涉及国家秘密和社会稳定的信息公开案件，行政复议机关以及法院只能成为稳定大局的协从者，最理想的状态也不过是作为立场先行的协调者，努力说服申请人或原告进行妥协，而很难对权利人的诉求给予合法的支持。事实上，很多信息公开案件涉及国家秘密或专业技术问题，行政复议机关与法院都缺乏强有力的政治动力和法律推力，甚至连立案受理都很困难[33]。

另一方面，作为权利人的社会公众，虽然明确地感知到自己遭受到雾霾的侵扰，也有意愿获知雾霾相关信息，但在当前的权利救济实践中，想获得法律救济仍存在着诸多障碍。第一，雾霾影响的人群具有广泛性和不特定性，雾霾信息公开因此具有一定的公共属性，个人很难证明雾霾信息属于“与本人生产、生活、科研等特殊需要”，从而丧失适格的原告资格。第二，基于前述的雾霾信息公开的主体不明确问题，权利人无法确切指向应当掌握信息的行政主体。如环保部在 2013 年印发的《关于加强污染源环境监管信息公开工作的通知》中确立了“谁获取谁公开，谁制作谁公开”的原则。据此，大气污染同样也存在着信息掌控和公开的复杂性和专业性，社会公众很难确定特定雾霾信息的公开义务主体。行政机关相互之间也可能以信息不存在为由而相互推诿。第三，基于前述的雾霾信息公开的技术不成熟现状，行政机关应当掌握何种雾霾信息，信息的完整性、真实性、准确性应当达到何种程度，即使是专业人士也存在争议，因此信息公开义务机关完全可以宣称因技术原因而无法提供，而司法机关对此并不具备专业判断的能力。此外,受案范围、证明能力等种种因素叠加,使权利人事实上难以获得法律救济。

五、雾霾信息公开的制度完善

雾霾防治已成为世人瞩目的焦点问题,各部委、各地方都尝试在自己的职责范围内寻求可能的技术工具和政策工具,社会公众也通过各种途径提出享受清洁空气的诉求。在雾霾防治的迫切要求下,2012 年环保部发布了《重点区域大气防治“十二五”规划》,提出了区域雾霾整治的路径和目标。在此基础上,2013 年 6 月 14 日国务院常务会议出台的《大气污染防治行动计划》,更为细致地在加大综合治理力度、调整优化产业结构、加快调整能源结构、健全环境保护立法、明确政府企业和社会责任等十个方面部署了雾霾防治计划。但是总体来看,雾霾防治体系仍需更高的权威性、系统性、可操性和有效性。而在雾霾信息公开的制度构建和完善方面,同样需要进行细致的规划和设计。

(一)更新雾霾信息公开的理念

在中国民主政治不断进步和成熟的当下,作为公民基本权利属性的知情权尚未被充分尊重,信息公开在共识民主和管理效能方面的重要作用更没有被实践性地感知。完善雾霾信息公开机制,前提是树立科学的雾霾信息公开理念。

首先,雾霾信息公开应坚持政府信息公开的通用原则,即“以公开为原则,以不公开为例外”。任何国家都在信息公开方面列举了不予公开的例外情况,这往往是因为该类信息涉及国家秘密、商业机密或个人隐私。应当认为,列举式立法恰恰强调了信息公开是常态,不公开情形则属于限定严格的“负面清单”。不过,在实践中,行政机关及司法机关对政府信息,尤其是大量存在的裁量性政府行为所产生的信息是否应当公开拥有解释权,往往使行政机关事实上豁免了部分的信息公开义务。对此,美国的做法是把以往政府信息公开的限制性解释转变为推定方法,即对相关信息是否公开存有疑虑时,应优先适用公开原则。政府不应仅仅因为一旦信息披露将令政府官员尴尬,或可能会暴露政府的错误或疏失,或因为一些假想或抽象的顾虑,而不公开信息。行政部门不得出于保护政府官员利益的考虑,而以牺牲公众利益为代价不公开信息[34]。雾霾的成因、危害等信息应不涉及国家秘密和个人隐私,而污染排放也不得被当作商业秘密进行保护。除非经司法机关认定有符合法律规定的例外情形,雾霾信息一律应予公开。

其次,雾霾信息公开应及时、全面、真实。雾霾的发生具有一定的突发性与偶然性,严重的雾霾还会产生很强的危害性。因此,雾霾信息应参照突发环境事件的标准进行公开,坚持及时、全面、真实的基本原则。第一是及时。现有的技术条件,已经能够比较准确地预警雾霾发生的时间、强度和周期。因此,及时按照不同强度对雾霾进行预警,并公告重度雾霾情况下政府将要采用的应急措施,能更好地增强社会预期与消除恐慌,强化应急管理的效能,同时规避雾霾带来的损失,降低政府被批评指责而引发的政治风险。第二是全面。不仅是对雾霾的形态和过程进行基本的描述,更应公布雾霾可能带来的直接危害和次生损害,雾霾与人类行为的因果关系,雾霾应对预案的可能性和必要性,雾霾防治的长远规划和前景预期等深度信息,唯此才能使公众对雾霾有更深入的认知,挤压谣言生长的空间。第三是真实。囿于技术限制和信息滞后,行政部门公开的信息可能与客观事实有一定的差距,尤其是为达到全面公开的目标，更会导致公之于众的信息存在疑点和破绽。但是，如果雾霾信息公开的义务主体因此就对信息进行选择和加工，即使是出于“善意”把包装处理过的信息呈现于世，终究也会因真相的揭示而受到批评，甚至导致之前的努力付之东流。面对客观不能，行政机关更应全面客观地公布所有的信息，以坦诚打消公众对政府公信力的质疑。

最后，雾霾信息公开应体现便民原则。信息公开的直接目标就是破除政府的信息垄断，推动信息的充分共享，实现信息的最大效用，提升社会生产生活的便利性。这就要求雾霾信息公开的渠道要畅通，可以通过电视广播报纸等传统媒体，也可借助政府官方网络、微博、微信等新型网络工具，全面覆盖社会公众，让受众第一时间、多渠道、零成本地获取相关信息。雾霾信息公开也应通俗易懂，不宜生硬地把原始数据、专业术语推送给社会公众，而应进行信息整理、加工和释明，在保证科学性和准确性的基础上，以公众可以理解和接受的方式进行发布。

（二）构建雾霾信息公开协同和联动机制

雾霾污染源的多样性、复杂性以及应对的协调性、综合性，决定了雾霾的防治需要中央和地方协同齐力，不同职能部门跨界联动。因此，我们需要借助府际管理和伙伴合作这样的跨界治理工具。府际管理是 20 世纪 80 年代欧美国家兴起的一种多方合作的政府间活动，是一种跨区域跨部门的以合作为基础的互惠的政府关系模型。它主张政府间组织由传统的金字塔形趋向扁平化结构；淡化政府权威，由政府单边管理转向多边民主参与。府际管理除了注重各级政府关系外，还重视公私部门的合作，追求建立一种平等关系，主要依靠协商对话、网络参与来达到解决争端的目的[35]。

在雾霾信息公开的制度体系中，首先要构建央地的分工合作关系。中国地方治理的特殊性与复杂性，决定了中央对地方授权的必要性，充分调动地方治理的积极性和主动性。改革开放以来，地方经济的快速发展已经充分证明了央地合理分权的必要性，地方的自主创新也凸显了赋予地方治理权的积极效果。但是地方政府治理体制的生成仍有赖于中央集权化的政治调控，控制的核心就是党的干部人事制度，保证了足够的中央权威的政治调控和统一的行政管理，也激发了地方的竞争力[36]。在雾霾信息公开问题上，坚持中央集权控制下的央地分权模式，符合现有政治结构的逻辑，也决定着制度运行的效能。具体而言，对于区域性的雾霾事件，地方负责信息公开的相关事宜，中央对地方负有监督和考核的责任。环境保护部可以代表中央约谈雾霾信息公开不力的地方政府，对雾霾信息公开的表现进行考核和排名，甚至可以因重大责任而对地方首长采用一票否决制。这样就可以将雾霾信息公开嵌入官员考核体系中，确保制度的执行效果，同时也降低了在雾霾治理中中央政府政治权威流失的风险。而在跨区域性的雾霾事件中，中央承担信息公开的职责，以此避免信息的混乱和矛盾，抑制了地方政府的相互指责和责任推卸。

其次应构建环保、气象、国土、能源、工信、交通、住建、农业、城管、卫生等部门协同采集与发布雾霾信息的制度，保证信息公开的统一性、准确性和权威性。环保部门是法定的大气污染行政监管和执法部门，气象部门依法负有雾霾监测预警的职责，国土部门按法定职责统筹、许可煤炭石油等矿产资源的开采工作，能源部门负有制订能源标准和鼓励推行清洁能源的责任，工信部门应履行督促和监管高污染企业的设备淘汰和转型升级工作的职责，交通部门负责交通运输过程中产生的废气减排与雾霾时期的限行措施，住建部门应对城乡建设过程中可能产生的扬尘进行监管和执法，农业部门负责防治秸秆燃烧、农药使用等农业生产中可能产生的大气污染，城管部门宜对燃放鞭炮、餐饮油烟等大气污染行为行使管理职责，卫生部门则主要负责雾霾影响人体健康的病理分析及预警防治。为协调上述部门的工作，政府应牵头组织雾霾防治联合工作小组，由政府的分管行政首长担任组长，上述各部门的分管领导作为成员加入。所有相关部门共同建立雾霾信息的集成、分享和处理网络，由环保部门对外发布信息并接受公民申请公开雾霾信息。雾霾信息的集中处理和发布不仅可以防止不同部门因职责功能、专业领域、研究方法和观察角度的差别，导致各说各话，甚至信息“打架”；还能运用大数据和云计算等技术，对雾霾信息进行系统加工和深度分析；更确定了雾霾信息对外公开的义务主体，强化了责任机制。

（三）设立雾霾信息公开的第三方监督机构

现代公共事务的专业化程度越来越强，政府和民众往往因为信息不对称而产生误解、分歧和不信任。第三方机构被广泛地引入到公共管理之中，以独立的地位、专业的技能和客观的态度，弥合政治国家与市民社会的分裂。在司法裁决之前，设置一个相对独立的第三方机构，对政府信息公开行为进行判断和监督，将有效督促政府履行应有职责，并养成成熟理性的公民品质。

许多国家已建立了较为成熟的第三方独立机构体系，在社会生活各个领域对行政机构进行职能监督和职责补充。在信息公开方面，典型的如法国的获取行政文件委员会，它是一个履行咨询职能的独立的行政机构，其不附属于任何行政部门，专门负责行政文件的公开事务。获取行政文件委员会是由来自咨政院、最高法院、审计院的三位法律专业人士，来自国民议会、上议院、地方议会的三位议员，一位大学教授以及四位负责处理特定事务的专员组成。它通过提供咨询或发布意见的方式来促进行政行为的透明度，并对公共信息利用的相关问题提供建议或作出决定[37]。该委员会的性质仍然是咨询机构，但其凭借中立的地位、专业的判断和公正的决定，确立了自身的权威，从而使本不具有强制力和终局性的意见和裁决，在一定程度上得到了尊重和遵循。美国则在奥巴马履新之际，设立了隶属于国家档案局的政府信息服务办公室（Office of Government Information Service, OGIS），作为联邦信息自由法监察专员，专职受理信息公开申诉、调解信息公开纠纷、监督行政机关信息公开[38]。

雾霾污染的认知与治理是专业化程度很高的技术问题，人类目前尚未准确把握雾霾的机理，更无立竿见影的防控手段。独立的第三方专业机构，能够相对客观公正地判别雾霾信息公开的时机、范围和准确性是否与当前的技术能力相适应，这样一方面为政府雾霾信息公开工作提供示范和指南，另一方面也有效地转移和稀释了民众的焦虑和不满，从而分担了政府因短期内无法根治雾霾而承受的压力。由全国人大及省级人大的环境与资源保护委员会担任监督雾霾信息公开工作的第三方职责，是中国的政治架构下最为合适的选择：第一，人大的专门委员会（有的省级人大将其定位为工作委员会）作为人大常委会的常设机构，享有人大授予的审议权、调查权、质询权等法定权力，充分使用了现有的宪法和法律资源，而无须专门进行立法。第二，近年来各级人大在履职意愿、履职态度、履职能力方面都有了显著的进步，强化了权力机关应有的地位和职能。第三，随着公民参政议政意识的觉醒以及人大代表素养的提高，人大代表越来越贴近代表人民行使国家权力的角色定位，人大的地位也相对超脱于其他权力机构，敢于也乐于行使其法定权力。第四，人大专门委员会的组成人员大多具有多年的行政机关工作履历，对相关领域的行政管理工作相当熟悉。综上，可以在环境与资源保护委员会下设雾霾防治委员会，作为其常设的工作机构。委员由环资委委员、独立科研院所专家、非政府环保组织志愿者等兼职担任，负责制订和完善雾霾信息公开的工作机制，审议环保部及各省级环保部门雾霾信息公开工作报告，发现并责令环保部门改正信息公开工作的错误，建议督促其更好地履职。

（四）鼓励雾霾信息公开的公众组织化参与

按照社会契约论的观点，国家权力源自于人民的授权，这是政府获致正当性的根本所在。政治国家与公民社会作为问题的两面，既相互分离又彼此支撑。在公民社会模式中，公民是主要责任人，国家是辅助者，它只是在需要的时候才介入和提供帮助。辅助原则要求那些切身利益受到影响的人成为解决问题的第一行动者，通过自我负责的行动解决自己所面临的问题，而国家则提供信息和必要的物资。公民社会的模式显然有其长处：自己的问题自己解决本是天经地义之事；自己无能为力时，求助于别人或上级单位也是在情理之中的。因此，这是一种比较公正的模式。同时，这个模式也较为节俭有效，因为参与解决问题的人都是受问题影响的人，他们更了解情况，不需要动员庞大的人力和投入大量的资金，较为节俭[39]。

公民在参与国家管理和决策时，有着天然的弱点：原子化的个人与强大的政府之间存在着巨大的资源差异，尤其是在专业性很强的领域，信息不对称被明显强化。为弥补这样的缺陷，公民必须结成社团，组织化地参与到政治和社会事务中，才能弥补相对人的知识和能力短板，使参与者强烈体验到自身的影响力，从而更好地调动参与者的积极性，并逐渐稳定和固化在个案中自发或半自发形成的组织体。雾霾防治不啻公民组织化参与的绝佳契机：环境污染直接关系到社会公众自身以及子孙后代的健康、安全和社会可持续发展等安身立命的生存问题，而且污染问题无差别地影响到每一个体，从而能够形成社会共识，天然地拥有伦理上的正当性与政治上的正确性，即使是石化行业等利益集团也无法公开地站到公众的对立面。更重要的是，治理污染外在体现为技术路径，并不直接与意识形态相关联，因此该领域的公众参与更容易得到政府的认可甚至是鼓励。

雾霾信息公开工作同样需要鼓励公众的组织化参与。一方面，政府配合、鼓励和支持公民自发的组织化行为，与其建立合作、制衡、互补的建设性关系。对于非营利性的雾霾研究、宣教、防治等公益组织，依法予以登记注册，确认其法律地位，保障其开展活动的法定权利，并在税费减免、项目活动等方面给予支持。环保部门应当争取公益组织的理解和认同，通过对话和协商传达自身对于雾霾治理的理念、路径和时限，把积极的、正面的相关信息通过公益组织释放给公众。对于公益组织提出的信息公开要求，则应尽最大的努力予以满足，并针对社会舆论的误解或批评，公布相关信息予以解释或澄清。同时，环保部门应积极引导公众按照新修订的《环境保护法》第五十八条，以环保组织的名义作为适格原告，参与到起诉雾霾污染源等民事公益诉讼当中，从而形成与行政监管共同发力的共治局面。另一方面，环保部门在雾霾信息公开的相关制度起草、行政听证等环节，应主动邀请相关公益组织参加，征求或听取其意见，在源头发现问题症结，降低沟通互信的经济成本和社会成本。

（五）提升雾霾信息公开的质效

建立重大雾霾污染事件的及时预警、动态发布与后续释明机制，是提升雾霾信息质效的有效举措。

当前一些雾霾多发地区已制定了重大雾霾污染的预警和预案机制。预警信息是雾霾信息群的基础部分,也是公众需求度最高的信息。在现有的技术条件下,对重大雾霾污染事件有能力,也有必要进行第一时间的预警。预警区分为不同等级,对应不同的响应级别。2015 年 12 月 7 日晚,北京市应急办首次发布空气重污染红色预警,随即启动机动车单双号限行、中小学及幼儿园停课、工地停工等紧急预案。因为该次预警及时、准确,并且坚决地执行了相应的应对措施,加之政府和媒体都对其进行了广泛的宣传、说明和解释,北京市民的情绪较为稳定,舆论普遍认为该制度是中国应对频繁发生的雾霾事件的一个进步。相反是在 2016 年北京提高雾霾红色预警门槛后,引发了诸多的评论和猜测。

但是,从一次完整的雾霾进程来看,仅有预警并不能视作充分的信息公开。在预警发布后,相关的动态信息发布和后续释明制度还没能有效地建立起来,以 2015 年的《北京市空气重污染应急预案》为例,其只规定了雾霾的预警和解除,但对雾霾持续进程中的相关信息未有动态发布的强制要求。即使预报了雾霾消散的时间,身处雾霾之中的公众仍将因信息的匮乏而焦虑。事实上,不断更新的动态信息能避免公众因身处信息真空而产生惶恐,使公众通过了解政府、社会组织、他人的行为和境遇,形成有效的引导、示范和安慰。更重要也却更易被忽视的工作是,在雾霾后则应由专业机构和人士对雾霾的生成机理、可能危害、应对方案以及雾霾再次发生的频率、概率等进行释明,有利于形成社会公众的实际心理预期。雾霾相关信息经过必须在保证准确性的前提下予以及时发布,如确实因技术条件的限制无法准确描述及预估雾霾成因、过程及后果等要素的,在公布时应将该情况予以说明,并提示雾霾污染可能的危害及其概率。

(撰写人:徐 骏)

作者简介:徐骏,南京信息工程大学气候变化与公共政策研究院副教授,法学博士,主要研究跨区域气候治理。

参考文献

[1] GOLDMAN B A. Community right to know: environmental information for citizen participation. Environmental Impact Assessment Review, 1992,**12**(3):315-325 .

[2] PERKINS J H. The right to know. Environment Practice, 2002(2):37.

[3] LAMBERT T W. Ethical perspective for public and environmental health: fostering autonomy and the right to know. Environmental Health Perspective, 2003,**111**(2):133-137.

[4] ECHEVERRIA J D. Poisonous procedural "reform": in defense of environmental right-to-know. Public Policy, 2003(2):37.

[5] KLOSEK J. The right to know: your guide to using and defending freedom of Information law in the United States. Praeger Publishers Inc, 2009.

[6] 钟卫红.《奥胡斯公约》中的环境知情权及其启示. 太平洋学报, 2006(8):14-21.

[7] 赵正群. 中国的知情权保障与信息公开制度的发展进程. 南开学报(哲学社会科学报), 2011(2):53-64.

[8] 朱谦. 环境知情权的缺失与补救. 法学, 2005(6):60-66.

[9] 王文革. 环境知情权保护立法研究. 北京:中国法制出版社, 2012.

[10] [美]查尔斯·蒂利著,魏洪钟译. 民主. 上海:上海世纪出版集团, 2009.

[11] [美]斯蒂格利茨. 自由、知情权和公共话语. 环球法律评论, 2002.

[12] 宋德勇,石昶. 环境友好行为、信息公开与庇古税研究. 中国人口·资源与环境, 2012, **12**(6):7-11.
[13] 芮国强,宋典. 信息公开影响政府信任的实证研究. 中国行政管理, 2012(11):96-101.
[14] [美]乔万尼·萨托利著,冯克利,阎克文译. 民主新论. 上海:上海人民出版社, 2009:107.
[15] [美]罗纳德·德沃金著,鲁楠,王淇译. 民主是可能的吗? ——新型政治辩论的诸原则. 北京:北京大学出版社, 2012:5.
[16] 陈乐民. 启蒙札记. 北京:三联书店, 2009: 190.
[17] 龚信. 政府信息公开迈入 2.0 时代. 人民日报, 2014-01-23.
[18] 王宇. 2014 年我国政府信息公开工作取得显著进展. 新华网,2015-01-09.
[19] 吕艳滨. 政府信息公开制度实施状况——基于政府透明度测评的实证分析. 清华法学, 2014(3):51-65.
[20] 李爱年, 刘爱良. 后《奥胡斯公约》中环境信息公开制度及对我国的启示. 湖南师范大学社会科学学报, 2010(2):54-58.
[21] 杨永纯,高一飞. 比较视野下的中国信息公开立法. 法学研究, 2013(4):115-123.
[22] 章剑生. 知情权及其保障. 中国法学, 2008, **4**:149.
[23] 李林旭. 河北省委书记周本顺:河北空气污染要找自身原因. 新京报, 2015-03-10.
[24] 雷宇,等. 建立大气治理长效机制,留住"APEC 蓝". 环境保护, 2014(24):36-39.
[25] 潘竟虎,等. 中国大范围雾霾期间主要城市空气污染物分布特征·生态学杂志,2014(12):3423-3431.
[26] 中国科协. 第 280 次青年科学家论坛聚焦"雾霾成因与 $PM_{2.5}$ 污染治理". 科技导报, 2014(30):39.
[27] 石萌萌. 穹顶之下,雾霾之争. 科技导报, 2015,**33**(6):9.
[28] 郭丽君,等. 华北一次持续性重度雾霾天气的产生、演变与转化特征观测分析. 中国科学, 2015(4):427-443.
[29] [美]奥尔波特著,刘水平,等译. 谣言心理学. 沈阳:辽宁教育出版社, 2003:17.
[30] 邓正来. 国家与社会:中国市民社会研究. 北京:北京大学出版社,2008:2.
[31] [美]基思·福克斯著,郭忠华译. 公民身份. 长春:吉林出版集团有限责任公司, 2009:4.
[32] 中国裁判文书网,http://wenshu.court.gov.cn/,2016-3-31.
[33] 王锡锌. 信息公开的制度实践及其外部环境——以政府信息公开的制度环境为视角的观察. 南开学报(哲学社会科学版),2011(2):65-71.
[34] 胡锦光,王书成. 美国信息公开推定原则及方法启示. 南京大学学报(哲学人文科学社会科学版),2009,46(6):34-42.
[35] 陶希东. 跨界治理:中国社会公共治理的战略选择. 学术月刊,2011(8):22-29.
[36] 徐晨光,王海峰. 中央与地方关系视域下地方政府治理模式重塑的政治逻辑. 政治学研究,2013(4):30-39.
[37] 李滨. 法国信息自由保护的立法与实践. 南京大学学报(哲学·人文科学·社会科学版),2009,**46**(6):43-51.
[38] 王新才,周佳. 美国贯彻《信息自由法》的措施及对中国的启示. 电子政务 2013(4):59-64.
[39] 於兴中. 辅助性:宪政与发展的一项重要原则//吴敬琏主编,洪范评论第 12 辑. 北京:三联书店, 2010:85-86.

低碳技术国际转让与雾霾治理问题研究

摘　要:当前全球气候变化技术分布极不均衡。一方面,发达国家掌握和控制了大多数的技术权利,却怠于运用其应对全球气候变化;另一方面,广大发展中国家虽然在气候变化技术开发和利用方面极具潜力,但是缺乏获取气候变化技术的资金和渠道。在应对气候安全挑战方面,人类能够利用的时间已经不多,加速低碳技术国际转让迫在眉睫。雾霾问题与气候变化问题同根同源。气候变化技术国际转让有助于减少化石能源消耗和温室气体排放,因此同样有助于解决雾霾问题。《巴黎协定》对气候变化技术开发、利用和转让予以了高度重视。中国应抓住此契机,促进气候变化技术国际转让,并以此促进我国雾霾问题的有效解决。

关键词:雾霾;低碳技术;气候变化;《巴黎协定》

Research on Low Carbon Technology International Transfer and Smog Control

Abstract:The global distribution of climate change technologies is extremely uneven. On one hand, many developed countries are not willing to share their technologies with developing countries to address global climate change although they own and control most of the climate change technologies. On the other hand, many developing countries don't have enough money and channels to acquire climate change technologies although they have huge potentials to use these technologies to reduce greenhouse gases. The challenge of climate security is really urgent so that it's necessary to promote low carbon technology international transfer. Reliance on fossil fuel is not only the cause for climate change but also the cause for smog. Therefore, low carbon technology international transfer is also important to solve smog problem. Paris Agreement pays much attention on development and diffusion of climate change technology. It's a good opportunity for China to promote climate change technology international transfer to solve smog problem after Paris Agreement.

Key Words:Smog; Low carbon technology; Climate change; Paris Agreement

一、引　言

雾霾问题是中国政府和社会各界最为关切的环境问题之一。雾霾问题直接威胁到人民的生命健康安全,亟须动用一切社会资源加以预防和治理。在 2014 年年初的一次国务院常务会上,李克强指出:"雾霾现在成了网上出现频率最高的词,已成为民生改善的当务之急。这个问题,政府决不能回避。"[1]

低碳技术(low carbon technology)又称气候变化技术(climate change technology)或环境友好技术(environment sound technology)。利用先进的低碳技术,不仅有助于降低低碳排放和减少化石能源消耗,有效应对全球气候变化,而且有助于解决雾霾问题。

在国际气候博弈中,发展中国家希望能够获得更多、更先进的低碳技术,但实际情况是很多低碳技术为发达国家所垄断。发达国家出于保护本国利益出发,在低碳技术国际转让方面口惠而实不至。如何采取措施,促进发达国家加速向发展中国家开展低碳技术转让?这个问题既事关中国如何更好地开展应对气候变化工作,又关系到中国如何更好地利用国际先进技术来治理雾霾,具有重要的现实意义。

二、《联合国气候变化框架公约》及其议定书下技术机制概述

1988 年 11 月,世界气象组织(WMO)和联合国环境规划署(UNEP)建立了政府间气候变化专门委员会(IPCC),并召开了第一次大会,即成立大会,其主要任务是对与气候变化有关的各种问题展开定期的科学、技术和社会经济评估,提供科学和咨询意见;1990 年,IPCC 发表评估报告,肯定气候变化对人类具有严重威胁,呼吁国际社会通过一项条约来协调处理这一问题;IPCC 的成立及其工作,为气候变化谈判提供了一定的科学基础[2]。

联合国大会于 1988 年首次审议了气候变化问题,并通过了题为"为了当代人和子孙后代保护全球气候"的 43/53 号决议,加强了国际社会对气候变化问题的政治关注;1989 年 11 月,国际大气污染和气候变化部长级会议在荷兰诺德韦克举行,大会通过了《关于防止大气污染与气候变化的诺德韦克宣言》,提出了人类正面临人为所致的全球气候变化的威胁,决定召开世界环境问题会议,讨论制定防止全球变暖公约的问题;联合国第 45 届大会于 1990 年 12 月 12 日通过了第 45/212 号决议,决定设立气候变化框架公约政府间谈判委员会,正式启动了《联合国气候变化框架公约》的谈判进程[2]。

《联合国气候变化框架公约》政府间谈判委员会于 1991 年 2 月至 1992 年 5 月间共举行了六次会议(第一次会议至第五次会议续会),最终于 1992 年 5 月 9 日在纽约通过了《联合国气候变化框架公约》(以下简称《公约》)。《公约》仅规定发达国家应在 20 世纪末将其温室气体排放恢复到其 1990 年的水平,但没有为发达国家规定量化减排指标。1995 年在柏林举行的第一次缔约方会议认为,上述承诺不足以缓解全球气候变化[2]。会议据此通过了"柏林授权",决定谈判制定一项法律文件,为发达国家规定 2000 年后温室气体减排义务及时间表;同时决定不为发展中国家增加除《公约》义务以外的任何新义务[2]。国际社会为制定"柏林授权"所规定的法律文件举行了八届会议,形成了一份谈判案文提交给第三次缔约方会议[2]。1997 年 12 月 1 日至 11 日,第三次缔约方会议(又称京都会议)在日本京都举行,会议终于协商一致完成

谈判，制定了《〈联合国气候变化框架公约〉京都议定书》[2]。《京都议定书》是第一个为发达国家规定了量化减排指标的国际法律文件，但没有为发展中国家规定任何减排或限排义务，符合“柏林授权”的精神与规定[2]。《京都议定书》签订后，其生效问题成为全球关注的热点，议定书的生效条件是要达到“两个55”，即有55个《公约》缔约方批准议定书，且其中的附件一国家缔约方1990年温室气体排放量之和占全部附件一国家缔约方1990年温室气体排放总量的55%[2]。这样规定的原因在于，必须有一定数量的《公约》缔约方批准议定书，且它们能够承担减少大部分的温室气体排放的义务，议定书的生效才有实际意义[2]。1997年12月至2001年11月近4年间，只有43个国家批准了议定书，且其中多为小岛国，没有任何主要的附件一国家和较大的发展中国家[2]。2001年美国宣布不批准《京都议定书》引起各国强烈反映，因为美国1990年温室气体排放量占所有附件一国家当年总排放量的36.1%，此举大大动摇了一些国家批准议定书的决心，比如澳大利亚也于2002年宣布不批准议定书[2]。尽管欧盟、日本和不少发展中国家仍宣布支持议定书，但当时的议定书生效前景不容乐观，人们不得不怀疑议定书生效的可能性[2]。2001年年底“马拉喀什协定”的通过推动了更多国家批准议定书，2002年8月南非约翰内斯堡可持续发展世界首脑会议前后，批准议定书的形势似有峰回路转之势，截至2002年9月5日，已有93个国家批准了议定书，其中不仅有欧盟各成员国和日本等主要的附件一国家，更为重要的是，还有中国、印度和巴西等大的发展中国家，至2002年12月17日，新西兰和加拿大等国也批准了议定书[2]。由于占1990年附件一国家排放量的17.4%的俄罗斯最终批准了《京都议定书》，导致该议定书于2005年2月正式生效。

《联合国气候变化框架公约》(以下简称“公约”)确立了全球合作应对气候变化的六项基本原则：

一是共同但有区别的责任原则。《公约》第三条第二款第一项规定：“各缔约方应当在公平的基础上，并根据它们共同但有区别的责任和各自的能力，为人类当代和后代的利益保护气候系统。因此，发达国家缔约方应当率先应对气候变化及其不利影响。”

二是充分考虑发展中国家的具体需要和特殊情况原则。《公约》第三条第二款第二项规定：“应当充分考虑到发展中国家缔约方尤其是特别易受气候变化不利影响的那些发展中国家缔约方的具体需要和特殊情况，也应当充分考虑到那些按本公约必须承担不成比例或不正常负担的缔约方特别是发展中国家缔约方的具体需要和特殊情况。”

三是风险预防原则。《公约》第三条第二款第三项规定：“各缔约方应当采取预防措施，预测、防止或尽量减少引起气候变化的原因，并缓解其不利影响。当存在造成严重或不可逆转的损害的威胁时，不应当以科学上没有完全的确定性为理由推迟采取这类措施，同时考虑到应对气候变化的政策和措施应当讲求成本效益，确保以尽可能最低的费用获得全球效益。为此，这种政策和措施应当考虑到不同的社会经济情况，并且应当具有全面性，包括所有有关的温室气体源、汇和库及适应措施，并涵盖所有经济部门。应对气候变化的努力可由有关的缔约方合作进行。”

四是促进可持续发展原则。《公约》第三条第二款第四项规定：“各缔约方有权并且应当促进可持续的发展。保护气候系统免遭人为变化的政策和措施应当适合每个缔约方的具体情况，并应当结合到国家的发展计划中去，同时考虑到经济发展对于采取措施应对气候变化是至关重要的。”

五是开放经济原则。《公约》第三条第二款第五项规定：“各缔约方应当合作促进有利的和开放的国际经济体系,这种体系将促成所有缔约方特别是发展中国家缔约方的可持续经济增长和发展,从而使它们有能力更好地应对气候变化的问题。为应对气候变化而采取的措施,包括单方面措施,不应当成为国际贸易上的任意或无理的歧视手段或者隐蔽的限制。”

六是国家主权原则。《公约》在前言中承认“各国根据《联合国宪章》和国际法原则,拥有主权权利按自己的环境和发展政策开发自己的资源,也有责任确保在其管辖或控制范围内的活动不对其他国家的环境或国家管辖范围以外地区的环境造成损害,”在此基础上重申了“在应对气候变化的国际合作中的国家主权原则”,因此,国家主权是所有缔约方缔结《公约》所必须遵守的一项基本原则。

在技术转让方面,根据《公约》第四条第五款的规定,附件二所列的发达国家缔约方和其他发达缔约方应采取一切实际可行的步骤,酌情促进、便利和资助向其他缔约方特别是发展中国家缔约方转让或使它们有机会得到无害环境的技术和专有技术,以使它们能够履行本公约的各项规定。在此过程中,发达国家缔约方应支持开发和增强发展中国家缔约方的自生能力和技术。有能力这样做的其他缔约方和组织也可协助便利这类技术的转让。《京都议定书》第十条第三款规定,所有缔约方,考虑到它们的共同但有区别的责任以及它们特殊的国家和区域发展优先级、目标和情况,在不对未列入附件一的缔约方引入任何新的承诺、但重申依《公约》第四条第一款规定的现有承诺并继续促进履行这些承诺以实现可持续发展的情况下,考虑到《公约》第四条第三款、第五款和第七款,应合作促进有效方式用以开发、应用和传播与气候变化有关的有益于环境的技术、专有技术、做法和过程,并采取一切实际步骤促进、便利和酌情资助将此类技术、专有技术、做法和过程特别转让给发展中国家或使它们有机会获得,包括制订政策和方案,以便有效转让公有或公共支配的有益于环境的技术,并为私有部门创造有利环境以促进和增进转让以及获得有益于环境的技术。

《公约》还对最不发达国家的资金和技术需求予以了特别的关注。根据《公约》第四条第九款的规定,各缔约方在采取有关提供资金和技术转让的行动时,应充分考虑到最不发达国家的具体需要和特殊情况。

2001年10月25日至11月9日,在摩洛哥马拉喀什举行的《公约》第七次缔约方会议上以一揽子方式通过了落实“波恩协议”的一系列决定(统称为“马拉喀什协定”)。根据《公约》第七次缔约方会议第四号决定(4/CP.7),缔约方会议决定设立一个由缔约方提名的专家组成的技术转让专家小组,目的是增进《公约》第四条第五款的执行,任务包括分析和寻找便利及促进技术转让活动的途径,以及向附属科学技术咨询机构提出建议。缔约方会议还促请发达国家缔约方酌情通过现有的双边和多边合作方案提供技术和资金援助。

《公约》第七次缔约方会议第四号决定还以附件的形式,列出了“为增强《公约》第四条第五款的执行和有效行动的框架”。该框架的目的是“增加和改善无害环境技术和诀窍的转让和获得,从而为增强执行《公约》第四条第五款采取有意义和有效的行动”。该框架确立的基本原则是:成功地开发无害环境技术和诀窍要求在国家和部门两级采取国家驱动的综合做法。这应由利害关系方(私营部门、政府、捐助界、双边和多边机构、非政府组织和学术及研究机构)开展合作。该框架还对上述行动关键主题和领域的目的和执行进行了具体规定。

关于技术需要及其评估,《公约》框架下做出了较为细致的规定。根据《公约》第七次缔约方会议第四号决定(4/CP.7)的附件“为增强《公约》第四条第五款的执行而采取有意义的和有效行动的框架”第三段“有意义和有效行动的关键主题和领域”中第一分段“技术需要和需要评估"中的定义,技术需要和需要评估是一系列国家驱动的活动,目的在于查明和确定不在发达国家缔约方之列的缔约方以及未列入附件二其他缔约方特别是发展中国家缔约方在缓解和适应技术方面的优先事项。这就要求不同的利害关系方参与协商,通过部门分析查明技术转让的障碍和解决这些障碍的措施。这些活动可处理软技术和硬技术,如缓解和适应技术,找出各种规章办法,制定财政和资金鼓励办法及能力建设。《公约》下技术需要及其评估框架确定其目的在于协助和分析优先的技术需求,以此作为一套无害技术项目和方案的基础,以利执行《公约》第四条第五款方面转让和获取无害技术和诀窍。在执行方面,该框架鼓励不在发达国家缔约方之列的缔约方和未列入附件二的缔约方,特别是发展中国家缔约方,视国情并根据供资情况,评估对于发达国家缔约方和附件二所列其他发达国家缔约方的国别技术需求。有能力的其他组织也可协助促进技术需要评估进程。鼓励缔约方在国家信息通报、其他有关国家报告中和通过其他渠道(如技术信息交流站)提供关于其技术评估结果的信息,供附属科技咨询机构定期审议。此外,该框架还促请发达国家缔约方便利和支持需要评估进程。

关于技术信息,《公约》也确定了相应的制度框架。根据《公约》第七次缔约方会议第四号决定(4/CP.7)的附件"为增强《公约》第四条第五款的执行而采取有意义的和有效行动的框架"第三段"有意义和有效行动的关键主题和领域"中第二分段"技术信息"中的定义,该框架中关于技术信息的部分界定为便利不同利害关系方交流信息以增强无害环境技术的开发和转让的各种手段,包括硬件、软件和联网。根据框架中关于技术信息这一部分的规定,《公约》缔约方可就无害技术的技术参数、经济和环境方面、所认明的未列入附件二的缔约方特别是发展中国家缔约方的技术需要、发达国家提供无害环境技术的总体情况及技术转让的机会提供信息。该框架确定其目的是建立一个高效率的信息系统,支持技术转让并改进根据《公约》开发和转让无害技术所涉及的技术、经济、环境和规章信息的生成、流动和获取。在执行方面,该框架请秘书处主要开展以下工作:一是与"气候技术计划"和其他有关组织合作,贯彻落实当前有关工作,包括秘书处所进行工作的成果,开发互联网上新的搜索引擎,以利寻找查阅已有清单所列无害环境且经济可行技术和诀窍,包括有利于缓解和适应气候变化的技术和诀窍;二是与区域中心和其他机构合作,找出现有无害环境技术清单中的空白,并视需要更新和拟订此种清单;三是组织专家研讨会,研讨技术信息,包括研讨可选择哪些办法建立信息交流中心和加强信息中心及网络,并进一步确定用户需要、质量控制标准、技术规格以及缔约方的作用和贡献;四是与缔约方和联合国有关机构及其他国际组织和机构协调,加快开发技术转让信息交换所的工作,并拟订落实办法,尤其是《公约》之下的国际信息交换所的联网,并加强技术信息中心和网络。

关于能力建设,《公约》也确定了相应的制度框架。根据《公约》第七次缔约方会议第四号决定(4/CP.7)的附件"为增强《公约》第四条第五款的执行而采取有意义的和有效行动的框架"第三段"有意义和有效行动的关键主题和领域"中第四分段"能力建设"中的定义,在执行《公约》第四条第五款方面,能力建设是一个进程,是要帮助不在发达国家缔约方之列的缔约方及未列入附件二的其他发达缔约方,特别是发展中国家缔约方建设、发展、加强、提高和改善现有的科学和技术技能、能力和机构,以评估、调整应用、管理和开发无害环境技术。能力建设必须以国家为驱动,针对发展中国家的具体需要和条件,反映其国家可持续发展战略、优先任务和行动。这主要由发展中国家缔约方根据《公约》规定在发展中国家进行。该制度框架确定能力建设的目标是加强不发达国家缔约方之列的缔约方及未列入附件二的其他缔约方的能力,特别是发展中国家缔约方的能力,促进广为散发、使用和开发无害环境技术和诀窍,以使其有能力执行《公约》的规定。该框架还确定其下的能力建设应当遵循《公约》第七次缔约方会议第二号决定和第三号决定中确定的原则。在执行方面,该框架规定发达国家缔约方和附件二所列的其他缔约方应当采取以下切实步骤:一是提供资源援助发展中国家执行能力建设,以增强《公约》第四条第五款的执行,为此要考虑框架中第十八条和第十九条的规定。这些资源应包括适足的资金和技术资源,使发展中国家能够开展国家一级的需要评估,并以符合执行《公约》第四条第五款的方式开展特定的能力建设活动;二是以协调和及时的方式对发展中国家的能力建设需要和优先事项作出反应,并酌情支持在国家和分区域及区域各级开展的活动;三是特别注意最不发达国家和小岛屿发展国家的需要。除此以外,该框架还要求所有缔约方应当改进与开发和转让技术有关的能力建设活动的协调和效能,所有缔约方应促进有利于这些能力建设活动的可持续性和有效性的条件。

值得一提的是,该框架第十八条列举了以下事项属于不在发达国家缔约方之列的缔约方及未列入附件二的其他发达缔约方,特别是发展中国家缔约方在转让和获取无害环境技术及诀窍的能力建设方面的需要和领域的初步范围:一是执行与技术的转让和开发有关的区域、分区域和/或国家能力建设活动;二是增强公有、私营和国际金融机构对于在与其他备选办法平等的基础上评价无害环境技术的必要性的意识;三是通过示范项目为使用无害环境技术提供培训机会;四是增强采纳、调整适用、安装、操作和维护特定无害环境技术的技能并加强用于替代技术办法的方法;五是加强与技术转让有关的现有国家和区域机构的能力,为此要考虑到国家和部门的具体情况,包括南南合作和协作;六是提供气候变化技术的项目开发、管理和操作的培训;七是制定和执行标准和规章,以促进无害环境技术的使用、转让和取得,为此要注意具体国家的政策、方案和情况;八是开发技术需要评估的技能和诀窍;九是改进关于能源效率和使用可再生能源技术的知识。该框架第十九条还列举了以下事项属于开发和增强发展中国家内部能力和技术方面的能力建设需要和领域的初步范围,并且确定这些属于应得到发达国家缔约方支持的国家驱动进程:一是酌情建立和/或加强发展中国家的有关组织和机构;二是视可能建立和/或加强发展中国家有关国家机构和区域机构的培训、专家交流、研究金和合作研究方案,以转让、应用、维护、调整适用、传播和开发无害环境技术;三是建设针对气候变化不良影响的内在能力和其他能力;四是加强研究、开发、革新、采用和调整适用无害环境技术和系统观测气候变化及其相关不利影响的内在能力和其他能力;五是增进对于能源效率和使用可再生能源技术的了解。

关于技术转让机制,《公约》也确定了相应的制度框架。根据《公约》第七次缔约方会议第四号决定(4/CP. 7)的附件"为增强《公约》第四条第五款的执行而采取有意义的和有效行动的框架"第三段"有意义和有效行动的关键主题和领域"中第五分段"技术转让机制"中的定义,技术转让机制是要便利开展资金活动、体制活动和方法活动,以实现以下目标:一是加强不同国家和区域所有利害关系方的协调;二是使它开展合作,向不在发达国家缔约方之列的缔约方及未列入附件二的其他发达缔约方,特别是发展中国家缔约方,通过技术转让和伙伴关系(公有/公有、私营/公有和私营/私营)加快开发和传播,包括转让无害环境技术、诀窍和做法;三是便利制定为这一目的提供支持的项目和方案。

根据上述决定的规定,技术转让机制的目的是制定有意义和有效的行动,通过增加无害环境技术的转让和获取机会,增强执行《公约》第四条第五款。上述决定还对技术转让的体制安排做出了规定:该体制的职能是就推进《公约》之下无害环境技术和诀窍的开发和转让提供科学和技术上的咨询意见,包括制订增强《公约》第四条第五款。上述决定还以附录的形式确定了技术转让专家小组主要具有以下职权:一是分析和寻找便利和促进技术转让活动的途径,并向附属科学技术咨询机构提出建议;二是每年就其工作提出报告并提出下一年的工作计划,由附属科学技术咨询机构作出决定。

三、气候变化问题安全化凸显加速气候变化技术国际转让的重要性

不彻底变革发展模式就不可能从根本上战胜气候安全挑战。在气候安全挑战日趋严峻的形势下,虽然由于参与国际合作的行为体之间利益冲突错综复杂,人类在应对气候变化国际制度的构建方面仍然未取得突破性进展,但是在这场国际博弈的进程之中,几乎所有的国际行为体的认识都在发生着深刻转变,并对人类发展模式必须发生根本性改变形成了较为普遍的共识。联合国经济与社会事务部于 2011 年发布的《世界经济和社会概览》(以下简称《概览》)较为深刻地阐释了人类社会在这方面的共识,《概览》指出:"为了让发展中国家的人民能够达到体面的生活水平,尤其是对数十亿现在还生活在凄惨的贫困状态的人民以及在 21 世纪中叶前将来出生在我们这个星球的 20 亿人口而言,更加巨大的经济发展是必需的。如果继续沿着此前扭曲的经济增长路径发展的话,势必进一步加剧世界资源和自然环境所面临的压力,而这样的发展路径也将因为生计无法继续得到维持而受到限制。因此,'一切照旧'(business as usual)的模式并非一项可供选择的选项。"[3]

人类不掌握先进的气候变化技术就不可能彻底改变发展模式。正如有学者所评论的,"在很大程度上,人类今天的环境状态是由于此前人类在科学技术方面的选择所造成的,而 21 世纪人类的环境状态将由今天人类在科学技术方面的选择而决定"[4]。

应对全球气候安全挑战的关键在于发展中国家掌握先进气候变化技术。一方面,发展中国家在适应气候变化方面最具有脆弱性,同时它们在适应气候变化方面的脆弱性正是全球气候安全所面临的主要威胁。另一方面,发展中国家在减缓气候变化方面最具有潜力。正如联合国经济与社会事务部发布的《2011 年全球经济与社会调查》(*World Economic and Social Survey* 2011)中所指出的,现行的经济体系中很多成分已经被"锁定"于使用非绿色和非可持续性的技术,这需要付出高昂的成本来逐渐摆脱这些技术;发展中国家,尤其是低收入的发展中国家,使用电力的比率还比较低,可以直接跳跃到以可再生能源为主要能源形式的阶段;目前的问题是如何使得这些国家可以获得并使用能够负担得起的绿色技术[3]。

值得指出的是,发展模式的转型不仅能使发展中国家显著提升应对气候变化能力,使它们能够为全球碳减排做出更大贡献,而且能够解决它们最亟待解决的迫切问题,因此具有极大的实际可行性。联合国环境规划署 2011 年发布的《迈向绿色经济:通向可持续发展和消除贫困的各种途径》报告就对此做出了比较深入的分析。报告指出:"大部分发展中国家以及它们的大多数人口都直接依赖自然资源。全球许多农村贫困人群的生计,也与脆弱的环境及生态系统的开发有错综复杂的联系。当下超过 6 亿的农村贫困人口依赖土地生存,而这些土地有退化和缺水的倾向,并且处于易受气候影响和生态破坏的高原、森林和干旱地区。依照当前的全球农村人口走向和贫困变化趋势,农村人口趋于聚集在边缘地带和脆弱环境中,在可预见的未来,这一问题将持续存在。……气候变化引起的危害可以体现为海平面上升、海岸侵蚀以及更

频繁的暴雨，这些危害往往更容易影响世界上的贫困人群。在发展中国家，大约有14%的人口和21%的城市居民生活在低海岸区域，这些区域正在遭受上述危机的影响。数以亿计人的生计(从贫困的农民到城市中的贫民窟居民)都受到气候引起的各种危机的威胁，这些危机会影响食品安全、水资源可利用量、自然灾害、生态系统稳定性和人类健康。例如，在可能受到极端海岸洪灾和海平面上升威胁的一亿五千万城市居民中，大多是发展中国家的贫困人口。……因此，找到保护全球生态系统、减少全球气候变化风险、改进能源安全以及改进贫困人口生活条件的途径是向绿色经济转化过程中的重要挑战，对发展中国家而言尤其如此。本报告显示，向绿色经济的转变有助于消除贫困。一些拥有绿色经济潜力的公共部门对改善贫困尤为重要，如农业、林业、渔业和水资源管理。投资'绿化'这些部门(通过提升小额信贷尺度等方式)，不仅给贫困人口带来了工作机会，也为他们提供了生活保障。在气象多变、灾难频发的情况下，让贫困人口享有针对自然灾难的小额保险，也是提高他们生计资产的一种重要方式。"[5]

需要引起高度重视的是，当前全球气候变化技术分布极不均衡。一方面，发达国家掌握和控制了绝大多数的技术权利，在全球气候安全方面得不到应有的开发和利用；另一方面，广大发展中国家虽然在气候变化技术开发和利用方面极具潜力，但是由于缺乏获取气候变化技术的资金和渠道，只能望梅止渴。

事实上，在研究与开发方面的国际合作可以帮助每个参与行为体从他人的努力中获益，这样可以扩大和加速研发成效并帮助研发成果的传播；国际清洁能源技术转移可以促进这些源技术的使用效率，降低这些技术的研发成本，避免重复劳动；通过公共部门和私营部门进行的国际科技发展、交流与扩散对于技术吸收能力建设和创新工程资助机制都是急需的，并且对发达国家和发展中国家都会大有裨益[6]。

四、现行气候技术国际转让模式不能适应应对全球气候安全挑战的需要

1998年，联合国气候变化框架公约缔约国在于布宜诺斯艾利斯召开的第四次缔约方会议上发起了一个关于技术转让的咨询议程，为进一步就技术转让问题展开国际谈判做了准备工作。《联合国气候变化框架公约》缔约方第四届会议第4号决议(4/CE4)要求各缔约方就其附录中的问题予以答复，美国、澳大利亚和加拿大等国在其答复中表达了自己气候变化技术转让的观点和态度。在美国看来，公共部门可以通过帮助撤除市场障碍和加强人力资源能力建设在促进以市场为基础的技术转让扮演核心作用[7]。有鉴于此，美国政府已经实施了一系列的旨在传播环境技术的项目，尤其是为了实现公约目标而开发的主要示范项目技术合作协议试点项目(Technology Cooperation Agreement Pilot Program, TCAPP)。美国政府相信类似于TCAPP的项目将为改进和拓展技术合作模型提供重要机遇。澳大利亚认为私人部门在技术开发、传播和转让方面扮演关键角色。公共部门在设计法律、制度和政策框架以便利私人部门投资和保障充分教育、训练、研究与开发框架的保持与强化等方面可以扮演重要角色。加拿大认为，技术发展、传播和部署是减缓和适应全球气候变化的关键元素。从区域性的角度看，那些现存的和正在涌现的技术、知识和技术诀窍如何能够在发展中国家和转型国家得到运用以减少温室气体排放的同时，可以促进可持续发展？从国家层面看，如何能够保障发展中国家和转型国家的基础建设支持有效并可持续地使用转让技术？从全球层面看，《联合国气候变化框架公约》以及其他多边制度如何能够在附件二国家成功实施技术转让？对此，加拿大认为，为

了实现上述目标，有必要建立一个能够使技术接受国和提供国的所有的公共与私人参与者都享有最大化机遇的“扶持环境”。如果没有所有参与者的投入，技术转让将失去其所必需的水准。一方面，这样的框架能够在技术受让国培育认知并促进国内革新；另一方面，这样的框架能够促进人力资源能力建设，并同时促进技术转让国私人部门的有效投入[7]。

一些发展中国家也在答复中表明了对气候变化技术转让的观点和立场。南非认为，国际社会需要设立一个处理每个发展中国家技术需求等信息的程序；在所有技术转让活动中应当注意的是，技术转让中包含了文化转让的元素。埃及认为，对于缔约方应如何促进撤除影响气候变化技术转让的障碍的问题，关键在于对机制加强建设，以使其能力得到提升，能够吸收和实施清洁技术。埃及认为在气候变化技术转让方面主要的障碍在于以下方面：一是缺乏投资和融资机制；二是缺乏有效的制度；三是缺乏受过训练的人力资源；四是缺乏有效的公私合作机制；五是缺乏公众意识；六是缺乏公众接受度以及相关的社会偏见等。埃及在答复中还指出，由于所有现行的多边机制都缺乏对气候变化技术转让的实际状况的监控，因此事实上现行的多边机制是不充分的。埃及在答复根据公约第 4 条第 5 款的规定何为技术转让最合适的机制时指出，这样的机制应当是政府之间的机制，这种机制应当尤其注重支持技术进步并对技术转让予以监控。埃及还强调多边机制之间应当加强协作，支持发展中国家的能力建设和制度建设，以帮助适合不同发展中国家具体国情的技术转让工作的开展[7]。

在广泛征求发达国家和发展中国家建议和意见的基础上，联合国气候变化框架公约缔约方在 2001 年马拉喀什(Marrakech)召开的第七次会议上，建立了技术转让专家组(EGTT)以加强对公约第 4 条第 5 款的实施与执行[8]。不仅如此，《公约》第七次缔约方会议第四号决定还以附件的形式，列出了“为增强《公约》第四条第五款的执行和有效行动的框架”。该框架的目的是“增加和改善无害环境技术和诀窍的转让和获得，从而为增强执行《公约》第四条第五款采取有意义和有效的行动”。该框架确立的基本原则是：成功地开发无害环境技术和诀窍要求在国家和部门两级采取国家驱动的综合做法。这应由利害关系方(私营部门、政府、捐助界、双边和多边机构、非政府组织和学术及研究机构)开展合作。该框架还对上述行动关键主题和领域的目的和执行进行了具体规定[7]。该框架确定为技术转让创造扶持性环境主要有以下途径：一是促请所有缔约方，特别是发达国家缔约方，通过查明和消除障碍酌情为转让无害环境技术改善扶持型环境，包括加强环境规章框架、增强法律体制、确保公平的贸易政策、利用税收优惠办法、保护知识产权、便利获取公共资金开发的技术及执行其他方案，以扩大向发展中国家商业技术和公共技术的转让；二是促请所有缔约方酌情探讨提供积极鼓励办法的机会，如政府采购优惠政策、透明和高效率的技术转让项目审批程序，以支持无害环境技术的开发和传播；三是促请所有缔约方酌情推动双边和多边的联合研究与开发方案；四是鼓励发达国家缔约方为促进转让无害环境技术进一步酌情促进和执行便利措施，如出口信贷方案和税收优惠措施及有关规章；鼓励所有缔约方特别是发达国家缔约方酌情将向发展中国家转让技术的目标纳入其国家政策，包括环境及研究与发展政策和方案；鼓励发达国家酌情促进转让公有技术。

客观而言，上述活动确实也推动了国际社会在气候变化技术国际转让方面开展了一些积极的工作。例如，全球环境基金(the Global Environment Facility, GEF)就是一个在气候变化技术国际转让方面起到一定促进作用的国际机构，该机构通过与其他机构联合的方式为气候变化技术的投资和国际转让提供资助资金。2002 年全球环境基金的出资国家又为该资金注资 30 亿美元，用于促进包括应对气候变化等在内的工作开展。该基金的重点之一是希望通过扩大低温室气体排放技术的市场份额来降低其成本，促进技术的开发、利用和传播[6]。除此以外，联合国气候变化框架公约第七次缔约方会议达成的马拉喀什协定还专门在公约下成立了一个特殊气候变化基金(special climate change fund)，其宗旨在于为气候变化技术转让等提供额外的帮助。联合国气候变化框架公约还专门成立了一个最不发达国家基金(least developed countries fund)，《京都议定书》缔约国也成立了一个适应基金(adaptation fund)，这些基金都对气候变化技术国际转让起到了一定的积极作用[6]。

除了在联合国气候变化框架公约及其议定书下开展气候技术国际转让促进活动外，国际社会成员之间还通过一些双边和多边努力来促进包括技术转让在内的国际技术合作。在2003年的法国依云召开的八国峰会(evian summit)上，八国集团通过了"旨在促进可持续发展的科学与技术"(science and technology for sustainable development)的行动计划，该行动计划中的很多内容的重点在于促进能源技术。该行动计划的第二条就是"加速研究、开发和传播能源技术"(action 2: accelerate the research, development and diffusion of energy technologies)。根据该条行动计划，八国集团将采取措施促进提升各种能源资源的利用效率，鼓励传播与加深理解先进的能源技术，其中包括要采取措施加速清洁技术在发达国家和发展中国家的革新和市场化，扩大更加清洁和更加有效的化石能源技术的运用范围，鼓励全球环境基金加大对利用高效、清洁和可再生能源的支持力度，以及加大对更加安全、可靠的先进原子能技术的开发力度等[6]。欧盟主要通过"欧盟研究和技术开发框架计划"从事气候变化方面的科研活动。该领域的预算在整体中所占的比重非常大，例如在目前执行的第七框架计划中，计划投资727亿欧元，与气候变化相关的研发项目的预算金额高达100亿欧元左右，而且随着情况的变化还有可能继续追加。这个计划不仅对欧盟的科学家开放，还对国际气候合作项目提供资金支持，其优先研究方向集中在环境、能源、交通和全球环境与安全检测系统等几个方面，对各成员国的科研机构乃至私人部门的研发工作都起到很强的导向作用[9]。美国尽管在布什政府期间退出了《京都议定书》，不愿承担温室气体减排的义务，但其对气候变化技术的研究工作却相当重视。2002年，美国设立"气候变化科学计划"和"气候变化技术计划"，前者旨在提升气候变化预测水平，降低管理风险，为相关研究提供科学依据；后者则主要研究应对气候变化的有关技术，重点是清洁能源技术和碳吸收技术。2009年，奥巴马政府上台，开始大张旗鼓地发展清洁能源产业，加大了应对气候变化的力度，此时一个显著的特点是借助于种子资金，撬动民间资本投向气候变化相关的研发，如鼓励组建公私合营企业探索清洁煤技术的商业化模式。此外，美国与欧盟、日本、英国、加拿大、中美洲等国家和地区就气候变化的研究签订了合作协议，合作领域涉及全球和地区气候模式、温室气体减排技术、碳循环研究、降低碳技术研究、能源的合理利用、环境立法、可持续发展等[9]。

发展中国家对于气候变化技术同样予以了高度关注。印度在2008年颁布的《气候变化国家行动计划》中强调了科技的作用，重点实施8项全国性的计划：太阳能计划、提高能源效率计划、可持续生活环境计划、水资源保持计划、喜马拉雅生态保护计划、绿色印度计划、农业可持续发展计划、建立气候变化战略知识平台计划。巴西的《2007—2010年科学、技术和创新行动计划》包含的四大优先领域之一就是应对气候变化，并主要通过生物燃料的研发提供清洁能源[9]。

需要指出的是，虽然国际社会在气候变化国际转让方面做出了一定的努力，但是现行气候变化技术国际合作与转让的成效却不容乐观。长期以来，技术转让和资金问题是发展中国家和发达国家谈判中公认难度最大的议题,尤其是发达国家一直强调减排技术都掌握在私营企业手中,存在知识产权问题[10]。

对于现行气候变化国际转让中出现的上述现象,发展中国家表达出较强的遗憾和失望。2008 年 11 月 7 日,时任国务院总理温家宝在应对气候变化技术开发与转让高级别研讨会上发表讲话指出:“科学技术在认识气候变化规律、有效应对气候变化中具有举足轻重的作用。当今世界,新能源、可再生能源技术取得重大进展,应对气候变化的关键技术孕育着新的突破。这些技术的推广使用,必将为减缓和适应气候变化奠定坚实基础,为发展低碳经济和建设低碳社会提供有力支撑。遗憾的是,在全球共享应对气候变化技术方面,迄今为止没有取得实质性进展。国际社会应当在应对气候变化技术开发与转让方面加强合作,加快机构设置、资金安排和制度保障等核心问题的磋商,建立起政府引导、企业参与、市场运作的运行机制,使广大发展中国家及时用上减少温室气体排放的先进技术,从而提高全球应对气候变化的能力。”[11]

五、加速气候变化技术国际转让迫在眉睫

在应对气候安全挑战方面,人类能够利用的时间已经不多,加速低碳技术国际转让迫在眉睫。与其他工业领域的技术相比,低碳技术具有某些其自身的特点:第一,低碳技术是人们公认的对科学技术研究开发依赖程度非常高的行业,其依赖程度超过了众多其他技术领域,包括电子技术、办公设备、航空与航天技术等;第二,低碳技术同时也是一个研究开发难度大、成本高、风险大、获利不确定的产业领域。基于上述特点,决定了低碳技术的开发者,或者从知识产权的角度来讲,即低碳技术的专利权人为数并不多,而且涉及的范围也很窄,主要集中于具有相当经济实力、科研实力的大规模企业或科研机构[12]。

不仅如此,低碳产品大多采用高新技术和材料制成,成本和生产工艺以及市场开拓费用高,具有较高的附加值,价位相对较高;据有关调查显示,有机食品、绿色食品和无公害农产品销售价格分别为普通农产品的 4 倍、2.4 倍和 1.6 倍;同档次汽车中,新能源汽车价格比普通汽车价格高出数千美元,甚至上万美元。基于这种现状,仅靠消费人群和市场去推广低碳技术显然力不从心,因此,各国政府就责无旁贷地承担起推动低碳技术实施的重担,通过宏观调控实现消费人群对低碳产品的选择,从而实现低碳技术的推广应用[12]。

显然,要想维护全球气候系统安全,靠现有技术绝不可能实现预期的碳减排。尽管研发努力正在进行,也取得了一些令人惊喜的新发现,但是对于开发和传播气候变化技术而言,必须把知识产权制度与环境政策结合起来[13]。作为一种法律和政策措施,知识产权既具有促进技术传播的潜能,也具有阻碍技术传播的可能;知识产权制度,作为一种私权,已经被设立并被视为一种能够促进革新并传播知识的工具,但是对于知识产权的过度保护却有可能遏制创新并使得获取知识变得更加困难和成本更高;在任何政策背景下,包括气候变化,必须在保护知识产权与促进诸如技术转移等公共目标之间实现平衡[14]。

错过时机,气候变化技术国际转让可能事倍功半。如果国际社会不在加速低碳技术国际转让方面尽快有所作为,若干年后,很多发展中国家很可能也会被非绿色和非可持续性的技术锁定,那么再想扭转局势必难上加难,人类安全的前途可能真是吉凶难卜了。在 2011 年于北京召开的应对气候变化技术开发与转让高级别研讨会上,与会各方一致认为,技术转让和大规模应用是发展中国家有效应对气候变化和避免“锁定效应”的必要条件[15]。

六、气候变化技术国际转让有助于解决雾霾问题

近年来，雾霾问题成为党和政府所高度重视的环境问题。2014 年 2 月 26 日，习近平在北京市考察工作结束发表讲话时谈到，应对雾霾污染、改善空气质量的首要任务是控制 $PM_{2.5}$，虽然说按国际标准控制 $PM_{2.5}$ 对整个中国来说提得早了，超越了我们的发展阶段，但要看到这个问题引起了广大干部群众高度关注，国际社会也关注，所以我们必须处置。民有所呼，我有所应[16]！2012 年 2 月 12 日，国务院召开常务会议研究部署进一步加强雾霾等大气污染治理。会议强调：要立足国情、科学治理、分类指导，以雾霾频发的特大城市和区域为重点，以 $PM_{2.5}$ 和 PM_{10} 治理为突破口，抓住能源结构、尾气排放和扬尘等关键环节，不断推出远近结合，有利于标本兼治、带动全局的配套政策措施，在大气污染防治上下大力、出真招、见实效，努力实现重点区域空气质量逐步好转，消除人民群众"心肺之患"[17]。在 2014 年年初的一次国务院常务会上，李克强指出："雾霾现在成了网上出现频率最高的词，已成为民生改善的当务之急。这个问题，政府决不能回避。"在 2015 年全国两会期间，国务院总理李克强在回答记者提问时指出，在治理雾霾等环境污染方面"取得的成效和人们的期待还有比较大的差距"，今后将会进一步强化对策。李克强在答记者提问时毫不讳言地指出，今年的《政府工作报告》把"节能减排的指标和主要经济社会发展指标排列在一起，放在了很靠前的位置"，这其中"从调结构到提高油品生产和使用的质量等都和治理雾霾等环境污染相关联"。为确保这一任务提前完成，国务院于 2015 年 4 月 28 日召开常务会议确定，加快清洁油品生产供应，力争提前完成成品油质量升级任务。此次常务会议还细化出三条实施办法，一是将 2016 年 1 月起供应国五标准车用汽柴油的区域，从原定的京津冀、长三角、珠三角等区域内重点城市扩大到整个东部地区 11 个省市全境；二是将全国供应国五标准车用汽柴油的时间由原定的 2018 年 1 月，提前至 2017 年 1 月；三是增加高标准普通柴油供应，分别从 2017 年 7 月和 2018 年 1 月起，在全国全面供应国四、国五标准普通柴油[1]。

2014 年 11 月 17 日，国家发改委副主任解振华在国务院新闻办公室召开的发布会上指出，"雾霾的天气主要是发展方式粗放、产业结构和能源结构不尽合理造成的，其实它的根源还在化石能源，一个是烧煤，一个是燃油，另外发展方式比较粗放，排放了大量的污染物造成的。2013 年 9 月 10 日国务院已经发布了《大气污染防治行动计划》，也就是社会上讲的'大气 10 条'，已经开始采取严厉的措施治理大气污染，改善大气环境质量，也确定了奋斗的目标和努力的方向……实际上采取这么多措施的最终目的是解决空气质量改善的问题，第一是减煤，第二是控车，控车实际上是减少石油的消耗……应该说解决空气污染和积极应对气候变化，在很多政策措施上都是比较一致的，而且解决的问题大体上是同根同源。"由此可见，雾霾问题产生的根源也在于过多依赖化石能源，不减少化石能源消耗和温室气体排放，雾霾问题就不可能有效解决。气候变化技术国际转让有助于有效减少化石能源消耗和温室气体排放，因此也必然有助于解决雾霾问题。

七、抓住《巴黎协定》通过的契机推动气候技术转让促进解决雾霾问题

2015 年 12 月，巴黎气候大会通过《巴黎协定》。《巴黎协定》以推行《联合国气候变化框架

公约》为目标，并遵循以公平为基础并体现共同但有区别的责任和各自能力的原则来促进发达国家与发展中国家共同合作以应对愈来愈严峻的气候变化问题[18]。

《联合国气候变化框架公约》第21次缔约方大会的《通过〈巴黎协议〉主席的提案》对气候变化技术开发、利用和转让予以了高度重视。该提案第67条规定："决定加强技术机制，请技术执行委员会和气候技术中心与网络在为本协议的执行提供支持时，进一步就以下问题开展工作：(a)技术研究、开发和示范；(b)开发和加强自有能力和技术。"该提案第68条规定："请附属科学技术咨询机构第四十四届会议(2016年5月)开始详细拟订本协议第10条第4款设立的技术框架，并向缔约方会议报告其结果，以期缔约方会议就该框架向作为《巴黎协议》缔约方会议的《公约》缔约方会议提出建议，供其第一届会议审议并通过，同时考虑到该框架，应当便利：(a)开展和更新技术需求评估，并通过拟定银行可担保的项目，加强落实其结果，特别是技术行动计划和项目意向；(b)为落实技术需求评估的结果提供更强的资金和技术支持；(c)对准备好转让的技术进行评估；(d)为开发和转让无害社会和环境的技术增强扶持型环境和消除障碍。"该提案第69条规定："决定技术执行委员会和气候技术中心与网络应通过附属机构，向作为《巴黎协议》缔约方会议的《公约》缔约方会议报告它们为支持本协议的执行所开展的活动。"该提案第70条规定："还决定定期评估就执行本协议与技术开发和转让有关的事项向技术机制提供的支持的成效和适足性。"该提案第71条还规定："请附属履行机构结合第2/CP.17号决定附件七第20段提到的对气候技术中心与网络的审查，以及本协议第14条提到的全球总结模式，在第四十四届会议上开始详细拟订上文第70段所述定期评估的范围和模式，供缔约方会议第二十五届会议(2019年11月)审议并通过。"该提案第115条规定："决心推动发达国家缔约方紧急提供充足的资金、技术和能力建设支持，以加强各缔约方2020年之前行动的力度，在这方面，强烈促请发达国家缔约方提高其资金支持水平，制定切实的路线图，以实现在2020年之前每年为减缓和适应提供1000亿美元共同资金以及大幅提高当前适应融资水平的目标，并进一步提供适当的技术和能力建设支持。"该提案第116条规定："决定在举行缔约方会议第二十二届会议的同时举办一次促进对话，以评估执行第1/CP.19号决定第3和第4段的进展，并查明促进为技术开发和转让及能力建设支助等活动提供资金资源的相关机遇，从而查明以哪些方式促使所有缔约方加大减缓努力的力度，包括查明促进提供和调动支助和扶持型环境的相关机遇。"[18]

与此同时，《巴黎协定》也包含了很多有利于促进气候变化技术开发、利用和转让的条款。《巴黎协定》第十条第1款规定："缔约方共有一个长期愿景，即必须充分落实技术开发和转让，以改善对气候变化的抗御力和减少温室气体排放。"第2款规定："注意到技术对于执行本协议下的减缓和适应行动的重要性，并认识到现有的技术部署和推广工作，缔约方应加强技术开发和转让方面的合作行动。"第3款规定："《公约》下设立的技术机制应为本协议服务。"第4款规定："兹建立一个技术框架，为技术机制在促进和便利技术开发和转让的强化行动方面的工作提供总体指导，以根据本条第1款所述的长期愿景，支持本协议的执行。"第5款规定："加快、鼓励和扶持创新，对有效、长期的全球应对气候变化，以及促进经济增长和可持续发展至关重要。应对这种努力酌情提供支助，包括由《公约》技术机制和《公约》资金机制通过资金手段，以便采取协作性方法开展研究和开发，以及便利获得技术，特别是在技术周期的早期阶段便利发展中国家获得技术。"第6款规定："应向发展中国家缔约方提供支助，包括提供资金支助，以执行本条，包括在技术周期不同阶段的开发和转让方面加强合作行动，从而在支助减缓和适应之间实现平衡。第十四条提及的全球总结应考虑为发展中国家缔约方的技术开发和转让提供支助方面的现有信息。"[18]

由上可见,《巴黎协定》中对气候变化技术开发、利用和转让予以了高度重视,中国应抓住这个有利契机,促进气候变化技术国际转让,并以此促进我国雾霾问题的有效解决。

八、结　语

虽然国际社会对低碳技术国际转让予以了高度重视,但是由于发达国家出于保护本国利益的目的,对低碳技术国际转让总体上持消极甚至阻挠的态度。在此背景下,低碳技术开发和利用南北失衡现象十分突出。气候变化问题安全化的国际趋势使得低碳技术国际转让的迫切性愈加凸显出来。如果不能有效地促进低碳技术国际转让,全球气候系统的安全就无法保障。

雾霾问题与气候变化问题同根同源,都是由于过多地消耗化石能源造成的,因此开发和利用低碳技术是解决雾霾问题和气候变化问题的重要渠道。雾霾问题已经严重威胁到人民的生命健康安全,因此需要调动一切可以利用的资源来解决雾霾问题。2015 年 12 月,《联合国气候变化框架公约》第 21 次缔约方大会通过了《巴黎协定》。《巴黎协定》对低碳技术国际转让问题予以了高度的重视,中国应当抓住此契机,在促进《巴黎协定》有效实施的同时,促进加速低碳技术国际转让以推动我国的雾霾问题尽早得到根本性解决。

(撰写人:董　勤)

作者简介:董勤,南京信息工程大学公共管理学院副教授。本文受到南京信息工程大学气候变化与公共政策研究院开放课题(14QHA006)资助。

参考文献

[1] 杨芳,刘辛未. 向雾霾宣战 国务院政策再加码. 2015－04－29,http://www.gov.cn/zhengce/2015－04/29/content_2855394.htm.

[2] 国际气候变化对策协调小组办公室,中国 21 世纪议程管理中心. 全球气候变化——人类面临的挑战. 北京:商务印书馆,2004.

[3] Department of Economic and Social Affairs. World economic and social survey 2011: the great green technological transformation, E/2011/50/Rev. 1, ST/ESA/333, pp. v－ix.

[4] ASANGA G, KUA H W. Some key barriers to technology transfer under the clean development mechanism, Int. J. Technology Transfer and Commercialization, 2011, **10**(1):64.

[5] 联合国环境规划署. 迈向绿色经济:通向可持续发展和消除贫困的各种途径——面向政策制定者的综合报告. 2011 年,http://www.unep.org/greeneconomy/Portals/88/documents/ger/GER_summary_zh.pdf.

[6] International Energy Agency. International energy technology collaboration and climate change mitigation. http://www.oecd.org/env/cc/34878740.pdf.

[7] NFCCC, FCCC/SBSTA/1999/MISC. 5. http://unfccc.int/resource/docs/1999/sbsta/misc05.pdf.

[8] 《联合国气候变化框架公约》第七次缔约方会议第四号决定(4/CP.7)附件:"为增强《公约》第四条第五款的执行而采取有意义的和有效行动的框架".

[9] 赵刚. 科技应对气候变化:国际经验与中国对策. 中国科技财富. 2010(9):15-16.

[10] LI J F. The contribution of the commercial transfer of technology to climate change mitigation, 2009:2-3, http://www.cwpc.cn/cwpp/files/5614/0124/2144/HBoll_Climate_Group_Worldwatch_Inst_Tech-

nology_Transfer_and_CDM_at_the_example_of_Wind_Power_in_China_Sep09. pdf.

[11] 温家宝. 加强国际技术合作 积极应对气候变化. 2008-11-07，http://cpc. people. com. cn/GB/64093/64094/8362562. html.

[12] 刘磊. 低碳技术推广与专利保护的博弈——谈低碳技术专利权人应对技术推广压力的策略. 知识产权，2010,6:31.

[13] DEBORAH B. The new race: speeding up climate change innovation. North Carolina Journal of Law & Technology，2009,**11**(1):12-16.

[14] International Centre for Trade and Sustainable Development (ICTSD). Climate change，technology transfer and intellectual property rights，2008-08，http://www. ictsd. org/.

[15] 孙钰. 应对气候变化技术转让期待进展. 环境保护，2008,**12**:74.

[16] 习近平. 谈生态文明. 2014-08-29，http://cpc. people. com. cn/n/2014/0829/c164113－25567379－4. html.

[17] 解读国务院常务会议加强雾霾等大气污染治理. 2014-02-12，http://news. xinhuanet. com/2014－02/12/c_126123677. htm.

[18] 巴黎协定. http://unfccc. int/paris_agreement/items/9485. php.

雾霾治理背景下我国的垃圾分类模式:现状与对策研究

摘　要:雾霾污染已经成为我国环境危机的一个重要组成部分,人们更多地关注企业生产、汽车尾气等对于产生雾霾的“贡献”,而忽略了生活垃圾也是产生雾霾的一个重要环节。我国垃圾分类总体效果不佳,多年以来存在着市场模式和政府模式这两种垃圾分类回收模式。这两种模式各有其弊端,没有能够有效地进行垃圾分类回收,尤其是对于低价值回收物。而垃圾分类回收法律法规的缺位和居民环境意识的淡薄使得垃圾分类在我国举步维艰,缺乏垃圾分类的“公共社会资本”。近年来南京等地出现了一种政府补贴、垃圾分类公司购买垃圾、某些生产者参与、居民参与的多中心治理模式,起到了一定的局部效果。本文对这三种垃圾分类模式进行了比较制度分析,在“公共社会资本”缺乏的情况下,各模式的监督激励机制各有不同,成本和效果也存在差异。在对现状进行了研究之后,本文对多中心模式能否持续作了简单评估和展望,提出了如何在多中心模式的基础上进一步建设有效的垃圾分类治理模式的对策。

关键词:垃圾分类回收;多中心治理;环境治理;低价值垃圾回收

Garbage Classification Models under the Background of Haze Governance: Current Situation and Countermeasure Research

Abstract: Haze pollution has become an important part of our environmental crisis, and garbage contribute a lot to haze. Garbage classification does not work well in China. Garbage classification laws and regulations and residents' environmental awareness are absent, which lead garbage classification is very difficult. In our country, we call it "lack of 'public social capital'". There are many years of market models and models of government garbage classification. These two models have their drawbacks, have not been able to effectively carry out waste separation and recovery, especially for such a low value of Tetra Pak recovered material. In 2014 Nanjing, the emergence of a government subsidy, waste company buying junk, some producers involved in, residents to participate made multi-center governance model, which played local effect. This paper makes these three models comparative institutional analysis, in the case of lack of "public social capital", supervision and incentive mechanism is different for each model, there are also differences costs and effects. Finally, this paper briefly assess and outlook if multi-center model can be sustained.

Key Word: Garbage classification and recycling; Multiple governance; Environmental governance; Low-value garbage recycling.

一、引　言

(一)垃圾分类和雾霾治理

在雾霾治理中,人们大多关心工业生产和交通运输等直接产生雾霾的行为,如来自于北京市环保局环境监测中心的研究结果显示:北京雾霾天气从影响来看,机动车占22.2%,燃煤占16.7%,扬尘占16.3%,工业占15.7%。但是人们往往忽略了每个人的个人行为间接对于产生雾霾的“贡献”,工业生产最终还是为了消费,这样工业生产产生的雾霾还是要还原到每个个人身上;交通运输也可以还原为个人行为,环保低碳的公交选择必定比私家车消费产生更少的排放。所以,我们不能忽视个人行为这一对雾霾产生有着至关重要作用的方面,而要从个人行为入手治理雾霾,最重要的环节是垃圾分类。

垃圾分类和雾霾治理的关系可以从以下几个方面来看:

其一是,垃圾分类减少垃圾焚烧量,从而减少污染气体的排放。

近年来,焚烧已经成为很多城市的一种垃圾处理方式,在垃圾处理中所占比例越来越高。虽说垃圾焚烧产生的有害气体是经过环保处理之后再排放入大气的,但是据多种文献报道,每吨垃圾焚烧之后会产生5000 m^3 的废气,还会留下原有体积一半左右的灰渣。垃圾焚烧后只是把污染物由固态转化为气态,其重量和总体积不仅未缩小,还会增加。焚烧炉尾气中排放的上百种主要污染物,组成极其复杂,其中含有很多温室气体和有毒物。当今最好的焚烧设备,在运转正常的情况下,也会释放出数十种有害物质,仅通过过滤、水洗和吸附法很难完全净化。所以近年来,垃圾焚烧在国外进入萎缩期,已经有多个国家通过了对垃圾焚烧的部分禁令。解决垃圾围城的最终办法还是从源头进行减量和分类,这一点已经成为共识。所以,垃圾分类对于减少雾/霾的贡献是不可或缺的。

其二是,垃圾分类回收促进了资源循环利用,减少了排放。

垃圾中有大量的可回收物,做好了垃圾分类,这些可回收物可以变成再生资源循环利用,这样的循环利用节约了原生资源,从而减少了排放。

其三是,垃圾分类要求落实生产者责任制、推进技术创新,有利于减排。

垃圾分类是一个生产者、消费者、政府、非政府组织共同构建的多元治理体系,其中生产者的责任是不可逃避的。世界上的发达国家都建立了垃圾分类回收的生产者责任制,要求生产者必须为自己生产的物品回收负责。在这种制度下,生产者为了方便回收循环,在生产产品上都更加注重生产绿色的、有利于循环利用的物品,这对于减排是一种促进。

其四是,垃圾分类促进低碳环保生活理念的普及。

垃圾分类可以逐渐培养人们的环保理念,尤其是低碳生活理念,从而改变其在生产和消费中的不环保行为,减少排放,从而促进雾霾治理。雾霾治理说到底还是要还原为个人的微观行为，垃圾分类培养起人们的环保理念可以循序渐进潜移默化地达到治理目标。

综上所述，垃圾分类对于雾霾治理是意义巨大的，我国垃圾围城现象十分严重，绝大部分垃圾用简单的填埋或者焚烧进行处理，进行垃圾分类迫在眉睫。我国多个城市进行垃圾分类试点多年，但是效果并不明显，如何建构起一个多方参与的有效的垃圾分类体系，是一个意义巨大、非常值得研究的课题，这也是本课题研究的意义所在。

（二）我国现阶段的几种垃圾分类模式

垃圾围城已经成为我国环境危机中的一个重要组成部分，越来越多的人认识到从源头进行减量和分类是解决垃圾围城的根本出路。现阶段我国的垃圾分类回收主要是靠市场机制来运行的，即可以“拿去卖钱”成为唯一促成垃圾分类回收的动力。但是这种机制并不能够很好地解决垃圾分类回收问题，这是因为：首先，垃圾中具有价值可以“卖钱”的种类是有限的，对于很多价值低、分散度高的可回收物，这种模式并不能够发挥作用；其次，随着人们生活水平的提高，越来越多的人忽视了可以“卖钱”的垃圾带来的收益，而选择不分类不出售；第三，可回收物的市场价格波动很大，回收商完全根据价格进行回收会导致价格低谷时期一些回收物无法回收。这就是垃圾分类回收的“市场模式”及其弊端。

除了这种模式，我国政府于 2000 年启动了 8 个城市的垃圾分类试点，但是 15 年过去了，这些城市的垃圾分类绝大多数以失败告终。这些城市的试点绝大多数限于摆放可回收垃圾桶、发放垃圾袋和宣传，但是实际效果寥寥。人们可以普遍看到的情况是：分类垃圾桶中的垃圾并没有按照其所属类别放置，垃圾在清运时依然被混合在一起。垃圾分类的“政府模式”何以失败是一个值得研究的问题。

在实践中，我们发现了其他一些新的模式创新。比如南京市出现了一家私营垃圾分类公司，南京市政府将其引进至某街道进行试点。该街道对该公司的垃圾分类服务进行补贴，该公司创新了一种“垃圾分类换积分、积分换物”的方法引导居民进行垃圾分类，一些生产企业也对该垃圾分类公司提供帮助。这就形成了一种“多中心治理模式”，这种模式初步显现了一些效果，但是其可推广度和可持续性也值得探讨。

现阶段我国垃圾分类主要存在的就是这三种模式，从直观来看，这三种模式的效果是不同的。对这三种模式进行理论上的比较分析，解读其运作机制，找出各自存在的利弊，是一个非常值得研究的问题，希望能够对我国垃圾分类的实践具有认知和指导意义。本文通过跟踪其中的一种回收物——利乐包入手来对这个问题进行研究。利乐包是一种低价值的可回收品，它不像钢铁、废纸那样具有较明显的经济价值和广泛的知晓度，垃圾分类回收中的难点正是这类物品，所以选择利乐包进行研究更具有典型性。

二、文献回顾及研究框架

国外有大量研究垃圾分类的文献，由于篇幅限制，本文只在这里选取具有代表性的论述，多数文献只涉及垃圾分类机制中的某一方面。很多文献对垃圾回收的成本收益进行了研究，如 Thomas 对美国回收过程中的成本和收益进行了分析，指出回收的成本超过了销售回收物资和减少填埋的收益，而促使回收率增加的有不少是非市场因素起的作用。他还分析了政府致力于回收的几个原因：政府官员追求政绩；回收是为了完成某种任务而非盈利；回收能带来其他收益,比如减少环境污染[1]。类似文献还有 Cooper 等[2]、Taylor 等[3]等的文章。有学者对垃圾收费制度对垃圾排放的影响进行了研究,如 Jenkins 分析了美国 14 个城市的垃圾量,得出生活垃圾按量收费的价格弹性为-0.12,即单位收费每提高 1%,垃圾排放量将减少 0.12%[4]。Miranda 等研究了美国 21 个社区实施垃圾收费制度前后的垃圾量,结果表明按量收费可以减少垃圾排放量[5]。有文献对提高回收水平的障碍进行了研究,如 Mathew 以伦敦和汉堡为例研究得出结论:在发达经济中,居民废弃物的低回收率最主要的原因是次生材料市场运行不力、政府缺乏对城市废弃物物流成本规模和成本的控制[6]。还有的文献对垃圾回收机制进行了比较研究和述评,如 Gorm 对挪威和美国的城市居民垃圾回收机制进行了比较分析,指出垃圾收费激励制度在挪威要比在美国更有效,而方便的垃圾回收方式在美国比在挪威更有效[7]。Lu 等对台湾的固体废弃物分类回收机制进行了述评,指出自从 1997 年实行了强有力的固体废弃物管理政策之后,固体废弃物大幅度下降,主要是政府建立了再循环处理系统和推行生产者责任制度[8]。

国内文献分为几类,①对国外发达国家地区的垃圾分类制度进行了介绍和借鉴,如刘梅[9]介绍了日本、德国、美国等国家的垃圾分类经验,并对我国的垃圾分类提出了建议。罗仁才等[10]对德国的垃圾分类方法进行了详细描述。魏全平等[11]对日本的固体废弃物循环制度作了全面介绍。袁满昌[12]对台湾的生活垃圾管理经验进行了研究分析。②对国内垃圾分类现状的实证研究。其一是对居民垃圾分类行为的研究,如刘莉[13]对重庆垃圾分类回收中的居民行为进行了回归分析。郝明月[14]对影响北京居民的环境意识和环境行为的相关因素进行了实证研究。陈兰芳等[15]对垃圾分类行为研究进行了综述。其二是对垃圾分类相关法律法规的研究,如余洁[16]对我国城市生活垃圾分类的法律进行了研究,指出立法缺乏操作性、责任不明确阻碍了垃圾分类的推进。其三是对回收体制的研究,如张继承[17]对我国垃圾回收的市场机制进行了实证研究,认为我国再生资源产业运行动力不足。③从政府规制和治理的角度对我国垃圾分类提出了对策建议。如刘承毅[18]在实证的基础上提出提高垃圾收费、调节公共财政资金对垃圾处理行业的补偿程度。谭文柱[19]在借鉴了台北市的垃圾分类制度之后,提出建立惩罚和激励机制是实施垃圾分类成败的关键。王建明实证研究了按量收费对不同居民的影响,并提出了建立城市垃圾规制环境经济政策体系[20,21]。张继承[17]提出了要建构多级的公共治理模式,改善政府主导型的行业治理结构。

我国的国情与西方国家有很大不同,宏观制度环境的差异很大程度上决定了垃圾分类具体操作制度的实施,所以西方的研究对我们具有借鉴作用,但是并不能完全适合我国的情况。而且国外缺乏对于中国垃圾分类回收机制的实证研究。纵观国内的研究,实证性的研究较少,多是从某一个方面对垃圾分类进行分析,缺乏整体运行机制上的研究。提出的对策建议也多为泛泛而谈,缺乏实证基础。本文试图将"实证研究-整体机制分析"结合起来,对南京市存在的三种垃圾分类运行机制进行实证比较研究,分析了各机制运行存在的弊端和问题,并对多中心治理机制的前景进行了评估。

本文将通过制度分析的方法来对该问题进行研究,将制度分为两个层次,一是宏观层次上的制度,包括国家对于垃圾分类的法律法规这种正规制度,还有居民的环境保护意识和行为这种非正规制度。宏观层次上的制度短期内不容易改变。在论述该问题时,本文将运用"公共社会资本"的概念,在中国垃圾分类法规和民众环境保护意识缺乏的情况下,在这一领域可以被认为是缺乏"公共社会资本"的,"公共社会资本"的缺乏导致了要达到垃圾分类目标需要付出更多的成本。二是具体的垃圾分类模式中的操作性制度。操作性制度比较微观，是由具体模式中的当事人设计的。在缺乏"社会资本"的大背景下，操作性制度最关键的是要解决激励和监督问题，即制度如何能够激励人们做出分类行为，监督人们的不分类行为。本文对这三种模式的激励和监督机制进行分析，并考察每种模式的成本和效果。

三、宏观层次制度分析：缺乏"社会资本"

（一）我国相关正式法律法规的缺位

宏观层次制度首先是政府在垃圾分类上的法律法规。由于利乐包等可回收物在分类回收上的市场失灵，各国出台了相关法规来规制其分类回收。如德国在这方面走在前列，该国于1991年颁布了包装法，规定了销售包装再循环率，对废弃包装物的回收、处理做了严格规定，提出"谁污染、谁治理"的原则。德国建立了"绿点体系"：在由政府提出了包装物回收要求之后，来自包装材料和消费品产业的95个公司组成了德国的生产者责任组织——"包装废弃物收集利用的环境服务公司"DSD，DSD拥有绿点（green dot）标志。这个组织是与地方政府垃圾处理系统同时并存的另一个回收利用系统，它根据回收体系和不同材质包装物的回收成本测算，规定加入该体系的消费品制造商为每个包装上缴纳多少费用，交费企业可以在包装材料上使用绿点标志。然后，DSD将这些费用补贴给专业公司负责废包装的收集和再利用[22]。法国的一项关于食品包装废弃物的法令借用了德国的原理，规定：包装食品的制造商或进口商必须对包装废弃物的回收负责。他们或者加入由政府支持的回收工业体系中去，或建立自己的回收系统。另外，一些国家实行税收优惠或罚金，即对生产和使用包装材料的厂家，根据其生产包装的原材料或使用中的包装是否安全或部分使用可循环包装的材料给予免税、低税或征收较高赋税，鼓励企业使用可再生的资源[23]。日本也在1995年制定了《容器包装回收法》，规定生产厂家和消费者有义务将各种包装废弃物回收，在指定的时间将废弃物摆放在指定地点，由政府有关部门或回收企业回收[11]。

可以看出，国际上比较发达的国家在利乐包等包装物回收上是政府规制和市场机制相结合的模式，这也是现在垃圾分类回收上的国际趋势。因为垃圾分类回收利用领域存在市场失灵，需要由政府进行立法规制，但是政府规制仅仅用直接强制效果未必明显，结合市场机制则效率更高，比如税收政策是利用市场机制对企业进行引导，对生产企业收费并补贴回收企业则是用对前者的强制收费以使得后者能够在市场中有利润和积极性去从事回收。

但在我国，这方面的法规几乎空白，政府没有出台任何可操作性的法规对于利乐包等包装物的生产商、消费者进行回收循环方面的规制。我国的废品回收体制完全是市场机制下的第三方回收体系。生产者和消费者是产生利乐包等垃圾的人，从"污染者付费"的角度上来说，生产者和消费者都应该承担一部分垃圾回收的责任。但是从垃圾回收主体上看来，回收商和拾荒者是垃圾回收的主体，再生资源利用企业是垃圾的利用主体，生产商和消费者基本上没有被纳入到再生资源回收链条中来，这不符合垃圾分类回收的原则。而对于利乐包这种价值极低的废品，政府法规的缺位使得第三方回收工作十分艰难。

（二）居民公共环境意识和行为的缺乏

公共环境意识是一种公民意识，何为"公民意识"？居民要能够认识到公共领域的存在，并且意识到自己的行为对公共领域所产生的影响,能够控制自己的行为不对公共领域产生负外部性。如果具有了这样的意识和行为就是公民意识和行为。公民意识就是享有平等身份的公民具有的权利义务意识,它的内涵具体包含公民的身份意识、平等意识、权利意识和义务意识。公民意识的特质以权利意识为核心,是市场经济发展的自然要求,是对“公民”事实的主观反映,是法治国家建设的人文心理基础[24]。由于传统政治体制和文化的影响,我国并未发展出真正意义上的市民社会,公民意识自然也就无从培育和形成。

费孝通就指出,中国人的道德是“私德”,即在私人关系圈子里交往而遵循体现的伦理规范。中国人的社会结构是“差序格局”[25],这样的格局之下,并无公共领域的存在,“公德”也就无所依附。人们在这样一个私人关系的圈子中遵循着一些规范,但是超出了这个范围之外,便无所顾忌。这导致了中国人的“他制他律的人格”。孙隆基在《中国文化的深层结构》[26]一书中这样写道:“孙中山说,中国人的‘自由’太多,而不是太少。这种‘自由’当然不是指‘自我组织的人格’所能享有的自由,而是指‘他制他律的人格’不受控制的一面。中国人格的组成有很大一部分是‘他制他律’而少‘自我组织’,因此一方面被造成自我压缩,不懂得为自己争取权利,整个‘人’都被压得很低,另一方面又缺乏纪律,无需对一己之行为负责,也少尊重别人之权益。”

在这样一种缺乏公民意识的文化下,人们普遍公共环境意识淡薄,体现在垃圾分类上,便表现为人们普遍对垃圾分类漠不关心,觉得垃圾只要不在自己家中和周围的环境中,不对自己造成直接的立即的危害即可。至于垃圾围城造成的环境危害,人们觉得离自己十分遥远,而且是政府的事情,与自己无关。绝大部分人甚至根本就不会去思考垃圾带来的环境危害。笔者在南京某高档小区抽样100户居民进行了问卷调查,调查结果如表1所示。

表1 问卷调查及结果

问题	选择结果			
您对垃圾进行分类吗?	是8	否92		
您不分类的原因是(多选)	不知道如何分类 52	没有分类的习惯 87	分类太麻烦 90	分类后又混装,分类无意义 85

可见绝大部分居民没有垃圾分类的意识和习惯,人们已经习惯了每天将垃圾投放至垃圾桶,第二天垃圾被清运走,至于其他很少有人去关心去思考。

(三)缺乏“公共社会资本”

以上的两个因素导致了一个结果:在垃圾分类上缺乏相应的“公共社会资本”。“社会资本”是20世纪80年代最早由美国社会学家林南提出的概念,后来经不少学者使用和发展,是指“通过社会关系和社会结构获得的资源”。“社会资本”不仅仅是个人通过社会关系获得的资源,而且发展到集体层面上,“为了确保稳定地获取社会资本和显示互惠性,互动被例行化了……例行化的社会关系的多重性和复杂性需要增加认可与合法化的规则。……集体可以决定生产属于集体而不是某一行动者的资源——公共资本”[27]。愿意履行集体的规则依赖于两个重要因素:①公共资本对于行动者的重要程度;②集体义务和报酬在忠诚和绩效方面如何与原始的义务和报酬相协调。而“为了让集体成员感到集体的义务和报酬与成员的义务和报酬是一致的,……集体可以采取三种策略:①通过教育和濡化来教化行动者;②参与大众运动,促进行动者对共享资源与集体的认同；③发展和实施强迫性顺从的规则”。

在垃圾分类中，好的环境可以看作是一种资源，每个人都想有一个好的生活环境，垃圾能够被无害处理，从而不影响自己的生活环境。但是在这个问题上，集体目标和个人目标并不总是一致的。短期内，个人觉得只要垃圾不在自己的视线中，就可以维持一个较好的环境。但是对于集体，垃圾的总量是不会减少的，而且会带来一系列公共环境问题。所以从长远来看，只有每个人能够做到合理分类，不乱扔垃圾，才能保证好的公共环境，进而保障每个人的生活环境。对于整个社会来说，公共资本就是整体的良好环境，而这个目标需要规则来实现，进而规则也成为“公共社会资本”。而在上述的为了履行规则集体可以采取的三种策略中，前两者是培养行动者的价值观，后者是制定外界的强制性制度。我们可以看到，在这些规则方面，我国在现阶段都是缺乏的。

由于规则（包括垃圾分类制度和公民环境意识与行为）这种“公共社会资本”的缺乏，导致在垃圾分类问题上，人们没有可供利用的公共社会资本，在这种环境下，为了做垃圾分类，人们不得不设法利用其他的资源，而这导致了垃圾分类工作的艰难和巨大代价。在后文中，我们就来具体分析在这种“公共社会资本”缺乏的背景下，各种垃圾分类模式的运行情况。

四、对三种具体垃圾分类模式的比较制度分析

（一）市场模式：价格机制及市场失灵

我国的垃圾分类回收的机制主要是市场机制，即垃圾回收物本身在市场上出售获得收益来完成分类回收，比如人们都知道废报纸、易拉罐、废钢铁等物品可以拿去“卖钱”。但是这一机制并不能够很好地完成全部垃圾物的分类回收工作，原因在引言中已经论述。从我国的实际来看，不同物品的回收率是不同的。比如我国的废纸回收率为40％多[28]，废钢回收率为53.7％[29]，废玻璃的回收率为13％[30]。由于玻璃的价值低，其回收率明显低于纸张和钢铁等价值较高的废品。而一些价值更为低廉的废品如利乐包，回收率就更低。利乐包为瑞典利乐公司生产的无菌饮料包装，现在利乐包已经占据我国无菌饮料包装市场的95％以上。但是利乐包的回收率并不高，2013年的全球回收率只有24.5％[31]，中国的回收率更低。利乐包的回收价格很低，一吨利乐包的回收价格在800～1000元上下，而一吨利乐包是由9万个利乐包组成，也就是说平均一个利乐包的价格是1分钱。在这样的低价格下，我们可以看到市场机制在回收的各个环节上都运作不力，导致了利乐包回收困难。

首先是消费者。由于包装过饮料，利乐包需要洗净压扁才能存放，否则时间长了会产生异味，而家庭要积累到一定量才能拿去出售，这导致了利乐包的回收难度大于一般的废纸。回收难度大而价格低，在没有外界强制和激励的情况下，消费者不愿意为了环保这一公共目标而牺牲自己的一时便利。用经济学的理论来分析，消费者回收利乐包的边际私人收益几乎可以忽略，但是回收利乐包却需要花费时间成本和精力，使得边际私人收益小于边际私人成本，从而消费者更加愿意不回收就丢弃。再加上我国没有相关法律对于利乐包的回收进行规范，很多人甚至不知道利乐包是可以回收的。

在这样的情况下，利乐包要想回收，是需要靠人力去分拣的，从事这些工作的是拾荒者，而拾荒者背后还有回收商。在南京，就有一个利乐包回收商F，F是从事回收生意的，不仅仅是

利乐包,也包括其他可回收物。F面临的工作就是将南京市的利乐包回收上来,这是一个较为复杂艰难的工作。F谈到了他是如何在南京市建立回收网络的(以下内容省略了笔者提问的部分):

"我的回收主要是三个渠道:一是通过各个学校、居民小区,二是垃圾中转站,三是垃圾填埋场。学校居民小区和垃圾中转站是找相关的人,让他们把利乐包分拣出来,积累到一定程度之后,我开车去收。垃圾填埋场是我带人进去拣。……具体怎么谈?就是去找保洁、负责环卫的人,告诉他们这个东西能卖钱,让他们去拣。不找领导,如果领导知道了这个东西能卖钱,又会多出不少事情,这个事情就更难做了。……并不是每个地方都能建立起回收点,有的人愿意拣,有的人不愿意拣。因为这个东西拣了之后要有地方放,挺占地方的,而且超过十天就会发臭。我也不可能几斤几十斤就开车去拉,肯定要积累个几百斤我才能去拉,否则我的成本就太高了。所以经常有的点的人拣拣就不拣了,太费时间精力,占地方,价格也不高。像你们学校我也去谈过,没能建立起来点,不愿意拣。……垃圾填埋场我是带人进去拣,当然要交钱给填埋场才会让我进去。都是利益在说话。……做这个几年了,我也挺有挫败感,本来以为是可以免费地收集上来,但是实际上如果没有利益就没有人愿意干。我也找政府部门谈过,希望能将这个工作做下去,可是发现和政府打交道太难了,政府都是雷声大雨点小,南京市在垃圾分类上一年投入那么多钱,有什么效果?除了放点垃圾桶,做点宣传之外,没有任何实质效果。所以我总结出来了,要干就自己干,别指望政府能给你什么帮助。……我现在干这个也挣不了什么钱,甚至有时候是亏损的,我有其他的业务来弥补这块的亏损。我之所以还在干,是因为我觉得环保产业从长期看还是有前景的,我先进入了这个行业,等于是占了一个跑道,等环境好了,我就有优势。如果我退出了,那就等于开始占的这个跑道也放弃了。"

从这个访谈中可以看出,在回收商F的这种回收模式下,都是靠市场价格机制在运作。让拾荒人员从垃圾中分拣出利乐包,分拣的动力是可以"卖钱"。但是由于利乐包价格低廉,这种市场机制的运作经常会出现问题,有的不愿意分拣,有的点拾荒人员经常会放弃分拣。这是因为利乐包需要花费大量时间精力到垃圾中去分拣,而且需要积累到一定数量之后才能出售,所以需要有空间存放,并且有异味,这都是成本,而出售利乐包带来的收益却十分微薄。很多拾荒者徘徊于拣不拣之间,一些偶然的极小的因素都会导致其放弃分拣。

而回收商作为消费者和最终处理厂之间的中介,收购和出售的差价是其回收的动力。利乐包的厂商回收价格处于变动之中,价格低谷时期会使得回收商无利可图,比如近两年来的国内反腐败导致包装市场需求下降、包装纸张价格下跌,从而导致了利乐包的回收价格下跌。回收商除了直接收购利乐包的成本之外,还存在一些其他成本,如运输成本、存储成本,以及和各个产生利乐包的居民小区、学校、垃圾中转站、垃圾填埋场建立回收网络的成本,这些成本是巨大的。从综合来看,回收商的收益往往小于成本,导致了其不愿意从事利乐包回收。回收商F有时候还处于亏损状态,是对环保行业前景的信心支撑了他继续从事利乐包的回收。

这种模式的激励和监督机制就是出售利乐包带来的收益,由于收益较小而回收成本较高,只能回收上来少量的利乐包。F表示,他一年的回收量大概是200 t左右。我们可以看到在这种模式下,出现了"市场失灵",这也是像利乐包这样的低价值回收物所普遍面临的问题。

（二）政府模式：缺乏激励监督的低效运作

南京是2000年国务院实行垃圾分类试点的8个城市之一，成为垃圾分类试点城市之后，南京在6个城区选取了30多个小区开展试点，可是效果寥寥。2011年，南京市又召开生活垃圾分类部署动员会，确定了玄武、白下、建邺、鼓楼各一个街道进行试点，要求将垃圾分为可回收物、厨余、有害、其他四类。2014年，南京市政府又下发《市政府关于转批市城管局2014年南京市垃圾分类工作实施意见的通知（宁政发2014〔80〕号）》，对垃圾分类工作进行了要求和指导。多年来一次次的垃圾分类部署和要求，并没有让我们看到有实质效果的垃圾分类。不仅仅是南京，其他城市的垃圾分类也以失败告终。为什么政府主导的垃圾分类会归于失败？

从制度分析的角度来看，需要对居民的垃圾分类行为进行监督，如何激励居民做出分类的行为而监督其不分类的行为？在政府模式中，这一点是缺位的。虽然在小区和公共场所摆放了分类垃圾桶，可是是否按照垃圾桶的要求正确放置进垃圾，却没有任何监督机制，完全凭居民自己自愿进行分类。笔者调查发现，几乎所有的分类垃圾桶里都混放了各种垃圾，绝大部分居民没有分类的习惯和意识。前文已经用抽样的方法对某小区的居民垃圾分类行为和原因做了简单调查。

笔者所选取的高档小区的居民平均收入和受教育程度在南京市均处于较好水平，但是居民的垃圾分类意识和习惯却相当缺乏，仅凭自愿根本无法导致有效的垃圾分类行为。中国人的行为是"他制他律"的，在没有外界监督的情况下很难进行自律。而且政府在后期清运时并没有按照分类来清运这些垃圾，笔者对该小区的垃圾清运人员进行访谈，他表示上面从来没有分类清运的要求，都是把所有垃圾桶的垃圾放在一起运走的。可想而知这种行为大大打击了居民的垃圾分类积极性。而垃圾中那些有价值可以"卖钱"的部分则被清运人员挑出来，"这些能卖钱的先是被小区保洁拣一遍，然后我们再拣一遍，到了垃圾中转站再被人拣一遍"。当笔者问到他是否知道利乐包可以"卖钱"时，他表示"那东西不值钱，而且好多都被污染了，很脏，不好拣"。

政府人员是否也认识到了这些问题，并能够进行政策上的改进？笔者对南京市J区的垃圾分类办公室人员进行了访谈，他谈到（以下内容省略了笔者提问的部分）：

"我们的工作主要就是购买垃圾桶、垃圾袋，进行宣传，一年的资金投入有几百万，每个社区一年有5万元的经费投入。主要是用于购置分类垃圾桶、发放垃圾袋，还有垃圾分类督导员的工资。考核指标有居民垃圾分类知晓率、覆盖率（就是看垃圾桶的摆放覆盖和垃圾袋的发放覆盖），还有分类率（每次考核抽取两个小区进行实地检查）……垃圾分好了又被混在一起运走了，这个我们也没有办法，上面没有要求分类清运。非常重要的原因是居民本身的垃圾分类率就不高，比如厨余垃圾，现在南京也建立了一个厨余垃圾处理厂，可以把厨余垃圾做成有机肥料的。但是如果厨余垃圾中混杂了其他垃圾放进处理机器中，机器是会坏掉的。所以在这种情况下，垃圾只好拿去填埋了，没法送去处理厂。还有就是有的后端处理能力没能建立起来，比如电池，南京市环保局的仓库里放着这么多年来回收的废旧电池，可是不知道如何处理。……居民不配合我们也没办法，总不能整天派人看着。"

我们用公共选择理论来分析政府人员的行为。公共选择理论认为，政府工作人员虽然处在公共职位上，但是他们依然是“理性经济人”，依然会以自身的私利而不是公共利益作为考量因素。对于基层的垃圾分类办公室的人员来说，分类的效果不是他们考虑的因素，他们只需要将上级的任务比如购置发放物资、定期考核汇报完成即可，其他的他们不甚关心也无力关心，对于基层人员来说，保住自己的工作岗位解决生计问题更为重要。而对于推行垃圾分类的上一层政府机构市城管局来说，他们表示现在这种购置垃圾桶、发放垃圾袋、进行宣传是他们现在能够想到做到的推行垃圾分类的方式，居民不配合他们也没办法。能够看出监督机制在这种情况下几乎是缺位的，即使监督问题解决了，后期清运问题不解决也无济于事。

在公共治理中，监督是一个非常关键的问题，如果监督成本太高会导致治理机制运作的失败，而政府监督被认为是低效的。奥斯特罗姆指出，公共治理的“利维坦”模式即政府模式，“是建立在信息准确、监督能力强、制裁可靠有效以及行政费用为零这些假定的基础上的。没有准确可靠的信息，中央机构可能犯各种各样的错误。……中央机构必须有足够的信息，才能正确地实施制裁”[32]。在我国垃圾分类的政府模式中，政府无力解决监督问题，如果不是设身处地在居民生活小区，又如何能够知晓居民垃圾分类的具体情况，进行实地监督？如果政府用雇员来解决监督问题，又成本高昂，而且雇员如果不是小区居民，也存在着信息不完全、监督雇员等问题。我们通过台湾的垃圾分类实践能看出多元治理模式的优势，在台湾，大多数垃圾分类成功的城市和地区的做法是，让居民相互监督，自我约束。如台北市规定，乱扔垃圾最高罚款6000元，让民众帮忙检举违规，经查属实者，可领取实收罚款的50%以内的罚金。这样的监督机制把民众调动起来实施监督，而这样的一种相互监督的氛围是和台湾的社区自治以及公民意识分不开的，在一个具有公共生活的地方，人们普遍具有了公共环境意识，乱扔垃圾被视为有违公德，人们才会普遍监督乱扔垃圾的行为，这就是一种“社会资本”。而在大陆，小区里都是互不相识的陌生人，几乎无公共生活，垃圾分类的环境意识远未建立，乱扔垃圾极有可能会被当成“事不关己高高挂起”，也极有可能因为罚不责众而很难实施。

（三）多中心模式：局部效果的“地方性”实践

2014年，南京市引进了一家私营垃圾分类公司——南京志达环保有限公司。该公司负责人Z原来是在重庆做垃圾分类，被南京市城管局到重庆考察之时发现，然后给予优惠政策将其引进至南京做垃圾分类，志达环保公司现在落在南京市栖霞区尧化街道，在尧化街道的9个小区开展垃圾分类试点工作。在这个模式中，还有利乐公司的参与，形成了一个“多中心治理模式”。

1. 参与主体之一：垃圾分类公司

志达环保的口号是“惠分类，惠生活”，其负责人Z创新了一种“以物换购垃圾”的分类模式，在居民区内做宣传，居民将可回收垃圾、厨余垃圾等分类收集之后，可以用来换购蔬菜和日用品。在换购时，志达公司并没有采取直接的价格交易，而是将各种分类的垃圾换成积分，然后再用积分去兑换相应的物品。比如一袋厨余垃圾可以换一个绿积分（厨余垃圾属于有机垃圾，获得绿积分），规则是居民每正确投放一次厨余垃圾，获得一个绿积分，每天只能获得一个。厨余垃圾需要居民在每天早上的6:30到9:00将厨余垃圾投放至小区的投放点，投放点有志达公司的人员在场检查居民的厨余垃圾是否符合要求，有无掺杂其他垃圾。还有蓝积分（可回收垃圾获得蓝积分），规则是一斤纸板获得3个蓝积分，一斤报纸获得6个蓝积分，一斤杂塑料获得2个蓝积分，等等。公司会每周两次在小区固定地点回收居民的可回收垃圾，记录积分。

一个积分相当于一毛钱，然后积累到一定程度就可以换购蔬菜和日用品。Z 介绍采取积分制而不是直接的价格交换是为了淡化利益在垃圾分类中的地位，培养起居民的垃圾分类意识。在价格上，公司回收垃圾的价格要比市场上的回收价格稍高，而换购的物品价格要比市场上的价格稍低，这样更能够吸引居民的参与。对于利乐包，志达公司在 2014 年 10 月开展了第一次"利乐包活动月"，居民积累 20 个利乐包就能够换购一只护手霜。为了便于管理，到 2014 年年底，志达公司已经建立了南京市首个垃圾分类数据库，参与其垃圾分类的每户居民都有一张"智慧卡"，居民投放垃圾时，只要刷卡就可累积投放垃圾次数、积分，换购物品时也刷卡。这样大大提高了工作效率，减少了人工作业成本，也便于统计垃圾分类的数据。据志达公司的统计，目前试点小区居民户的参与率为 20%，参与居民户的都能够做到 100%的分类，参与者以老年人居多，因为老年人居家更有时间参与进来。

志达公司的这种运作是利用了市场机制，用物质利益来吸引人们参与垃圾分类。但是我们要看到一点，那就是这样的成本是比较高昂的。在西方国家，都是采取"谁产生垃圾谁付费"的原则，向消费者收费，向生产者征税，以补贴垃圾回收企业，才能保证回收企业的盈利，企业只有盈利才会继续从事运营。但是在我国法规缺位的情况下，没有对消费者垃圾分类的规制，志达的这种物质利益换取垃圾的方式也许是能够让消费者进行垃圾分类的最为有效的方式了，那么就产生了一个问题：如何能保证公司的盈利？而且志达公司作为一个民营公司，如何能进入诸多小区开展工作？在我国，回收者如果要进入小区从事回收，物业就是一个很大的障碍，都需要缴纳给物业一定的费用。这就涉及另一个主体：地方政府。

除了在居民区以物质换购利乐包之外，志达公司在学校也开展了回收利乐包工作。中小学每天都会向学生发放牛奶，产生的牛奶包装数量巨大。2014 年 10 月下旬，志达公司进入栖霞区实验小学开展利乐包回收宣传，并请来了环保组织"自然之友"的人士进行宣讲。接着志达公司在学校里放置专门回收利乐包的垃圾桶，让学生把牛奶包装放进垃圾桶。栖霞区实验小学每天都会给学生发放一盒 100 g 的酸奶，产生 1800 个牛奶包装，一个月就是 4 万个，将近半吨。志达公司作为一家民营环保公司，能进入学校开展这种活动，如果没有政府的允许和支持，是不可想象的。这就涉及这种模式之下非常关键的主体：地方政府。

2. 参与主体之二：地方政府

南京市城管局到重庆考察时发现了 Z 和他的垃圾回收模式，觉得非常值得推广，认为这是可以做出真正效果的垃圾分类模式，于是给予其优惠政策将其引进。在确定哪一个街道作为最先试点的街道时，栖霞区尧化街道表现最为积极，表示可以落实支持措施。这些支持措施包括：①提供一处面积为 1600 m^2 的仓库，用于放置回收上来的垃圾。②在某小区提供一套两居室住宅，作为该公司的办公地点；在另一小区提供一间住房，用于摆放宣传材料、示范物品的场地。③根据实际参与垃圾分类的居民户数，提供每户 200 元/年的补贴。④当志达公司的工作需要小区物业、学校等机构配合时，出面协调。这些措施对于志达公司的垃圾分类工作是极大的支持，志达负责人 Z 坦言，如果没有政府的这些支持，他们肯定做不下去，也不可能盈利。

笔者对尧化街道某负责人 T 进行了访谈，他表示，他们街道对环卫工作比较重视，想做出一点成绩。他们当时测算了，如果想在垃圾分类上做出真正的效果，外包给垃圾分类公司是更节省成本的。如果要政府自己来做，费用包括：①垃圾督导员工资。每 1000 户居民需要 14 个垃圾分类督导员，这些督导员一年的工资最少要 12 万元。②塑料垃圾袋的费用：包括家庭垃圾袋每个 0.15～0.2 元，1000 户一年的费用是 15 万元，还有放在外面大垃圾桶的大垃圾袋，加在一起 1000 户一年要 20 万元。③垃圾桶的费用。如果只在小区内放置垃圾桶，一年是160 个，每个 300 元，总共 5 万元左右。如果还要给每个家庭发放分类垃圾桶，费用更高。这几块费用加起来，每 1000 户每年的费用在 40 万元以上。但是他们现在外包给垃圾分类公司做，是按照每 1000 户每年 20 万元的费用给予补贴的，至少节省了一半费用。

南京市城管局垃圾分类办公室负责人 L 在接受访谈时表示，2015 年将在有条件的街道推广志达模式。至于何为"有条件的"？他表示，还是要看街道的自愿，如果能提供场地和资金就具备了条件。被问到为什么不强制推广这种模式，L 表示，强制推广有难度，因为场地和资金不是每个街道都能拿出来的。尧化街道是位于南京市郊的一个街道，房价便宜，拿出场地成本不高。但是对于有些处于较好地段的街道，拿出场地就十分困难。

笔者访谈了另外一个街道 D，在被问到是否准备引进志达公司进行垃圾分类工作时，他们表示，并无此考虑，原因有二：一是资金，现在上面拨付的垃圾分类资金用于购置物资和宣传，每年有几十万，如果引进志达就需要更多的钱，这个钱从何而来？二是考核，上级对他们的考核仅限于覆盖率(摆放分类垃圾桶的范围)、居民知晓率这些指标，并无其他要求，他们没有必要去多事。

3. 参与主体之三：利乐公司

虽然我国政府并没有规定包装物生产商的回收责任，但是利乐公司这家瑞典公司却一直在中国致力于利乐包的回收，并将其作为企业社会责任的重要组成部分。利乐公司自从在中国内陆开展业务以来，就成立环保事业部以推动利乐包的回收再利用工作。一是扶持一些造纸厂对回收的利乐包进行循环再利用，无偿提供给这些造纸厂以循环利用利乐包的技术和设备。到目前为止，利乐公司在中国已经扶持了十家可以进行利乐包回收处理的造纸厂，绝大部分分布在沿海，总的年处理量约为 20 万 t。最开始，造纸厂并不知道利乐包可以进行回收利用，利乐公司的环保事业部门和它们沟通以建立起该业务，向造纸厂说明利乐包是一种造纸的原材料，75%是原生木浆，非常好的纤维。但是开始绝大部分造纸厂都不理解，拒之门外，只有少数愿意"吃螃蟹"的厂家进行了尝试，比如富阳的富伦科技生态公司就是其中的一个。建立起了终端的处理能力，还需要有回收的利乐包，于是利乐公司又开始在中国各大城市摸索回收利乐包的途径，由于中国相关法规的缺位，利乐公司只能靠自己的努力。

利乐公司在前几年主要是通过 F 这样的回收商在南京回收利乐包，后来他们渐渐看到这种模式的缺陷，意识到应该着力于做垃圾分类，然后在垃圾分类这样的大背景下将利乐包分离出来，这才是更有效率和前景的方法。2014 年南京市城管局引进了志达公司之后，利乐公司也十分看好这个模式，积极参与，主要包括两个方面：①给志达公司提供利乐包的打包机等设备；②请来相关专家团队为志达公司该模式的效益、前景做一个全面的管理咨询。利乐公司的环境经理 W 表示："目前这种模式是在我国相关法律法规缺位背景下较有效果的模式，我们需要充分分析这种模式的利弊及前景。"

4. 参与主体之四：居民

笔者对一些试点小区居民做了随机访谈，他们表示：能换购物品是他们参与垃圾分类的主要原因。笔者访谈的小区主要是尧化街道的金尧花园，为安置房小区，参与居民以老年人为主。而根据志达公司在试点小区以及鼓楼区未开展垃圾分类工作的小区做的问卷调查，小区居民参与垃圾分类的动机会根据其受教育程度、年龄等有所不同。受教育程度高的居民，其参与动机中环保意识的成分相对较高。老年人比较看重物质激励，而年轻人中具有环保意识的比例要较老年人高。但是无论如何，居民是否做出垃圾分类的行为是和外界的制度环境密切相关的。一些居民表示：他们有分类的意识，可是清运阶段的混装打击了他们的分类积极性。还有一些居民表示，如果有专门投放厨余垃圾的地方，有专人监督，他们非常愿意去定时定点投放厨余垃圾。由于资料和篇幅限制，笔者在此处不对居民参与垃圾分类情况的具体数据做定量分析，将会在进一步的调查研究中做分析。

从以上初步的调查可以看出，物质利益是居民参与垃圾分类的主要原因。由于没有外界的制度配套，即使有些居民有一定的环保意识，没有相应制度的配合也无法落实到行动。所以在现阶段该模式中物质利益是激励居民做出垃圾分类的最主要原因。

从以上的资料我们可以分析得出，该多中心模式有着多个参与主体。地方政府中有一些想在垃圾分类上做出实际效果的官员，这些官员看到了将垃圾分类外包给私营垃圾分类公司会更有效率，于是对其进行引进。在政府扶持和补贴的背景下，垃圾分类公司用物质换购垃圾，这里利用了市场机制。但并不是所有的地方政府官员都愿意引进，因为场地、资金等扶持条件并不是每个街道都能拿出，都愿意拿出。生产者（利乐公司）也在参与其中，提供了一些帮助。消费者（居民）主要是在物质激励下进行了参与。在这种情况下，我们可以称这种多中心模式为“局部效果的‘地方性’实践”。之所以称之为“局部效果”，是因为这种模式现在不具备大范围推广开来的条件，所以它是一种“地方性”的实践，不是普遍性的实践。在该模式中，对居民起到监督激励的依然是物质利益，并无其他强制措施。该模式已经显示出了一定效果，虽然居民参与率只有 20%，但是从回收上来的利乐包来看，是在逐步增加的。在没有普遍性制度和普遍性环境意识的情况下，这种模式是一个小范围的实验，能否推广开来还有待进一步探讨和检验。

五、对几种现有模式的评估

本文对垃圾分类的市场模式、政府模式和多中心治理模式进行了制度分析，在宏观制度和公民环境意识这种“公共社会资本”缺乏的情况下，三种模式都利用了其他的资源来运作。市场模式主要是运用价格机制，价格就是市场模式的激励机制，人们看到垃圾能够拿到市场上出售从而完成分类回收。但是这种模式的弊端在于市场会常常失灵，某些垃圾的低价格和市场价格的变动会使得回收缺乏动力。政府模式主要是通过发放分类垃圾桶、垃圾袋进行引导分类，但是监督和激励机制在这一模式是缺位的，人们没有动力将垃圾分类，而清运环节的混装也打击了人们进行分类的积极性，政府也无力解决监督激励问题，所以现行政府模式在实践中是失败的。多中心治理模式是新近出现的事物，由地方政府提供一些扶持和补贴，垃圾分类公司用物质换购垃圾，生产者提供帮助，居民参与，这样一个多元参与的结构显现出了初步效果，比市场模式效率更高。这样看来，多中心治理模式是一个可能发展的方向和趋势。

这种模式能否持续，是一个自然而然会得到关注的问题。奥斯特罗姆在研究了多种公共事务的治理机制之后总结了长期存续的公共池塘资源制度中所阐述的设计原则[32]，其中非常重要的几点是：“对组织权的最低限度的认可，也即占用者设计自己制度的权利不受外部政府权威的挑战，外部的政府官员对这些规则的合法性给予了起码是最低限度的认可。”还有，“将占用、供应、监督、强制执行、冲突解决和治理活动在一个多层次的嵌套式企业中加以组织。然后再被纳入当地的、地区的和国家的管辖区域之中。只在一个层级上建立规则而没有其他层级上的规则,就不会产生完整的、可长期存续的制度”。奥斯特罗姆考察的所有公共池塘资源治理的成功案例都具有这些特征。所谓“嵌套式企业”,是一个多层组织的结构,使这样的治理规则在更大范围内得到了扩展,治理机制才能够稳固下来。规则也分为几个层次:“宪法层次、集体层次和运作层次……一个层次的行动规则的变更,是在较之更高层次上的一套‘固定’规则中发生的。更高层次上的规则变更通常更难完成,成本也更高,因此提高了根据规则行事的个人之间相互预期的稳定性。”也就是说,更高层次的规则建立更加困难,但是具有更大的稳定性,低层次的规则要嵌套入高层次的规则中才更具稳定性。通过这一研究结论我们可以推论:本文所述的垃圾分类的多中心模式能否存续,关键在于能否与更高一层次的制度和规则结合起来,有没有地方层面和国家层面的法规能够与之结合,将之扩展稳固。而这一点不仅仅取决于现有的该治理机制中的参与者,更取决于政府层面和民间各方力量对该问题的推进。

六、对于建设我国垃圾分类治理模式的对策建议

从本文来看,要有效推进垃圾分类,必须进行治理机制也即制度的建设。制度建设无非是从宏观制度和微观制度两个方面入手。宏观制度包括国家的垃圾分类立法和居民的环境意识及行为,这都不是短期能够完成的目标。国家垃圾分类的立法需要各环境专家、环保组织、各级政府的垃圾分类办公室多方面推进,让国家认识到该问题的重要性,然后成立相关领导小组,制定出可操作性的立法。居民的环境意识和行为的建设,除了媒体学校宣传之外,立法也是非常重要的一环,如果立法可操作性强,公民必须遵守法律进行垃圾分类,对其环境意识和行为是最有力的促进。

但是在宏观制度还不完善之时,我们也要利用相关资源,进行微观制度的建设。纵观我国已有的几种治理模式,市场模式和政府模式存在很大弊端,多中心治理模式已经显现出了一定的效果,但是能否持续还要看能否与更高一层次的制度和规则结合起来,有没有地方层面和国家层面的法规能够与之结合,将之扩展稳固。本文对于多中心治理模式的扩展提出如下建设建议:

方案一:将现在的垃圾分类积分逐步与物业管理及物业费捆绑。现有的“志达模式”是自愿参与,参与率只有20%。如果能够与物业管理和物业费捆绑,那么将大大扩大参与的范围,甚至实现全部参与。具体操作方案为:建立垃圾分类数据库,每个家庭都发放垃圾分类卡,根据垃圾分类的情况进行积分。设定一个家庭全年垃圾分类最低积分,没有达到这个积分就多缴纳一定数额的物业费,相当于罚款;达到这个积分就正常缴纳物业费。再设定一个高一些的积分,达到该积分就可以减免一定数量的物业费。惩罚和奖励的数额都要能够起到激励效果。物业承担起一部分垃圾分类的职责,收集各类分类垃圾。政府给每个小区一定的垃圾分类补贴。

方案二:在清运环节上要与分类结合起来,城管局制定制度要求清运者定时到小区去清运垃圾,必须按照物业已经分类的垃圾进行清运,并且不得混合。对各类垃圾的清运都要有明确的去向规定。

方案三:对于小区之外的垃圾,如道路上的垃圾,旅游景点的垃圾,学习台湾实施“垃圾不落地”的原则。不放置垃圾桶,要求民众对自己产生的垃圾负责,回到家中小区放置垃圾或者

到垃圾中转站放置垃圾。这一点要真正有效果的实施，必须加强监督机制。实施"全民监督"机制，公布举报电话，民众随时可以举报自己看到的乱扔垃圾行为，并且可以获得罚金的50%。如被抓到乱扔垃圾，其所持的垃圾分类卡扣减一定数量的积分。

不论是宏观制度还是微观制度，其成功还有一个非常重要的大环境，那就是社会环境。台湾之所以取得了垃圾分类的成功，就在于民众所具有的主人翁意识。每个人都认为自己是这片家园的主人，环境问题自己需要承担责任。如果没有这种环境，民众不认为环境和自己有关，觉得只要把自己家中弄干净即可，其他地方是别人的，和自己无关，这样的心态会使得任何制度的实施成本大大提高。因此，制度环境是垃圾分类成功的最终保障。

（撰写人：杨慧宇）

作者简介：杨慧宇，女，博士，南京信息工程大学公共管理学院副教授。主要研究领域为环境管理、金融信任。本文受南京信息工程大学气候变化与公共政策研究院开放课题(14QHA022)资助。

参考文献

[1] THOMAS C K. Explaining the growth in municipal recycling programs: the role of market and nonmarket factors. Public Works Management and Policy, 2000, **5**(1): 37-51.

[2] COOPER M H. The Economics of recycling: is it worth the effort? Congressional Quarterly Inc. 1998, **12**(8): 265-280.

[3] TAYLOR J. "Does recycling make economic sense?" Congressional Quarterly Inc. 1998,**12**(8): 281.

[4] JENKINS R R. The economics of solid waste reduction: the impact of user fee. Cheltenham: Edward Elgar Publishing, 1993.

[5] MIRANDA M L, EVERETT J W, BLUME D, et al. Market-based incentives and residential municipal solid waste. Journal of Policy Analysis and Management, 1994, **13**(4):681-698.

[6] MATHEW G. A comparative overview of recycling in London and Hamburg . Waste Management & Research, 1994 (12): 481-494.

[7] GORM K. A comparison of household recycling behavior in norway and the United States. Environmental & Resources Economics, 2007, **36**(2):215-235.

[8] LU L T, HSIAO T Y, SHANG N C, et al. MSW management for waste minimization in Taiwan: the last two decades. Waste Management, 2006,**26**:661-667.

[9] 刘梅. 发达国家垃圾分类的经验及其对中国的启示. 西南民族大学学报(人文社会科学版),2011(10): 98-101.

[10] 罗仁才,张莹. 德国城市生活垃圾分类方法研究. 中国资源综合利用,2008(7):30-31.

[11] 魏全平,童适平. 日本的循环经济. 上海:上海人民出版社,2006.

[12] 袁满昌. 台湾省生活垃圾管理经验研究分析. 环境卫生工程,2011(4):7-9.

[13] 刘莉. 基于多层次建模和 GIS 的垃圾回收行为模型研究. 重庆:重庆大学,2003.

[14] 郝明月. 垃圾分类中环境意识和环境行为的相关性探究. 内蒙古环境科学,2009,**21**(2):5-10.

[15] 陈兰芳,等. 垃圾分类回收行为研究现状及其关键问题. 生态经济,2012(2):142-145.

[16] 余洁. 关于中国城市生活垃圾分类的法律研究. 环境科学与管理,2009(4):13-15.

[17] 张继承. 生活垃圾回收市场机制研究. 北京:中国农业出版社,2010.

[18] 刘承毅. 城市生活垃圾减量化效果与政府规制研究. 东北财经大学学报,2014(2):66-73.

[19] 谭文柱. 城市生活垃圾困境与制度创新——以台北市生活垃圾分类收集管理为例. 城市发展研究,2011

(1):95-101.

[20] 王建明. 垃圾按量收费政策效应的实证研究. 中国人口资源与环境,2008(2):187-192.

[21] 王建明. 城市垃圾管制的一体化环境经济政策体系研究. 中国人口资源与环境,2009(2):98-103.

[22] 汪若菡. 利乐包装回收模式的启示. 资源再生,2009,**12**:36-38.

[23] 范芳娟. 利乐包回收系统的研究和设计. 杨凌:西北农林科技大学,2007.

[24] 雍自元,黄鲁滨. 论公民意识的内涵和特质. 法学杂志,2010,**31**(5):76-79.

[25] 费孝通. 乡土中国. 北京:北京大学出版社,1998.

[26] 孙隆基. 中国文化的深层结构. 桂林:广西师大出版社,2004.

[27] [美]林南. 社会资本——关于社会结构与行动的理论. 上海:世纪出版集团,上海人民出版社,2005:138-139.

[28] 国家发改委. 造纸工业发展"十二五"规划. 发改产业〔2011〕3101 号,2011 年 12 月 30 日

[29] 汪鹏,姜泽毅,张欣欣,等. 中国钢铁工业流程结构、能耗和排放长期前景预测. 北京科技大学学报,2014(12):1683-1693.

[30] 徐美君. 国际国内废玻璃的回收与利用(下). 建材发展导向,2009,**3**:55-59.

[31] 利乐公司. 2014 年可持续发展报告,2014 年 9 月 3 日.

[32] 埃莉诺·奥斯特罗姆. 公共事物的治理之道. 上海:上海译文出版社,2012.

我国重污染天气应对机制研究

摘　要：重污染天气虽然与我国特定的区域、特定的时间以及气象条件等因素有关，但其归根结底是大气环境质量不好，空气遭到严重污染，特别是复合型污染高发的产物。自国务院《大气污染防治行动计划》发布以来，一些地方政府相继出台了重污染天气应急预案，这些预案已产生了较明显的社会影响。但在预案的编制与实际执行时也出现了一些问题，诸如预案执行中相关的法律制度与具体措施不完备等，这些问题都需要我们通过完善的法律制度、一体化的应对机制、具体可行的措施等来提高对大气重污染灾害的预防、预警和应急处置能力，降低大气重污染危害程度。

关键词：重污染天气　应急预案　应对机制

The Prevention and Control of the Weather of Heavily Atmospheric Pollution in China

Abstract: Although heavily polluted weather associates with area, time, and meteorological condition, it is ultimately a consequence of poor atmospheric condition resulting from serious air pollution especially by those compounds with incidental effects. Since the State Council issued the ten articles of atmosphere, some local governments introduced contingent trial regulations to deal with heavily polluted weather, and these regulations have demonstrated significant social effects. However, there are some problems in compiling and implementation of the issued regulations, including imperfection of legal system, specific implementation, etc. Facing these problems requires us to ameliorate legal system, incorporate response mechanism, practical solutions, and so forth to improve the abilities in prevention, precautions, and emergency response, and to reduce the detriment of heavily polluted weather.

Keywords: Weather of heavily atmospheric pollution; Plans of contingent regulations; Coping mechanism

近几年来，区域性甚至是全国性的重“雾霾”，总是将大气污染问题置于人们最关注、最显眼的地位。重“雾霾”不仅给人们的交通、工作、生活等带来诸多麻烦，也使其背后的大气污染防治问题一次次地引起全社会的关注。为了应对并预防重“雾霾”与重污染天气，国家在完善相应法律法规的前提下，一些行政监管部门也相继出台了相关办法或规章来应对。在这些法律法规与具体规则或办法中，《大气污染防治法》的修订、《大气污染防治行动计划》(简称《大气十条》)起到了关键性的作用，其他规则与办法则为进一步落实重污染天气的具体措施提供了重要依据。2013 年 9 月，国务院发布了《大气十条》;2013 年 11 月，环保部发布了《关于加强重污染天气应急管理工作的指导意见》(以下简称《指导意见》)；随后，为了提高预防、预警、应对能力，及时有效应对重污染天气，减缓重污染天气的影响程度，保障人民群众身体健康和社会稳定，全国各地以不同形式纷纷出台了大气重污染应急管理制度，许多地区(尤其是城市)编制了重污染天气应急预案。2014 年 12 月，环境保护部办公厅印发了《关于加强重污染天气应急预案编修工作的函》(以下简称《加强预案编修函》)，要求“各地全面开展重污染天气应急预案的编修工作，制定更加科学、合理、有效的重污染天气应急预案”。

一、重污染天气

重污染天气在一定时间或区域的大范围呈现与中国经济高速发展中忽视大气环境质量保护密切相关。重污染天气问题所产生的社会经济影响非某一区域能独力解决，需要全社会共同关注。近几年来，在中央政府的大力倡导与公众的需求促动下，各地方政府(特别是城市)纷纷出台不同形式的重污染天气应急预警方案，这些方案的启动与实施对于重污染天气预警机制的建设起到了积极作用。

(一)关于重污染天气与重雾霾天气的认知

近年来，全国年雾霾日呈明显的上升趋势，尤其是 2012 年以后，中国大部分地区相继受雾霾天气影响，京津冀、东北三省、陕西、河南、湖北、湖南、安徽，以及东部沿海省市的部分城市，都出现了重度或严重污染[1]。严重的雾霾天气也引起各地政府的关注，许多地方政府纷纷出台相应的应急管理预案来应对重污染天气问题。

对于重污染天气一词的描述、概念等目前还未达成共识。本文将依据《大气十条》、《大气污染防治法》等规定，选用并对重污染天气一词进行描述。

1. 重污染天气的界定

关于重污染天气的概念，国家层面还未给出明确的定义，因此，本文将依据一些地方政府应急预案中关于重污染天气的定义展开。地方规章中的规定主要有以下三类。第一类是依据环境空气质量指数(AQI)在一定区域、一定时间范围内的影响来定义。这类定义，一般根据《环境空气质量指数(AQI)技术规定(试行)》(HJ 633—2012)，当 AQI 大于或等于 201，即空气质量达到 5 级(重度污染)及以上污染程度的大气污染①状况。第二类是依据大气污染物在一定气象条件下所产生的累积性大气污染来定义。这种情形下的重污染天气，是指在静、小风、逆温、雾等不利气象条件下，由于大面积秸秆焚烧、机动车尾气、工业废气、工地扬尘等污染物

① 《天津市重污染天气应急预案》、《安徽省重污染天气应急预案》、《北京市空气重污染应急预案》、《河南省重污染天气应急预案》、《辽宁省重污染天气应急预案》、《山东省重污染天气应急预案》、《山西省重污染天气应急预案》、《天津市重污染天气应急预案》、《浙江省大气重污染应急预案(试行)》、《珠江三角洲区域大气重污染应急预案》等均采用这种定义方式。

排放而发生在较大区域的累积性大气污染①。这两类定义所界定的内容虽各有侧重，但从各地实践看，应急预案的真正落实依然以一定区域范围内具体的AQI指数为准，在预案标准实施中均认为AQI指数超过200系重污染天气应急预案启动的必要条件。第三类是未明确界定何为重污染天气，而是通过具体的分级标准、预警启动的条件等来确定重污染天气的概念。虽然各地地方政府的选择不同，但这三种做法均与《大气污染防治法》及相关法律法规的规定一致。

在复杂的重污染天气形成条件下，对于不同区域的气象条件与环境状况，都选择适用同样的定义来界定重污染天气可能会过于武断。实证研究表明重污染天气出现的原因较为复杂，若完全通过重污染天气产生的气象条件、污染物形成及变动轨迹、特定的地质条件等相关要素界定重污染天气，可能会使此定义显得过于复杂。因此，以一定时间范围内的空气污染指数来界定更趋于合理，也更易于掌控。

2. 重污染天气与重雾霾天气

虽然中央与地方政府在启动重污染天气应急预案时，均选择使用"重污染天气"一词来描述，但大多公众并不能清楚地区分重污染天气与重霾天气。大多数情况下，只要天气预报发布霾预警或某天能见度较低、污染相对严重，许多公众便会认为构成了重污染天气，政府应该足够重视。公众的这种认知错觉与我国长久以来严重的大气污染状况相关。

霾是气象术语，一般是指能见度相对较低、相对湿度较高且空气中颗粒物的含量相对高的一种天气现象，重霾天气会严重影响人们的交通、生活与工作。气象上，将能见度＜10.0 km，排除降水、沙尘暴、扬尘、浮尘、烟幕、吹雪、雪暴等天气现象造成的视程障碍，相对湿度小于80％判识为霾[2]，水分含量达到90％以上的叫雾。而重污染天气则是在一定的气象条件下与一定的污染物（在我国主要是五类污染物②）结合所形成的严重污染性天气。实际上，重污染天气与重雾霾天气也不可能完全重合。二者的关系具体如图1所示。

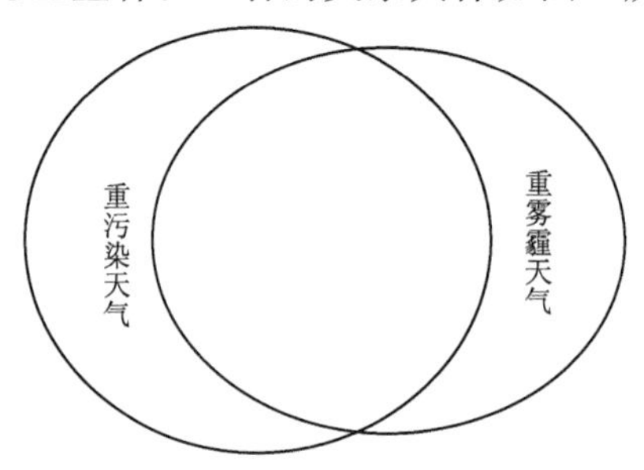

图1　重污染天气与重雾霾天气

（二）重污染天气的分类

由于各类重污染天气的特征差异性较大，结合现有相关研究，本文依据重污染天气中污染来源的不同及气象因素影响的差异，将重污染天气分为静稳积累型、沙尘型、复合型以及特殊型四类。

---

① 《江苏省重污染天气应急预案》采用此类方式来界定。

② 这五类污染物指二氧化氮、二氧化硫、一氧化碳、臭氧及颗粒物（$PM_{2.5}$与PM_{10}）。

静稳积累型重污染天气，一般的天气现象表现为雾霾或烟雾，重污染现象发生时风速小，湿度大，能见度低。静稳积累型重污染的出现还往往伴随明显的近地层逆温[3]，致使大气污染物难以扩散，形成明显的污染积累过程。重污染过程持续时间长，影响范围大，对应的天气形势少变或相对稳定[4]。一般此类重污染天气条件下，污染物不易扩散，持续影响时间相对长久。此类重污染天气在我国不同区域都会出现，一般易出现在秋冬季，与各种污染物的长期积累，并在一定气象条件下不易稀释与扩散相关。

沙尘型重污染天气，一般的天气现象表现为风速大、湿度小，能见度相对较高。沙尘重污染时大气颗粒物以粗颗粒为主[5]，且湿度小，消光作用低于静稳积累型重污染，能见度明显偏高[4]。沙尘型重污染往往伴随大风出现，PM_{10}浓度明显升高，SO_2 和 NO_2 等气态污染物浓度反而降低[6]。此类重污染天气极易发生在我国的北方地区，春季为多发季节，受沙尘暴或城市扬尘污染影响较明显。此类重污染天气现象短期内进行有效干预或防治的难度较大，需要采取长效的监管对策与有效的生态治理措施。

复合型重污染天气，是静稳积累型与沙尘型重污染天气的结合，在此类重污染天气发生的前期，各种大气污染物逐渐积累，大气污染呈显著静稳积累型特征；而后期伴随沙尘的出现表现为典型的沙尘型重污染。两者的叠加往往造成更加严重的大气污染。此类重污染天气现象在北方地区较常见。一般来说复合型重污染期间天气现象往往发生明显变化，表现为雾霭转烟霾或烟雾转沙尘等，平均风速、平均相对湿度、平均能见度等都介于静稳积累型和沙尘型重污染之间[4]。

特殊型重污染是指由特定因素影响而形成的频率较低的重污染天气，污染的形成及结束都较为突然，主要为秸秆焚烧及春节鞭炮燃放所形成[4]。2016 年 2 月初，环保部对全国 338 个重点城市的监测数据表明，受燃放烟花爆竹影响，除夕当天有 47 个城市空气质量达到严重污染，92 个城市空气质量为重度污染；春节当天有 75 个城市为严重污染，81 个城市为重度污染，其中邵阳、萍乡、忻州等 12 个城市小时 AQI 达到最高值 500[7]。特殊型重污染天气在我国具有明显的时间性与区域性特征，此类污染多由人为因素导致，若能采取有效的预防措施，此类重污染能被避免。

（三）重污染天气的形成原因

目前，关于重污染天气形成原因的研究中，大多集中于重污染天气形成的气象条件与气象因素展开。还有研究分析了 2002 年 10 月 8—13 日北京地区一次重污染过程，其结果表明造成此次重污染过程的不利因素主要包括：一是较强的海平面高压、均压场控制导致北京地区垂直大气层结稳定，不利于污染物垂直扩散；二是北京地区三面环山，导致其对近地面为弱的偏南气流控制，不利于污染物水平扩散；三是近地面弱的偏南气流从江苏、山东、河北、天津等地携带了大量的污染物向北京地区输送[8]。

对于国内区域性重污染天气形成的气象条件已有大量研究，结果表明重污染天气的发生原因中气象因素十分复杂：①大气污染过程及雾霾天气发生，常常是受到不利气象条件的影响，并伴随一段时间的低风速天气，不利于污染物扩散所致[9]。②相对湿度较高的气象条件不仅严重影响能见度，而且还加速了 $PM_{2.5}$的转化，是形成雾霾及发生细粒子重污染的另一个主要原因[10]。③冬季大陆高压内的下沉气流和低层逆温阻碍了大气的垂直扩散，易导致区域性大气重污染[11]。④气压的高低波动对于颗粒物浓度的影响也十分显著[12]，并且具有明显的阶段性特征[13]，与城市大气污染密切相关。因此，重污染天气的形成不仅与风速、风向、相对湿度、温度、气压等气象要素具有一定的关系，同时还受到大尺度天气背景的影响[14]。

除了气象条件与一定的地理特征影响外，重污染天气产生前期或产生过程中，工农业生产的污染排放强度与污染物的排放量，以及社会生活过程中污染物排放量增加，也是重污染天气产生的重要因素。有学者从重污染期间上海市细颗粒物化学组分特征及污染来源类型、一些污染严重区域大气霾污染研究意义及其控制策略等问题[15]等方面展开研究，也有学者[16]指出区域污染输送对重污染天气形成的重要影响，指出重污染天气的污染过程总体表现出污染指数高、污染物超标种类多、超标倍数大、重污染持续时间长及细颗粒物占比较大等特征，并且OC/EC较高的比值表现出明显的二次污染特征亦不容忽视。但是现有研究并不能全面掌握与理解重污染天气产生过程的污染物来源、形成与发展过程等重要因素，仅有气象条件或气象因素的研究并不能解决重污染天气的形成问题。

另外，不同区域间重污染天气的形成间存在何种内在关联，目前此类研究仍显不足，虽然关于北京重污染天气形成原因的研究中提及北京持续重污染过程多对应区域性污染，与周边城市的污染状况近似成正比关系[17]；在区域高压场和均压场控制下，近地面弱的偏南气流从江苏、山东、河北和天津等地携带了大量的污染物向北京地区输送，是北京某次大气污染形成的区域污染因素[8]。

二、重污染天气预警与霾预警

由于重雾霾天气与重污染天气都会给人们的工作、生活与学习造成实际影响，近年来，除了相关管理部门发布相应的预警方案外，地方政府也相继完善了预警机制来应对此类现象所带来的消极影响。实践中，与单纯的雾预警不同，重污染天气预警发布往往与霾预警发布关联起来，不同等级的霾往往关联着不同程度的空气污染出现的可能，因此，霾预警的发布与重污染天气的预测、预判有关重大关联。

（一）重污染天气预警

重污染天气预警主要是指依照一定的气象条件因素，以大气污染物在某一区域的浓度及持续时间、对区域人群的身体健康状况的影响等为参考因素，由相关政府部门所发布的预警方案及应对手段。重污染天气预警信号的发布主要依据我国现行的AQI指数，均要求AQI指数高于200，并由相应区域或相应级别的重污染天气应急指挥机构组织发布。

（二）霾预警

霾预警主要是指气象部门依据可预测的天气发展趋势，在评估一定时间范围与一定区域内的能见度后所发布的天气预警信息。霾预警信号的发布主要考虑未来一定时间内的能见度、相对湿度、$PM_{2.5}$浓度等基本情况，并由气象部门发布。霾预警信号的发布可以为地方政府重污染天气预警发布提供重要的参考，重污染天气预警信息的发布需要有气象部门的支持。相对而言，重污染天气预警信息的发布需要多个部门支持。

（三）重污染天气预警与霾预警的关系

这两者相较而言，存在以下区别。一是社会影响不同，重污染天气预警对社会、经济、政治、生活、工作等各方面的影响更大，而霾预警从理论上讲属于天气预报中的一类特殊天气形式的预报。二是参考标准与发布依据不同，霾预警主要是依据一定气象条件下的能见度、温度、$PM_{2.5}$为标准（有些地方也以 PM_{10} 为标准）；而重污染天气预警则主要是依据空气质量指数，若空气质量指数达到了重污染级别，则要求发布重污染天气预警。三是预警的级别与标识不同，霾预警分为三级，用黄色、橙色和红色表示；重污染天气预警则一般分为四级（也有部分地方政府将其划分为二级或三级），用蓝色、黄色、橙色和红色表示。四是发布后所产生的法律效力不同，霾预警作为天气预报的一种，不能对相对人的行为产生实质性影响，只是作为人们日常行为的一种参考；重污染天气预警在一定区域发布后需要相关企事业单位及个人遵照执行，并对相关当事人的行为产生实际的制约力，如机动车限行、户外活动的停止等。

三、重污染天气应对机制建设现状

一方面，面对目前雾霾及重污染天气频繁的发生，仅靠大气污染防治机制，不能及时处理与缓解重污染天气所造成的危害，因此，相应的应急预警机制的确立便显得尤为重要了。另一方面，就大气污染防治的长效性而言，仅靠某单一的政策或政令来推动，会显得过于单薄。因此，重污染天气应急预警机制的构建是为了及时有效地保护公众健康，在严峻的大气污染防治形势下，做到提前预警、及时响应，避免重污染天气的持续恶化给社会、经济、环境造成不必要的消极后果。由于重污染天气大多情形下与重霾现象同时产生，重污染天气所产生的社会影响也足够明显，因此，中央与地方政府在重污染天气预警机制的建设过程中，也十分积极。

（一）重污染天气应急预案的发布现状

截止到 2016 年 2 月 18 日，依据相关政府网站的材料统计，我国 31 个省份（港澳台除外），仅有 7 个省份没有相应的省级重污染天气应急管理预案正式发布并实施（虽然没有省级的预案发布，但这 7 个省份的相关城市与区域也发布了相关的重污染天气应急预案），已经正式颁布并实施的省份占比约 77%（请查看表 1）。不同层级的应急预案的发布与实施，表明重污染天气预警机制的建设已经基本具备正式的可支撑的规范性文件。当然，按照《大气污染防治法》的规定，所有省级政府均应制订相应的重污染天气应急预案并及时向社会公布。7 个省级地方人民政府并未严格按照《大气污染防治法》第九十四条的规定制订相应的重污染天气应急预案并及时公布，虽然这些省份已有部分城市制订了相应的应急预案，但其下属行政区域所制订的应急预案并不能替代省级的应急预案。同时，24 个已经发布预案的省份所发布的预案名称也不尽相同，而且各省预案发布及实施的时间跨度也很大，北京市于 2013 年 10 月 22 日发布了《北京市空气重污染应急预案（试行）》，是 24 个省份中最早发布预案的；而最晚发布预案的海南省则到了 2016 年 1 月 20 日才发布《海南省大气重污染应急预案》，时间跨度长达两年多。此外，还有 1 个省份的应急预案信息公布情况还有待改进或明晰。上述情况都说明相关地方政府并未严格履行相关法律规定。

表1 我国重污染天气应急预案发布情况统计(港澳台除外)

省、直辖市、自治区	有无预案	预案名称	发布及实施时间
北京市	有	北京市空气重污染应急预案(试行)/北京市空气重污染应急预案(修订)	2013年10月22日/2015年3月16日
天津市	有	天津市重污染天气应急预案	2014年5月30日
重庆市	有	重庆市空气重污染天气应急预案	2013年12月26日
上海市	有	上海市空气重污染专项应急预案(2014)	2014年1月11日
河北省	有	河北省重污染天气应急预案	2014年12月12
山西省	有	山西省重污染天气应急预案	2015年3月24日
辽宁省	有	辽宁省重污染天气应急预案	2015年10月19日
吉林省	有	吉林省重污染天气应急预案	2014年1月15日
黑龙江省	无	黑龙江省重污染天气应急预案	征求意见中,未正式实施
江苏省	有	江苏省重污染天气应急预案	2014年2月19日
浙江省	有	浙江省大气重污染应急预案(试行)	2014年3月6日
安徽省	有	安徽省重污染天气应急预案	2013年12月30日
福建省	有	福建省大气重污染应急预案	2014年4月4日
江西省	无	关于加强重污染天气应急管理工作的指导意见	2013年11月18日
山东省	有	山东省重污染天气应急预案	2013年11月4日
河南省	有	河南省重污染天气应急预案	2014年10月12日
湖北省	无	关于全省加强重污染天气应急管理工作的指导意见	2014年5月30日
湖南省	无	湖南省人民政府办公厅关于加强重污染天气应急管理工作的通知	2014年4月26日
广东省	有	珠江三角洲区域大气重污染应急预案	2014年1月28日
海南省	有	海南省大气重污染应急预案	2016年1月20日
四川省	有	四川省重污染天气应急预案	2014年1月13日
贵州省	有	贵州省重污染天气应急预案	2015年9月23日
云南省	无	云南省大气污染防治行动实施方案	2014年3月20日
陕西省	有	陕西省重污染天气应急预案	2014年9月26日
青海省	有	青海省重污染天气应急预案	2014年2月12日
甘肃省	有	甘肃省重污染天气应急预案	2015年11月2日
内蒙古自治区	有	内蒙古自治区重污染天气应急预案(修订)	2015年8月14日
广西壮族自治区	有	广西壮族自治区重污染天气应急预案	官网无预案发布的相关信息①
西藏自治区	无	《大气污染防治行动计划》实施细则	2014年5月11日
新疆维吾尔自治区	无	新疆维吾尔自治区大气污染防治行动计划实施方案	2014年4月17日
宁夏回族自治区	有	宁夏回族自治区重污染天气应急预案	2014年4月13日

① 虽然有关政府网站在新闻报道中给出了《广西壮族自治区重污染天气应急预案》这一说法,但在政府官方网站并没有查到该文献。

(二)重污染天气应对机制的实施现状

国务院的《大气十条》与环保部的《指导意见》在地方政府重污染天气应急预案的建设进程中起到了特别重要的作用，自上述两者颁布以来，大多数省级地方人民政府都出台了相应的重污染天气应急管理预案。就我国现有的重污染天气应急预警机制的建设进程而言，目前所取得的成绩主要包括以下几方面。

一是已初步确立重污染天气的监测预警、应急管理机制。上述24个省份已经发布的应急预案均明确了不同部门在重污染天气的预警监测、会商、发布、启动与监管等方面应发挥的具体作用，虽然不同省份的做法有些许差别，但均采用了“统一领导，属地管理，部门联运”的原则来进行具体工作的部署与安排。

二是已初步明确重污染天气预警与应急响应的等级划分问题。在已有应急预案的24个省份中，11个省份选择了二级或三级响应机制，13个省份都确立了四级响应机制及相应的配套措施予以实施，2个没有应急预案的省份也选择了四级预警，还有2个省份依据自身的环境经济发展特点，制订了城市、区域与省级等不同级别的应急预案(具体参见表2)。

表2　31个省份重污染天气应急预案等级统计表

省、直辖市、自治区	预警分级	预警分级的具体内容
北京市	四级	1. 蓝色预警 四级 AQI200以上 空气重污染将持续1天(24小时)； 2. 黄色预警 三级 AQI200以上 空气重污染将持续2天(48小时)； 3. 橙色预警 二级 AQI200以上 空气重污染将持续3天(72小时)； 4. 红色预警 一级 AQI200以上 空气重污染将持续3天以上(72小时以上)
天津市	四级	1. 蓝色预警 Ⅳ级 将发生连续2天AQI＞200或1天AQI＞300，但未达到Ⅲ级(黄色)、Ⅱ级(橙色)、Ⅰ级(红色)预警等级，空气质量为重度污染或以上级别； 2. 黄色预警 Ⅲ级 将发生连续3天AQI＞200，但未达到Ⅲ级(黄色)、Ⅱ级(橙色)、Ⅰ级(红色)预警等级，空气质量为重度污染或以上级别； 3. 橙色预警 Ⅱ级 将发生连续3天500＞AQI＞300，空气质量为严重污染级别； 4. 红色预警 Ⅰ级 将发生1天(含)以上AQI≥500，空气质量为极重污染
重庆市	二级	1. 黄色预警 Ⅱ级 连续3天AQI201～300(含300)，且气象预报未来3天仍将维持不利气象条件； 2. 橙色预警 Ⅰ级 AQI超过300，且气象预报未来3天仍将维持不利气象条件
上海市	四级	1. 蓝色预警 Ⅳ级 未来一天 AQI201～300； 2. 黄色预警 Ⅲ级 未来两天 AQI201～300； 3. 橙色预警 Ⅱ级 未来一天 AQI301～450； 4. 红色预警 Ⅰ级 未来一天 AQI大于450
河北省	城市预警(四级)	1. 蓝色预警：对连续2日200＜AQI≤300，或1日300＜AQI＜500的重污染天气预警； 2. 黄色预警：对连续3日及以上200＜AQI＜500且未达到橙色和红色预警级别，或连续2日300＜AQI＜500的重污染天气预警； 3. 橙色预警：对连续3日及以上300＜AQI＜500的重污染天气预警； 4. 红色预警：对1日及以上AQI达到500的重污染天气预警

续表

省、直辖市、自治区	预警分级	预警分级的具体内容
河北省	区域预警（二级）	1. 橙色预警:区域一内三个及以上相邻设区市,区域二、区域三内两个及以上相邻设区市出现或将出现连续3日300＜AQI＜500,对该区域全部城市的重污染天气预警; 2. 红色预警:区域一内三个及以上相邻设区市,区域二、区域三内两个及以上相邻城市出现或将出现1日及以上AQI达到500,对该区域全部城市的重污染天气预警
	全省预警（二级）	1. 橙色预警 三个区域各有两个及以上设区市出现或将出现300＜AQI＜500,且连续3日及以上气象条件不利于污染物扩散; 2. 红色预警 三个区域各有两个及以上设区市出现或将出现AQI达到500且1日及以上气象条件不利于污染物扩散
山西省	全省（一级）	红色预警 3个或3个以上连片设区的市城市预警等级同时达到红色预警,或太原和晋中两市同时达到红色预警
	市（四级）	1. 蓝色预警 一级 市区范围内将发生连续1～2天500＞AQI＞200; 2. 黄色预警 二级 市区范围内将发生连续3天AQI＞200,但未达到橙色、红色预警级别; 3. 橙色预警 三级 市区范围内将发生连续3天500＞AQI＞300; 4. 红色预警 四级 市区范围内将发生1天以上AQI≥500
辽宁省	三级	7个及以上连片区域的市出现以下重污染天气条件时,划分相应级别预警。 1. 黄色预警 连续3天及以上将出现200＜AQI≤300; 2. 橙色预警 连续3天及以上将出现300＜AQI＜500; 3. 红色预警 1天及以上将出现AQI达到500
吉林省	三级	1. 黄色预警 Ⅲ级 两个以上相邻地级市未来持续出现3天以上200＜AQI≤300; 2. 橙色预警 Ⅱ级 两个以上相邻地级市未来持续出现3天以上300＜AQI＜500; 3. 红色预警 Ⅰ级 两个以上相邻地级市未来持续出现3天以上AQI≥500
黑龙江省	无	
江苏省	四级	1. 蓝色预警 预测连片5个及以上省辖市AQI达到200以上,且气象预测未来1天仍将维持不利气象条件; 2. 黄色预警 预测连片5个及以上省辖市AQI达到300以上,且气象预测未来1天仍将维持不利气象条件; 3. 橙色预警 预测连片5个及以上省辖市AQI达到400以上,且气象预测未来1天仍将维持不利气象条件; 4. 红色预警 预测连片5个及以上省辖市AQI达到450以上,且气象预测未来1天仍将维持不利气象条件
浙江省	四级（包括省与市）	1. 蓝色预警 四级 城市未来1天AQI201～300; 2. 黄色预警 三级 城市未来1天AQI301～400; 3. 橙色预警 二级 城市未来1天AQI401～450; 4. 红色预警 一级 城市未来1天AQI大于450
安徽省	四级	1. 蓝色预警 Ⅳ级 AQI201～300之间,且气象预报未来2天仍将维持不利气象条件; 2. 黄色预警 Ⅲ级 AQI301～400之间,且气象预报未来2天仍将维持不利气象条件; 3. 橙色预警 Ⅱ级 AQI401～500之间,且气象预报未来2天仍将维持不利气象条件; 4. 红色预警 Ⅰ级 AQI大于500,且气象预报未来2天仍将维持不利气象条件

续表

省、直辖市、自治区	预警分级	预警分级的具体内容
福建省	二级	1. 橙色预警 Ⅱ级 未来 2 天，福州市区或厦门市区，或本省辖区内两个以上设区城市将出现持续 2 天以上 201≤AQI≤300； 2. 红色预警 Ⅰ级 未来 2 天，福州市区或厦门市区，或本省辖区内两个以上设区城市将出现持续 2 天以上 AQI＞300
江西省	四级	要求各地将具体等级分为蓝色、黄色、橙色和红色四级，无具体标准
山东省	三级	1.黄色预警 Ⅲ级 预测连续 3 天及以上 200＜AQI≤300； 2.橙色预警 Ⅱ级 预测连续 3 天及以上 300＜AQI＜500 ； 3.红色预警 Ⅰ级 预测 1 天及以上 AQI≥500
河南省	四级	1. 蓝色预警 Ⅳ级 将出现持续 3 天以内 AQI 日均值大于 200； 2. 黄色预警 Ⅲ级 将出现持续 3 天及以上 AQI 日均值大于 200； 3. 橙色预警 Ⅱ级 将出现持续 3 天及以上 AQI 日均值大于 300； 4. 红色预警 Ⅰ级 将出现持续 1 天及以上 AQI 日均值达到或大于 500
湖北省	四级	各地方政府依据其实际情况统一分为蓝色、黄色、橙色和红色四级，暂无具体省级的标准与措施(无省级正式预案发布)
湖南省	四级	1. 蓝色预警 Ⅳ级 200＜AQI≤300； 2. 黄色预警 Ⅲ级 300＜AQI≤400； 3. 橙色预警 Ⅱ级 400＜AQI≤500； 4. 红色预警 Ⅰ级 AQI＞500(无省级正式预案发布)
广东省	二级	1. 橙色预警 Ⅱ级 珠江三角洲区域三分之一以上面积且 50%国控监测站点出现持续 72 小时的严重污染； 2. 红色预警 Ⅰ级 珠江三角洲区域三分之一以上面积且 50%国控监测站点出现持续 72 小时的重度污染
海南省	四级	1. 蓝色预警 9 个以上(含)市县发生 200＜AQI≤300，或某一个市(县)连续 3 日发生 200＜AQI≤300，且气象预报未来 48 小时仍将维持不利气象条件； 2. 黄色预警 9 个以上(含)市县发生 300＜AQI≤400，或某一个市(县)连续 3 日发生 300＜AQI≤400，且气象预报未来 48 小时仍将维持不利气象条件； 3. 橙色预警 9 个以上(含)市县发生 400＜AQI≤500，或某一个市(县)连续 3 日发生 400＜AQI≤500，且气象预报未来 48 小时仍将维持不利气象条件； 4. 红色预警 全省 9 个以上(含)市县发生 AQI＞500，或某一个市(县)连续 3 日发生 AQI＞500，且气象预报未来 48 小时仍将维持不利气象条件
四川省	三级	1. 黄色预警 Ⅲ级 5 个及 5 个以上的连片市(州)将发生连续 3 天 200＜AQI≤300 或为 150＜API≤200； 2. 橙色预警 Ⅱ级 5 个及 5 个以上的连片市(州)将发生连续 3 天 300＜AQI≤500 或 200＜API≤300； 3. 红色预警 Ⅰ级 5 个及 5 个以上的连片市(州)将发生连续 3 天 AQI＞500 或 API＞300
贵州省	二级	1. 橙色预警 预测 2 个以上城市 300≥AQI＞200，且气象预报未来 3 天仍将维持不利气象条件； 2. 红色预警 预测 2 个以上城市 AQI 超过 300，且气象预报未来 3 天仍将维持不利气象条件

续表

省、直辖市、自治区	预警分级	预警分级的具体内容
云南省	无	
陕西省①	二级	1. Ⅱ级预警 关中地区三个及以上相邻市(区)，陕北地区两个、陕南地区两个及以上相邻市同时将发生连续3日300＜AQI＜500； 2. Ⅰ级预警 关中地区三个及以上相邻市(区)，陕北地区两个、陕南地区两个及以上相邻市同时将发生1日以上AQI≥500①
青海省	三级	1. 黄色预警 Ⅲ级 预测连续3天及以上200＜AQI≤300； 2. 橙色预警 Ⅱ级 预测连续3天及以上300＜AQI＜500； 3. 红色预警 Ⅰ级 预测1天及以上AQI≥500
甘肃省②	四级	1. 蓝色预警 Ⅳ级 出现或将出现200＜AQI≤300且气象条件连续48小时不利于污染物扩散，或300＜AQI＜500且气象条件连续24小时不利于污染物扩散； 2. 黄色预警 Ⅲ级 出现或将出现200＜AQI＜500、气象条件连续72小时及以上不利于污染物扩散，且未达到橙色预警级别，或300＜AQI＜500且气象条件连续48小时不利于污染物扩散； 3. 橙色预警Ⅱ级 出现或将出现300＜AQI＜500，且气象条件连续72小时及以上不利于污染物扩散； 4. 红色预警Ⅰ级 出现或将出现AQI≥500且气象条件连续24小时及以上不利于污染物扩散
内蒙古自治区	三级	1. 黄色预警Ⅲ级 全区相邻的三个及以上盟市将持续发生三天及以上300＞AQI≥200； 2. 橙色预警Ⅱ级 全区相邻的三个及以上盟市将持续发生三天及以上500＞AQI≥300； 3. 红色预警Ⅰ级 全区相邻的三个及以上盟市将持续发生一天及以上AQI≥500
广西壮族自治区	无	
西藏自治区	无	
新疆维吾尔自治区	无	
宁夏回族自治区	四级	1. 一般污染天气 未来1天出现AQI≤200； 2. 较大污染天气 未来3天持续出现200＜AQI≤300，或1天出现300＜AQI＜500； 3. 重大污染天气 未来3天持续出现300＜AQI＜500； 4. 特别重大污染天气 未来1天以上出现AQI≥500

三是已实施的一些应急响应措施产生了较明显的社会影响。从近几年重污染天气预警机制启动后所实施的一些具体措施来看，引起较明显社会影响的措施包括：中小学和幼儿园应当

① 关中地区：西安、宝鸡、咸阳、铜川、渭南、韩城市及杨凌示范区、西咸新区；陕北地区：延安、榆林市；陕南地区：汉中、安康、商洛市。

② 当AQI或API为151～200连续48小时或大于200连续24小时，且气象预报未来72小时仍将维持不利气象条件时，应做好重污染天气预警信息发布和应急响应各项准备工作。当2个及以上连片市州同时启动Ⅰ级预警时，在市州重污染天气应急指挥机构发布本行政区预警信息的同时，省应急指挥部发布区域预警信息。

临时停课或调课、限制或禁止大型户外集体活动、减少机动车上路行使、部分排污单位的阶段性停产、城市人口密集区的交通管制(如机动车限行)、高速公路的封闭等。这些措施中,涉及公众个人健康与个人财产安全的,即便是建议性措施也能得到较好执行;但若这些措施中仅仅只是为了公众利益或大气环境质量的改善而出发,则其执行效果相对弱一些,这需要政府在出台相关措施时,更多地应用多种机制来改善。2013 年 10 月 1 日至 2014 年 4 月 30 日期间,全国共发布了 181 次重污染天气预警,京津冀共发布了 95 次预警,其中蓝色预警 24 次,黄色预警 64 次、橙色预警 7 次,占全国的 52%。重污染天气应急响应不但初步起到了"削峰降频"和社会宣传的作用,而且促进了城市管理水平和污染治理水平的提高。工业企业随意冒烟现象得到了一定程度的遏制,施工扬尘监管制度更加完备,秸秆焚烧、垃圾焚烧现象得到了控制,一些中等城市的卫生清洁度大幅提升[18]。

四、我国重污染天气应对机制存在的问题

总体上,重污染天气的应急管理工作取得了一定的效果,但现有重污染天气的应急预案普遍存在预案文本质量不高、组织机构权威性不够、预警分级不合理、应急响应可操作性不强等问题[18]。首先,地方政府的应急预案虽提供了相应的规范性文本及行动指导,但能真正被有效落实的十分有限、产生实效的更少;另外,应急预案的出台并不代表应急预警机制的完全确立,地方层面的应急预案能被不同的群体熟知、接纳并遵守实施的并不多见,这也在一定程度上说明,目前的应急预案有许多是流于形式的,还要通过相关制度完善与责任承担来予以落实。

重污染天气在我国出现的频率较高,社会影响复杂,面临严峻的大气污染防治形势,很难在短期内完全解决。因此,我国的重污染天气应急机制的建设还需要进一步完善与修订,关于重污染天气应急预警机制还未形成完备的制度体系、系统的管理机制与常态化的应用对策,还有待进一步完善。虽然 2016 年新《大气污染防治法》已正式实施、《大气十条》也进入稳步的执行阶段,已制订预案的 24 个省份及未制订预案的省份亦展开了重污染天气应急管理工作,但这些内容的实施并不代表我国已有完备的重污染天气应对体系,环保部所发布的《指导意见》与《加强预案编修函》所产生的实际影响还有待实践进一步检验。

目前国内关于重污染天气应对机制的研究主要集中于政府应急预案的编制水平与管理水平两方面展开。一是地方政府在应急预案的编制过程中,预案衔接性不够,预警分级不合理;应急响应措施的操作性不强,组织机构不健全;预警会商制度不健全;预案后评估制度不足;专家会商制度建设不完善等[18]导致预案编制水平不高、预案在实践中运行不畅、预案的运行效率低下。二是地方政府的重污染天气的应急管理水平不高,主要表现为一些地区应急工作的形式大于内容、应急机制不顺畅、部分涉及民生的应急措施难以落实、一些地区或企业应急响应迟缓滞后、部分地区应急预案科学性和可操作性不强等[19],导致地方政府的应急管理工作举步维艰。综合近三年我国不同层级的政府在重污染天气应急预案的编制及预案的实践、地方政府重污染天气应急管理能力建设、重污染天气应急管理具体措施的实施进展等方面来看,我国重污染天气应对机制之所以难以发挥其应有的作用,主要是因为先天不足的执行基础、临时拼凑的执行平台、空置无效的责任机制。

(一)重污染天气应对的执行基础的不足

重污染天气应对执行基础的缺乏主要表现为：基本法律制度不健全、法律制度与地方政府的应急管理预案缺乏一致性、地方政府应急预案的编制水平参差不齐、应急管理机制与现有行政管理体制之间缺乏有约束力的制约机制等方面。

1. 大气污染防治法律有待进一步完善

大气污染防治的制度不健全制约着应对机制的有效落实。一定意义上讲，大气污染防治制度的有效性与相关管理体制的执行力一起综合决定着大气环境质量状况。并不是所有污染物排放入大气都会产生污染或对生态环境产生实质损害，以"一次污染物减排数量作为核心控制目标"的环境管理制度，虽然能从源头上减少一定量的二次污染物的产生，但由于"一次污染物排放量和二次污染物的浓度及其物理损害量之间存在着复杂的关系"[20]，在这种导向选择下的大气污染防治制度即便对一次污染物进行了良好的监管与防控，也很难保障不会产生次生污染或累积性污染，这也是目前大气污染防治过程中很难解决的问题之一。

不容忽视的是，我国的大气污染防治存在以下诸多现实困境：大气污染控制标准低，无法实现保护公众健康及反映大气污染环境变化的功能；重总量控制轻质量管理，缺乏协同治理；大气污染环境控制技术水平和监测能力亟待提升；大气污染治理信息化水平不高，信息分享机制不健全[21]；大气污染防治区域性合作机制不健全，防治污染的协同能力很弱等。

2. 法律制度与地方政府的应急管理预案缺乏一致性

首先，有些地方政府所编制的应急预案与国家的《环境保护法》、《大气污染防治法》等法律法规及相关大气污染防治国家战略或对策的衔接性不足，这种衔接性不足主要体现为地方政府的预案未能有效体现法律法规、国家战略或对策的规定，基本的防治模式均以地方的经济社会情况来考虑问题，未全面有效权衡区域性或全国性的发展需求，因此，导致许多对策在实践中不能被执行或有效执行。

其次，有些地方政府所编制的应急预案与现有法律规定未能完全一致，主要表现为地方政府的应急预案未能准确一致地展现出国家法律法规的规定。如根据《大气污染防治法》、《中华人民共和国突发事件应对法》等的规定，预警的等级应为四级，但在已有预案的24个省级人民政府中，还有11个省份未按照上述法律规定将预警等级确定为四级。有些省份虽然对预警等级做出了分类，但并未编制并颁布相应的省级预案，仅以简要的通知形式予以公布，这种方式所产生的法律效力及执行力会被大大削弱。

3. 应急预案的编制水平参差不齐

地方政府应急管理的预案编制水平参差不齐，有些地方政府的预案与国家的法律法规及现有的社会管理体制明显不匹配或相容性不高。总体上，一些地方政府所编制的应急管理预案都具有相似性与重复性，一些预案未能充分体现地方性或区域性大气环境质量保护的需求，也未能充分权衡与考量不同经济社会发展状况、气象条件、生产能力、环境污染防治能力等在预防重污染天气形成过程中的角色与地位，导致许多应急性措施并未能被真正有效执行。应对重污染天气地方政府的应急预案与现有法律制度体系的衔接性与一致性不够，应急预警的实施基础不完备，直接影响重污染天气应对机制的建设与具体对策的落实。

(1)预案的定位不准、重要概念模糊。有些地方将政府专项预案等同于部门预案，由环保部门印发。不但对重污染天气概念理解不一致，预案中出现了“灰霾”“雾霾”“城市空气污染”“严重大气污染突发事件”等多种表述，而且将技术手段等同于决策，监测、预测、预报和预警等概念模糊。

(2)预案中所涉及的具体行政干预措施或经济制裁手段的合法性问题未得到充分的尊重与回应。这主要包括具体措施中可能涉及不同利益主体的生产经营行为的，如何与其他法律法规衔接起来，并保障不损害相关主体的合法权益；各类健康防护措施、建议性污染减排措施、强制性污染减排措施之间的关联性与适用性问题，如何确保这些措施落实到位。

(3)相关执行程序与监管问题规定不一致且区域性差异较大。如有的省份明确规定了预警信息的报送时限、报批备案、报送内容等相关程序性要求，而有的省份则没有明确规定。不同区域的预案形成、报送、发布的程序性规定是否应达成一致，应如何达成一致？邻近区域的预案是否应将产生相关影响的区域纳入管辖范围？纳入管理范围后是否会打破现有的行政区划规定？

(二)缺乏有效的预警平台，地方政府应急预警机制的差异较大

执行基础或基本法律制度的缺失是导致应急管理机制难以落实的根本原因，而践行平台的缺失则是相关应对措施难以被真正执行的机制性因素。而地方政府应急预警机制的差异较大，导致难以形成一致有效的监管机制与预警机制。

1. 有效预警平台的匮乏导致预警能力不足，预警措施不得力

首先，预警能力与目前的预警平台不匹配。虽然有法律规定，也有预案的详细解读，但就某些区域频繁高发的重污染天气而言，目前普遍存在着预警比例不高、预警发布滞后、预警级别偏低的问题。2013年11月至2014年3月，京津冀地区除北京预警比例接近80%以外，其他城市的预警比例均在20%至60%之间。同时，没有实现提前预警和提前响应，基本上都是重污染天气出现后才采取响应措施。

其次，预警措施与预警平台不能有效关联，导致预警措施难以奏效。从不同地方政府所发布的预案来看，预警措施内容涵盖面广，预警方案具体的指挥、监管、执行主体繁多，这些不同主体所采取的具体措施或相关行为能否与现有的预警机制或已搭建的预警平台有效沟通，还有待实践进一步证实。

2. 地方政府应急预警机制的差异性较大

由于我国地域广阔、重污染天气的产生原因也存在较大区别，不同区域的重污染天气的应急预警机制也存在一些明显区别。一是不同区域的重污染天气应急预警的具体监管机制不同，如有的地方政府选择由省级环保部门进行统一监管，有的地方政府则由省人民政府来进行统一指挥监管。二是重污染天气预警机制的区域性差异较大，不同地方政府对重污染天气的认知也不一致。三是重污染天气预警机制的对策选择的差异化程度较高，有的地方政府倾向于软措施，有的则选择了大量的禁止性或限制性的硬手段。

更为重要的是，虽然绝大多省份都有应急预案，但大多重污染天气应对的执行机构都具有应急性与临时性，且这种临时组建的机构大多不会因责任落实不到位而被追究或承担相应的法律责任。依据“大气灰霾追因与控制”的研究结果：雾霾中的44%为有机颗粒物，主要来自北京周边地区；其次为占21%的油烟型有机物，主要来自烹饪源排放；烃类有机颗粒物，占

18%，主要来自于汽车尾气和燃煤；氮富集有机物，占 17%。在北京，城市 $PM_{2.5}$ 约有 1/4 来自机动车排放；其次为燃煤和外来输送，分别占 1/5。另据北京环科院关于北京大气污染源排放清单数据，氮氧化物和挥发性有机物、机动车排放所占的比重分别高达 42%和 32%[22]。但从这些污染物的排放情况来看，依据我国《大气污染防治法》的规定，并不是所有污染物排放都能得到有效监管，这导致很难从污染物排放的源头上落实法律责任。

重污染天气应对机制区域性差异较大，导致很难在国家层面统一相关对策或措施，地方政府在选择具体对策或执行对策时，具有较大的能动性与选择性，这种规定虽有利于具体对策的落实与选择，有利于因地制宜、因时制宜地选择相关措施，但不利于法律责任的追究与落实。如我国 2015 年京津冀区域环境空气 $PM_{2.5}$ 浓度仍超标较重，京津冀区域 13 个城市平均达标天数比例为 52.4%，同比提高 9.6 个百分点。$PM_{2.5}$、PM_{10}、SO_2 和 NO_2 浓度同比明显下降，CO 同比上升，O_3 同比持平[23]。虽然污染很严重，但因严重而需要承担具体环境责任的各方主体依然不清晰，最终的环境污染责任由全社会来承担，这不仅不利于污染追责，更不利于大气污染防治制度的落实。环保部门给出的解释是：京津冀区域进入冬季采暖期，受污染物排放量大和不利气象条件影响，发生多次污染程度重、影响范围广、持续时间长的空气重污染过程，12 月该区域先后出现 5 次明显重污染过程，保定、衡水市一度出现连续 8 天的重度及以上污染天气。连续的空气重污染过程大幅拉升了全年颗粒物浓度，京津冀区域冬季采暖季期间 $PM_{2.5}$ 浓度同比上升了 9.6%[24]。这一组数据不仅表明特定季节重污染天气的产生与某一行为多发有关，也表明此类行为的规制问题很难通过现有的责任机制予以解决。

（三）应对措施的可操作性与可执行性有待进一步明确

首先，一些措施的法律效力有待进一步明晰，导致许多措施的执行与否都处于待定或执行主体的自愿行为之中。在现有法律体系与管理机制下，重污染天气应对措施的法律效力十分有限，相关措施的可操作性不强。虽然《大气污染防治法》明确规定重污染天气由相应的人民政府依据重污染天气预报信息，进行综合研判并发布。而事实上，不同地方政府的重污染天气预警研判主体、发布主体、预警措施的具体执行主体、预警措施的强制执行力等都存在明显区别，如何有效执行与落实最终依赖于地方政府的执行力。这种法律效力的不确定或待定性，直接导致具体措施的针对性不强，操作性不强，应对机制的实施效果较弱。2015 年 11 月底之后，我国连续出现了五次重污染天气过程，其中京津冀及周边地区出现三次，其持续时间长，影响范围大，污染也很严重，局部地区还出现爆表的情况，给老百姓生产生活造成了一定影响[24]。一些地方没有开展污染源解析工作，响应措施针对性不强。一些城市预案中仅规定了总的减排比例，没有进行具体分解落实。而且强制性减排采取简单的"一刀切"模式，一些如玻璃、焦化等工艺连续性强的行业企业，停产限产需要较长时间调试，不能做到令行禁止。同时，响应措施的配套设施政策不健全，对于担负供暖任务的燃煤电厂最低负荷、机动车限行公共交通配套能力、建筑工地停工后民工的疏导等考虑不周。

其次，重污染天气应对措施的可操作性不强且许多措施由于缺乏强制性而难以被真正落实，导致许多应对措施事实上是被虚置的，即仅有规定而没有在实践中被真正适用。如：京津冀三地，存在着"标准限值差异较大，治理力度不统一；选择性执行标准，特别排放限值没有发挥作用；标准交叉执行现象较为普遍，造成体系混乱"[25]等问题。

最后，一些地方政府预案衔接性不够，体系不健全。地方政府应急预案是否相互关联，很大程度上决定了大气污染与应对模式是否能真正有效。因为我国的环境行政监管以“属地监管”作为基本原则，但这种“属地主义治理模式不符合大气流动的自然规律，无法避免区域间大气交叉污染和重复治理现象，无法充分调动各方主体治理大气污染的积极性”[26]。因此，我们应首先，改变大气污染治理中的划地为圈的方式，强调联合防治，并从制度上真正保障这种联合防治的有效实施。预案之间相互支撑不够，一方面预案与上下级预案及周边地区的预案缺乏衔接，另一方面政府预案和部门专项实施方案与企业具体操作方案缺乏衔接。例如，很多地方部门制定的部门专项实施方案过于原则，没有将政府预案中的“做什么”细化为“谁要做”、“何时做”和“如何做”；环保等重点部门没有专项实施方案；一些重点企事业单位操作方案缺失，没有将减排任务分解落实到具体的工艺、车间和人员，没有详尽的程序、严密的流程、配套或备用方案、应急响应记录等[27]。

五、如何完善重污染天气应对机制

理论上，若没有了重污染天气或严重空气污染，则此项机制的完善与否便失去了应有的推动力；但事实上，由于大气环境质量状况仍不容乐观，难以在短期内完全有效根治所有大气污染问题。因此，在特定的气象条件、地理因素、污染物排放现状及累积型或复合型污染等各种综合因素的影响下，重污染天气现象不可能完全消失，因此，对此应对机制予以完善，尽量减少因恶劣的污染天气给社会生产生活及人们身体健康带来不利影响，是我们目前必须解决的问题。

（一）完善我国大气污染防治法律制度及相关规范性文件

1. 大气污染防治制度的完善与有效执行是根本

诚如上述，大气污染防治法是构建重污染天气应对机制的核心与关键，无论区域性大气污染防治状况如何，必须要遵守法律规定来制定地方预案。在地方政府制定相应的地方应急预案中，必须“遵循整体主义原则与风险预防原则”，强化预期责任与沟通机制、区域联防联控机制[28]。对于重污染天气频繁发生的区域，应以“目标协同、政策协同、主体协同、区域协同、技术协同”[21]为基础，构筑整合的大气污染防治协同治理机制，仅靠某一地方政府的单兵作战很难从根本上提高区域性大气环境质量。

2. 大气污染防治法与地方政府预案间的合理衔接是关键

制度与具体措施能否被执行，有赖于制度或措施间的匹配度，若具体的措施与法律制度的规定不一致，必然会产生冲突，冲突的直接或间接后果便是制度失灵或无效。面对沉重的大气污染防治的负担及外部性，有人会选择搭便车，当他人搭便车的行为未得到有效制裁的情形下，一些曾经积极治理或持观望态度的人，也会选择搭便车，最终导致制度无效或措施不被执行。

3. 从整体上提高应急预案的编制水平是出路

要提高应急预案的编制水平，首先是要处理好预案编制过程中与相关法律法规的一致性问题。如应急预案中的预报主体、研判主体、预警的发布主体、预警措施的具体履行主体等相关的监测监管主体必须明晰且最好与现有的法律规定一致，符合这些主体的职能要求，这样才能真正有效落实到责任主体。其次，要解决好具体预警措施中对他人权益予以限制或剥夺类措施的合法性与合理性问题，这一点特别重要，所有措施的执行都应该符合法律的规定，不能逾越于法律之外。无论是企业限产或禁产，还是机动车限行等，都应该以法为据。再次，应解决好预案中所涉及的责任落实问题，在一些地方政府的预案中，大多都有规定应该怎样做，但对懈怠履行却较少涉及明确的法律责任问题。最后，对于鼓励性措施的实现方式，还有待于公众的支持与执行，因此，应通过多种有效途径来鼓励公众养成气候适应性的生活方式，而不是一味简单地抱怨。

（二）搭建长效稳定的预警平台，用法律的手段解决地方预案的差异性问题

1. 搭建长效的重污染天气应急预警平台

在现有的法律体制与行政监管体制下，临时组成的预警机构看上去虽然颇有影响力，但这种临时小组的设置“未能实现目标导向转移、未能实现权责合理配置、未能摆脱压力型体制的窘境、未能逃脱难以逃脱运动式的窠臼”[29]。因此，如何在实践中，将气象、环保等相关部门的监测预测等数据联合起来，搭建长效的天气污染应急的预测、评判、预警平台是解决目前预警平台过于松散与临时的有效措施。

2. 如何合理应对地方政府应急预警机制的差异性问题

不容否认的事实是，由于我国地域广阔，重污染天气的产生原因也存在较大区别，地方政府的应急预案存在区别是具有合理性的。因此，我们应尊重不同区域的差异性。更重要的是，这种差异性在实践中也产生了许多问题，为什么会有这些问题出现，其根本原因在于我们没有掌控好预警机制中差异性的度。以预警等级的划分为例来说明。按照法律规定，应急预警等级应为四级，地方政府在应急预案的编制中就必须遵守法律的规定，而不是任意选择二级或三级。对于预警措施的规定，地方政府的差异也很大，具体应该规定哪些措施，必须遵循合法、合理的原则，不能简单地以需求或情势为基础。

对于特殊重点区域的重污染的应急预案应协调并统一起来。对于诸如京津冀、长三角、珠三角等区域的重污染天气应急预案，在制定统一预警分级标准、具体措施、管理机制、预警平台等相关内容时，一定要确定区域性预警方案中的领导者或领头人的地位与作用，这样才能保障相关预案能被真正有效执行。

（三）完善具体制度与措施，强化具体措施的可操作性与可执行性

1. 确立各类措施的具体内容与执行主体

从现有的应对机制的预案编制情况来看，有些地方政府的应急预案对于具体措施的罗列十分详细具体，分类也较为合理，这些预案中除了极少数系2014年年底发布的外，大多为2015年以后所编制并公布的省级或一些重点城市的应急预案。理论上讲，各类应急措施的具体内容除了明确应包含哪些主要措施外，还应指明包含这些措施的法律效力、强制执行力、具体的执行机构、执行这些措施所可能产生的权益影响、执行这些措施的法律后果等相关事项。对于不同措施的实施对象及执行主体，不能简单地通过宣示的方式来表达，还要与执行这些措施时可能涉及的法律制度联系起来。

2. 强化相关措施的可执行性与可操作性，并完善相应的责任承担机制

从强化相关措施的可执行性及有效性的角度来看，大气污染防治中具体措施的有效实施是基础。从区域大气污染防治排放情况来看，依据“十一五”期间我国 $PM_{2.5}$ 各季节浓度分布“真实情景”部分，超标地区仍集中在“三区十群”。我国东部和东南部大部分地区 $PM_{2.5}$ 常年超标，其中京津冀、长江三角洲、山东半岛、武汉、长株潭、成渝等地区四季 $PM_{2.5}$ 月均浓度均高于国家二级标准，并且已形成我国东部和东南部区域 $PM_{2.5}$ 污染带[30]。这表明工业污染防治应占据重要地位，因此，不断减少关键区域的工业增加值比重是长期治霾的关键措施。从现有的生活模式及公众的消费行为来看，短期内减少机动车总量不现实，限号并不能达到减少尾气排放的目的。因此，经济发展是改进雾/霾治理的根本，短期内能迅速改变的因素是节能环保支出，但其敏感系数较小，其显著性并没有通过验视。因此“调结构、减排放、强治理”[31]与“重规划、降能耗、强责任”这两条路线并进不失为重污染天气应对机制建设有效选择。

（撰写人：戈华清　洪　宸　周　洁）

作者简介：戈华清，南京信息工程大学公共管理学院副教授，主要研究大气污染防治立法与具体制度；洪宸，中国气象局气象干部培训学院安徽分院研究人员。本报告受南京信息工程大学气候变化与公共政策研究院开放课题(14QHA007)资助。

参考文献

[1] 李彬华，王利超，等. 城市大气重污染事件预警机制研究. 环境监控与预警，2014(4)：6-10.

[2] 汤蕾. 苏南三市大气颗粒物污染特征研究. 南京：南京信息工程大学，2013：44.

[3] 李金香，邱启鸿，辛连忠，等. 北京秋冬季空气严重污染的特征及成因分析. 中国环境监测，2007，**23**(2)：89-93.

[4] 李令军，王英，李金香，等. 2000—2010 年北京大气重污染研究. 中国环境科学，2012，**32**(1)：23-30.

[5] 张志刚，矫梅燕，毕宝贵，等. 沙尘天气对北京大气重污染影响特征分析. 环境科学研究，2009，**22**(3)：309-314.

[6] 方修琦，李令军，谢云. 沙尘天气过境前后北京大气污染物浓度的变化. 北京师范大学学报(自然科学版)，2003，**29**(3)：407-411.

[7] 环境保护部. 除夕部分城市出现空气污染过程. http://www.mep.gov.cn/gkml/hbb/qt/201602/t20160208_330166.htm

[8] 杨素英，赵秀勇，刘宁微. 北京秋季一次重污染天气过程的成因分析. 气象与环境学报，2010(5)：12-16.

[9] TAO M H，CHEN L F，XIONG X Z，et al. Formation process of the widespread extreme haze pollution over northern China in January 2013：implications for regional air quality and climate. Atmospheric Environment，2014，**98**：417-425.

[10] 姚青，蔡子颖，韩素芹，等. 天津冬季(雾)霾天气下颗粒物质量浓度分布与光学特性. 环境科学研究，2014，**27**(5)：462-469.

[11] 王丛梅，杨永胜，李永占，等. 2013 年 1 月河北省中南部严重污染的气象条件及成因分析. 环境科学研究，2013，**26**(7)：695-702.

[12] CHEN Z H，CHENG S Y，LI J B，et al. Relationship between atmospheric pollution processes and synoptic pressure patterns in northern China. Atmospheric Environment，2008，**42**(11)：6078-6087.

[13] WEI P，CHENG S Y，LI J B，et al. Impact of boundary-layer anticyclonic weather system on regional air quality. Atmospheric Environment，2011，**45**：2453-2463.

[14] 尉鹏，任阵海，等. 2014 年 10 月中国东部持续重污染天气成因分析. 环境科学研究，2015，**28**(5)：

666-683.

[15] 王跃思，张军科，王莉莉，等. 京津冀区域大气霾污染研究意义、现状及展望. 地球科学进展，2014，**29**(3)：388-396.

[16] 喻义勇，陆晓波，朱志峰，等. 南京2013年12月初持续重污染天气特征及成因分析. 环境监测管理与技术，2015，**27**(2)：11-16.

[17] 李国翠，范引琪，岳艳霞，等. 北京市持续重污染天气分析. 气象科技，2009，**37**(6)：656-659.

[18] 马寅，曹兴，等. 重污染天气应急预案现状及对策探讨. 甘肃科技，2015(18)：7-9.

[19] 环境保护部. 部分地区重污染天气应急措施没有落到实处. 2014年10月13日发布，http://www.mep.gov.cn/gkml/hbb/qt/201410/t20141013_290071.htm.

[20] 薛俭. 我国大气污染治理省际联防联控机制研究. 上海：上海大学，2013：22.

[21] 李雪松，孙博文. 大气污染治理的经济属性及政策演进——一个政策框架. 改革，2014，**242**(4)：17-25.

[22] 人民网. 争议北京雾霾：汽车究竟"贡献"了多少？ http://www.nbd.com.cn.

[23] 环境保护部. 环境保护部发布2015年全国城市空气质量状况，2016年02月04日，http://www.mep.gov.cn/gkml/hbb/qt/201602/t20160204_329886.htm.

[24] 中国环境网. 以改善环境质量为核心，实行最严格的环境保护制度——国新办就推进大气污染治理和加强环境保护情况举行媒体见面会摘录. http://www.gov.cn/guowuyuan/vom/2016－02/22/content_5044600.htm.

[25] 邹兰，江梅，周扬胜，等. 京津冀大气污染联防联控中有关统一标准问题的研究. 环境保护，2016，**44**(2)：59-62.

[26] 陶品竹. 从属地主义到合作治理：京津冀大气污染治理模式的转型. 河北法学，2014，**32**(10)：120-129.

[27] 王昆. 预警应急能力不足，响应措施操作性差——我国重污染天气应急管理亟待完善. 经济参考报，2014年11月3日，http://dz.jjckb.cn/www/pages/webpage2009/html/2014－11/03/content_97826.htm?div=－1.

[28] 王波，郜峰. 雾霾环境责任立法创新研究——基于现代环境责任的视角. 中国软科学，2015(3)：1-8.

[29] 王清军. 区域大气污染治理体制——变革与发展. 武汉大学学报(哲学社会科学版)，2016，**69**(1)：112-121.

[30] 师定华，等. 空气污染对气候变化的影响及反馈研究. 北京：中国环境出版社，2014：130.

[31] 吴建南，秦朝，张攀. 雾霾污染的影响因素：基于中国监测城市$PM_{2.5}$深度的实证研究. 行政论坛，2016，**133**(1)：62-66.

雾霾治理的环境法理研究

摘　要：以雾霾治理为代表的大气污染防治是当前中国社会高度关注的公共议题。尽管我国已经基本形成了雾霾治理的规范体系与制度体系，但实践中仍然暴露出诸多法律难题，可归结为对健康权“保护不足”和对财产权、自由权“侵害过度”两个方面的问题。由于雾霾（大气污染）形成机理与传统权利侵害在结构上存在差异，基于传统公法学体系的行政紧急权力理论无法对政府重污染天气应急行为进行有效监督和制约，需要更深层次地挖掘雾霾治理中的环境法理。本文运用国家环保义务理论，从效果裁量的两个方面入手对雾霾治理进行更具针对性的分析：当空气质量指数（AQI）达到200以上时，成立环境现状保持的国家义务，政府的决定裁量权发生收缩，负有启动大气重污染应急响应的强制性义务；当空气质量指数（AQI）达到300以上时，成立环境危险防御的国家义务，政府的选择裁量权发生收缩，应采取最高等级的应急响应措施保护公众健康。分析表明，目前各地雾霾治理的制度与实践存在一定的正当性缺失，有相当一部分城市的空气重污染应急预案不符合国家环保义务之内在要求。2014年修订的《行政诉讼法》，可以对应急预案中的应急响应条件和应急响应措施进行不同程度的司法审查，通过司法途径监督、纠正当前各地重污染天气应急预案中的不当规定。

关键词：雾霾治理；行政紧急权力；国家环境保护义务；裁量收缩

The Chinese Practice and Environmental Jurisprudence on Haze Emergency

Abstract: Effectively dealing with heavy air pollution is a public issue which being highly concerned by the Chinese society at present. Although China has build a standardized system and norm system of haze emergency, two big problems are still existed. One is the inadequate protection of the right to health, the other is excessive infringement of property rights and civil liberties. Owing to the structural difference between haze formation and traditional right infringement, the theory of administrative emergency power, which came from the traditional public law system, can't effectively supervise and restrict the government's behavior on heavy air pollution emergency. Based on the theory of state environmental protection obligation, we can have a better analysis on the haze emergency from the two aspects of the effect of discretion. In practices, some cities of heavy air pollution emergency plan are not in line with the state environmental obligations theory. Using the Administrative Procedural Law revised in 2014, the court can carry on judicial examination to the emergency response condition as well as the emergency response measures in emergency plan, which means through judicial channels to monitor and correct the improper provisions in current heavy pollution emergency plan.

Key words: Haze emergency; Administrative emergency power; State environmental protection obligation

一、雾霾应对措施之争议及其法律问题

近年来，频发的雾霾天气引起全社会高度关注，以雾霾治理为代表的大气污染防治已成为一个重要的公共议题。从长远来看，有效减少，直至消除雾霾天气需要从经济转型升级、能源结构调整、环境法治完善、监管体制机制改革、社会文化变迁等多个方面入手，绝非一时一地所能实现。但从现实角度考虑，对雾霾天气进行有效的应对与处理、尽可能降低其负面影响是当前中国社会所急需解决的重大问题[1]。尽快降低雾霾天气的持续时间及危害程度，也是当前公众对环境质量改善的重点诉求。基于此考虑，2013 年国务院《大气污染防治行动计划》(国发〔2013〕37 号)中专门要求“建立应对重污染天气的监测、预警和应急体系”，将重污染天气应急纳入突发事件应对管理体系之中。环保部则在同一年制定和印发《城市大气重污染应急预案编制指南》(环办函〔2013〕504 号)、《关于加强重污染天气应急管理工作的指导意见》(环办〔2013〕106 号)等规范性文件，对全国各地城市制定空气重污染应急预案提出要求并进行指导。到 2014 年年底，全国已有 20 个省(区、市)、近 2/3 的地级市编制了重污染天气应急预案[2]。2015 年修订的《大气污染防治法》也新增“重污染天气应对”作为专门章节(第六章)加以规定。应当说，目前各地已基本建立起以《大气污染防治法》《突发事件应对法》《大气污染防治行动计划》等法律法规为基础、以本行政区域应急预案为核心的雾霾治理体系，对实现重污染天气“削峰降频”、改善环境质量起到了较大的作用。

然而，从当前重污染天气应急的实践来看，应急预案的启动及其响应级别正在引起社会公众越来越多的质疑。例如，2015 年 11 月底至 12 月初，北京市爆发持续性极端雾霾天气，多个监测站数据“爆表”，但北京市并未启动最高等级应急响应(红色预警)，引起社会舆论广泛质疑；直到 12 月 7 日，在环保部督促下，北京市才首次启动雾霾红色预警[3]。西安、德州市等多个地方，也暴露出重污染天气应急不力的问题，被环保部门通报或者专门约谈。从依法治国的角度看，上述争议提醒我们必须超越单纯行政管理层面的讨论(例如，是否应提升应急响应条件、如何完善空气重污染应急机制等)，深入考察目前雾霾治理的理论依据及其法治化路径。具体而言，实践中暴露出来的以下问题值得思考。

(1)最高等级应急响应(I 级红色预警)启动条件的合法性

纵观目前各地的空气重污染应急预案，应急响应条件主要包含两个要素：“空气污染严重

程度"[①]和"持续时间"。就红色预警而言,各地所规定的相应条件及模式归纳如表1所示。

表1 各主要城市重污染天气最高应急响应(I级)的条件和模式

城市	空气污染严重程度	持续时间	模式[②]
北京	AQI大于200	3天	"轻污染+长时间"
上海	AQI大于450	1天	"重污染+短时间"
广州	AQI大于300	1天	"轻污染+短时间"
天津	AQI大于500	1天	"重污染+短时间"
重庆	AQI大于300	3天	"轻污染+长时间"
哈尔滨	AQI大于300	3天	"轻污染+长时间"
深圳	AQI大于300	1天	"轻污染+短时间"
杭州	AQI大于450	1天	"重污染+短时间"
西安	AQI大于500	1天	"重污染+短时间"
长沙	AQI大于500	2天	"重污染+长时间"
郑州	AQI大于500	2天	"重污染+长时间"
武汉	AQI大于500	2天	"重污染+长时间"

按照应急响应条件的宽严程度,可以将上述模式分为三种情况:①宽松型,即"重污染+长时间"模式,代表城市是长沙、郑州、武汉;②严格型,即"轻污染+短时间",代表城市是广州、深圳;③折中型,即"重污染+短时间"或"轻污染+长时间",这是目前大多数城市所使用的方式。对照环保部公布的2015年全国城市空气质量排名[4],"宽松型"的城市空气质量排名均靠后,而"严格型"的城市空气质量排名靠前。这就形成了"空气质量越差的城市应急响应条件越宽松"的现象,无疑对公民的环境与健康权益造成了较大的损害。此时,城市重污染天气应急预案的规定是否合理;针对政府应急响应条件过于"宽松"或者不及时启动相应级别应急措施的行为,公民能否提起诉讼予以救济[③],成为需要加以厘清的重要问题。

(2)引发最高等级应急响应污染严重程度的合法性

从表1可以看出,引发I级红色预警的空气污染严重程度以AQI指数为标准,可分为AQI指数300及其以下(如北京、广州等)和AQI指数300以上(目前出现的最高值为500)两种情况。根据环保部公布的《环境空气质量指数(AQI)技术规定》(HJ 633—2012),空气质量指数(AQI)一共分为六个级别,五级为"重度污染"(AQI值在201到300之间),六级最高,为"严重污染"(AQI值大于300)。按照该制度逻辑,AQI指数达到300,就已经达到了现行技术规范所规定的、最为严重的空气污染程度,应当启动最高等级的红色预警。这一点也为环保部

① 根据环保部《环境空气质量指数(AQI)技术规定(试行)》的规定,空气质量"重度污染"的标准是AQI大于200,空气质量"严重污染"的标准是AQI大于300。

② 为方便比较,本栏中的"轻污染"指AQI指数300及其以下,"重污染"指AQI指数300以上;"短时间"指1天;"长时间"指2天及其以上。

③ 实践中已经出现类似的案例,如2014年2月20日,石家庄市市民李贵欣针对多次出现的雾霾天气,对该市环境保护局提起行政诉讼,请求其履行治理大气污染的职责,被称为"因雾霾状告环保局第一案"。

《城市大气重污染应急预案编制指南》所明确规定①。

然而，反观各地公布的空气重污染应急预案可以发现，有相当一部分城市启动红色预警的条件超过了 AQI 指数 300 的限定，而是自行规定为 AQI 指数 450（杭州、上海等）甚至 500（天津、长沙、郑州、武汉、西安等），即所谓“极重污染”天气。显然，这是对环保部所规定红色预警标准的“放宽”。那么，在违反《环境空气质量指数（AQI）技术规定》的情况下，各地应急预案中“因地制宜”所规定的红色预警标准是否具有正当性，这同样是一个牵涉公民环境与健康权益的重要问题。

（3）强制性应急措施限制基本权利的合宪性

根据《大气污染防治法》第九十六条的规定，地方人民政府启动应急预案后，可以采取责令企业停产或者限产、限制机动车行驶等多种应急措施。就具体的应急措施而言，根据《城市大气重污染应急预案编制指南》，其包括三类：健康防护措施、建议性污染减排措施、强制性污染减排措施。其中，“强制性污染减排措施”又包括机动车减排措施、工业减排措施、防止扬尘措施、其他措施（禁止秸秆焚烧、露天烧烤等）。显然，强制性应急措施涉及对公民基本权利的限制，包括对财产权的限制（机动车限行）和自由权的限制（企业停产或限产、停止工地施工、禁止秸秆焚烧等）。根据依法治国的一般原理，为避免公权力对基本权利造成过度侵害，应通过合宪性审查判断该限制是否具有宪法正当性。一般认为，基本权利限制合宪事由的判断主要从形式和实质两个层面进行，前者主要通过法律保留原则予以审查，后者则为比例原则[5]。

从法律保留原则角度看，修订后的《大气污染防治法》第九十六条对启动大气重污染应急预警后政府所采取的措施进行了规定，是一个明确、正式的法律依据，前述强制性应急措施对基本权利的限制符合法律保留原则，形式合宪性应无疑义。但在实质合宪性层面上，强制性应急措施对基本权利的限制是否合乎比例原则的要求，尚需要进一步厘清。有研究对机动车“单双号限行”的合宪性进行了分析，认为“常态化”的限行措施不能通过比例原则的审查；但是，在应对重污染天气时所采取的紧急措施，是对公民健康的保护，当然具有正当性和必要性②。这一观点自有其道理，但失之于过于宽泛。从理论上分析，行政紧急权力应当而且必须受到法律的规制，应急过程中的行政自由裁量权需要加以规范以防止滥用[6]。而从中国应急法制的发展实践看，政府起到了绝对的主导作用，是一种典型的“执行主导”方式[7]。此时，如果简单凭借“紧急状态无法律”[8]之传统法谚、单向度的强调行政紧急权力“超越”并改变常态法律秩序的特点，就明显地对当前应急实践中的行政权力采取了放纵的态度，不利于法治政府、法治国家的建设。概言之，不能笼统地赋予强制性应急措施限制基本权利之合宪性，还需要根据雾霾治理的实践进行更为细化的分析。

综上，在强大的社会压力与政治压力之下，尽管我国已经基本形成了雾霾治理的规范体系与制度体系，但实践中仍然暴露出诸多法律难题，具体可归纳为两个方面：在应对重污染天气的过程中，如何避免对公民环境与健康权益的“保护不足”（前述第 1、2 个问题）；又如何避免强制性应急措施对基本权利造成“过度侵害”（前述第 3 个问题）。这些问题有待于在理论上加以

---

① 2013 年 5 月 6 日，环保部印发《关于印发＜城市大气重污染应急预案编制指南＞的函》（环办函〔2013〕504 号）。该文件的 5.3.2.2“预警分级”明确提出：针对重度污染和严重污染，建议分为Ⅱ级预警和Ⅰ级预警，预警颜色对应为橙色和红色。

② 相关文献，参见：张翔．机动车限行、财产权限制与比例原则．法学，2015(2)：11-17；杜群，杜寅．大气污染防治法修订草案第四十五条正当性审视．中国环境管理，2015(2)：51-54.

合理解释并予以解决。

二、雾霾治理的理论依据:行政紧急权及其反思

根据《大气污染防治法》第九十四条的规定,各地政府应将重污染天气应对纳入突发事件应急管理体系。就具体性质而言,环保部在2014年11月所发《关于加强重污染天气应急预案编修工作的函》(环办函〔2014〕1461号)中已明确说明,重污染天气不同于突发环境事件,应急预案是应对大范围空气重污染提前预警和响应的政府专项预案。可见,目前各地的空气重污染应急预案是和同级自然灾害救助应急预案、防汛抗旱应急预案、突发环境事件应急预案等相"平行"的专项应急预案,统摄在当地政府所公布的"突发公共事件总体应急预案"之中,归属于地方政府应急管理体系。由此,现行以空气重污染应急预案为核心的雾霾治理体系属于行政紧急权力的行使,是各地方政府为应对大范围空气重污染而采取的紧急性、强制性、临时性措施。在这一意义上说,根据现行法律法规,雾霾治理的理论依据是政府在重污染天气应急状态下所享有的行政紧急权。

在理论上,紧急权力法律制度有调适、例外法、政治动员等多种理论模式①。对照这一理论模型,在新《大气污染防治法》纳入"重污染天气应对"的专章规定之后,我国的雾霾治理体系已经从"例外法模式"逐步转向为"调适模式",即从单纯依赖"例外规范"(应急预案)和缺乏法律依据的"例外措施"来应对雾霾天气,转为通过正式立法赋予应对雾霾的行政紧急权力,对雾霾治理主体、程序、措施、后续处理等多方面内容加以规定(《大气污染防治法》第六章),明确了通过紧急权力灵活应对非常状态(重污染天气)的合法性,同时将雾霾治理纳入行政应急的现行体制之中,使其能够合法有效地加以运行。但是也必须看到,"调适模式"在我国的发展并不完善,还缺乏对紧急权力的监督制约机制和相应法律规范②。前文所论述的各地应对雾霾实践中所暴露出来的问题,其核心也正是对行政紧急权力行使的监督与制约,具体表现为需要避免"保护不足"和"侵害过度"两个方面的问题。换言之,解决目前我国雾霾治理中的公众疑虑及相关法律问题,关键在于根据大气污染防治的实践,如何对行政紧急权力构成有效的制约。

就行政紧急权力的制约而言,学界已提出了多种主张。总体上看,具有共识性和普遍性的观点是"以公民权利制约行政紧急权力"和"以国家权力制约行政紧急权力"③。前述主张都来自于传统公法学"国家权力制约与公民权利保障"的基本要旨,但能否从根本上解决当前大气重污染应急实践中暴露出的问题,值得加以专门探讨:

(1) 通过公民权利对行政紧急权力进行制约,来源于人权保障的基本法律价值,重点在于加强对公民权利的保护,行政紧急权力的行使不得过度侵害公民权利。这在常态法律秩序中具有积极的效果,但正如有学者所指出的,将其用于应急状态下行政紧急权力的制约,则往往"捉襟见肘"甚至无能为力[9]。在重污染天气应急中,这一问题表现得尤为明显,不足以应对现实中雾霾治理的复杂情形。

---

① 对此问题的详细论述,参见:孟涛. 紧急权力法及其理论演变. 法学研究,2012(1):116-120.

② 同上注,第124页。

③ 相关文献,参见:戚建刚. 融贯论下的行政紧急权力制约理论之新发展. 政治与法律,2010(10):106-116;黄学贤,周春华. 略论行政紧急权力法治化的缘由与路径. 北方法学,2008(1):107-112.

前文已述，我国当前重污染天气应对同时面临着“保护不足”和“侵害过度”两个方面的问题。在“保护不足”面向上，其涉及公民环境与健康权益的保护；在“侵害过度”面向上，其涉及公民财产权、自由权的保护。为了解决“保护不足”的问题，需要赋予政府更大的应急权力，督促其不断提高重污染天气的应急响应标准，同时采取更具强制力的应急措施。但从另一角度看，更为严格的应急响应标准与应急措施显然会对公民的财产权与自由权造成更大的侵害可能性。反之，如果强调“侵害过度”问题的解决，则需要对政府应急行为的标准及强制力度进行严格的审查和控制，这又同应对“保护不足”问题所需的权力扩张构成冲突。可见，重污染天气应对中的“保护不足”和“侵害过度”问题分别对应着不同的价值判断（扩权和限权），现实中的雾霾治理同时面临着“在扩权与限权之间往返顾盼”的难题，绝不是简单地依靠“保护公民权利”的口号就能解决，而是需要在公民健康权与公民财产权、自由权之间进行价值权衡和利益衡量。

(2) 通过国家权力对行政紧急权力进行制约，来源于常态法律秩序下国家权力的相互分工与监督体制，其核心在于“用权力制约权力”，即通过立法、行政、司法等多个方面对行政紧急权力进行全方位的控制。这无疑是防止行政恣意最为“经典”的机制。然而，雾霾治理的复杂性同样对该思路提出挑战：

①就立法权的制约而言，其要旨在于依据传统的“传送带”理论，通过依法行政原则（法律优位和法律保留）证成行政行为的合法性，但在应急行政中，由于存在深度的不确定性，立法不可能事先对相关事项进行详尽的规定，合法性控制已表现出“力不从心”的困境[10]。此时，为保证行政机关能及时有效应对应急事件，立法授予行政机关应对紧急状态的宽泛授权和自由裁量权是世界各国立法的通例[11]。修订后的《大气污染防治法》，第九十四条规定，各级人民政府应当制定重污染天气应急预案，向上一级人民政府环保部门备案；第九十六条规定，人民政府应当依据预警等级及时启动重污染天气应急预案。即《大气污染防治法》明确赋予地方政府制定应急预案、应对重污染天气的法定职责，但没有对应急预案的具体内容提出任何要求，显然是将具体制定应急预案的裁量权授予地方政府，是现代“行政国家”给付行政中的典型样式，即立法者赋予行政机关广泛的根据当地情况形成具有规范性质文件的裁量权[12]。从这个角度上看，各地政府根据自身情况制定重污染天气应急预案具有合法性，不适宜通过事先制定详尽立法的方式加以控制，无法解决各地应急预案中的“保护不足”和“侵害过度”问题。

②就行政权的制约而言，其强调对行政紧急权力的运作过程进行制约，典型途径是运用公法领域的“帝王原则”——比例原则加以控制。在常态法律秩序中，比例原则在控制行政裁量权中发挥着重要作用，但是必须注意到，比例原则的适用依赖于相对充分的信息和相对确定的事实，信息的不确定性往往造成比例原则难以适用[11]。换言之，只有具备了危险程度、行政决策的成本与效益、行政决策效果等方面的充分信息，才能够较为准确地判断行政行为是否具有妥当性、必要性和均衡性。而在重污染天气应急中，有效适用比例原则的前提在于两个方面的“完全信息假设”：一是能够较为准确地预测本区域内空气质量并进行预警，二是能够确认某种强制措施提升空气质量的比例。针对前者，我国目前除个别大城市外，广大地级市的空气质量预报的水平与重污染天气预警预测能力还存在较大不足，这是造成一些地方应急响应不及时的原因之一[13]。针对后者，则需要详尽的大气中 $PM_{2.5}$ 等主要污染物源解析数据的支撑，而目

前我国仅仅在少数重点城市完成了相应的污染物源解析工作①,更为广泛的源解析工作尚待深入开展。在总体上看,目前我国地方政府应对重污染天气的信息预报与科技支撑能力还存在较大缺陷,比例原则的适用自然也就成为"无本之木、无源之水"。

③就司法权的制约而言,其核心在于通过司法审查来平衡、协调行政应急状态下的国家与公民关系,维护公民的基本权利不受行政恣意侵害。应当看到,由于司法权的消极性、稳定性特征不适用于应对紧急状态,司法权力应充分尊重行政应急权力而保持谦抑②,但不能因此完全否定、排除司法权的制约。从宪法的角度看,行政紧急权力并不具有"超宪性",需要受到宪法规制与监督,司法审查则是最终性的制约机制[14]。然而,就雾霾治理而言,关键问题不在于司法审查的必要性,而是司法审查的有效性,即,能否通过针对政府重污染天气应急行为的司法审查,解决前述"保护不足"和"侵害过度"两个方面的问题。显然,司法机关在基于"保护公民基本权利"的宗旨而对政府重污染天气应急行为进行审查时,同样面临着前述"以公民权利制约行政紧急权力"思路的价值冲突困境,即:究竟是侧重保护公民健康权,还是侧重保护公民财产权、自由权?这无法基于"保护公民基本权利"的逻辑前提推理得出"唯一正解",而是需要依据其他方面的论证理由进行价值权衡。另外,考虑到空气质量预报水平与预警预测能力的不足,司法机关也难以借助比例原则等传统法律技术进行充分的说理。可见,针对中国雾霾治理的复杂现实,传统司法审查在理念和技术上都不足以有效制约行政紧急权力的行使。

总结前文,"以公民权利制约行政紧急权力"和"以国家权力制约行政紧急权力"两种思路均不足以对雾霾治理中的行政紧急权力构成有效而全面的制约,无法解决当前大气重污染应急中暴露出的问题。这表明,行政紧急权力固然为政府治理雾霾、应对重污染天气提供了规范依据,但尚难以完全解决行政紧急权力行使的正当性问题。究其原因,在于雾霾(大气污染)形成机理与传统权利侵害的差异。在结构上,传统意义上的权利侵害有着固定的"加害人"和"受害人"二元结构,两者相互分离,法律制度则围绕着保护"受害人"权利、惩罚"加害人"行为而展开。而在环境保护领域中,前述二元结构不复存在,每一个人在日常生活、生产过程中都不可避免地产生、排放程度不一的污染物质(如生活污水、生活垃圾等),同时也遭受到环境污染对自身健康权益的侵害。正如有学者所言:在环境保护的"舞台"上,只有"加害者"和"受害者"两个角色表演的单纯剧情是比较少见的[15]。更进一步说,由于生态系统的整体性和各环境要素相互间的关联性,不同环境保护任务之间也会存在相互冲突,例如空气污染和核能利用风险、污染物处置存放空间分配等,这被学者称之为"环境保护对抗环境保护"(Umweltschutz contra Umweltschutz)[16]。从雾霾的来源分析,除企业排放废气外,日常生活中产生的废气(如烧煤取暖、汽车尾气)也是一个重要因素。因此在雾霾治理中,"加害人"和"受害人"是相互交叉而难以分离的。此时,由于环境污染形成机理的特殊性,基于传统权利侵害二元结构的单向度"侵害-救济"法律制度安排自然无从适应,无法为公民健康权和公民财产、自由权之间的价值权衡提出充分的理论依据。

综上可见,基于传统公法学体系的行政紧急权力理论在为政府重污染天气应急提供规范

① 截至2015年年底,环保部已经完成22个重点城市大气颗粒物污染来源解析工作,在14个城市开展源排放清单试点。参见陈吉宁:"以改善环境质量为核心 全力打好补齐环保短板攻坚战——在2016年全国环境保护工作会议上的讲话",http://www.zhb.gov.cn/gkml/hbb/qt/201601/t20160114_326153.htm,2016年1月11日。

② 参见:戚建刚.中国行政应急法律制度研究.北京:北京大学出版社,2010:120-125.

依据的同时，在如何对其进行有效监督和制约上仍然有值得反思之处，尚无法为当前中国的雾霾治理提供完整、足够的理论依据，还需要根据环境保护的特殊机理予以补充和完善。

三、国家环保义务：雾霾治理的深层法理

基于上述判断，我们需要在传统公法理论（行政紧急权）的基础上，更深层次地挖掘雾霾治理中的环境法理。从环境法角度看，根据新《环境保护法》第六条第二款的规定，地方政府对本行政区域内的环境质量负责。该条款明确规定了地方政府改善环境质量的法定职责，大气污染（雾霾）治理即为政府履行该职责的一个重要方面。新《大气污染防治法》第三条“地方政府对本区域的大气环境质量负责”的规定进一步明确了地方政府治理大气污染的职责。在法学语境中，政府环境保护职责的规范表述与理论根源，是环境保护领域的国家目标及其任务，即“国家的环境保护义务”。由此，雾霾治理的环境法理论依据即为国家环保义务理论。

概括而言，国家环保义务是指在一国的合宪秩序下，国家负有的保护与改善生态环境、防治污染并保障公众健康的强制性义务。国家环保义务的规范依据是各国宪法中所普遍规定的“环境基本国策”，对包括立法、司法、行政在内的所有国家公权力构成约束；在内涵上，基于不同类别的生态环境保护任务，国家环保义务可分为三个主要部分：现状保持义务、危险防御义务、风险预防义务；我国现行宪法第26条和第9条第2款共同构成了环境基本国策，是国家环保义务的规范依据①。从宪法的内在价值和历史背景分析，我国现行宪法不同于传统西方国家宪法偏重于公民基本权利的防御权功能，而是强调国家通过积极作为责任的承担，创造并维持有利于基本权利实现的条件[17]。这在宏观层面上为我国的国家环保义务提供了更为充分的正当性论证。

从行政权角度看，在新《大气污染防治法》第六章明确赋予地方政府应对重污染天气的法定职责后，政府在该授权规范如何产生法律效果上具有行政裁量权，即所谓效果裁量。各地所制定的大气重污染应急预案，则是基于突发事件应对“一案三制”的特定要求，通过规范性文件的形式将裁量权行使的条件与效果予以具体化。一般而言，效果裁量包括两个部分：是否作为（决定裁量）、如何作为（选择裁量）[18]。运用国家环保义务理论，从效果裁量的两个方面入手可以对雾霾治理进行更具针对性的分析，从而对行政裁量权的运作形成有效的约束。

（1）雾霾治理中的环境现状保持义务：决定裁量的收缩

现状保持义务是国家环保义务体系中基础性、前提性的内容，意味着国家应保证生态环境质量与环境保护水平不发生倒退，不得使自然生存基础受到比目前更为严重的危害[19]。从功能角度分析，一方面，现状保持义务通过消极禁止的方式划定某区域内生态环境保护的“红线”“底线”，将环境破坏控制在当前保障公众健康与实现可持续发展所需的最低限度之内；另一方面，现状保持义务要求国家积极性地采取一切可能和必要的方法来促进环境公共福祉，实现环境质量改善的“拐点”，履行国家在环保事项上对人民的基本政治承诺。在环境立法中，现状保持义务表现为“不得恶化原则”或“倒退禁止原则”，该原则是对原先环境法中“达标合法原则”的修正，避免在“达标排放”的旗帜下放纵降低环境质量的行为[20]。

就环境质量现状“红线”的具体法律判断而言，需要借助不同环境要素的相关环境质量标

---

① 对此问题的详细论述，参见：陈海嵩. 国家环境保护义务的溯源与展开. 法学研究，2014(3)：77.

准，并根据生态环境保护的现实需要将相应的标准值确认为环境质量“红线”，从而成立相应的环境现状保持国家义务。例如，在水污染防治领域，《地表水环境质量标准》(GB 3838—2002)规定了我国地表水水质的五类水域功能(从高到低分别为Ⅰ类、Ⅱ类、Ⅲ类、Ⅳ类、Ⅴ类)，将其作为评价地表水水质的标准。这其中，Ⅲ类水质是水生态系统及相应人类自然环境赖以形成与维持所必需的基础性条件，从而构成政府的强制性法定义务，即根据“倒退禁止原则”，本行政区域内出境水质都应至少达到Ⅲ类水标准[21]。在大气污染防治领域，《环境空气质量标准》(GB 3095—2012)和《环境空气质量指数(AQI)技术规定》(HJ 633—2012)同样对空气质量进行了级别划分，为雾霾治理中国家环保义务的确立提供了科学基础与技术支撑。

具体而言，明确雾霾治理中的环境质量“红线”及国家的环境现状保持义务，主要应从以下两个方面入手：

①明确雾霾的灾害属性，将其与一般性的大气污染相互区别。在气象学上，“霾”是指空气中悬浮的细颗粒物，按照直径大小分为 PM_{10} 和 $PM_{2.5}$；在影响人体健康与社会安全角度上，构成“霾”的细颗粒物主要来源于向大气直接排放及二次转化所形成的污染物质[22]。此时，需要将“雾霾”和一般性的大气污染进行必要的区分：雾霾是在特定气象条件下形成的灾害性天气，是一种典型的由人类活动引起的自然灾变(自然人为灾害)[23]，其本质是由于大气污染物过量超出环境容量而形成大量细颗粒物，从而对全社会造成大范围、普遍性、多方面的严重危害；而一般性的大气污染仅指某项大气污染物超过环境标准，并不必然产生普遍性的危害，不构成法律意义上的灾害。

②基于前述区分，现状保持的国家环保义务在大气污染防治领域和雾霾治理领域有着不同的规范意涵：在一般性的大气污染防治中，根据《环境空气质量指数(AQI)技术规定》(HJ 633—2012)，当空气质量指数(AQI)在 100 以下时，属于优良天气(一级和二级)，空气质量可被接受，各类人群基本上可以正常活动；当空气质量指数(AQI)在 100 以上时，就已经属于污染天气(三级至六级)，对易感人群和健康人群都开始产生不利影响，户外活动受到不同程度的限制。此时，应将 AQI 指数 100 作为确立大气环境质量现状保持国家义务的标准，这正是判断地方政府是否有效履行《环境保护法》第六条“对环境质量负责”职责的一个重要依据(具体表现为环境空气质量的优良率)。而在雾霾治理领域，相应标准应根据“自然人为灾害”的属性定位而相应调整。分析《环境空气质量指数(AQI)技术规定》(HJ 633—2012)的规定，当 AQI 值达到 200 以上时(五级和六级)，健康人群就会普遍出现症状，易感人群则应完全停止户外活动。基于雾霾机理的特性，则应将 AQI 指数 200 作为确立现状保持国家义务的标准。这意味着，当 AQI 指数达到 200 以上时(五级以上重度空气污染)，就已经构成了普遍性的大气污染灾害，即规范意义上的“雾霾”，此时已经出现了使“行政机关除了采取某种措施外别无选择”的特殊事实关系[24]，政府负有减低污染程度、保障公众健康的强制性作为义务，决定裁量(是否作为)的空间收缩至零。纵观环保部《城市大气重污染应急预案编制指南》和各地发布的应急预案，均将 AQI 指数 200 作为启动大气重污染应急响应、发布预警并采取相应措施的依据，其理论依据即在于雾霾治理领域中的国家环境现状保持义务。

综合上述分析，在雾霾治理中，AQI 指数 200(五级重度污染)是确立现状保持国家义务的标准；当某地空气质量达到“重度污染”时，由于形成了普遍性的大气污染灾害，政府针对大气污染物是否采取行动的裁量权发生收缩，必须发布预警并采取相应应急措施，即通过行政主体决定裁量(是否作为)的收缩以保护公众健康。

(2)雾霾治理中的环境危险防御义务：选择裁量的收缩

环境危险防御义务是国家环保义务体系中的核心内容，意味着针对有很高可能性造成环境与健康法益损害的危险因素，国家应采取措施加以干预和排除[20]。就雾霾治理而言，在明确了将 AQI 指数 200 作为决定裁量收缩、政府必须采取行动的标准之后，下一个问题就是如何确立选择裁量（如何作为）的标准，明确政府应针对何种程度的“危险因素”采取相应措施，以满足“只有一种决定没有裁量瑕疵、其他决定均可能有裁量瑕疵”的行政裁量收缩要求[25]。应当看到，危险防止（消除危险）是现代行政的基本职能之一，其要求严格追究行政权怠慢行使的责任，是行政裁量权收缩的正当性依据所在[26]，但国家的危险防止责任有可能发展为不论是否有法律依据，都认定国家必须采取危险防止措施，这与传统的法治国原理相互对立，反而造成“过度的权利保护”[27]。这凸显了通过裁量收缩构成要件对行政裁量进行约束的重要性。

一般而言，裁量收缩的要件包括四个方面：被侵害法益的重要性、危险的可预见性、损害后果的可回避性、行政保护的可期待性[29]。有观点归纳了五个方面的构成要件：被害法益的重大性、危险的迫切性、危险发生的预见可能性、损害结果的回避可能性、规制权限发动的期待可能性[28]综合上述观点，启动裁量收缩的核心理由在于：存在某种重要的法益，而该法益正面临着一个迫切、具体危险因素的侵害，需要行政机关采取相应措施防止该危险的发生。据此，可以对雾霾治理中政府启动应急预案后的选择裁量行为进行分析。根据《环境空气质量指数（AQI）技术规定》，最高等级的空气质量指数是六级“严重污染”（AQI 大于 300），此时健康人群出现明显强烈症状，应避免所有的户外活动。对比次一级的空气质量指数（五级，AQI 在 201～300 之间），六级污染的基本特征是对健康人群的强烈、深度影响，致使所有的户外活动都会对健康造成极大影响而处于医学上禁止的状态（五级“重度污染”时健康人群普遍出现症状，一般人应减少户外运动）。可见，当 AQI 达到 300 以上时，意味着空气污染情况已经对所有人的生命健康构成了直接、迫切、严重的威胁，而这种危险不可能通过个人行为予以避免和消除，必须经由行政机关采取相应措施。这与前述裁量收缩的要件相互契合。因此，在雾霾治理中，AQI 指数 300（六级严重污染）是确立环境危险防御国家义务的标准；当某地空气质量达到“严重污染”时，就已经构成“具体、迫切的危险”[18]，符合裁量收缩的构成要件和现实基础，行政机关在重污染天气应对上的选择裁量权“收缩至零”。这意味着政府必须选择最能保护公民环境与健康权益的方式以及时、有效消除环境危险因素，即采取最高等级的应急响应措施（Ⅰ级红色预警）加以应对。简言之，在 AQI 指数达到 300 时，应通过行政主体选择裁量（如何作为）的收缩来保护公众健康。

(3)对重污染天气应急行政行为的审视

在上述分析的基础上，可基于国家环保义务理论对当前雾霾治理中出现的“保护不足”和“侵害过度”问题进行分析：

①公众对当前雾霾治理中“保护不足”的争议和疑惑，主要来源于各地应急预案中最高等级应急响应条件的不同规定。如果简单依据新《环境保护法》第六条“地方政府对本区域的环境质量负责”和新《大气污染防治法》第六章对地方政府应对重污染天气的立法授权，似能得出“各地可根据自身情况制定空气重污染应急预案”的推论。然而，从有效实现国家环保义务的角度看，各地政府固然有“因地制宜”制定应急预案的职权，但不能“随心所欲”，必须符合“改善环境质量、保障公众健康”国家环境保护目标与任务的要求，否则就有行政恣意之嫌。

总结前文分析，国家环保义务在雾霾治理中具体体现为：当空气质量指数（AQI）达到 200

以上时，成立环境现状保持的国家义务，政府负有启动大气重污染应急响应的强制性义务；当空气质量指数（AQI）达到 300 以上时，成立环境危险防御的国家义务，政府应采取最高等级的应急响应措施保护公众健康。基于这一标准审视目前各地的空气重污染应急预案，不难发现，就现状保持义务的履行而言，各地应急预案均将 AQI 值 200 作为应急响应和启动预案的条件，不存在争议。但是在危险防御义务的履行上，多个地方的应急预案将 AQI 值 500 或者 450 作为启动最高等级红色预警的条件，显然已经超出了环境保护国家目标与任务所允许的限度，对公民环境与健康权益造成危害，具有明确的裁量瑕疵。换言之，一些地方应急预案中自行定义的所谓"极重污染"天气（AQI 大于 500 或 450），违反了《环境空气质量指数（AQI）技术规定》所限定的保护公众健康之限值要求，没有履行国家环境危险防御义务对公权力机关提出的法律义务，不具有正当性。从来源上分析，将 AQI 值 500 作为最高等级应急响应启动条件也缺乏科学基础①。

除了污染程度之外，另外一个应考虑的因素是启动最高等级应急响应的重污染天气持续时间。根据前文表 1，目前各地应急预案规定的重污染持续时间有 1 天、2 天、3 天等多种情况。根据《环境空气质量指数（AQI）技术规定》，对人体健康造成危害的主要因素是空气质量指数的大小，持续时间并未做具体限定。因此，持续时间之规定是否合理并不直接影响对政府雾霾治理行为的法律评价，但也有区别对待的必要。具体情况分析如下：①当最高等级应急响应的 AQI 值在 300 及其以下时，应视为环境危险防御国家义务的主要要求已实现；此时，考虑到目前各地的空气质量预报水平与预警预测能力，不宜对持续时间做过于僵硬的限定。因此，前文表 1 中的"轻污染＋长时间"和"轻污染＋短时间"均具有合理性。②当最高等级应急响应的 AQI 值在 300 以上时，由于违反了环境危险防御国家义务，该行为自始不具备正当性，但应区分持续时间的长短：如果持续时间仅为 1 天（"重污染＋短时间"），违法程度较轻；如果持续为 2 天及其以上（"重污染＋长时间"），意味着人为延长人体暴露在重污染天气中的时间，必然造成更为严重的健康损害后果，具有明显的违法性。

②雾霾治理措施对公民财产权、自由权是否构成"过度侵害"的问题，涉及履行国家危险防御义务过程中行政机关应如何作为（效果裁量）。从国家环保义务的实现角度看，判断雾霾治理的强制性措施对公民财产权、自由权的影响是否构成"过度侵害"，关键在于该措施是否符合行政裁量权收缩之要件，使其成为"唯一没有裁量瑕疵"之行政决定。就行政裁量权收缩要件而言，其并非僵硬地一并适用，而是需要根据法益重要性、危险迫切性的不同程度进行类型化的区分[28]。由此，可在前述国家现状保持义务（AQI 值 200）和国家危险防御义务（AQI 值 300）的基础上，对雾霾治理中的强制性措施进行类别化的处理。

以机动车限行为例。当 AQI 值大于 200 时，政府应启动空气重污染应急预案并采取相关措施，机动车限行自然应包括在内。但是，"限行"并不意味着简单的"一禁了之"，而是具有多种可能的途径[29]，需要具体分析。总体而言，有三类因素需要考虑：①根据机动车的污染物排放水平，区分"高排放车辆"（黄标车、柴油车等）和"低排放车辆"（绿标车）；②根据城市道路的

① 在《环境空气质量指数（AQI）技术规定》中，AQI 值 300 以上均为最为严重的六级污染（严重污染），并无 AQI 值 500 的限定。目前各地应急预案中出现的"AQI 值 500"，很可能是借鉴了该标准中"空气质量分指数（IAQI）"污染物浓度限值的规定，即将各单项污染物"空气质量分指数"的最大浓度限值定为 500。显然，AQI 值 500 只是根据单项大气污染物环境监测的技术需要所作的限定，单一指标与公众健康并无直接的对应关系，不能将其作为标示大气环境总体质量的指标。

总体布局及城市发展的总体规划,对机动车限行的区域进行区分(例如以绕城高速、三环内、特定风景区为界);③限行的具体方式,包括"尾号限行""高峰期限行""单双号限行""禁止行驶"等多种途径。上述三类因素在实践中并不是单独适用,而是往往组合在一起加以运用①。可见,机动车限行并非只有简单的"单双号限行"一种方式,而是应当将机动车排放水平、限行区域、限行方式加以综合考虑。有观点即指出,单一的机动车单双号限行措施带有明显的局限性,只能解决大气环境治理的一小部分问题,也不符合现代环境法治发展的趋势[30]。在裁量权行使角度上看,机动车限行所包含的多种因素和多种方式应和雾霾所影响法益重要性和健康危险迫切性的不同程度相互对应,在最低等级应急响应和最高等级应急响应之间形成从"轻"到"重"的机动车限行措施之"连续性集合",即:从限制高排放车辆,扩展到限制低排放车辆;从特定城市区域的限制,扩张到全市范围内的限制;从影响最小的"尾号限行",逐步扩大到"单双号限行",构成一个逐步深化的"连续统"。

在雾霾治理领域中,考虑到地区差异的存在,不同等级应急响应措施的组合选择,由各地政府根据实际情况在应急预案中加以明确是较为合适的做法。此时,只要形成了从"轻"到"重"的强制性减排措施之"连续统",就应视为较好地履行了行政机关如何作为(选择裁量)的义务,对公民自由权、财产权的限制也就具有了正当性。唯应注意的是,当AQI值大于300时,由于已经成立国家的环境危险防御义务,此时行政机关的裁量权收缩至零(前文已述),除了将AQI值300作为最高等级应急响应条件的同时,相应的应急措施也必须是该应急预案中最为"严格"之规定,不需要也不应当再区分"不同情况"而加以"区别对待"。实践中,有些地方应急预案在规定了最高等级(Ⅰ级)应急响应措施后,又将污染日持续时间作为实行"更加严格"强制性污染减排措施的条件②,或者在Ⅰ级应急响应中还在实施Ⅱ级应急响应的强制性污染减排措施③,这些显然违反了环境危险防御国家义务对行政裁量收缩的要求,构成裁量瑕疵而不具有正当性。也只有在成立环境危险防御国家义务的情况下,雾霾治理的强制性措施才具有"当然的正当性和必要性"。

四、对雾霾治理措施的司法审查

从前文论述可知,目前各地雾霾治理的制度与实践存在一定的正当性缺失,有相当一部分城市的空气重污染应急预案不符合国家环保义务之内在要求,没有充分保障公民的环境与健康权益。这凸显了对当前政府行政紧急权力的行使进行有效控制的重要性。为解决该问题,一个办法是期待、督促行政主体自身对不当行为进行内部控制(自我规制),即基于"行政自制"理念[31]而及时修改、完善空气重污染应急预案。新《大气污染防治法》第九十六条第二款也规

① 例如,《成都市重污染天气应急预案》规定,启动一级红色预警后,在绕城高速(含)以内实施黄标车全天禁行,三环路以内实施机动车尾号单双号限行。这是对"排放水平""限行区域""限行方式"三种因素的综合运用。又如,《深圳市大气污染应急预案》规定,启动大气污染Ⅱ级预警后,柴油车实行单双号限行,其他机动车尾号限行;启动大气污染Ⅰ级预警后,柴油车实施禁行,对其他机动车(电动车除外)采取单双号限行。这是对"排放水平"和"限行方式"两种因素的综合运用。

② 例如,《郑州市空气重污染日预警应急工作方案》规定,AQI大于500(极重污染)且持续48小时,启动一级响应;同时又规定,空气极重污染日持续3天以上时,实施更加严格的强制性污染减排措施。

③ 例如,《南宁市市区重污染天气应急预案》规定,AQI>300时,启动Ⅰ级应急响应;但是当300≤AQI<400时,强制性污染减排措施与Ⅱ级应急响应的相应措施相同。当全市AQI≥400时,才采取"更为严厉"的强制性措施。

定“人民政府应当及时开展应急预案实施情况的评估，适时修改完善应急预案”。应当承认，行政自制（自我规制）是改进雾霾治理成本最小、效率最高的方式，但基于社会常识和法治国家基本理念，不能忽视外部控制的重要性。雾霾成因的复杂性和环境保护的特殊性也决定了，如果单纯依赖行政主体的“自我监督”，各地所制定的雾霾治理措施极易受到“地方保护主义”和“保增长”因素的不当影响而得不到及时纠正，无法满足公众日益增长的环境质量诉求。

分析雾霾治理领域的外部监督，由于新《大气污染防治法》已经明确授予地方政府应对重污染天气的职权，同时考虑到雾霾治理的区域性和复杂性，不可能、也不宜简单通过立法对重污染天气应急行为的构成要件和法律效果作出全面规范，外部控制方式中的立法机关监督难堪大用，主要应由司法机关发挥必要的法律监督作用，即由法院对雾霾治理中的行政应急行为进行司法审查。对此，需要重点讨论以下两个问题。

（1）司法审查的可得性与具体方式

一般意义上看，在区分行政应急行为与紧急状态、戒严等国家行为的基础上，我国《行政诉讼法》及相关司法解释并未将行政应急行为排除在行政诉讼范围外，应急权的行使须接受司法审查①。根据前文，雾霾治理领域行政应急措施的主要争议是“保护不足”和“侵害过度”现象，关键问题是政府基于裁量权行使所制定的重污染天气应急预案中，有关应急响应条件和应急响应措施规定的正当性。概言之，对雾霾治理措施予以有效外部监督的核心，在于法院能否对重污染天气应急预案进行有效的司法审查。

从法律属性分析，应急预案本质上是政府实施非常态管理时的执行方案[32]，在法律位阶上属于政府制定的“其他规范性文件”。在1989年《行政诉讼法》中，将行政规范性文件归入“抽象行政行为”的范畴而不属于行政诉讼的受案范围，但学界通说和司法实践一直主张将规章以下的规范性文件纳入司法审查范围，法院具有违法确认权[33]。2014年修订后的《行政诉讼法》新增第五十三条规定“对行政行为提起诉讼时，可以一并请求对该规范性文件进行审查”，并特别注明“前款规定的规范性文件不包含规章”，正式将规章以下的行政规范性文件纳入司法审查范围。由于这一立法进步，对雾霾治理应急措施进行司法审查在我国现行法秩序中具有可行性；相对人针对雾霾治理措施提起行政诉讼后，法院能够对政府制定的重污染天气应急预案予以合法性审查，并根据新《行政诉讼法》第六十四的规定向制定机关提出规范性文件的处理建议。

值得注意的是，在司法审查的具体方式上，新《行政诉讼法》第五十三条采取的是“附带审查”的方式，即只有当行政行为影响到公民、法人和其他组织的权利时，相关主体在提起行政诉讼的同时才能“一并请求”法院对该规范性文件予以审查。该规定沿袭了《行政复议法》第七条和2007年《行政复议法实施条例》第二十六条对行政规定进行“附带审查”的做法。考虑到行政诉讼与行政复议的相互衔接，避免两者间发生冲突影响法律救济的权威性，新《行政诉讼法》第五十三条之规定应予以肯定，但不能完全排除法院对行政规范性文件进行直接审查的可能性。必须看到，在行政法治实践中，并不是只有行政行为才会侵害相对人权益；行政规范性文件虽然针对不特定对象，但一经发布后就可能对相对人权益造成直接影响[34]。这一现象在雾

---

① 相关文献参见：彭华. 我国行政应急行为司法审查若干问题探讨. 西南科技大学学报》（哲学社会科学版），2014(1)：41-51；杨海坤，吕成. 迈向宪政背景下的应急法治. 法治论丛，2008(1)：67-74；代正群. 我国行政应急行为的司法审查研究. 中国政法大学学报，2009(3)：53-58.

霾治理中尤为突出。在重污染天气应急预案的规定违反国家环保义务要求时(例如将最高等级应急响应的条件规定为 AQI 值 500)，如果 AQI 值处于 300 至 500 之间，政府不会启动最高等级红色预警。在这一形式上完全符合应急预案规定但实质上属于“消极不作为”的情况下，“附带审查”自然无从提起。如果完全排除对规范性文件的“直接审查”，意味着生命健康受到严重侵害的公民无法通过法律救济(行政诉讼和行政复议)的方式提出诉愿，对政府公信力和司法权威性造成损害。

为解决这一问题，应在特定条件下赋予公民直接针对规范性文件提起行政诉讼的诉权，强化司法机关审查的全面性、权威性，扩大公民权利救济的法律渠道。在理论上，行政裁量权的收缩是相对人享有要求行政机关履行规制请求权、对规范性文件制定不作为提起诉讼的前提[35]。因此，赋予公民提起“直接审查规范性文件”诉权的“特定条件”，可参照前述行政裁量权收缩要件进行，即主要从被侵害法益的重要性、危险的紧迫性和预见可能性、行政保护的可期待性等方面加以判断。在雾霾治理中，根据前文讨论，可推导出应赋予公民“直接审查规范性文件”诉权的两种情况：一是成立环境现状保持的国家义务(AQI 值大于 200)，此时行政机关的“决定裁量”收缩至零，公民可针对应急预案中所规定的应急响应启动条件提起课以义务诉讼；二是成立环境危险防御的国家义务(AQI 值大于 300)，此时行政机关的“选择裁量”收缩至零，公民可针对应急预案中的最高等级应急响应规定提起课以义务诉讼。

(2)司法审查的强度与标准

对重污染天气应急预案进行司法审查，实质内容是对政府通过规范性文件所行使的行政裁量权给出司法判断。一般认为，行政裁量是立法留给行政的自主空间，因此应放宽司法审查的密度和强度。略显极端的观点提出，除裁量收尽之外，原则上行政裁量是不受法院审查的[36]。放宽司法审查固然有尊重行政机关专业特长、确保行政任务完成等因素考量，但基于宪法体制与国家权力的相互平衡，显然不能放弃对行政裁量权的司法监督。在我国行政诉讼实践中，“高度尊重行政自由裁量权”成为法官规避行政裁量合理性审查的借口，造成司法实务中“裁量不审理”的盛行[37]。因此，法院如何把握、拿捏针对行政裁量的司法审查限度，是一个至关重要的问题，需要基于不同情况进行更为精细的司法判断。

在理论上，行政裁量的司法审查强度可分为三种类型：最小司法审查、中等司法审查和严格司法审查[38]。法院在对重污染天气应急预案进行司法审查的过程中，应区分两种主要情况：

①对应急响应条件的严格司法审查。根据前文，应急响应条件涉及公民的环境与健康权益。此时，为有效保护公民的重大法益(生命健康)免受危险因素侵害，在行政裁量权发生收缩时，法院应进行强度最大的严格司法审查，对行政活动与行政判断进行强有力的干预[42]。法院在审查过程中，应主要考察行政裁量是否符合规范目的(行政目的)之要求①，将被诉对象与立法本意相互对照。基于此标准，目前多地重污染天气应急预案中对最高等级应急响应(红色预警)的规定，如果将启动条件设定在 AQI 值 300 以上，由于不符合国家环保义务之要求，就违反了上位授权立法(大气污染防治法)明确规定的“保护公众健康”之规范目的②，难以通过

---

① 在对行政裁量的司法审查中，规范目的是最为重要的考量因素，即：“法院要求立法目的之明确表述，以此作为当个人的基本自由遭遇危险时的一种限制行政机关选择范围的方式”。参见：[美]斯图尔特著，沈岿译．美国行政法的重构．北京：商务印书馆，2002：18.

② 新《大气污染防治法》第一条规定，本法的目的在于“防治大气污染，保护公众健康，推进生态文明建设，促进经济社会可持续发展”。

法院的实质审查而不具有合法性。

在具体裁判标准上，根据《行政诉讼法》第七十二条确立的“课以义务判决”标准，法院应据此作出履行判决。由于行政裁量空间发生收缩，应认定案件的所有相关事实与法律要件均已成熟，由法院直接裁判命令行政机关作出原告所要求的行政行为①。此时，法院通过判决强制要求行政机关修改应急预案规定（特别是表1中“重污染＋长时间”的应急响应模式）以履行环境保护的法定职责，这是通过司法途径从根本上监督、纠正应急预案对公民环境与健康权益“保护不足”的问题。

②对应急响应措施的最小司法审查。根据前文，应急响应措施主要涉及对公民财产权、自由权是否“过度侵害”的问题。此时，为确保及时有效实现行政任务，法院应尊重行政机关在应急处置上的专业特长；只要对AQI值的规定符合环境现状保持和环境危险防御国家义务之要求，并在应急预案中形成了从“轻”到“重”的强制性减排措施之连续性集合，就应视为较好地履行了行政机关如何作为（选择裁量）的义务，其对财产权、自由权的限制也就具有了正当性。然而，如果应急预案的相关规定违反了“从轻到重之连续集合”这一内在标准（如前文所述郑州市和南宁市应急预案的规定），造成诸如“最高等级应急响应之上还有更严格措施”等怪现象，就违反了相对人对污染物减排措施的一般性期待及普遍社会观念，“在社会观念上明显缺乏妥当性”，构成裁量滥用，法院应进行有限的实体性审查[42]。概言之，针对应急预案中规定的应急响应措施，法院应基于较低强度的“最小司法审查”进行合理性审查，考查其是否违反社会的一般性观念而构成裁量权的滥用。

在具体裁判标准上，主要应考虑《行政诉讼法》第七十条所确立的“滥用职权”“明显不当”等标准。针对“滥用职权”标准，有学者早已指出，由于“滥用职权”与主观过错的相互勾连，在实践中并未如主流学说设想的那样成为评价行政裁量的重要标准[39]。因此，2014年修订的《行政诉讼法》新增的“明显不当”就成为重要的行政裁量审查标准。法官应主要围绕“裁量理由”和“明显不当”两个方面展开司法判断。就前者而言，是对行政机关形成该裁量行为所依凭的所有事实与法律依据的审查；就后者而言，主要应依据在先行为、行政惯例和社会一般观念进行。就裁判方式而言，在认定应急响应措施的裁量理由构成“明显不当”后，考虑到直接撤销应急预案规定可能对公共利益造成损害，法官可根据《行政诉讼法》第七十四条的规定作出确认违法判决，督促行政机关及时修改、完善应急预案的规定，使其更加符合公民对政府不断改善环境质量、践行国家环保义务之期待。

（撰写人：陈海嵩）

作者简介：陈海嵩，中南大学法学院教授，博士生导师。本文受南京信息工程大学气候变化与公共政策研究院开放课题“适应气候变化视角下雾霾治理机制研究”（课题号14QHA001）资助。

参考文献

[1] 熊晓青，张忠民. 突发雾霾事件应急预案的合法性危机与治理. 中国人口·资源与环境，2015(9)：160.

[2] 环保部办公厅. 加强重污染天气应急预案管理 提高重污染天气应对能力. 中国环境报，2014-12-01(2).

---

① 这是德国课以义务诉讼中“裁判时机成熟”理论的基本观点。参见：[德]胡芬著，莫光华译. 行政诉讼法，北京：法律出版社，2003：443.

[3] 孔令钰. 史上最大雾霾警示. 财新周刊，2015(47)：33.
[4] 环境保护部发布 2015 年全国城市空气质量状况. 2016-02-04，http://www.mep.gov.cn/gkml/hbb/qt/201602/t20160204_329886.htm.
[5] 张翔. 基本权利限制问题的思考框架. 法学家，2008(1)：134-139.
[6] 江必新. 紧急状态与行政法治. 法学研究，2004(2)：15.
[7] 孟涛. 中国非常法律的形成、现状与未来. 中国社会科学，2011：(2)：138-139.
[8] [德]康德著，沈叔平译. 法的形而上学原理. 北京：商务印书馆，1991：47.
[9] 戚建刚. 融贯论下的行政紧急权力制约理论之新发展. 政治与法律，2010(10)：107.
[10] 陈无风. 应急行政的合法性难题及其缓解. 浙江学刊，2014(3)：132-133.
[11] 戚建刚，易君. 灾难性风险行政法规制的基本原理. 北京：法律出版社，2015.
[12] 郑春燕. 现代行政中的裁量及其规制. 北京：法律出版社，2015：16.
[13] 谭畅. 雾霾预报生意中的“环境派”和“气象派”. 南方周末，2016-01-14(D21).
[14] 郭殊. 论行政紧急权力的宪政基础及其规制. 现代法学，2006(4)：42.
[15] [日]鸟越皓之著，宋金文译. 环境社会学. 北京：中国环境科学出版社，2009：97.
[16] 陈慈阳. 环境法总论. 北京：中国政法大学出版社，2003：38.
[17] 郑春燕. 基本权利的功能体系与行政法治的进路. 法学研究，2015(5)：32-34.
[18] 王贵松. 行政裁量收缩论的形成与展开. 法学家，2008(4)：33.
[19] 陈海嵩. 国家环境保护义务论. 北京：北京大学出版社，2015.
[20] 王灿发. 论生态文明建设法律保障体系的构建. 中国法学，2014(3)：45.
[21] 杜群. 论流域生态补偿“共同但有区别的责任”. 中国地质大学学报(社会科学版)，2014(1)：13.
[22] 殷挺凯. 雾霾灾害的成因分析及防治措施. 经济研究导刊，2013(13)：259.
[23] 王建平. 减轻自然灾害的法律问题研究. 北京：法律出版社，2008：6-7.
[24] 吴庚. 行政法之理论与实用. 北京：中国人民大学出版社，2005：79.
[25] [德]哈特穆特·毛雷尔著，高家伟译. 行政法学总论. 北京：法律出版社，2000：132.
[26] 王贵松. 行政裁量权收缩的法律基础——职权职责义务化的转换依据. 北大法律评论，2009，**10**(2)：373-374.
[27] 王天华. 裁量收缩理论的构造与边界. 中国法学，2014(1)：129-130.
[28] 王贵松. 行政裁量权收缩之要件分析. 法学评论，2009(3)：112-116.
[29] 张翔. 机动车限行、财产权限制与比例原则. 法学，2015(2)：16.
[30] 竺效. 机动车单双号常态化限行的环境法治之辨. 法学，2015(2)：7-9.
[31] 崔卓兰，刘福元. 行政自制——探讨行政法理论视野之拓展. 法制与社会发展，2008(3)：98-99.
[32] 林鸿潮. 论应急预案的性质和效力. 法学家，2009(2)：27.
[33] 江必新.《行政诉讼法》与抽象行政行为. 行政法学研究，2009(3)：14.
[34] 张淑芳. 规范性文件行政复议制度. 法学研究，2002(4)：23.
[35] 郭庆珠. 论行政规范性文件制定不作为的法律救济. 学术论坛，2010(2)：148.
[36] 章剑生. 现代行政法总论. 北京：法律出版社，2014：113.
[37] 孙启福，张建平. 行政滥用职权司法审查的检讨与重构——以法官的规避倾向为视角. 法律适用，2011(3)：73.
[38] 王贵松. 论行政裁量的司法审查强度. 法商研究，2012(4)：66-76.
[39] 沈岿. 行政诉讼确立“裁量明显不当”标准之议. 法商研究，2004(4)：27.

气候变化与雾霾治理的公法研究

摘　要：气候变化与雾霾问题的日益严峻对各国相关立法提出了新的研究要求，立法的完善成为气象工作者一项基础而迫切的工作。应对气候变化与雾霾治理的立法应当包含两个方面的内容，一方面是公法（即调控性法律），另一方面是软法（指引性法律）。应对气候变化的公法强调的是国家对于法律运行的控制性以及法律规制对象的被动性。应对气候变化与雾霾治理的公法应当分为应对气候变化与雾霾治理根本法（气象基本法）、应对气候变化与雾霾治理的安全法、应对气候变化与雾霾治理的行业法（大气污染防治法）、应对气候变化与雾霾治理的刑法等相关法律类别，从而形成应对气候变化与雾霾治理的系统性法律。

关键词：公法；气象基本法；雾霾治理

The Research on the Public Law of Smog Control

Abstract: The climate change and the problem of smog are becoming increasingly serious, so the relevant legislation of various countries puts forward new research requires. Correspondingly, the perfection of legislation has become a basic and urgent task for meteorological workers. The legislation of tackling climate change and governing the smog should include two aspects of content. One is the public law (i. e. , regulatory law), and the other is the soft law(guiding law). The public law of tackling climate change emphasizes the country's control on the legal operation and the passivity of legal regulation objects. The public law of tackling climate change and governing the smog should be divided into the fundamental law of tackling climate change and governing the smog (meteorological basic law), the security law of tackling climate change and governing the smog, the industrial law of tackling climate change and governing the smog (Atmospheric Pollution Prevention Law), the criminal law of tackling climate change and governing the smog and other relevant laws, so that it can form a systematical legal system of tackling climate change and governing the smog.

Keywords: The public law; Meteorological basic law; Smog Control

一、引 言

(一)研究背景

雾霾频发显示出我国处于污染积累到一定程度后大规模爆发的时期,使得我国生态文明建设的任务更加紧迫和严重,引起了政府及各界的高度关注。雾霾治理是一个系统的长期的过程,要改变传统污染治理的行政化模式,加快构建市场化治理手段与制度化治理手段相结合、区域之间联防联控的新模式。气候变化与雾霾问题的日益严峻对各国相关立法提出了新的研究要求,立法的完善成为气象工作者一项基础而迫切的工作。同时也是综合性立法与专门性立法的有机结合。气候变化与雾霾治理的立法从本质上看其主要任务是为了保护人类共同生存的气候环境,保护的方式既有通过国家公权力来进行的各项强制性规定,也包括为社会整体以及公民个人承担的服务性工作。因此,其在本质上属于社会法的范畴。社会法一是体现了社会本位的观念,从社会整体利益出发,通过抑制强者、保护弱者来实现社会公平,保障社会、经济和政治秩序的稳定。二是在一定程度上体现了国家适度干预的原则,但又不完全排除个人的自主性和自由选择,或者说,既有权力因素,又有义务因素。这种干预不同于传统的行政干预,而是一种间接的宏观的调控。由于气象环境属于人类共同的生存环境,其是否安全直接决定人类的生存质量,无论从国内社会还是国际社会的角度,都不能将气象行为完全归置于一般性的私法行为,必须要从公法的保障性角度对其进行底线性的规范。同时,气候变化与雾霾的形成原因及产生的影响是长期性的,应对气候变化以及雾霾治理不仅仅需要政治实体根据需要及时制定因应政策,同时,需要通过立法形成长效机制,规范全体社会成员的行为。而且这种规范的制定不能仅仅通过指引方式来完成,还需要通过命令与强制的方式来完成,这就对应对气候变化与雾霾治理的相关立法提出了方向性的要求。这种方向性则体现为相关立法内容的强制性。这就要求我国的立法内容应当加大公法的强度,以期对我国的气候变化问题与雾霾治理问题的应对做出较为有力的回应。

(二)立法现状及文献综述

从国外的立法现状来看,西方发达国家目前正处于气候立法阶段,并已制定了综合性的专门气候变化法。如:日本于 1998 年 10 月 9 日通过了《全球气候变暖对策推进法》;英国于 2008 年出台了《气候变化法》;2007 年 10 月 18 日,美国参议院议员 Joseph Lieberman 和 John Warner 正式提出《美国气候安全法案》,2009 年 6 月 26 日,美国众议院通过了《美国清洁能源与安全法案》。而对于雾霾治理,世界各国则早已形成相关的法律文件,英国 1956 年,出台世界上首部空气污染防治法——《清洁空气法》。之后又相继出台《控制公害法》、《汽车燃料法》、《空气质量标准》、《环境保护法》、《道路车辆监管法》、《清洁空气法》、《环境法》、《大伦敦政府法案》、《污染预防和控制法案》。1815 年,匹兹堡市制定了美国历史上第一部空气污染控制法令。1881 年,纽约市制定了《烟尘法令》。1955 年,美国第一部联邦空气污染规制立法 ——《空气污染防治法》出台。此后,美国国会颁布了《1963 清洁空气法》、《空气质量控制法》、《机动车空气污染控制法》等法规。由此可见,国外对于气候变化与雾霾治理的立法相对完善,研究也较为充分。而我国对于气候变化还处在国家气候政策行动的阶段,并刚刚开始从国家气候政策向国家气候立法转变的过程。缺乏专门性的气候立法;相关的应对气候变化的法律规范零星地分散在《大气污染防治法》、《清洁生产促进法》、《节约能源法》、《可再生能源法》、《循环经济促进法》等法律文件中。

对于雾霾治理,我国于1987年出台《中华人民共和国大气污染防治法》,专项治理大气环境污染。1996年修订通过《环境空气质量标准(GB 3095—1996)》将 PM_{10} 纳入标准体系;2013年2月27日环保部发布《关于执行大气污染物特别排放限值的公告》,紧接着发布《环境空气质量标准》(GB 3095—2012),将 $PM_{2.5}$ 纳入空气质量的常规监测指标。环保主管部门和公安机关联合制定《汽车排气污染监督管理办法》。但是纵观我国对于气候变化与雾霾治理的相关立法,我国的立法呈现几个特点:第一,缺乏系统性与规范性,立法的针对性强但是缺乏合力,不能形成统一的指向性;第二,缺乏执行力与惩罚性。我国相关立法的指引性强,但是规范性弱。我国的相关研究者立足于立法的合理性与前沿性,对我国应对气候变化与雾霾治理的立法内容进行了较为全面的研究,但对相关立法进行法律性质划分的探究尚属空白。主要研究成果有:白洋等在《雾霾成因的深层法律思考及防治对策》中认为根治雾霾应该以预防为主、防治结合为指导原则,建立源头整治和量化标准的法律体系[1];杜奇石在《城市雾霾综合治理主线的探讨》一文中提出,工业污染是雾霾的主因,应抓住关键因素治理[2];孙仕昊在《立法治霾》中提出治理雾霾应将治理污染规划和年度工作分解到各级政府和具体机构,制定相应税费奖罚等经济调节措施,同时加强监管和督查[3]。赖虹宇提出雾霾治理的法律对策,一方面是建立应急处理机制来应对已经发生的雾霾灾害,另一方面则是建立长效法律机制作为对下次灾害的预防[4]。王波等认为运用现代环境责任理论,结合雾霾治理的实践,创新雾霾环境责任立法,是应对雾霾危害的重要途径之一[5]。

从以上综述可以看出,对于雾霾治理,学者们多从法律视角和技术视角对其进行研究。在技术层面,学者们指出,雾霾治理主要涉及能源升级,包括提升清洁能源在能源消费结构中的比重、进行煤炭利用的清洁化改造以及提高油品标准等;在法律层面,多数学者认为应当从立法和配套制度着手,针对现有大气污染治理的相关法律法规以及配套制度存在的缺陷,完善大气污染治理的法律体系,使相关法律法规具有可操作性。但是很少有学者从立法体系的角度出发对公法与私法的独立视角进行研究。

二、气候变化与雾霾治理的公法的基础理论

(一)概念

公法一般被认为是调整权力与权力,或者权力与权利之间关系的法律规范,公法关系的一方主体应为行使国家权力的机关及组织,宗旨在于实现社会管理职能与权力的有效控制。气候变化与雾霾治理公法的社会责任本位原则主要体现在:气候变化与雾霾治理公法以为全社会避免气象灾害、利用气候资源为自身的任务,以保护社会全体的利益为根本目的。在气候变化与雾霾治理的公法中应以社会公共利益的保护为己任,以保护社会公共利益为核心。气候变化与雾霾治理公法应当和环境法以及与自然资源保护的相关法律法规构建成为一个新的法律体系,以公益优先原则为前提,当出现冲突的时候国家利益或个人权利应让位于气候变化与雾霾治理公法保护社会公共利益。同时,国家以强制的行政权力推行气候变化与雾霾治理公

法的各种标准，即规定各企业、气象事业单位、个人承担按气象标准行事的义务。国家必须应用行政执法或刑事法律作为气候变化与雾霾治理公法律实施的最后保障。

综合以上的分析，气候变化与雾霾治理公法是指调整气候变化与雾霾治理法律关系，对气象行为进行合理规范、监督，并以国家强制力保证其实施的各类气候变化与雾霾治理法律的总称。

（二）性质

1. 气候变化与雾霾治理公法具有行业性公法的基本特征

所谓行业性公法是指在某一行业领域内的所有法律中具有一定强制性和约束性，并对整个行业内的规范性条款设置最后底线的法律。行业性公法具有两个基本要素，一是行业特征明显，我国的行业性公法出现在具体的部门法中，某些行业由于具有较为特殊的规范对象与规范方式，需要独立的、具有行业技术参数的法律来对其行业内的具体行为进行规范。二是公法特征明显，在众多的行业中，并不是所有的行业立法都必须有行业公法的存在。但是由于气象行业的特殊性，需要对其进行保底性的强制性规定，对气象法益进行绝对的保护，公法特征是必须具备的。因此，气候变化与雾霾治理的公法应当既具有气象的典型行业特征，同时也具备行业性公法的特质，对气象领域内的行业性行为进行强制性规范。

2. 气候变化与雾霾治理的公法的公法性具有相对性

任何一部法律都必须考虑其所直接维护的利益。社会利益的分化导致了法的产生，决定了法的本质和发展变化。与利益的互动关系决定了立法者在制定法律之前必须考虑利益问题。一国的法律从根本上讲，不外乎是在不同方面维护着三种主要利益：国家利益、个人利益与社会利益，以此为依据划分公法、私法、公私融合法应该是一种科学、周全的分类[6]。气候变化与雾霾治理的公法并不是一个立法上的概念，而是理论上的概念，我国立法没有将气候变化与雾霾治理的公法作为一个独立的法律来设置，气候变化与雾霾治理的公法在法律体系中以多种形态存在，其所调整的对象也并不是单一的。气候变化与雾霾治理的公法所保护的利益是复杂多样的，人类生存的整体环境、气候安全等利益都属于气候变化与雾霾治理的公法所保护的利益，但是这部分利益在一定的情形下与一般气象服务性利益会出现一定程度的重合，在这种情况下，气候变化与雾霾治理的公法只能调整涉及公共利益的部分的法律关系，而对于一般平等主体间的法律关系则不需要进行调整。行业性公法与单纯性公法有着一定的区别。一般性的公法，例如宪法、行政法、刑法等，具有强烈的绝对性与强制性。而气候变化与雾霾治理的公法则是气象行业内相对于一般性的行业法律规范的称谓，气候变化与雾霾治理的公法的公法性主要是指气象行业内的底线性法律规范，气候变化与雾霾治理的公法设置的根本意义在于在气象行业法律规范中明确气象行业的最低要求，逾越气候变化与雾霾治理的公法的行为将被强制性规范。但是总体来说，气象行业具有其自身的行业规则性，这种行业性规则表明其行为模式的可协商性，因此，一般性的气象行业性行为应该由气象行业法与气候变化与雾霾治理的公法来共同规范，因此，气候变化与雾霾治理的公法所涉及的行为并不具有一般公法的绝对性。

（三）框架体系分析

为了更好地应对气候变化与雾霾问题，应当将气候变化与雾霾治理问题的公法进行更为细致的划分，主要有以下几种类型：气候变化与雾霾治理根本法、气候变化与雾霾治理的专门法、气候变化与雾霾治理的安全法、气候变化与雾霾治理的保障法、气候变化与雾霾治理的国际法研究等相关法律类别，形成气候变化与雾霾治理的系统性法律。具体如图 1 所示。

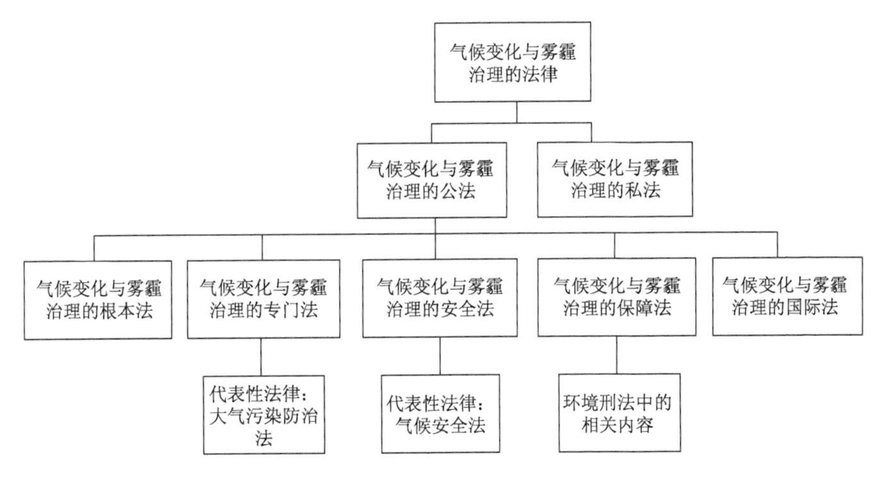

图 1 气候变化与雾霾治理相关立法

基于气候变化与雾霾治理的多元化与复杂性，立法模式也必须与其相对接，形成立体式、多层面的公法体系。

三、大气污染防治法

1987 年我国《大气污染防治法》颁布实施，之后分别在 1995 年、2000 年进行了两次修改。但是，近年来我国各地频发的大气污染事件已经对我国经济社会各方面发展造成了严重影响。2000 年的《大气污染防治法》无论在立法理念与立法目的上，还是在具体制度上都存在一定程度的缺失与不足。因此，2015 年 8 月 29 日全国人大常委会表决通过了修订的《大气污染防治法》。修订后的《大气污染防治法》于 2016 年 1 月 1 日实施。自此，我国的大气污染防治问题进入一个新的历史阶段。2015 年 1 月 1 日起施行的《中华人民共和国环境保护法》标志着我国对环境保护进入到一个新的领域，《环境保护法》作为环境保护基础性法律，在所有的环境保护法律中居于纲领性的地位，对我国整体的环境保护问题进行了总体性的规定，而气象领域是近年来我国环境问题所关注的重点领域，为了更好地贯彻《环境保护法》的相关内容，必须有相应配套的法律来与之相衔接。从法律功能的角度看，《大气污染防治法》的修订具有在功能上承上启下的重要作用。《大气污染防治法》是我国气象法领域内首部与新的《环境保护法》接轨的法律，在气象法体系中处于较高位阶的法律规范，对其他的行政法规、部门规章都起着一定的指导性作用。由于特殊国情的影响，我国大气污染防治工作要在污染治理、综合防治、人与自然环境协调发展、绿色化发展四个阶段同步进行[7]。新《大气污染防治法》在新《环境保护法》的基础上，一方面体现其污染防治型专门法律的特点，强化对大气污染管理相对人的管理；另一方面，要将新《环境保护法》所创立一系列规范和制约有关环境的政府行为的制度延伸到大气污染防治领域并有适当发展。同时，新《大气污染防治法》的完备与否，也会对其位阶之下的配套法律和规章以及各地大气污染防治条例的修订产生深远影响。总之,与新《环境保护法》相比,新《大气污染防治法》的功能有所不同,它总体上是一部以管制企业等排放大气污染物主体为主的法律。

(一)大气污染防治的监督与管理

1. 大气污染的排放总量的限制性管理

《大气污染防治法》规定,我国对大气污染物的总量控制通过以下几个方面来实现:

第一,国家对重点大气污染物排放实行总量控制。重点大气污染物排放总量控制目标,由国务院环境保护主管部门在征求国务院有关部门和各省、自治区、直辖市人民政府意见后,会同国务院经济综合主管部门报国务院批准并下达实施。

第二,省、自治区、直辖市人民政府应当按照国务院下达的总量控制目标,控制或者削减本行政区域的重点大气污染物排放总量。确定总量控制目标和分解总量控制指标的具体办法,由国务院环境保护主管部门会同国务院有关部门规定。省、自治区、直辖市人民政府可以根据本行政区域大气污染防治的需要,对国家重点大气污染物之外的其他大气污染物排放实行总量控制。

2. 进行大气环境质量和大气污染源监测

国务院以及县级以上的环境保护主管部门负责制定大气环境质量和大气污染源的监测和评价规范,组织建设与管理全国以及各地区的大气环境质量和大气污染源监测网,组织开展大气环境质量和大气污染源监测,统一发布全国以及各地区的大气环境质量状况信息,以推进我国对大气环境的检测体系的完善,保证大气环境的可控性与安全性。

3. 大气污染损害评估制度的建立

《大气污染防治法》规定,国务院环境保护主管部门会同有关部门,建立和完善大气污染损害评估制度。大气污染损害评估制度设立的目的是为了更好地控制和预防大气污染,保证国家公权力对大气污染行为的适度干预。根据《大气污染防治法》的相关规定,大气污染损害评估制度的具体内容如下。

第一,评估主体。大气污染损害评估的主体主要有以下几种:一是国务院以及县级以上环境保护主管部门;二是环境保护主管部门委托的环境监察机构;三是其他负有大气环境保护监督管理职责的部门。

第二,评估方式。大气污染损害评估的方式主要有以下几种:一是通过现场检查监测、自动监测、遥感监测、远红外摄像等方式,对排放大气污染物的企业事业单位和其他生产经营者进行监督检查。二是对大气污染损害有关设施、设备、物品采取查封、扣押等行政强制措施。三是公布举报电话、电子邮箱等,方便公众举报。四是及时处理并对举报人的相关信息予以保密;对实名举报的,应当反馈处理结果等情况,查证属实的,处理结果依法向社会公开,并对举报人给予奖励。

第三,评估对象。指违反法律法规规定排放大气污染物的企业事业单位和其他生产经营者。

(二)方向性大气污染防治措施

1. 燃煤和其他能源污染防治措施

《大气污染防治法》对燃煤以及能源污染从抑制性措施、规范性措施以及优化性措施来开展。

(1)抑制性措施。

一是国家推行煤炭洗选加工,降低煤炭的硫分和灰分,限制高硫分、高灰分煤炭的开采。新建煤矿应当同步建设配套的煤炭洗选设施,使煤炭的硫分、灰分含量达到规定标准;已建成的煤矿除所采煤炭属于低硫分、低灰分或者根据已达标排放的燃煤电厂要求不需要洗选的以外,应当限期建成配套的煤炭洗选设施。

二是国家禁止开采含放射性和砷等有毒有害物质超过规定标准的煤炭,禁止进口、销售和燃用不符合质量标准的煤炭,鼓励燃用优质煤炭。

三是地方各级人民政府还应当采取措施,加强民用散煤的管理,禁止销售不符合民用散煤质量标准的煤炭,鼓励居民燃用优质煤炭和洁净型煤,推广节能环保型炉灶。在禁燃区内,禁止销售、燃用高污染燃料;禁止进口、销售和燃用不符合质量标准的石油焦;禁止新建、扩建燃用高污染燃料的设施,已建成的,应当在城市人民政府规定的期限内改用天然气、页岩气、液化石油气、电或者其他清洁能源。

(2)规范性措施。

一是城市人民政府可以划定并公布高污染燃料禁燃区,并根据大气环境质量改善要求,逐步扩大高污染燃料禁燃区范围。高污染燃料的目录由国务院环境保护主管部门确定。

二是建设应当统筹规划,在燃煤供热地区,推进热电联产和集中供热。在集中供热管网覆盖地区,禁止新建、扩建分散燃煤供热锅炉;已建成的不能达标排放的燃煤供热锅炉,应当在城市人民政府规定的期限内拆除。

三是县级以上人民政府质量监督部门应当会同环境保护主管部门对锅炉生产、进口、销售和使用环节执行环境保护标准或者要求的情况进行监督检查;不符合环境保护标准或者要求的,不得生产、进口、销售和使用。

(3)优化性措施。

一是国务院有关部门和地方各级人民政府应当采取措施,调整能源结构,推广清洁能源的生产和使用;优化煤炭使用方式,推广煤炭清洁高效利用,逐步降低煤炭在一次能源消费中的比重,减少煤炭生产、使用、转化过程中的大气污染物排放。

二是采取有利于煤炭清洁高效利用的经济、技术政策和措施,鼓励和支持洁净煤技术的开发和推广。

三是鼓励煤矿企业等采用合理、可行的技术措施,对煤层气进行开采利用,对煤矸石进行综合利用。从事煤层气开采利用的,煤层气排放应当符合有关标准规范。

四是燃煤电厂和其他燃煤单位应当采用清洁生产工艺,配套建设除尘、脱硫、脱硝等装置,或者采取技术改造等其他控制大气污染物排放的措施。

国家鼓励燃煤单位采用先进的除尘、脱硫、脱硝、脱汞等大气污染物协同控制的技术和装置,减少大气污染物的排放。

2. 工业污染防治措施

工业污染是我国环境污染的重要领域，在工业污染方式过程中，必须对其进行严格的防治，确保工业污染防治的有效性与全面性。对工业污染的防治措施主要从标准化措施、控制性措施、鼓励性措施的角度来进行。

(1)标准化措施。

工业污染的主要途径是国内各单位所使用的原材料以及产品产生的各类污染物。因此，《大气污染防治法》规定，生产、进口、销售和使用含挥发性有机物的原材料和产品的，其挥发性有机物含量应当符合质量标准或者要求。

(2)控制性措施。

一是钢铁、建材、有色金属、石油、化工等企业生产过程中排放粉尘、硫化物和氮氧化物的，应当采用清洁生产工艺，配套建设除尘、脱硫、脱硝等装置，或者采取技术改造等其他控制大气污染物排放的措施。

二是产生含挥发性有机物废气的生产和服务活动，应当在密闭空间或者设备中进行，并按照规定安装、使用污染防治设施；无法密闭的，应当采取措施减少废气排放。

三是石油、化工以及其他生产和使用有机溶剂的企业，应当采取措施对管道、设备进行日常维护、维修，减少物料泄漏，对泄漏的物料应当及时收集处理。

储油储气库、加油加气站、原油成品油码头、原油成品油运输船舶和油罐车、气罐车等，应当按照国家有关规定安装油气回收装置并保持正常使用。

四是钢铁、建材、有色金属、石油、化工、制药、矿产开采等企业，应当加强精细化管理，采取集中收集处理等措施，严格控制粉尘和气态污染物的排放。

工业生产企业应当采取密闭、围挡、遮盖、清扫、洒水等措施，减少内部物料的堆存、传输、装卸等环节产生的粉尘和气态污染物的排放。

五是生产、垃圾填埋或者其他活动产生的可燃性气体应当回收利用，不具备回收利用条件的，应当进行污染防治处理。可燃性气体回收利用装置不能正常作业的，应当及时修复或者更新。在回收利用装置不能正常作业期间确需排放可燃性气体的，应当将排放的可燃性气体充分燃烧或者采取其他控制大气污染物排放的措施，并向当地环境保护主管部门报告，按照要求限期修复或者更新。

(3)鼓励性措施。

国家鼓励生产、进口、销售和使用低毒、低挥发性有机溶剂。

3. 机动车船等污染防治措施

国家机动车污染防治专业委员会、中科院和清华大学等机构的研究结果显示，机动车污染已成为我国空气污染的重要来源，排放的氮氧化物(NO_x)和颗粒物(PM)超过 90%，碳氢化合物(HC)和一氧化碳(CO)超过 70%，是污染物总量的主要“贡献者”。对机动车船的污染防控必须全方位进行，但是对机动车船的控制由于涉及社会公众的基本生活，因此必须合理有序地进行，在对大气污染进行防控的同时，保证社会公众的生活质量不会受到明显的影响。因此，对机动车船的污染防控必须从规划性措施、限制性措施、监督性措施和标准化措施四个方面进行。

(1)规划性措施。

一是国家倡导低碳、环保出行，根据城市规划合理控制燃油机动车保有量，大力发展城市公共交通，提高公共交通出行比例。同时国家应当采取财政、税收、政府采购等措施推广应用节能环保型和新能源机动车船、非道路移动机械，限制高油耗、高排放机动车船、非道路移动机械的发展，减少化石能源的消耗。

二是城市人民政府应当加强并改善城市交通管理，优化道路设置，保障人行道和非机动车道的连续、畅通。同时，国家倡导环保驾驶，鼓励燃油机动车驾驶人在不影响道路通行且需停车三分钟以上的情况下熄灭发动机，减少大气污染物的排放。

三是国家建立机动车和非道路移动机械环境保护召回制度。生产、进口企业获知机动车、非道路移动机械排放大气污染物超过标准，属于设计、生产缺陷或者不符合规定的环境保护耐久性要求的，应当召回；未召回的，由国务院质量监督部门会同国务院环境保护主管部门责令其召回。

四是城市人民政府可以根据大气环境质量状况，划定并公布禁止使用高排放非道路移动机械的区域。

五是国务院交通运输主管部门可以在沿海海域划定船舶大气污染物排放控制区，进入排放控制区的船舶应当符合船舶相关排放要求。

六是国家积极推进民用航空器的大气污染防治，鼓励在设计、生产、使用过程中采取有效措施减少大气污染物排放。民用航空器应当符合国家规定的适航标准中的有关发动机排出物要求。

(2)限制性措施。

一是省、自治区、直辖市人民政府可以在条件具备的地区，提前执行国家机动车大气污染物排放标准中相应阶段排放限值，并报国务院环境保护主管部门备案。

二是机动车船、非道路移动机械不得超过标准排放大气污染物。禁止生产、进口或者销售大气污染物排放超过标准的机动车船、非道路移动机械。

三是机动车、非道路移动机械生产企业应当对新生产的机动车和非道路移动机械进行排放检验。经检验合格的，方可出厂销售。检验信息应当向社会公开。

(3)监督性措施。

一是省级以上人民政府环境保护主管部门可以通过现场检查、抽样检测等方式，加强对新生产、销售机动车和非道路移动机械大气污染物排放状况的监督检查。工业、质量监督、工商行政管理等有关部门予以配合。

二是在用机动车应当按照国家或者地方的有关规定，由机动车排放检验机构定期对其进行排放检验。经检验合格的，方可上道路行驶。未经检验合格的，公安机关交通管理部门不得核发安全技术检验合格标志。

三是县级以上地方人民政府环境保护主管部门可以在机动车集中停放地、维修地对在用机动车的大气污染物排放状况进行监督抽测；在不影响正常通行的情况下，可以通过遥感监测等技术手段对在道路上行驶的机动车的大气污染物排放状况进行监督抽测，公安机关交通管理部门予以配合。

四是机动车排放检验机构应当依法通过计量认证，使用经依法检定合格的机动车排放检验设备，按照国务院环境保护主管部门制定的规范，对机动车进行排放检验，并与环境保护主管部门联网，实现检验数据实时共享。机动车排放检验机构及其负责人对检验数据的真实性和准确性负责。

五是环境保护主管部门和认证认可监督管理部门应当对机动车排放检验机构的排放检验情况进行监督检查。交通运输、环境保护主管部门应当依法对机动车船的排放加强监督管理。

六是环境保护主管部门应当会同交通运输、住房城乡建设、农业行政、水行政等有关部门对非道路移动机械的大气污染物排放状况进行监督检查，排放不合格的，不得使用。

(4)标准化措施。

一是机动车维修单位应当按照防治大气污染的要求和国家有关技术规范对在用机动车进行维修，使其达到规定的排放标准。

二是在用重型柴油车、非道路移动机械未安装污染控制装置或者污染控制装置不符合要求，不能达标排放的，应当加装或者更换符合要求的污染控制装置。

三是在用机动车排放大气污染物超过标准的，应当进行维修；经维修或者采用污染控制技术后，大气污染物排放仍不符合国家在用机动车排放标准的，应当强制报废。其所有人应当将机动车交售给报废机动车回收拆解企业，由报废机动车回收拆解企业按照国家有关规定进行登记、拆解、销毁等处理。国家鼓励和支持高排放机动车船、非道路移动机械提前报废。

四是船舶检验机构对船舶发动机及有关设备进行排放检验。经检验符合国家排放标准的，船舶方可运营。

五是内河和江海直达船舶应当使用符合标准的普通柴油。远洋船舶靠港后应当使用符合大气污染物控制要求的船舶用燃油。

六是新建码头应当规划、设计和建设岸基供电设施；已建成的码头应当逐步实施岸基供电设施改造。船舶靠港后应当优先使用岸电。

七是禁止生产、进口、销售不符合标准的机动车船、非道路移动机械用燃料；禁止向汽车和摩托车销售普通柴油以及其他非机动车用燃料；禁止向非道路移动机械、内河和江海直达船舶销售渣油和重油。

八是发动机油、氮氧化物还原剂、燃料和润滑油添加剂以及其他添加剂的有害物质含量和其他大气环境保护指标，应当符合有关标准的要求，不得损害机动车船污染控制装置效果和耐久性，不得增加新的大气污染物排放。

4. 扬尘污染防治

引起城市扬尘污染的来源是多方面的，主要有自然尘、建筑工地尘、城市裸地、道路和工业生产扬尘、堆场扬尘等。因此，对于扬尘的治理必须从多角度来进行。《大气污染防治法》对扬尘污染的防治主要从几个方面进行：

(1)管理性措施。

一是地方各级人民政府应当加强对建设施工和运输的管理，保持道路清洁，控制料堆和渣土堆放，扩大绿地、水面、湿地和地面铺装面积，防治扬尘污染。住房城乡建设、市容环境卫生、交通运输、国土资源等有关部门，应当根据本级人民政府确定的职责，做好扬尘污染防治工作。

二是从事房屋建筑、市政基础设施建设、河道整治以及建筑物拆除等施工单位，应当向负责监督管理扬尘污染防治的主管部门备案。

三是城市人民政府应当加强道路、广场、停车场和其他公共场所的清扫保洁管理，推行清洁动力机械化清扫等低尘作业方式，防治扬尘污染。

(2)应对性措施。

一是建设单位应当将防治扬尘污染的费用列入工程造价,并在施工承包合同中明确施工单位扬尘污染防治责任。施工单位应当制定具体的施工扬尘污染防治实施方案。

二是施工单位应当在施工工地设置硬质围挡,并采取覆盖、分段作业、择时施工、洒水抑尘、冲洗地面和车辆等有效防尘降尘措施。建筑土方、工程渣土、建筑垃圾应当及时清运;在场地内堆存的,应当采用密闭式防尘网遮盖。工程渣土、建筑垃圾应当进行资源化处理。

三是施工单位应当在施工工地公示扬尘污染防治措施、负责人、扬尘监督管理主管部门等信息。暂时不能开工的建设用地,建设单位应当对裸露地面进行覆盖;超过三个月的,应当进行绿化、铺装或者遮盖。

四是运输煤炭、垃圾、渣土、砂石、土方、灰浆等散装、流体物料的车辆应当采取密闭或者其他措施防止物料遗撒造成扬尘污染,并按照规定路线行驶。装卸物料应当采取密闭或者喷淋等方式防治扬尘污染。

五是市政河道以及河道沿线、公共用地的裸露地面以及其他城镇裸露地面,有关部门应当按照规划组织实施绿化或者透水铺装。

六是贮存煤炭、煤矸石、煤渣、煤灰、水泥、石灰、石膏、砂土等易产生扬尘的物料应当密闭;不能密闭的,应当设置不低于堆放物高度的严密围挡,并采取有效覆盖措施防治扬尘污染。码头、矿山、填埋场和消纳场应当实施分区作业,并采取有效措施防治扬尘污染。

5. 农业污染防治措施

农业污染是指农村地区在农业生产和居民生活过程中产生的、未经合理处置的污染物对水体、土壤和空气及农产品造成的污染,具有位置、途径、数量不确定,随机性大,发布范围广,防治难度大等特点。主要来源有两个方面:一是农村居民生活废物;二是农村农作物生产废物,包括农业生产过程中不合理使用而流失的农药、化肥,残留在农田中的农用薄膜,处置不当的农业畜禽粪便、恶臭气体,以及不科学的水产养殖等产生的水体污染物[8]。

地方各级人民政府应当推动转变农业生产方式,发展农业循环经济,加大对废弃物综合处理的支持力度,加强对农业生产经营活动排放大气污染物的控制。农业污染的防治需要通过以下措施来进行。

(1)限制性性措施。

一是农业生产经营者应当改进施肥方式,科学合理施用化肥,并按照国家有关规定使用农药,减少氨、挥发性有机物等大气污染物的排放。禁止在人口集中地区对树木、花草喷洒剧毒、高毒农药。

二是畜禽养殖场、养殖小区应当及时对污水、畜禽粪便和尸体等进行收集、贮存、清运和无害化处理,防止排放恶臭气体。

三是省、自治区、直辖市人民政府应当划定区域,禁止露天焚烧秸秆、落叶等产生烟尘污染的物质。

(2)鼓励性措施。

各级人民政府及其农业行政等有关部门应当鼓励和支持采用先进适用技术,对秸秆、落叶等进行肥料化、饲料化、能源化、工业原料化、食用菌基料化等综合利用,加大对秸秆还田、收集一体化农业机械的财政补贴力度。县级人民政府应当组织建立秸秆收集、贮存、运输和综合利用服务体系,采用财政补贴等措施支持农村集体经济组织、农民专业合作经济组织、企业等开展秸秆收集、贮存、运输和综合利用服务。

6. 其他污染防治措施

除去以上所列举的各领域的大气污染的防治方法，《大气污染防治法》还确立了具有典型性的各类大气环境保护的各类措施，主要包括以下几种：

(1)预防性防治措施。

一是国务院环境保护主管部门应当会同国务院卫生行政部门，根据大气污染物对公众健康和生态环境的危害和影响程度，公布有毒有害大气污染物名录，实行风险管理。排放前款规定名录中所列有毒有害大气污染物的企业事业单位，应当按照国家有关规定建设环境风险预警体系，对排放口和周边环境进行定期监测，评估环境风险，排查环境安全隐患，并采取有效措施防范环境风险。

二是向大气排放持久性有机污染物的企业事业单位和其他生产经营者以及废弃物焚烧设施的运营单位，应当按照国家有关规定，采取有利于减少持久性有机污染物排放的技术方法和工艺，配备有效的净化装置，实现达标排放。

三是企业事业单位和其他生产经营者在生产经营活动中产生恶臭气体的，应当科学选址，设置合理的防护距离，并安装净化装置或者采取其他措施，防止排放恶臭气体。

四是排放油烟的餐饮服务业经营者应当安装油烟净化设施并保持正常使用，或者采取其他油烟净化措施，使油烟达标排放，并防止对附近居民的正常生活环境造成污染。

五是火葬场应当设置除尘等污染防治设施并保持正常使用，防止影响周边环境。

六是从事服装干洗和机动车维修等服务活动的经营者，应当按照国家有关标准或者要求设置异味和废气处理装置等污染防治设施并保持正常使用，防止影响周边环境。

七是国家鼓励、支持消耗臭氧层物质替代品的生产和使用，逐步减少直至停止消耗臭氧层物质的生产和使用。

(2)禁止性规定。

一是禁止在居民住宅楼、未配套设立专用烟道的商住综合楼以及商住综合楼内与居住层相邻的商业楼层内新建、改建、扩建产生油烟、异味、废气的餐饮服务项目。任何单位和个人不得在当地人民政府禁止的区域内露天烧烤食品或者为露天烧烤食品提供场地。

二是禁止在人口集中地区和其他依法需要特殊保护的区域内焚烧沥青、油毡、橡胶、塑料、皮革、垃圾以及其他产生有毒有害烟尘和恶臭气体的物质。禁止生产、销售和燃放不符合质量标准的烟花爆竹。任何单位和个人不得在城市人民政府禁止的时段和区域内燃放烟花爆竹。

(三)重污染天气监测预警体系的建立

目前，我国的空气环境问题不容忽视，《大气污染防治法》以保护公众健康为目标，规定国务院环境保护主管部门会同国务院气象主管机构等有关部门、国家大气污染防治重点区域内有关省、自治区、直辖市人民政府，建立重点区域重污染天气监测预警机制，统一预警分级标准。通过立法的方式，逐步理顺环保和气象两部门的监测预警职能，建立高效的部门协作机制，确保有效提供准确、及时、统一的监测预警信息，切实支撑全社会开展重污染天气应急联动工作。

为了更好地进行重污染天气监测预警，需要国家行政权力的介入，以保证各部门的协调合作，保证重污染天气监测的实际效用。根据《大气污染防治法》的相关规定，重污染天气监测预警的主体主要有：

（1）县级以上人民政府。《大气污染防治法》规定，可能发生区域重污染天气的，应当及时向重点区域内有关省、自治区、直辖市人民政府通报。县级以上地方人民政府应当将重污染天气应对纳入突发事件应急管理体系。省、自治区、直辖市、设区的市人民政府以及可能发生重污染天气的县级人民政府，应当制定重污染天气应急预案，向上一级人民政府环境保护主管部门备案，并向社会公布。各级地方政府应当在其范围之内积极建立完整的重污染天气应急预案，并及时公开，保证社会各领域内对重污染气候能够采取积极有效的措施应对。

（2）省、自治区、直辖市、设区的市人民政府环境保护主管部门以及气象主管机构。《大气污染防治法》规定，省、自治区、直辖市、设区的市人民政府环境保护主管部门会同气象主管机构等有关部门建立本行政区域重污染天气监测预警机制。

（四）大气污染防治法的对象

在当前环保机构属地管理体制与气象机构双重管理体制并存的情况下，地方政府需积极鼓励并促成气象和环保两机构开展监测预警的分工协作，督促地方政府加大对环保和气象机构的财政支持力度，并对两机构的大气监测预警工作进行统一规划和部署。同时也需要制定出较为全面的监测预警技术规范和标准。

（1）大气环境预报。省、自治区、直辖市、设区的市人民政府环境保护主管部门应当会同气象主管机构建立会商机制，进行大气环境质量预报。可能发生重污染天气的，应当及时向本级人民政府报告。

（2）进行预警。省、自治区、直辖市、设区的市人民政府依据重污染天气预报信息，进行综合研判，确定预警等级并及时发出预警。预警等级根据情况变化及时调整。任何单位和个人不得擅自向社会发布重污染天气预报预警信息。

（3）制定预案。省、自治区、直辖市、设区的市人民政府以及可能发生重污染天气的县级人民政府，应当制定重污染天气应急预案，向上一级人民政府环境保护主管部门备案，并向社会公布。县级以上地方人民政府应当依据重污染天气的预警等级，及时启动应急预案，根据应急需要可以采取责令有关企业停产或者限产、限制部分机动车行驶、禁止燃放烟花爆竹、停止工地土石方作业和建筑物拆除施工、停止露天烧烤、停止幼儿园和学校组织的户外活动、组织开展人工影响天气作业等应急措施。另外，预警信息发布后，人民政府及其有关部门应当通过电视、广播、网络、短信等途径告知公众采取健康防护措施，指导公众出行和调整其他相关社会活动。

（4）及时处理。当发生造成大气污染的突发环境事件，人民政府及其有关部门和相关企业事业单位，应当依照《中华人民共和国突发事件应对法》、《中华人民共和国环境保护法》的规定，做好应急处置工作。环境保护主管部门应当及时对突发环境事件产生的大气污染物进行监测，并向社会公布监测信息。

（5）预案评估及完善。《大气污染防治法》规定，当应急响应结束后，人民政府应当及时开展应急预案实施情况的评估，适时修改完善应急预案。

四、气候安全法

随着气候变化问题成为全球关注的焦点，中国和平发展所面临的国际环境发生了两个重要变化：其一，全球气候治理的力度日益加大，对中国未来发展空间和潜力的约束日益明显。其二，气候变化正使中国面临越来越大的国际压力，自主选择空间受限。同时，气候变化导致的极端气候事件频发正在挑战中国政府的治理能力和政局稳定。气候变化对中国政府应对极端天气的行政能力提出了更高的要求。由此可见，气候变化对中国国家安全的影响是广泛的，但目前还主要是潜在的。其影响程度将随时间的推移而与日俱增，需要从长远和全局加以谋划和应对。应对气候变化事关中国的根本利益和世界的长远利益。因此，在我国设立气候变化安全法是必需的。

（一）气候安全法的原则

1. 社会主义法治原则

国家安全是指国家政权、主权、统一和领土完整、人民福祉、经济社会可持续发展和国家其他重大利益相对处于没有危险和不受内外威胁的状态，以及保障持续安全状态的能力。而气候变化中所涉及的安全问题应当是国家安全之下的概念。无论是中华人民共和国国内还是国际社会，任何保护国家安全的行为都必须在合法的前提下进行，因此，法治原则是任何国家以及国际社会所遵循的共同原则，我国在设置气候变化安全法时也必须以此作为前提性原则。在社会主义制度之下，设置气候变化安全法将在社会主义法治原则下设置一切主体的行为准则。

2. 风险预防原则

《联合国气候框架公约》要求公约的各缔约方应当采取预防措施，预测或尽量减少引起气候变化的原因并缓解其不利影响。当存在造成严重或不可逆转的损害的威胁时，不应当以科学上没有完全的确定性为理由推迟采取这类措施，同时考虑到应对气候变化的政策和措施应当讲求成本效益，确保以尽可能低的费用获得全球效益。

3. 气候安全与经济、社会可持续发展原则

可持续发展自提出至今，被广泛接受影响最大的是世界环境与发展委员会在《我们共同的未来》中的定义："能满足当代人的需要，又不对后代人满足其需要的能力构成危害的发展。"当前，可持续发展已经不仅适用于环保领域，它成为我国国家经济和社会发展的总体战略。可持续发展是一种新型的发展观，生态文明是可持续发展的必然要求，人与环境和谐生存是可持续发展的模式[9]。也就是说，促进人与生态气象环境和谐相处的气象法是可持续发展中的一部分，也应该是可持续发展的重要保障。

高投入、高消耗和高排放的经济发展模式是引发当前气候变化的根本原因。这种发展模式将使人类的生存空间质量受到较为明显的影响，也为气候安全带来实质性的威胁。这种发展模式片面强调经济的增长速度和眼前的经济效益，而忽视经济增长给生态环境造成的损害和经济社会的持续协调发展。这种忽视导致的直接后果就是国民生存空间的有效利用值在逐步地降低（这种有效利用值既包括当前社会周期人类对自然环境的合理利用，也包括在未来的社会周期中人类对自然环境的合理利用）。当人类社会的自然资源不能够完全满足其自身必要的发展需要时，各种社会问题就会凸显，导致人类社会出现各种不协调问题，而国家作为人类社会的组织机构，其安全必然受到挑战。

可持续发展原则要求应对气候变化的各项措施和制度必须符合环境、经济和社会协调发

展。因此，作为气候变化法律中底线性法律的气候安全法必须将其作为基本原则。

（二）气候安全法的任务

1. 维护国家安全的任务

与国家安全有关的气候安全是指人类和国家赖以生存发展的气候环境处于一种不受污染和破坏的安全状态，或者说国家和世界处于一种不受污染和破坏的危害的良好状态。从整体上来看，气候安全包括人类生存安全、社会发展安全以及国家安全三个层面的内容。

社会安全、政治安全和军事安全是国家安全的核心，它们均建立在生态安全和经济安全的基础上，而社会安全对生态安全的依赖程度最大，政治安全对生态安全和经济安全具有同等依赖程度。气候安全是生态安全的一部分，而生态安全和经济安全是国家安全的基础，在一定意义上生态安全是经济安全的基础，生态安全在不同程度上透过经济安全对其他国家安全因素产生作用。

澳大利亚悉尼国际法中心主任 Ben Saul 在《气候变化、冲突与安全：国际法挑战》中指出，“气候变化不仅直接引发国内甚至全球安全问题，更有可能间接触发导致冲突的其他潜在根源”。气候安全一旦出现问题势必导致国家安全受到相应的威胁。根据《国家安全法》的规定，“国家维护和发展最广大人民的根本利益，保卫人民安全，创造良好生存发展条件和安定工作生活环境，保障公民的生命财产安全和其他合法权益。而大气环境则是人类赖以生存的最基础条件，大气环境也就成为国家安全保护的重点内容之一”。

2. 保证气象资源的可持续供给

气象资源对人类整体的生存质量有着举足轻重的影响，而我国《国家安全法》也规定，“国家合理利用和保护资源能源，有效管控战略资源能源的开发，加强战略资源能源储备，完善资源能源运输战略通道建设和安全保护措施，加强国际资源能源合作，全面提升应急保障能力，保障经济社会发展所需的资源能源持续、可靠和有效供给。”为了实现这一国家安全的整体目标，气象领域应当将可持续性发展作为其基本原则，而气候安全法也应当将以实现可持续发展为其主要任务。

3. 保障国民的生存安全与国家的经济增长

气候安全法从整个人类社会的角度出发必须保证气候资源的合理利用与开发，保证国内社会与国际社会在气候领域内的整体安全性。在这个前提之下，需要考虑的另一个问题则是国民的生存安全与国家的经济增长问题。

（三）气候安全的种类分析

1. 基础性气候安全

基础性气候安全是指维持国家气候环境质量和气候资源在正常水平且不受国家内部或外部的干扰和破坏。它既包括一个国家抗击各种风险的能力，也包含国家为保护气候环境和气候资源所确定的目标，以及为此而采取的有关政策和措施。基础性气候安全决定着一个国家基础领域内的气候环境状态。基础性气候安全是一个国家人类生存环境是否安全的首要指标，基础性气候安全在人类社会中主要表现为三种形式：其一，降低人类生存发展所必需的自然资源的数量和质量；其二，增加极端天气事件的频度和强度，直接使人民生命财产受到损害；

其三，破坏诸如交通、能源传输及通信系统此类关键基础设施[10]。从这个角度看，基础性气候安全包含的内容应当是与人类生存环境密切相关的各类安全。因此，基础性气候安全主要包括大气环境安全、国际气候安全等。

第一，大气环境安全。大气环境安全属于生态环境安全的一部分。生态环境是由水、土、森林、动植物、空气等自然要素相互协调而有机构成的"综合体"，人类经济社会发展的每一步都离不开生态环境的"综合支持"，维系一定区域或国家社会经济持续协调发展的"稳定环境"就是生态环境安全，即确保"与人类生存息息相关的生态环境及自然资源基础处于良好的状态或不遭受不可恢复的破坏"[11]。

第二，国际气候安全。气候环境并不是单纯的一国问题，其没有明确的边界性，极端气候事件、洪涝灾害、海平面上升、冰川后退、生物栖息地的改变以及威胁生命的疾病的快速传播都不是局限于某一国的安全问题，当恶劣气候条件带来国外由粮食减产、干旱等引起的移民潮和难民潮时，其国际影响则更为明显，当出现此类情况时，国际社会的争端会日益增多，国际社会的整体安全将会受到影响。

2. 行业性气候安全

所谓行业性气候安全是指与气象相关的各类行业在其行业领域内必须根据人类社会和谐存在的基本条件进行自我规范与外在规范，为人类社会所存在的自然环境与人为环境提供良好的行业支持。与气象环境相关的行业与其他行业相比有着其特殊性，这是由于其行为的影响往往是发散性和潜在性的，如果行为不当就有可能造成气象环境安全受到威胁。而这种威胁不仅单纯地损害气象自然环境，而且给人类社会的和谐存在与可持续发展带来一定程度的影响。对行业性气候安全构成的威胁主要存在以下两大类。

一是排放性威胁。人类活动排放的二氧化碳、甲烷、氧化亚氮等中长生命周期的温室气体中，二氧化碳浓度的增加主要是由于化石燃料的使用排放，甲烷浓度增加主要是由于农业和化石燃料的使用排放，氧化亚氮浓度增加主要是由于农业生产的排放。由此可以看出，人类活动向大气排放过量的温室气体，当其排放量大于清除量时，大气中温室气体浓度就会增加。气候变化就会发生，随之而来就是气候安全受到相应的威胁。

二是资源滥用性威胁。资源滥用性威胁主要有几个方面的内容：一是人类对土地用途的改变，例如砍伐森林、围湖造田、改变和破坏植被、城市化进程等等，这些行为会导致温室气体源或汇的变化以及地表反射率的变化，从而影响气候变化。二是对能源的过度利用。能源是指能够直接取得或者通过加工、转化而获取的各种资源，包括煤炭、天然气、原油等等。能源是人类社会赖以生存与发展的重要资源，但是在能源的开发与利用过程中，必须遵循自然界的守恒原则，必须合理开发、合理利用与合理再生，否则将导致能源总量失衡，造成人类生存的整体环境发生改变，从而导致气候环境的变化，带来不必要的气候安全问题。

（四）气候安全的立法框架设计

我国目前对气候安全的相关立法尚未形成，根据我国国家安全发的相关规定，建议可以对我国的《气候安全法》进行如下的立法设计。

(1)《气候安全法》的立法目的和主要任务（从人类生存安全、社会发展安全以及国家安全三个层面出发）。

(2)《气象安全法》的基本原则（社会主义法治原则，风险预防原则，气候安全与经济、社会可持续发展原则)。

(3)气候安全保障的主体。主体主要由图 2 的几个部分组成。

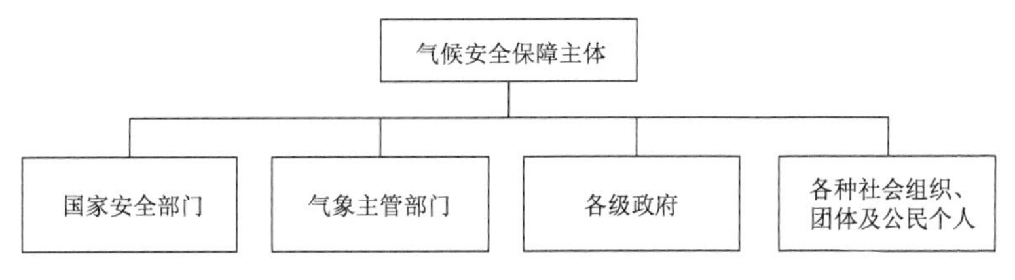

图 2 气候安全保障主体

(4)气候安全问题存在的行业领域(图 3)。

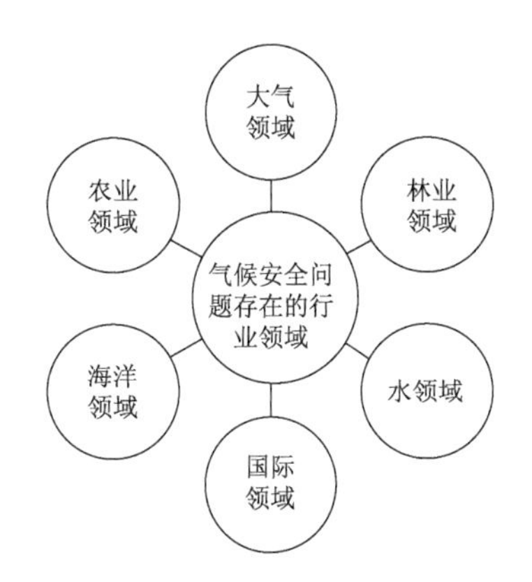

图 3 气候安全问题存在的行业领域

(5)气候安全可能存在的问题有以下方面：

①基于排放带来的气候安全问题；

②基于资源利用带来的气候安全问题(具体包括各种能源的利用、水资源问题、农业资源问题、林业资源问题)；

③基于气候问题带来的国际争端；

④基于气候问题带来的社会不稳定。

(6)气候安全的保障措施有以下方面：

①针对排放的保障性措施——减排性规定与具体措施；

②针对能源过度利用的限制性措施；

③针对气候问题的社会安全措施；

④针对可能发生的国际争端采取的预防性措施。

(7)引发气候安全问题的法律责任有以下方面：

①行政法律责任，主要针对各种引发气候安全问题的违法行为。

②刑事责任，针对严重的引发气候安全问题的犯罪行为，这类犯罪行为除了在《气候安全法》中应当有所体现，还应当在刑法中进行相应的完善。

③民事责任，针对引发各类气候安全问题所进行的相应民事赔偿等。

五、气候变化与雾霾治理的刑法研究

（一）概述

1. 概念

气候变化引发的法律后果中，刑事犯罪是最为严重的。气候变化引发的刑事犯罪必须由刑法来规制。要确立气候变化引发的刑事犯罪，首先要确定气象刑事法律责任的概念。所谓气象刑事法律责任是指气象行为当事人实施了刑事法律所禁止的行为（犯罪行为），违反了刑事法律义务所必须承担的法律后果。

2. 现行规定

我国对于应对气候变化与雾霾治理的相关犯罪的刑事立法主要有以下三种：

一是事故型犯罪。这种犯罪在应对气候变化中最为普遍，这是由气象行业的性质决定的。这种事故型犯罪在刑法条文中散见于不同的章节，没有明确的系统性，不具有专门性，只要是生产、作业型的气象犯罪都可以归类到任何责任型犯罪之中，立法者并没有对这类犯罪中的气象犯罪进行独立研究。

二是玩忽职守型犯罪。这种犯罪在任何行业性犯罪中都存在，没有任何针对性，在应对气候变化相关法律条文中也是作为“公式性”条款存在，具有一定的普适性，在我国的整体立法中已经成为一种固有模式存在。

三是环境型犯罪。这是基于我国将应对气候变化的相关犯罪直接归类于环境犯罪导致的，当气象行业内出现导致大气环境污染的情形，就将其自然地归类于环境犯罪。

综合我国的立法现状，可以看出，我国应对气候的相关立法门类较多，但是对于其规制的方式存在着明显的缺陷。

（二）气候变化与雾霾治理的刑法规定的不足

由于刑法固有的谦抑性特性，刑法对于气候变化的相关犯罪行为的规定不能过于宽泛，但是随着气候变化与雾霾引发的社会问题愈发严重，对引发气候变化与雾霾治理的相关行为进行更进一步的严格规范，则显得尤为重要。我国气象行业的相关立法以及我国刑法的具体规定中都对引发气候变化与雾霾的犯罪行为没有系统的梳理与规范，其不足之处主要体现在以下几个方面。

1. 气象犯罪在我国刑法体系中的位阶较低

随着气候变化问题的凸显以及人们对其认识的深入，人们对气象犯罪客体的认识也日益科学。气象犯罪既不同于单纯侵犯人身权利或财产权利的犯罪，也不同于一般的妨害社会管理秩序的犯罪，而是有独立犯罪客体的一类犯罪，就这一点来看，气象犯罪与环境犯罪有着类似的特征。气象犯罪侵犯了刑法所保护的人与大气资源之间的生态平衡所反映出来的社会关系。从可持续性发展的角度看，此种社会关系既包括基于气象危害的整体性而产生的区域间的社会关系，也包括基于气象危害的持续性而带来的与后代子孙生存相关的社会关系。从中国立法来看，1995 年的《大气污染防治法》创设了我国的第一个大气方面的罪名——大气污染罪，但是这个罪名并没有在1997年的刑事立法中被纳入，而是被归类到“重大环境污染事故罪”中，从刑事立法的总体上看，我国的环境犯罪在刑法中的位阶较低。现行刑法分则第六章规定为环境犯罪，并且这一章的环境犯罪是在其不能归入分则的其他章节之中，或者难以明确其属于其他分则章节的犯罪同类客体时，才被归入第六章之中的，而之所以在该章下分节，一是立法者要使刑法具有一定的明确性和概括性；二是立法者认为这些类罪的层级较低，难以升级为独立的一章。而被我国刑事立法者作为环境犯罪中一个小的分支的气象犯罪更是如此，在刑法中没有任何一个罪名是单独为保护大气这种特殊自然资源所设。大气资源这类客体也没有进入刑事立法者的视野。将气象法益作为层级较低的法益或者同类客体，反映了立法者对于气象法益保护的理念还比较陈旧，未能突破传统人本主义的刑法立法理念，将气象法益局限于对个人法益和社会法益的保护。当前气候变化问题已经成为国际社会广泛关注的问题，应当在我国立法的各个层面进行贯彻。在我国刑法的具体规定中，应当将环境犯罪的整体法益位阶进行提升。同时将气象这一与环境法益有着共同之处却又更为独特的法益作为一种独立的法益在刑法法益位阶中进行调整。

2. 气象犯罪缺乏有针对性的罪名

气候变化已经对我国的国家安全造成一定程度的影响，我国现行的法律中对导致气候变化的各种行为都仅仅采用行业性立法或者行政性立法的形式来实现，其规制力度尚有不足。而刑法中对于气象类犯罪行为的规定则散见于各种类型的犯罪之中，没有形成一个较为系统的罪名体系，单独性立法缺失。

从我国立法过程来看，在新中国成立后相当一段时间内，我国对于引发气候变化与雾霾问题的立法仅存在于极少涉及环境保护的经济、行政法律、法规和规章中。新中国成立以后制定的第一部刑法典——1979年刑法典仅有一些涉及危害环境犯罪的条款分散在诸多章节中，没有专门的“环境污染罪”或者类似罪名规定。一直到第二部刑法典——1997年刑法典出台之前，惩治环境污染犯罪行为主要是依据行政法规中的附属刑法条款，如《大气污染防治法》《固体废物污染防治法》《水污染防治法》《环境保护法》等法律、法规中的相关刑事罚则。这些附属刑法条款大都比较简单和笼统，缺乏独立的刑罚规定，只是笼统规定“依照”、“比照”1979年刑法的某些条款定罪量刑，而1979年刑法本身就缺乏明确、具体的环境犯罪规定，因而这些附属刑法条款适用起来效果很差。为了加强对环境犯罪的惩治和预防，1997年修订后的刑法典在第六章“妨害社会管理秩序罪”中单设了“破坏环境资源保护罪”专节，规定了环境污染犯罪和破坏资源犯罪。其中环境污染犯罪包括重大环境污染事故罪、非法处置进口的固体废物罪，擅自进口固体废物罪[12]。从这些现有的规定中，立法者并没有将气象犯罪独立出来进行说明，只是笼统地规定于环境犯罪中。这样的立法模式是由于在1997年立法时，气候变化尚未引起我国立法者的足够重视，同时我国的气候问题也并没有对人类社会造成明显的影响。但是这种概括、简单而又依附的立法模式对我国应对气候变化并没有实质性的帮助。

3. 气象行业性犯罪行为的行为模式不完整

在我国的能源法、大气环境污染防治法、气象法等相关法律中，均以“违反本法规定，构成犯罪的，依法追究刑事责任”作为其违法行为入罪的标准。我国刑事立法将气象类犯罪归类于环境犯罪或者其他相关犯罪，但是气象类犯罪存在其典型的行业性特征，单纯依靠刑法或者行业性法律都无法最终完整地对其进行规范。我国刑法设定的污染环境罪规定其行为模式是

“违反国家规定，排放、倾倒或者处置有放射性的废物、含传染病病原体的废物、有毒物质或者其他有害物质，严重污染环境的行为”。这其中并没有提及“污染大气”，根据我国现有刑法，只能当出现严重大气污染事件时才可以由法律工作者通过依附性的刑法条文来进行处理，而造成大气污染的行为与其他环境污染的行为存在着罪因与罪状上的巨大差别，一味地依附于环境犯罪，对气候变化与雾霾治理的犯罪行为并不能进行很好的治理。

气候变化与雾霾治理的犯罪与环境犯罪相比，有着其特殊性，这种特殊性主要体现在两个方面：一是条件多变性。导致气候变化与雾霾问题的原因复杂多样，危害结果的产生可能基于多种因素或条件，因此导致危害后果确定上的困难，以及证明因果关系上的误区。二是时间周期性。气候变化的结果不具有即时性，一般需要较长的时期才能出现，因此污染行为与危害结果之间的因果关系由于时间上的隔断而难以确认。如果仅仅以结果作为其构成犯罪的必要条件，就会导致诸多对大气环境有着极为不利影响的行为无法得到及时、合理的处置。因此，在设定犯罪成立条件时也需要注意将危险犯纳入气象犯罪之中。对大气环境可能造成污染的危险性行为作为气象犯罪来进行认定。

4.刑事立法与应对气候变化的一般性立法没有形成完整的对接模式

从现有的立法来看，我国应对气候变化与雾霾治理关系密切的法律主要有：《大气污染防治法》《气象法》《电力法》《煤炭法》《节约能源法》《可再生能源法》《清洁生产促进法》《循环经济促进法》《碳金融法》以及《农业法》《草原法》等农业领域、水资源领域、自然生态系统、海岸带和沿海地区等领域内的相关立法。总体上来说，对气候变化与雾霾问题有所影响的领域很多，因此，相关的立法领域也较传统的单纯气象立法有所扩展。当影响气候变化的行为超出一般行政违法行为性质时，案件移送没有统一标准，在气象行政立法与刑事立法中均没有将两法适用的界限进行合理区分，这将导致引发气候变化与雾霾问题的行为得不到合理的规范。

（三）气候变化与雾霾治理的刑事立法的完善

刑法是应对气候变化法律体系中的底线性法律，刑法一方面不能过度地干涉气象行业行为的自主性，但是又必须在合适的范围对气象行业的犯罪行为进行全面的规制，这对刑事立法提出了较高的要求。根据我国现行的气象法律体系来看，我国在应对气候变化领域内进行刑事立法必须包含几个方面的内容。

1.气象犯罪法益的重新界定

从我国现有的刑事立法来看，气象犯罪是一个依附于环境犯罪存在的行为，而环境犯罪在我国也没有一个体系性的立法，但是随着雾霾问题的日益严重以及国际社会的积极推进，应对气候变化问题已经成为我国立法不能回避的问题之一，在这种趋势下，我国刑事立法也不得不对气象犯罪行为作出应有的回应。如前文所述，我国刑事立法中气象犯罪的法益位阶较低。刑事立法中的法益位阶是根据其重要程度所做的区分，根据我国刑法分则的体系，我们可以看出我国刑事立法法益位阶的基本状态，而包含气象法益的环境法益在其中并没有获得与其重要程度相当的地位。刑法规定已经不足以惩处日益严重的气象犯罪，必须将气象犯罪的法益进行重新界定。对气象犯罪的法益进行重新界定，需要明确以下几个问题：

(1)气象犯罪法益的类别

气象法益与环境法益相比，其针对性更加明显，在环境法益中可以划分为几个不同阶层的法益，就目前的刑法理论来看，我国学者对环境法益的认定主要有：公共安全说、复杂客体说、环境权说、生态安全说、环境保护制度说和环境社会关系说等。但是这些观点都没有完整地将我国环境犯罪的法益作出较为明确的解释。我国的环境犯罪法益应当是一个立体的法益体系。在环境犯罪中，第一阶层的法益应当是国家生态安全这一法益，这是环境犯罪中侵害的最为严重的法益，环境犯罪并不是一个单纯的个罪，而应当是一类罪名的综合，而这些罪名中最为严重的就是直接侵害国家生态安全法益的犯罪，这些罪名应当是对环境的整体性有着实质性影响，同时这种影响不仅仅局限于对单纯环境的破坏，基于这种破坏，这种行为可能会对国家安全造成一定的影响，甚至危及人类自身的生存安全。这种犯罪导致的危害的修复具有较大难度，其侵害程度最为严重。第二阶层的法益是侵害社会生态环境这一公共法益，这其中包含的犯罪是对社会的生态环境以及人类的生存环境造成一定程度的破坏，这种侵害往往具有难以逆转性，且侵害范围较广。第三阶层的法益是某种范围之内的环境法益，这种侵害一般而言是较为具体的，往往与某种行业有着较为密切的联系，这种侵害的范围是有限的，通常来说，这种损害结果可以在犯罪行为消除之后恢复，因此，危害性较小。根据环境犯罪的法益分类，可以将各类环境犯罪进行具体的分类，第一阶层的环境犯罪应当是对国家整体生态安全造成严重损害的犯罪，气象类的犯罪就属于这一阶层的犯罪，气象犯罪侵害的不仅仅是国家整体大气环境以及气候变化引发的国家安全问题，同时气象犯罪对我国签订的国际条约与参与的国际公约的实现都有着很大的影响，如果气象问题的严重程度导致我国可能不能实现国际社会的要求，那么我国的国家安全势必受到直接的威胁，基于此，我们应当将气象犯罪纳入环境犯罪中的第一阶层，对其进行独立保护。第二阶层的法益所针对的应当是一般社会性的环境问题，例如我国现行的污染环境罪的相关规定。这种较为笼统的规定一方面由于其法益性质的特殊性，应当作为综合性罪名来存在，但是为了保护特定环境利益，应当在其之下设置更为具体的第三阶层的行业性或者区域性犯罪。

(2)气象犯罪法益的具体内容

气象犯罪是一种行业性较强的犯罪，但是气象犯罪的特点在于犯罪性质的行业性较强，但其影响却是具有广泛性与不可逆性，因此，其危害性在所有的环境犯罪中应当是最为严重的一种类型。气象犯罪的种类可以分为以下几种：一是结果类犯罪，这种气象犯罪以造成某种危害结果作为其成立犯罪的需要，这种气象犯罪往往危害性更大，但是这种结果与一般意义上的危害结果需要加以区分。一般刑法意义上的危害结果是指直接结果和有形结果，但是气象犯罪中所涉及的危害结果有可能存在无形结果，这种无形结果主要是指虽然没有造成实际意义上的有形损害，但是对气象的整体环境的可持续发展造成了不可逆转的威胁。在这种情况下，我们将这种气象犯罪的法益认定为气象基本法益——气象生存权和气象安全权。例如，大气污染罪等等。二是行为类犯罪，这部分气象犯罪并没有实际引起在目前看来具有现实威胁的结果，但是其行为对气象安全以及国家安全有着远期的威胁，而这种远期的威胁对国家安全以及气象安全是可预见的，或者这种威胁明显导致气象行业的可持续发展受到明显影响，例如非法排放罪等等。这种犯罪的法益可以界定为气象可持续发展权。

2.气象行业性行为入罪的标准确立

气象行业性行为的专业性较强，从立法技术层面来看，必须通过空白罪状的方式来确立。在气候变化的相关立法中，能与气象犯罪相联系的立法主要有：应对气象基本法(也就是我国现行的《气象法》)、气候变化安全法、能源法、大气污染防治法、气象灾害防御法、环境与资源保障法等。气象违法行为与气象犯罪行为的界限决定了行为适用的法律性质，在一般情形下，影响气候变化的行为适用行政法律规范就可以达到效果，当这种行为达到一定严重程度时，刑法开始介入，问题的核心在于如何界定这一入罪标准。根据我国刑法以及气象类法律规范的特点，影响气候变化的行为入罪标准主要有以下几个：

第一，行为的严重程度已经对气象领域的基础性问题产生了较为明显的影响，例如其行为已经危及气象安全，对气象灾害防御产生了严重的影响；行为对局部地区的大气污染造成较为明显的影响。

第二，行为运用其他法律法规来规制效果不明显或者惩罚力度不够。德国舒耐曼教授从自然法赋予人类以“平等权利”的角度分析环境犯罪的危害性，提出了“环境犯罪危害各代人类追求幸福的平等权利”的论点，认为刑法应当脱离行政法而独立地规定对生态法益的保护，环境犯罪也不应以是否得到行政许可作为违法要素[13]。舒耐曼教授从自然法的角度对环境犯罪之危害的革命性宣言，从另外一个角度说明，污染环境的犯罪，危害的并不仅仅是公共秩序或者仅仅是因为刑事政策的考虑，才被当作行政犯而赋予其刑事可罚性。环境保护与经济发展的对立和统一，正在上升为人类社会发展中一个不容忽视的矛盾，并将成为人类未来发展中的主要矛盾。而气象类犯罪与环境犯罪有着密不可分的关系，或者说气象类犯罪有着与环境犯罪相当程度的交叉，气象类犯罪无论对人类自身的发展还是社会整体的协调来看，其危害程度甚至超越了一般性的环境犯罪。

从某种程度上看，无论是涉及大气条件的《气象灾害防御条例》《大气污染防治法》还是基础的《气象法》以及《能源法》，违背其规定的行为都不是一般意义上的侵害私法益的行为，这些行为的严重程度较一般的侵害公民个人私权的行为而言，危害性涉及的范围更大，对社会的整体影响更为长久，因此，单纯从法益的性质来看，这些行为被刑法规制的必要性很大，只是这些行为往往呈现单位犯罪的状态，我国的立法者则将绝大多数的这类行为仅仅归类于行政违法行为或者民事违法行为，通过民事赔偿与行政处罚来实现其违法责任。但是从刑事立法的角度来看，犯罪的三个特征：社会危害性、刑事违法性和应受刑罚惩罚性，很多气象行为均已符合其标准甚至超过了刑事立法中的很多侵害单纯私法益的犯罪，在这种状态下，我国刑事立法应当将这类行为纳入刑法视野。

3. 气象类犯罪罪名体系的完善

就目前的刑事立法来看，涉及气象犯罪的行为主要表现为几种模式：一是以环境犯罪的形式出现，将气象犯罪作为环境犯罪的一个分支；二是以危害公共安全犯罪的形式出现；三是以在气象监管中出现的职务犯罪的形式出现。但是就目前的气象立法来看，与气候变化与气候安全密切相关的行为并没有作为单独的罪名出现在刑事立法。为了适应气候变化这一国际性问题和国家安全问题，刑事立法应当作出及时的调整，一方面符合国际社会对应对气候变化的各种要求；另一方面也保障中国的国家气候安全与社会资源的可持续发展。

与《大气污染防治法》和《国家安全法》相呼应，对危及大气严重污染与大气安全的相关气象犯罪行为进行规制，设立专门的气象犯罪的相关罪名。

一是在对《大气污染防治法》进行修订的基础上设定，将“大气污染事故罪”作为一个单独的罪名在刑法中增设。这一罪名应当以造成严重的大气污染作为其成立犯罪的必要条件。这一罪名中应当将“人本中心主义”的刑法价值向“气候环境价值中心主义”的刑法价值转变。在以往的环境犯罪立法模式中（以修订前的污染环境罪为例），犯罪的成立，不但要求行为人的行为造成重大环境污染事故，同时还要求造成人身伤亡或者财产重大损失的严重结果，二者必须同时具备且有因果关系才能成立犯罪。如果行为人的行为没有造成人身伤亡或者财产重大损失，即便已经严重污染环境，也不能据此定罪。因为，环境本身不是刑法所要保护的社会关系的载体，只有人的利益才具有刑法上的意义。也就是说，刑法是通过保护人和财产来间接保护环境，因此刑法关于环境犯罪的规定忽视了生态环境本身所具有的价值，从而难以起到预防、控制环境犯罪的功能[14]。这种立法模式忽视了“生态利益”是比单纯的人类利益更为基础的法益，只有这种法益被合理保护，人类利益才能被更好地保护。因此，在今后的刑事立法中，应当将生态利益作为更为重要的法益来进行保护。而大气环境则是生态利益中一个重要的分支，在这个背景之下，刑事立法者应当充分考虑大气环境这一生态法益，将其作为一个独立的客体在刑事立法中予以考虑。也正是因为这个原因，我们应当将对大气环境造成足够威胁的行为设定为犯罪，而不仅仅是将对人类利益造成实质性危害作为其入罪的标准。因此，我们在设定大气污染事故罪时，应当将危险状态作为其构成犯罪的必要条件。

同时，大气污染行为通常是由单位行为导致，个人通常很难单独成立此罪名，因此，这一罪名应当设定为单位犯罪，对单位处以相应的罚金，对事故直接责任人处以自由刑。

二是为了积极响应我国签订的相应的国际公约的要求，实现我国的减排目标，应当对非法排放，并达到一定严重程度的相关单位和个人进行刑事处罚，设立“非法排放罪”，“非法排放罪”与“污染环境罪”的区别在于非法排放罪惩罚的是单纯性非法排放行为，而不论这种行为是否实质上对大气造成污染，只要存在非法排放的行为，并且这种排放行为已经超过行政处罚的范畴，就可以将其纳入刑法的视野。这种类型的刑事立法在国外刑法中已经存在，例如日本的《公害罪法》规定：由于故意或过失，伴随工厂或企业的业务活动而排放有害人体健康的物质，对公众的生命或身体造成危险者。对于故意犯罪，可处 3 年以下徒刑或 300 万日元以下的罚金(第 3 条第 1 款)。对于过失犯罪，可处 2 年以下徒刑或监禁，或者 200 万日元以下的罚金(第 2 条第 1 款)。对于触犯该法第 2 条第 1 款而致人死伤者，可处 7 年以下徒刑或 500 万日元的罚金刑。对于触犯该法第 3 条第 1 款而致人死伤者，可处 5 年以下徒刑或监禁，或者 300 万日元的罚金刑。日本的这个规定不仅仅针对大气污染的排放，而是包括所有的环境污染行为，但在我国，大气污染所带来的负面影响，以及非法排放导致可能出现的大气污染行为对我国在国际社会中的不良影响的严重程度，与一般的环境污染行为不同，因此需要进行独立的设置。

“非法排放”旨在保护大气资源，这种自然资源的保护在我国刑法中并不少见，从刑法分则来看，破坏自然资源的犯罪包括非法捕捞水产品罪；非法猎捕、杀害珍贵、濒危野生动物罪；非法收购、运输、出售珍贵、濒危野生动物、珍贵、濒危野生动物制品罪；非法狩猎罪；非法占用农用地罪；非法采矿罪；破坏性采矿罪；非法采伐、毁坏国家重点保护植物罪；非法收购、运输、加工、出售国家重点保护植物、国家重点保护植物制品罪；盗伐林木罪；滥伐林木罪；非法收购盗伐、滥伐的林木罪；走私珍稀植物、珍稀植物制品以及走私珍贵动物、珍贵动物制品罪共 14 种。这 14 种犯罪保护的法益包括植物资源、动物资源、矿业资源等，这种资源相对于人类生存环境而言，具有稀缺性的特点，刑法将其作为保护对象的原因也在于此。

大气资源对于人类社会而言，其稀缺性体现得并不明显，但是大气资源相对于其他资源来说，有着更为特殊的特征：一是大气资源对人类生存环境影响的直接性，大气是人类呼吸的来源，对每个社会成员的健康产生着长久和必然的影响，而动物、植物、矿业资源等对人类的影响则是间接的和不必然的。二是大气资源对人类社会的影响具有隐蔽性，正是由于气象犯罪的长期性和复杂性，使得其缺乏一般刑事犯罪所具有的直接性和直观性，这就决定了气象犯罪的发生具有很强的隐蔽性。进而造成无论是犯罪主体还是受害者对气象犯罪的意识都比较淡薄，很多时候，犯罪主体不清楚具体造成或者会造成什么样的危害，受害者也不明白具体是什么原因侵害了自己的身体健康甚至导致生命的丧失。三是气象犯罪从犯罪的开始到犯罪结果的显现以至于犯罪危害结果的消除，有时会经历长达几年甚至几十年的时间。四是气象犯罪多数具有营利性。气象犯罪的主体在生产或者活动过程中，为了降低生产成本，获取高额利润，故意或者过失地排放有害大气环境和人们身体健康和生命安全的物质。

从以上几个特点来看，大气污染造成的自然资源的损害与社会环境的恶化程度从某种程度上来看，比我国刑法规定的非法狩猎罪、非法占用农用地罪；非法采矿罪等这类犯罪有着更为严重的危害，而且这种危害对人类社会的影响更为直接、更为严重。而我国现行的行政立法对大气污染行为的惩罚停留在罚款等较轻的行政处罚阶段，面对巨大的经济利益，多数违法者在权衡违法成本与经济利益时，多数会选择经济利益远大于违法成本的违法行为，而其造成的危害往往是行政处罚力度无法恢复的。因此，在我国刑法中应当设立“非法排放罪”，使得违法者违法成本加大，以此来遏制其犯罪意图。由于非法排放一般情况下为单位行为，所以我国应当把非法排放罪设立为单位行为。

（撰写人：凌萍萍）

作者简介：凌萍萍，江西九江人，南京信息工程大学公共管理学院副教授，研究方向为气象公法学。本文受南京信息工程大学气候变化与公共政策研究院开放课题(14QHA011)资助。

参考文献

[1] 白洋，刘晓源. “雾霾”成因的深层法律思考及防治对策. 中国地质大学学报(社会科学版)，2013(6)：30-31.

[2] 杜奇石. 城市雾霾污染综合治理主线的探讨. 科技创新与品牌，2013(12)：62.

[3] 孙仕昊. 立法治霾. 中国经济和信息化，2013(10)：95.

[4] 赖虹宇. 雾霾灾害及其法律对策. 光华法学，2015(1)：91-92.

[5] 王波，郜峰. 雾霾环境责任立法创新研究——基于现代环境责任的视角. 中国软科学，2015(3)：3-4.

[6] 徐孟洲，徐阳光. 论公法私法融合与公私融合法——兼论《十一五规划纲要》中的公法私法融合现象. 法学杂志，2007，**28**(1)：52-56.

[7] 秦天宝. 新《大气污染防治法》：曲折中前行. 环境保护，2015，**43**(18)：47-50.

[8] http://baike. baidu. com/link? url = I3eR18Ffn-dbJs8xwQmPj _ DGZ1qFas-N8-RnfGc-z0Ci2SDWncsnKu3PrV_itAtJ_OZnG5opOcfTpUqq8yo2a，[2015-12-14].

[9] 冯汝. 生态文明背景下我国气象法律体系的重塑. 上海政法学院学报，2014，**29**(2)：119-126.

[10] 陶勇，刘四喜，姚雪峰. 我国的气候变化趋势及其对国家安全的影响. //第九届国家安全地球物理专题研讨会会议论文，2013：207.

[11] 周珂，王权典. 论国家生态环境安全法律问题. 江海学刊，2003(1)：113-120.

[12] 吴献萍. 中德环境污染犯罪立法比较研究. 河北法学，2012，**30**(1)：171-176.

[13] SCHUENEMANN B. Principles of criminal legislation in postmodern society：the case of environmental law. Buffalo Criminal Law Review，1997，**175**(1)：194.

[14] 马明利. 刑法控制环境犯罪的障碍及立法调适. 中州学刊，2009，**3**：113.

从运气学说探究雾霾治理与人体健康研究

摘　要:随着工业化、城市化程度的加速发展,化学燃料、工业污染直接排放的气溶胶粒子、气态污染物和光化学反应产生的二次气溶胶污染物也与日俱增,使得雾霾现象日趋严重,人体健康亦受到严重损害。运气学说是中医理论的重要组成部分。本文利用运气推演模式分析气候变迁、全球暖化等自然现象,揭示出气候变化的周期性、连续性、地域性与时相性特点。推算运气学说中的客主加临情况,探索气象因素、运气因子与疾病之间的关系。从五运六气思维模式入手,一方面根据长时期的雾霾预测量变化,适当加以人为有效干预,最大限度地减少雾霾污染日,确保公众出行安全,为人体健康提供科学预警。另一方面,探讨五运六气的变化规律,系统评价中医运气理论对于人体发病规律的关联性,构建一个可量化的分析框架,指导临床实践活动。

关键词:运气学说;雾霾治理;人体健康

Research on Smog Control and Body Health from YunQi Doctrine

Abstract: With the acceleration of industrialization and urbanization level development, chemical fuels, industrial pollution emissions of aerosol particles directly, gaseous pollutants and light chemical reaction of secondary aerosol pollutants is growing, makes the fog phenomenon has become increasingly serious, with human body health also severely damaged. YunQi doctrine is an important part of TCM theory. Based on luck inference pattern analysis on climate change, global warming and other natural phenomena, reveals the periodic, continuity of climate change, regional and the sexual characteristics. Luck, calculated in the theory of main and situation, exploring the meteorological factors, luck factor and the relationship between the disease. From five to six thinking mode of gas, on the one hand, according to the amount of smog over a long period of time to predict change, is properly for effective intervention, minimizing smog pollution, ensure public travel behavior, human health, providing scientific warning. On the other hand, this paper discusses five six air transport, the change rule of system evaluation of TCM pathogenesis regularity of relevance theory of luck for the human body, build a quantifiable analysis framework, to guide clinical practice.

Key words: YunQi doctrine; Haze governance; The human body health

科技的猛进和经济全球化进程的加快,处于不同价值、文化、传统、意识形态、社会制度的国家和地域的人们,日益处于一个相互依赖的全球网络之中,不断享受着高科技和相互合作的成果,同时也在忍受着不时全球化引发的一系列"危机性事件",共同承担着自然界的"惩罚",目前最令人关注的便是气候变化问题。随着工业化、城市化程度的加速发展,化学燃料、工业污染直接排放的气溶胶粒子、气态污染物和光化学反应产生的二次气溶胶污染物也与日俱增,使得雾霾现象日趋严重,人体健康亦受到严重损害。针对这种现象,除了需要从国家层面进一步控制能源消费总量、调整能源消费结构、优化能源使用方向和利用方式等,还有从思维角度以把握"天"的规律来发展自我,保障公民的健康。中国古代曾经从"天人合一"的视角来认识自然运行规律,以顺其自然的方式从事社会发展和人类活动。

在当代,从运气学说探究雾霾可能诱发的气候变化因素,可以使人们对雾霾现象有一个整体观中的动态化把握,进而为我国应对气候变化的雾霾现象提供一定的理论指导。目前,学术界(尤其是气象工作者)虽说对雾霾现象有着精细化研究,但缺乏大时空观的视域,即从运气学说的大尺度进行探究。

宏观的雾霾治理对人体健康预警有两方面的意义。一方面,根据长时期的雾霾预测量变化轨迹图,适当加以人为有效干预,最大限度地减少雾霾污染日,确保为公众出行安全、人体健康提供科学预警。另一方面,探讨五运六气的变化规律,系统评价中医运气理论对于人体发病规律的关联性,构建一个可量化的分析框架,指导临床实践活动。

一、文献综述

(一)关于运气学说与气候变化的研究

运气学说是中医理论的重要组成部分。随着人们对气候变化问题关注度的不断提高,中医界一些学者开始关注五运六气与气候变化的问题研究。学术界以"天人相应"的整体观为指导,以五运六气学说为视角描述了自然气象的变动规律以及这种变动对人体疾病发生的影响,其中包括对流行性疾病即疫病的影响。

首先,利用运气推演模式分析气候变迁、全球暖化等自然现象,揭示出气候变化的周期性、连续性、地域性与时相性特点。通过对中国古气候及其近百年气候变化的趋势、规律及影响因子与运气预测的比较分析,发现中国气候变化呈现出一定的周期性变化以及地区差异性,同时揭示出人类活动对气候变化的影响因素越来越大而且越来越趋向于不稳定趋势。如孟庆云、丁谊、贺娟等学者曾作出多向度的研究[1-3]。

其次,基于一些地区的气候变化(包括极端气候变化)探讨运气模式的科学内涵。通过探究一些地区的极端高温、暖冬与冷冬等,考察运气学说推演与典型灾例的符合度。仅有邢玉瑞、马锡明等学者进行研究[4,5]。

再次,推算运气学说中的客主加临情况,探索气象因素、运气因子与疾病之间的关系。从五运六气思维模式入手,用五运盛衰来分别对应有发病倾向的五脏系统,如解读阳明病,以燥金肺主阳明,燥寒主太阳阳明病,燥热主少阳阳明病,肺失肃降导致正阳阳明病腑实等疾病发生与否。如田合禄、苏颖等人作了细致探究[6,7]。

从文献角度看,学者们对运气学说的研究逐渐重视,且涉及的角度和范围也渐趋增大,但是鲜有学者从运气的角度对雾霾治理进行分析。

（二）关于雾霾与人体健康的研究

近些年，随着城市化进程的加速，重工业集中的大中型城市所面临的大气污染问题越加严重，雾霾天气随之增多，由此引发人体健康问题。譬如，雾霾对呼吸系统、心血管系统、癌症、生殖与神经系统的影响。目前，雾霾引起的人群健康效应已得到许多研究的证实，多数学者认为雾霾是有毒有害气体、颗粒物等污染物共同导致的以能见度降低为主要表现的空气污染现象。其中，像潘铭、汪宏、李文娟等少数学者[8-10]从环境流行病学研究角度出发，对国内外雾霾对人体的健康效应进行研究，较为系统地提出雾霾天气对人体的健康效应，可归纳出如下几种：

其一，雾霾对呼吸系统的影响。霾在吸入人的呼吸道后对人体有害，主要在于霾的组成成分非常复杂，包括数百种大气化学颗粒物质，其中有害健康的主要是直径小于 10 μm 的气溶胶粒子，如矿物颗粒物、海盐、硫酸盐、硝酸盐、有机气溶胶粒子、燃料和汽车废气等，它能直接进入并黏附在人体呼吸道和肺泡中，尤其是亚微米粒子会分别沉积于上下呼吸道和肺泡中，引起急性鼻炎和急性支气管炎等病症。对于支气管哮喘、慢性支气管炎、阻塞性肺气肿和慢性阻塞性肺疾病等慢性呼吸系统疾病患者，雾霾天气可使病情急性发作或急性加重，如果长期处于这种环境还会诱发肺癌。

其二，雾霾对心血管系统的影响。雾霾天气是心血管疾病患者的"健康杀手"，尤其是有呼吸道疾病和心血管疾病的人。雾霾天气空气中污染物多，气压低，容易诱发心血管疾病的急性发作。比如雾大的时候，水汽含量非常高，如果人们在户外活动和运动的话，人体的汗就不容易排出，造成人们胸闷、血压升高。

其三，雾霾引起传染病与成长性疾病。雾霾天气可导致近地层紫外线的减弱，使空气中的传染性病菌的活性增强，传染病增多。而且，由于雾天日照减少，儿童紫外线照射不足，体内维生素 D 生成不足，对钙的吸收大大减少，严重的会引起婴儿佝偻病、儿童生长减慢。

其四，雾霾影响心理健康。阴沉的雾霾天气由于光线较弱及导致的低气压，容易让人产生精神懒散、情绪低落及悲观情绪，遇到不顺心的事情甚至容易失控。

由此可见，学者们仅仅从雾霾对人体健康角度进行较多的探究，并没有以运气学说对人体健康作出明确的有效分析。因此，此方面的课题研究是空白的。

二、运气学说的思维方式

运气学说的理论基础为"气一元论"，是人类通过"法天则地"的形式，以五运六气推演和预测为内容，研究宇宙的运行变化规律，并运用天文、历法、地理、气象、物候等综合知识对生物乃至人类生理病理影响的一门学问。据现有资料可知，运气学说源于《黄帝内经》，至宋明时期逐渐完善成熟，成为中医理论体系不可分割的重要组成部分。

1. 整体思维

从本体论的角度看，气是构成中医学最基本的概念符号，"气一元论"是掌握气象、生态环境、人体健康和疾病变化运思的根基范畴。之所以如此言之，是因为气不仅是天地万物的本源，而且是天人相应的媒体中介，甚至于解释人体变化及其疾病发生的机理。所谓"人以天地之气生，四时之法成"（《素问・宝命全形论》），说明人是秉天地之气而生存的，人与自然环境可被看作一个天人合一的整体。因此说，气是人与万物的存在方式或“气化”现象，也就意味着天地万物是一体的，即整体论的。实际上，运气学说的整体论是以“气交”的形式把天、地、人统一起来，互为一体，且相互联系。《素问·六微旨大论》指出：“上下之位，气交之中，人之居也。故曰天枢之上，天气主之；天枢之下，地气主之；气交之分，人气从之，万物由之，此之谓也。”运气理论正是站在“气一元论”的高度上通晓天地万物的整体联系，以“气交”的形式把气候-物候-人体生命活动看成复杂多样运动方式的变化规律。在此点上说，人体的变化离不开自然环境的影响，换言之，自然界的气候变化无时无刻不在影响着人体健康。如此，“气一元论”就是运气学说中天人相应的基点，表现为整体论角度下宇宙存在及其变化的基本形式，且基于此能够把自然气候变化与生物生命现象相统一，来探讨气候变化与人体生理、病理以及疾病预防和治疗的关系。

2. 系统思维

从系统论的角度看，运气学说拥有阴阳和五行的两套运思模式来解读“气一元论”的存在形式，是以相应的空域和时域的概念赋予和理论推理为内容，具体包含一定视域中的天文、历算、地理、气象等数理推理关系，蕴涵着在一定的逻辑结构内进行演绎、推理的过程和思维路向。所谓的运气学说就是五运六气，内含着阴阳模式和五行模式；阴阳模式具体指三阴三阳模式，即六气模式。五行模式与六气模式既是展现出运气两大系统的交互关系，又体现的是自然气候的整体运行与个别变化的统一，蕴涵着解释宇宙万物间广泛联系的生克制化规律。这是一种基于天地的多维视角的系统思维模式，内含着阴阳五行思维模型的模糊性、不确定性和严谨性、清晰性的统一。阴阳思维模型在六气中具体的对应关系是：厥阴风木、少阴君火、太阴湿土、少阳相火、阳明燥金、太阳寒水。三阴三阳符号系统是对自然界阴阳离合的六个时空段的划分，有着变动系统的认知模式。五行系统是以木、火、土、金、水为内容的演算和推理模型，同样也有着变动系统的认知模式。为了将两个系统有机地结合起来进行推演，运气学说将地之五行与天之六气相配属，在五行之后又加上一个火，即木、火、土、金、水、火，与六气的风、寒、暑、湿、燥、火相对应。

3. 动静思维

在运气学说中，中医依据气候变化质性，赋予地的性质以“静”的一面来代表五运，天的性质以“动”的一面来代表六气，本质上是“气一元论”的相反相成的表现形式。所谓“在天为风，在地为木；在天为热，在地为火；在天为湿，在地为土；在天为燥，在地为金；在天为寒，在地为水；故在天为气，在地成形，形气相感而化生万物矣”（《素问·天元纪大论》）。这里，形气相感表征着动静结合才能出现万物化生的自然现象，有着物与物之性相对待的存在形式；而且，其也表现为运气学说中的两套运思模式，相对于“运”，“气”也是动的，表现为“静”的五运和“动”的六气。从阴阳的角度看，“寒暑燥湿风火，天之阴阳也……木火土金水火，地之阴阳也……天有阴阳，地亦有阴阳……应天之气，动而不息……应地之气，静而守位，故六期而环会，动静相召，上下相临，阴阳相错，而变由生也”（《素问·天元纪大论》）。在此，动静思维也表现为阴阳思维，是一种静态和动态的思维路向。对于五运和六气也同样可分为阴阳，主运、主气为阴属静，客运、客气为阳属动，是考察运气学说的重要视角之一。

4. 主客思维

由于运气变化的复杂性，仅用五运、六气单行运思模式尚不足以表示整个气候的变化规律，故而在运气学说中又增加了“主运”、“客运”、“主气”、“客气”的概念，成为双行或多行的思维模式，我们姑且界定为主客思维模式。在主客思维模式中，五运、六气是两套运思模式，分为主运、主气和客运、客气的阴阳、动静属性。也就是说，五运、六气是基础，主气、客气等阴阳、动静属性变化是由五运、六气引申而来[11]。因此说，运气学说的主客思维是有着主运、客运之分和主气、客气之别的。不仅如此，主客思维也可以常变关系来描述，即主气测常、客气测变，客主加临则是一种常变。譬如，六气有主气与客气之分：主气，又叫地气，主宰一年六个季节正常气候的变化，称为主时之气，依照木、火、土、金、水五行相生之序排列，产生出风木、君火、相火、湿土、燥金、寒水的六气，故而主气六步，始于春木，终于冬水，恒居不变，显示着一年中季节的不同变化。客气，又叫天气，相对于地气而言，运行于天，动而不息，反映每年气候变化的特异性。

5.时空思维

运气学说中的时间思维是明显的。五行应四时的时间观念在一年中的表示法是：木为春，火为夏，土为长夏，金为秋，水为冬，表现为“五运相袭，而皆治之，终朞之日，周而复始，时立气布，如环无端，候亦同法”（《素问・六节藏象论》）。同样，运气学说中的空间思维也很突出。《素问・阴阳离合论》云：“圣人南面而立，前曰广明，后曰太冲；太冲之地，名曰少阴；少阴之上，名曰太阳……广明之下，名曰太阴；太阴之前，名曰阳明……厥阴之表，名曰少阳。是故三阳之离合也，太阳为开，阳明为阖，少阳为枢……三阴之离合也，太阴为开，厥阴为阖，少阴为枢。”此说明，在不同的方位中，阴阳的开、阖、枢各不相同。实际上，运气学说更多是以时空思维来把握自然界“气一元论”的存在方式。譬如，六气的特性和动态分布空间表现为“燥以干之，暑以蒸之，风以动之，湿以润之，寒以坚之，火以温之。故风寒在下，燥热在上，湿气在中，火游行其间，寒暑六入，故令虚而生化也”（《素问・五运行大论》）。六气不仅在时间上而且在空间上都具有干、蒸、动、润、坚、温的不同作用，无论是人还是自然界的生物都受到六气时空因素的影响，而表现为人类与各类动植物的繁衍盛衰及其疾病发生等各种变化。因此说，运气学说中的时间和空间思维不是截然分开的，而是合二为一的思维路径，如“显明之右，君火之位也；君火之右，退行一步，相火治之；复行一步，土气治之；复行一步，金气治之；复行一步，水气治之；复行一步，木气治之；复行一步，君火治之”（《素问・六微旨大论》）。这段话描述了六气客气的常位变化，客气按照少阴君火、太阴湿土、少阳相火、阳明燥金、太阳寒水、厥阴风木的顺序运行和位置更替。

6.恒变思维

在运气学说中，动静思维仅仅是认识“气一元论”的手段而已，本质上不是气的特质；气的实质是恒变不已的，运气变化是以神妙的生命律动意蕴为内容，通过充满活力的气不断运动来实现其存在形式，表现为气化的升、降、出、入、散、聚等多种运动方式，并使天地万物之间互为联系；应当说，这才是气的本质。《素问・五常政大论》指出：“气始而生化，气散而有形，气布而蕃育，气终而象变。”《素问・天元纪大论》也指出“在天为气，在地成形。形气相感而化生万物矣”；“物之生谓之化，物之极谓之变”；以及“故其始也，有余而往，不足随之，不足而往，有余从之，知迎知随，气可与期”。这些皆说明了自然界气候变化的过程客观上存在气化的恒变思维，内含着化变胜复淫治的过程。所谓“故气主有所制，岁立有所生，地气制己胜，天气制胜己，天制色，地制形，五类衰盛，各随其气之所宜也……各有制，各有胜，各有生，各有成”（《素问・五常政大论》)。不难看出，运气理论是存在生复郁发、迁正退位等复杂的随机气候变化的。而且，运气变化是复杂多端的，表现为"有至而至，有至而不至，有至而太过"；"至而至者和，至而不至，来气不及也，未至而至，来气有余也"(《素问·六微旨大论》)等变化；以及"运太过则其至先，运不及则其至后，此候之常也"(《素问·六元正纪大论》)，"未至而至，此谓太过，则薄所不胜，而乘所胜也，命曰气淫。……至而不至此谓不及，则所胜妄行，而所生受病，所不胜薄之也"(《素问·六节藏象论》)。气有太过与不及，太过之气则早来，不及之气则迟来。实际上，掌握运气之变就是知常了，知常则知变了，这是一种领悟恒变的思维方式。正是基于这么一个思维认知，人类才能对自然界气候变化不已的现象形成一个动态的视角。

7. 求衡思维

变化观是运气理论的基本特点，但变化的目的在于求衡，成为运气学说的本旨所在——"以平为期"(《素问·至真要大论》)，或曰求阴阳之平衡。基于上述所言，运气学说的变化观承载着"亢害承制，淫治胜复"的法则，有着从、逆、淫、郁、胜、复、太过、不足之变。然而，运气变化无不蕴涵着对立、制约的关系，是维持自身稳定、平衡的基本原则。所谓"亢则害，承乃制，制则生化"(《素问·六微旨大论》)；以及"气有余，则制己所胜而侮所不胜；其不及，则己所不胜侮而乘之，己所胜轻而侮之"(《素问·五运行大论》)。运气的这种变化体现着自然界"自稳调节"的现象，起到气候平衡，乃至于生态平衡的自然趋势。《素问·五常政大论》记有这种现象是极为丰富的："六气五类，有相胜制也，同者盛之，异者衰之，此天地之道，生化之常也。故厥阴司天，毛虫静，羽虫育，介虫不成；在泉，毛虫育，倮虫耗，羽虫不育。少阴司天，羽虫静，介虫育，毛虫不成；在泉，羽虫育，介虫耗不育。太阴司天，保虫静，鳞虫育，羽虫不成；在泉，倮虫育，鳞虫不成。少阳司天，羽虫静，毛虫育，保虫不成；在泉，羽虫育，介虫耗，毛虫不育。阳明司天，介虫静，羽虫育，介虫不成；在泉，介虫育，毛虫耗，羽虫不成。太阳司天，鳞虫静，裸虫育；在泉，麟虫耗，倮虫不育。故气主有所制，岁立有所生，地气制已胜，天气制胜己……"基于此可知，运气的求衡思维就是自然的本然状态，是不以人的意志为转移的气候平衡和生态平衡现象；而且，我们也绝不能将"司天""在泉"孤立看待，而是在整体中观察局部，方是正确的思路。

8. 数理思维

运气学说蕴涵着"法于阴阳，和于术数"的推理思维，是运用阴阳、五行理论在一定的整体或系统中展开的思维过程，通过对"法象天地""以术演道"思维方法，取象运数的思维过程。运气学说的数理思维机理在于"夫五运之政，犹权衡也，高者抑之，下者举之，化者应之，变者复之，此生长化成收藏之理，气之常也，失常则天地四塞矣。故曰天地之动静，神明为之纪，阴阳之往复，寒暑彰其兆，此之谓也"(《素问·气交变大论》)。运气变化遵循着"阴阳之往复，寒暑彰其兆"的机理，既可推出一年中春温、夏热、长夏湿、秋凉、冬寒等气温变化，又可对自然界气候变化"太过"与"不及"进行类推，作出"常"的胜复不同与"变"的迁退之异。《素问·至真要大论》进一步补充说："胜复之动，时有常乎？气有必乎？……时有常位，而气无必也……初气终三气，天气主之，胜之常也；四气尽终气，地气主之，复之常也。有胜则复，无胜则否……胜至则复，无常数也，衰乃止耳；复已而胜，不复则害，此伤也。"这种借五行之间相生相克胜复关系以维持五行系统的动态平衡，是一种根于有变且有常的认识，也可以视作从数理思维进行推理的过程。进而，从五个方面的相互生克制化的关系推导出一年中的主运、司天、在泉、主气、客气等，探讨自然变化的周期性规律及其对疾病的影响。

9. 循环思维

在运气学说中，五运六气是参与自然生命化育的循环性流程。《素问·五常政大论》透过对自然界的观察，以五行五运的木火土金水对应于自然界的生、长、化、收、藏来推演与解释自然界的气候、各种生命循环现象。《天元纪大论》以五运的运算方式，指出“甲己之岁，土运统之；乙庚之岁，金运统之；丙辛之岁，水运统之；丁壬之岁，木运统之；戊癸之岁，火运统之”。根据其循环性理论，五运的变化，包括平气、太过与不及之年，不仅影响到气候，而且对动植物的孕育、生长甚至于人的疾病都有直接的影响。同样地，六气分化成“风、寒、署、湿、燥、火”贯穿于自然界的循环运行中，不仅表现为一年中的六个阶段，而且还以六年的周期来显现，它们分别是厥阴风木、少阴君火、太阴湿土、少阳相火、阳明燥金、太阳寒水。所谓“子午之岁，上见少阴；丑未之岁，上见太阴；寅申之岁，上见少阳；卯酉之岁，上见阳明；辰戌之岁，上见太阳；已亥之岁，上见厥阴。少阴所谓标也，厥阴所谓终也。厥阴之上，风气主之；少阴之上热气主之；太阴之上，湿气主之；少阳之上，相火主之；阳明之上，燥气主之；太阳之上，寒气主之”(《素问·天元纪大论》)，是典型的循环性思维。

10. 周期思维

从术数的角度看，运气学说有着小司天和大司天的周期性思维。这种周期论是借助于干支推演出“三十年为一纪，六十年为一周”的固定格局。《素问·天元纪大论》云：“帝曰：上下周纪，其有数乎？鬼臾区曰：天以六为节，地以五为制，周天气者，六期为一备；终地纪者，五岁为一周。君火以明，相火以位。五六相合，而七百二十气为一纪，凡三十岁；千四百四十气，凡六十岁，而为一周。不及太过，斯皆见矣。”五运六气的运行周期是按照五运、六气规律变化，推演出 60 年为一个周期，亘古不变。如此，这决定了运气变化每隔 60 年循环回来，一直无限地循环下去。从文献上看，历代中医对运气学说有着相类似的多种推算方式。如清·陆懋修在《世补斋医书·文十六卷·六气大司天》中专设“大司天论”，将六十年作为六气中的一气，主宰这一气的司天，称为“六气大司天”，六气大司天，是指自然与生命存在着“六十年一变化”的周期规律。每 60 年里，有“大司天”主宰 60 年的气候特征，临到下一个 60 年，又有另一个大司天主宰这 60 年的气候特征，如此经过 6 个 60 年后，即 360 年，在进入到下一个新的循环。若再细分是，大司天除主宰 60 年的气候特征外，更主要是影响前 30 年的气候特征，而相应的“大在泉”则主要影响后 30 年的气候特征。60 年可以作为一个评价气象变化的计算单位，而每隔 60 年，随大司天的不同，气候与疾病会跟着转变。这就是运气变化的周期思维。

三、评价措施

五运六气理论是以阴阳、五行、干支等为纲目，融合自然、生命多领域知识形成的中医理论，用以阐释自然、生命与疾病的时空规律。自唐·王冰次注《素问》补入运气七篇之后，五运六气已逐渐成为中医的经典理论，并在临床诊疗中担当重任，被誉为“医之门径”(明·《医学入门》)、“审证之捷法”(明·《医学穷源集》)，成为天人相应整体观念、三因制宜辨证论治思想的具体体现。五运六气具有思维方向双重性、思维结构三元化、思维表达跨越倾向等特征，其蕴涵着天地之气变化有时、有度，当其位则正，失其位则邪，万物的生、长、化、收、藏皆依时间规律。人应于天地之气变化，藏气有法时之论，脉气有常期之至，气失所养则生疾病，业医者诊而治之。缘此，明·宋濂《宋学士文集》称："人之生也，与天地之气相为流通，养之得其道则百顺，集百邪去。苟失其养，内感于七情，外感于六气而疾疢即生焉。医者诊而治之，必察其根本、枝末，其实也从而损之，其虚也从而益之，阴平阳秘，自适厥中。"

气候变化既有天道运行的自身规律又有人道因素的干扰，能够从中医运气学说出发来推测天道时节变化规律性，能够做到有的放矢地预警和应对雾霾，以顺其自然的方式来确保人体健康。

(1)我国在气象医学方面是以五运六气为核心的运数思维。

我国位于亚欧大陆东南部，东临太平洋，是一个多山的国家。地势总的趋势是西高东低，中间两条山岭带；形成三个阶梯式强烈的垂直地带性地形。黄河、长江便发源于第一阶梯，自西向东流入大海。这种地势使得夏季东南温润的海洋气流深入内陆；冬季西北蒙古高原的冷空气在越过大兴安岭、太行山脉之后直接吹过东北、黄淮平原。所以东部界山大兴安岭—太行山—秦岭—青藏高原东缘，是夏季暖湿气流北上和冬季冷干气流南下的障碍，是我国暖湿与冷干气候的自然分界线。来自黑海、里海的西风气流在越过帕米尔高原和天山山脉之后，由于得不到水汽的补充，甘新地区常年降水稀少，风化强烈，空气干燥。印度洋的暖湿气流由于受到喜马拉雅山脉的阻隔不能深入内陆，多在云贵高原爬升带来降水。所以，控制我国气候的主要是两大气候中心，一个是蒙古高压，一个是太平洋副热带高压。特别是副高的进退，带来我国大部地区的季节性降水。由于青藏高原的辐散调节，加重了中东部地区的季节分明。总之，我国的自然条件是极其复杂的，气候上北起寒温带南至热带，冬季盛行偏北风，夏季盛行偏南风；而对于中东部的黄河中下游地区，春季多风，春暖秋凉，夏热冬寒，夏末多雨，秋季干燥。运气学说体现的风、温、暑、湿、燥、寒的气候韵律，正是此地区气候特点的概括。

风、寒、暑、湿、燥、火六气概念的产生是人们长期对自然界气候观察的结果。自然界每年都有季节及气候的变化，而在不同地区表现不一，如果人们只注重对个别气候的观察和分析，难以掌握整个自然界气候的变化和规律。在当时重整体和合、轻个体分析思维方式的影响下，人们对复杂纷繁的气候变化进行了高度整合分析，只用风、寒、暑、湿、燥、火六气就概括了一年之中气候的特点，并以之为基础，探讨自然界气候变化的规律，预测将要出现的气候变化。风、寒、暑、湿、燥、火六气的概念是对自然界各种气候特征的高度总结，是整合思维方式的产物。

五运以木、火、土、金、水来推测太阳系中行星运行规律对气候影响，六气以厥阴风木、少阴君火、少阳相火、太阴湿土、阳明燥金、太阳寒水来说明气候变化的空气形态因素。五运六气皆有主客二分，每年的主运和主气都不变，客运和客气则是变化的，这决定了每年气候的差异。运气学说中对气候尺度的划分也是有着规定的，《六节藏象论》载"五日谓之候，三候谓之气，六气谓之时，四时谓之岁"，结合干支周期和五运三纪之论，我们认为五运六气中，所选择的主要气候尺度有：

①30年半周期，《天元纪大论》："五六相合而七百二十气为一纪，凡30岁；千四百四十岁，凡60岁，而为一周，不及太过，斯皆见矣。"

②10、12年周期，《六微旨大论》："天气始于甲，地气始于子，子甲相合，名日岁立。"

③5、6年周期，《天元纪大论》："天以六为节，地以五为制。周天气者，六期为一备，终地纪者，五岁为一周。"

④2年周期，即太过、不及交替出现，当然这里包括平气之年。

⑤60天周期，指每60天余气候一变，记为初之气、二之气、三之气、四之气、五之气、终

之气。

(2)对气象与疾病关系的认识隐含在中医学的运气学说中。

中医学很早就注意到了天气与健康的关系。仅《内经》就有大量精妙的论述,如"天食人以五气,地食人以五味"(《素问·六节藏象论》),"天覆地载,万物悉备,莫贵于人,人以天地之气生,四时之法成"(《素问·宝命全形论》),都明确指出了人与天气和环境的关系。对这个问题的回顾,不但可认识古代中医学的成就,还将有助于中医学的发展和气象医学的现代研究。

《素问·四气调神大论》:"阴阳四时者,万物之终始也,死生之本也,逆之则灾害生,从之则苛疾不起。"人与自然界是一个动态变化着的整体。人们只有顺从它的变化并及时地作出适当的调节,才能保持健康。又如《金匮要略》说:"人禀五常,因风气而生长,风气虽能生万物,亦能害方物。如水能浮舟,亦能覆舟。"从一年四季的气候特点来看,春风、夏暑、秋燥、冬寒的规律,对生物的生、长、收、藏是必需的条件,但如果这些规律反常,必然影响生物的正常活动。

《内经》从"阴阳风雨晦明"发展为"风寒暑湿燥火"。六气合于四时,配以五行,在正常情况下有利于生物的生、长、化、收、藏;六气太过,就成为六淫,反而成为致病因素了。《素问·至真要大论篇》说:"夫百病之生也,皆生于风寒暑湿燥火。"可见古代医家对气候变化可以致病这一点,是非常重视的。

《内经》对六淫的致病作用作了很多论述。例如《素问·风论》:"风者,善行而数变……故风者,百病之长也,至其变化乃为他病也,无常方,然致有风气也。"指出风邪的性质变化不定,是很多疾病的原因。对"寒"则提到了热病和疼痛的原因出于寒,如《素问·热论》说:"今夫热病者,皆伤寒之类也……人之伤于寒也则为病热";《素问·痹论》说:"痛者,寒气多也,有寒故痛也。"又如《素问·五运行大论》和《素问·刺志论》提到暑与火,以及致病的特点:"气在天为热,在地为火,……其性为暑"、"气虚身热,得之伤暑"。《素问·阴阳应象大论》对湿邪的病因作用,则提到了:"地之湿气,感则害皮肉筋脉"。对于燥邪,《素问·气交变大论》:"燥气流行,肝木受邪,民病两胁下,少腹痛,目赤痛。"另外,中医学比较重视天气异常引起的疾病发作,如《素问·六元正纪大论》说:"水郁之发,阳气乃避,阴气暴举,大寒乃至,川泽严凝,寒雾结为霜雪,甚则黄黑昏翳,流行气交,乃为霜杀,水乃见祥。故民病寒客心痛,腰椎痛,大关节不利,屈伸不便;善厥逆,痞坚,腹满。"

"寒水司天、湿土在泉"相应,属"当位之气太过"而不是"非时之气"。按照运气理论,当位之气偏强不足以引起大疫。寒冷主要发生在北方地区,雾霾亦以北方为重。雾霾天气易造成寒湿厉害,会带来腹泻肠道疾患激增。寒湿伤于外、少阳郁于内的气候和运气关系表现为外寒内热,多见咳嗽等,推荐使用九味羌活、柴葛解肌等方。雾霾气候还表现为"少阴之胜,治以辛寒,佐以苦咸,以甘治之",可选择中药药性属于辛寒、苦寒、咸寒、甘寒类药物。

(3)用运气学说推测易生雾霾进行预警。

中国雾霾曾经引起全社会广泛关注,其形成机理既具普遍性又具特殊性。中国雾霾形成机理的普遍性是传统土壤尘、燃煤、生物质燃烧、汽车尾气与垃圾焚烧、工业污染和二次无机气溶胶为凝结核生成雾霾,特殊性是中国雾霾形成速度和扩散快、凝结核体积(直径)跳跃式和突发性增长,均与区域微生物种群及土壤、水源严重面源污染密切相关。由于中国水土环境受到富营养化的严重污染,造成环境中微生物种群繁杂和富集,土壤中氨氮浓度高,造成冬春季节水分蒸发带走大量富营养水分,在低空与气溶胶相结合,在凝结核吸水膨胀的同时,也为吸附在凝结核的微生物快速分裂繁殖提供了养分,长此以往形成了具有地域特征的微生物种群,为雾霾快速形成、频发和爆发性增长提供了外部条件。

用动变的运气学说能够解读气候变化和雾霾成因。主运和客运、主气和客气都对一年的气候有影响，但变化因素在于客运与客气。尤其是六气的客气中，又有司天之气和在泉之气，司天之气为该年第三气的客气，主管上半年的；在泉之气为该年第六气的客气，主管下半年。如，太阳寒水司天，太阴湿土在泉，中见太角木运，气化运行先天。若岁木太过，风气流行，脾土易受邪。若司天寒气太过，年初出现春寒，一之气的少阳相火受窒，“火发待时”，入夏后易出现暴发性气温偏高；“时雨乃涯”，又易发生雾霾。

五运之气的盛衰与客主加临的正常与否，是推测雾霾易生可能性的依据。五运六气的变化，总不外太过不及、生克制化几个方面。由于运气既有五运的太过不及，又有六气的司天、在泉、客主加临等不同情况，因而气候变化也有规律可循，雾霾易生现象也可预知。所谓“气有余，则制己所胜而侮所不胜；其不及，则己所不胜侮而乘之，己所胜轻而侮之。侮反受邪，侮而受邪，寡于畏也”。一般而言，寒水司天，湿土在泉，尤其秋冬两季。冬季前期较寒，前一阶段的雾霾为湿，均提示风、寒、湿为重要易发雾霾现象。一年的大部分时间将表现为“阳气不令”，“民病寒湿”。

(4)雾霾气候易发人体疾病和对应治疗。

空气污染已经成为我国最严重的环境问题和发展障碍，特别是首要污染物雾霾对人体健康造成了严重影响，带来了巨大的健康成本。根据雾霾对人体的健康影响分类并逐项进行成本估计，估算出2003—2013年北京市雾霾所带来的扣除物价因素的社会健康总成本、人均成本、占GDP比重及变化率，并进一步分析北京市政府环境治理工作对雾霾的社会健康成本的影响。在污染浓度不变甚至降低的情况下，雾霾的健康总成本仍在增加。

从人体与环境的角度讲，健康是机体内部系统与外部环境之间通过复杂的相互作用过程达到某一状态下的平衡，人体对外部环境的反应因个体不同而异，个体的协调功能也有很大差别。在某些情况下，必须在个体的机体内部进行调节或者对环境进行改善才可能达到人体与环境的适应状态，否则会发生适应障碍，出现不适应现象，而使健康状态发生改变。

当气候剧变，超越人体的调节机能之限度或调节机能失调，则会导致疾病的发生。《素问·至真要大论》曰：“至而和平，至而甚则病，至而反者病。至而不至者病，未至而至者病。”指正常的气候变化，有利于机体的健康。异常的气候变化，是疾病产生的重要原因。故《素问·五运行大论》有“上下相遇，寒暑相临，气相得则和，不相得则病”，“从其气则和，违其气则病，当其位则正。气相得则微，不相得则甚”的论述。这里的“不相得”为自然气候与季节不相应，如春行秋令，冬行夏令，当温反凉，应寒反热等。这种异常气候称为邪气。环境污染造就了雾霾这一致病邪气。

雾霾是一种恶劣的气象灾害，不仅影响呼吸系统的正常生理功能，亦会对心血管系统、神经系统、免疫系统等产生危害，近年来频发的雾霾天气越来越受到人们的关注，雾霾对人们健康的危害也成为学界研究的热点之一。雾霾于秋冬季节多发。雾霾的本质实属燥浊邪毒范畴。肺为娇脏，喜润恶燥，易受外邪侵袭。雾霾致病多因燥浊邪毒由口鼻而入，侵袭肺卫所引起一系列肺系疾患。而且，以急性效应为主，主要表现为上呼吸道感染、哮喘、结膜炎、支气管炎、眼和喉部刺激、咳嗽、呼吸困难、鼻塞流鼻涕、皮疹、心血管系统紊乱等疾病的症状增强，呼吸系统疾病的发病率及入院率增高。当今要全面诊断和治疗肺系疾病，亦不可忽视雾霾这一重要致病因素。

在治疗方面，中医学也非常重视不同季节气候必须采取不同治疗方法。《内经》关于这方面的论述很多，例如："圣人之治病也，必知天地阴阳，四时经纪"(《素问·疏五过论篇》)；"必先岁气，无伐天和"(《素问· 五常政大论》)。在治则上，《素问·六元正纪大论》提出："用寒远寒，用凉远凉，用温远温，用热远热。"在具体用药方法上，《本草纲目》曾有《四时用药例》专篇："升降浮沉则顺之，寒热温凉则逆之。故春月宜加辛温之药，薄荷、荆芥之类，以顺春升之气；夏月宜加辛热之药，香薷、生姜之类，以顺夏浮之气；长夏宜加甘苦辛温之药，人参、白术、苍术、黄柏之类，以顺化成之气；秋月宜加酸温之药，芍药、乌梅之类，以顺秋降之气；冬月宜加苦寒之药，黄芩、知母之类，以顺冬沉之气。所谓顺时气而养天和也。"

一般来讲，人体接触到的自然环境包括：物理环境，如温度、湿度、噪声、辐射、气压、气候等；化学环境，如大气污染气体、臭氧、金属和有机、无机化合物形成的颗粒物等；生物环境，如细菌、病毒、病原微生物等；以及环境条件等。而作为我们研究的对象：气象医学，重点考虑的环境是气象条件和大气环境。

(5)应对雾霾天气的人体预防措施。

人体时时刻刻受着气候变化的影响，只有在一定的气温、气湿、气流等气象因素情况下，才会感到舒适。由于各人的体质以及皮肤、脂肪组织、衣着、营养、锻炼、劳动强度、年龄等方面存在差异，每个人对综合气象作用的反应也各不相同，即使同一个人在不同的状况下，对各种气象因素的要求也不一样。在通常情况下，中等湿度(相对湿度 30%～60%)，有一定的气流(0.05～0.15 m/s)，垂直温度和水平温度差不大的情况下，气温在 18～21℃时，对于绝大多数人是比较适宜的。而极端的气候变化可对人体健康造成直接的或间接的影响，例如频繁的热浪冲击可使死亡率以及某些疾病，特别是心脑血管和呼吸系统疾病的发病率增加，这是气候变化的明显的直接影响；极端气候事件(如干旱、水灾、暴风雨等)不仅可使死亡率、伤残率、传染病的发病率上升，还会增加社会心理压力，这又体现了气候变化的间接影响。

人只有顺应自然变化规律，及时地作出适应性的调节，才能保持健康。所谓春日多风，气渐温；夏日炎热，长夏多雨湿；秋日干燥，气渐凉；冬日严寒，这是气候之常，为主气、主运的应时气候，是生物生长化收藏的必要条件。但是，气候常有变异，有时甚至反常，这种干扰因素，就是客气、客运所主的气候。气运之至，有太过，有不及，从而产生胜、复、郁、发等各种异常气候变化，直接影响着机体的正常生理活动。

在人体生理情况下，气象环境的刺激可影响人体一系列生理参数的变化，包括血色素、白细胞、凝血酶原、血清蛋白、血液容积、血清钙、碘、磷酸盐、甲状腺功能，组织通透性等方面[12]。人体经过适应，对气象刺激形成自然生物节律，如一年四季生理参数呈现节律性的改变。在病理情况下，气象因素的变化则与疾病的发生、发展紧密相关。

雾霾天气多表现为土与人脾胃相合，土湿重，脾胃寒湿、湿热病症就非常明显。消化能力本就不足的人，更容易出现食欲不振，饭后胀满。脾阳虚寒重的人甚至会完谷不化，长期泄泻，所以一定要杜绝过食生冷，最好不要吃过于油腻难消化的食物加重脾胃负担。

遇到雾霾天气，慢性呼吸道疾病患者、心血管疾病患者、老人、小孩、孕妇等，应减少外出，多喝水，多吃新鲜、富含维生素的水果，生活作息规律。哮喘、冠心病患者若有外出需要，应随身携带药物，以免受到污染物刺激，使病情突然加重。遇上雾霾严重的时候，人们应尽量减少户外锻炼、外出和到车辆密集及人群拥挤的地方。当空气质量指数大于 300 时，应尽量避免户外运动，抵抗力较弱的孩子应该尽量待在室内，防止患上呼吸道疾病。当空气质量指数小于

100 时，比较适宜户外运动。雾霾一般在早上比较严重，到了下午和傍晚，则会逐渐减轻，因此遇上雾霾天气最好暂停晨练，尽量把户外锻炼改在室内进行。

抵抗力弱的老人儿童以及患有呼吸系统疾病的易感人群应尽量减少出门，或减少户外活动，外出时戴口罩防护身体，防止污染物由鼻、口侵入肺部。雾气看似温和，里面却含有各种酸、碱、盐、胺、酚、尘埃、病原微生物等有害物质，因此雾天外出归来应立即清洗面部及裸露的肌肤。大雾天气尤其要重视居室卫生。每天记得开窗换气，保证空气清新。及时打扫房间卫生，清理卫生死角，不给病菌以滋生之地。

建议可以多喝罗汉果茶。罗汉果茶可以防治雾天吸入污浊空气引起的咽部瘙痒，有润肺的良好功效。尤其是午后喝效果更好。因为清晨的雾气最浓，中午差不多就散去，人在上午吸入的灰尘杂质比较多，午后喝就能及时清肺。为预防雾霾的危害，增加身体抵抗力，人们还可以自己制作生姜红枣汤(生姜 5～6 g，红枣 10 g，加两碗水放红糖)饮用。这样可以增强人体抵抗力，以预防雾害。饮食宜选择清淡易消化且富含维生素的食物，多饮水，多吃新鲜蔬菜和水果，这样不仅可补充各种维生素和无机盐，还能起到润肺除燥、祛痰止咳、健脾补肾的作用。少吃刺激性食物，多吃些梨、枇杷、橙子、橘子等清肺化痰食品。

(撰写人：郭　刚)

作者简介：郭刚，男，南京信息工程大学马克思主义学院教授，主要从事气象哲学研究。本文受南京信息工程大学气候变化与公共政策研究院开放课题(14QHA008)资助。

参考文献

[1] 孟庆云. 五运六气对中医学理论的贡献. 北京中医药，2009，**28**(12)：937-940.
[2] 丁谊，高思华，张德山等. 北京地区六十年主运的气候特点分析及论证. 中医杂志，2011(11)：910-911.
[3] 贺娟. 干支运气与人体质的关系及其哲学基础. 北京中医药大学学报，2015，**38**(6)：365-368.
[4] 邢玉瑞. 从中国极端气候事件典型案例看运气学说的科学性. 中华中医药杂志，2011，**26**(2)：220-222.
[5] 马锡明. 基于北京地区的气候变化探讨运气模式的科学内涵. 北京：北京中医药大学，2011.
[6] 田合禄. 五运六气天纲图解析. 中华中医药学会中医运气学学术研讨会论文集，2009.
[7] 苏颖. 中医运气学认识方法的特点. 内经学术研讨会，2014：73-75.
[8] 潘铭. 浅谈雾霾对人体健康的影响. 微量元素与健康研究，2013，**30**(5)：65-66.
[9] 汪宏. 雾霾天气对人体健康的影响及应对措施. 现代农业，2014(6)：75.
[10] 李文娟，等. 霾污染及其对人体健康的影响. 城市气象论坛——城市与环境气象，2014.
[11] 任应秋. 运气学说六讲. 北京：中国中医药出版社，2010：57-59.
[12] 宋广舜. 环境医学. 天津：天津科技出版社，1987：388-393.